EQUATIONS OF STATE AND PVT ANALYSIS

Applications for Improved Reservoir Modeling
Second Edition

状态方程与PVT分析

应用于改进油藏建模
第二版

［美］塔雷克·艾哈迈德（Tarek Ahmed） 著

董珍珍 李伟荣 俞宏伟 译

U0263634

中国石化出版社

著作权合同登记　图字 01-2022-0570

EQUATIONS OF STATE AND PVT ANALYSIS, second edition
Tarek Ahmed
ISBN：9780128015704
Copyright © 2016 Elsevier Inc. All rights reserved.
Authorized Chinese translation published by ＜CHINA PETROCHEMICAL PRESS CO. LTD. ＞.

《状态方程与 PVT 分析》(第 2 版) (董珍珍，李伟荣，俞宏伟　译)
ISBN：9787511468611
Copyright © Elsevier Inc. and ＜CHINA PETROCHEMICAL PRESS CO. LTD. ＞. All rights reserved.

图书在版编目(CIP)数据

状态方程与 PVT 分析/(美)塔雷克·艾哈迈德(Tarek Ahmed)著；董珍珍，李伟荣，俞宏伟译. —2 版. —北京：中国石化出版社，2022.9
ISBN 978 - 7 - 5114 - 6861 - 1

Ⅰ. ①状… Ⅱ. ①塔…②董…③李…④俞… Ⅲ. ①流体力学 - 状态方程②流体力学 - 实验 - 分析 Ⅳ. ①O35

中国版本图书馆 CIP 数据核字(2022)第 161235 号

中国石化出版社出版发行
地址：北京市东城区安定门外大街 58 号
邮编：100011　电话：(010)57512500
发行部电话：(010)57512575
http://www. sinopec-press. com
E-mail：press@ sinopec. com
河北宝昌佳彩印刷有限公司印刷
全国各地新华书店经销
＊
787×1092 毫米 16 开本 27 印张 626 千字
2022 年 9 月第 1 版　2022 年 9 月第 1 次印刷
定价：120.00 元

前　　言

　　本书的重点是介绍状态方程和 PVT 实验室分析的基本原理，以及它们在解决油藏工程问题中的实际应用。本书出版后，可作为高年级本科生和研究生的教科书，也可作为石油工程师的参考书。

　　本书第 1 章回顾了碳氢化合物相态的基本原理，并说明了相图在表征储层和碳氢化合物体系中的应用。第 2 章介绍了适用于表征未定义的碳氢化合物组分的数学表达式和图版。第 3 章全面地介绍了天然气性质，以及可用于描述气藏体积行为的经验公式。第 4 章讨论了原油的 PVT 性质，并说明了如何使用实验室数据生成可用于油藏工程研究的原油性质。第 5 章回顾了立方状态方程的历史和最新发展，并展示了它们在解决相平衡问题中的实际应用。

目　　录

第1章 储层烃类系统的相态特征

　　系统或体系，是人为划分出来用于研究的对象。相态也就是物质状态(简称相或物态)是指一个宏观物理系统所具有的一组状态，是系统中具有相同组分、相同物理性质和化学性质的均匀物质部分。相与相之间有明显的界面。组分是指混合物体系中的各个成分。组成是指系统中所含组分以及各组分在总体系中所占比例，用来定量表示系统或某一相中的组分构成情况。相平衡是指当温度和压力一定时，多相系统中任一组分的 A 相分子进入 B 相的速度，与 B 相分子进入 A 相的速度相等时的状态。

　　一个相态中的物质拥有单纯的化学组成和物理性质(如密度、晶体结构、折射率等)。例如，冰、水和水蒸气是常见的同一物质 H_2O 的三种不同的相态。作用于物质的温度和压力决定该物质处于固态、液态还是气态。已知冰(固态)可以通过提高温度变为水(液态)，并通过进一步提高温度变为蒸气(气态)。这种相态的变化称为相变。

　　油气藏中的烃类系统在不同的压力和温度下可以呈现出不同的相态。在油藏条件下，储层烃类物质通常以单一的液相或气液两相存在，很少以固相存在。研究各种相态存在的条件对于油气田开发来说非常重要。实验方法和数学方法常用于确定这些条件，并通过相图的形式表示出现不同相态的温度和压力条件。

　　本章的目的是回顾烃类系统相态的基本原理，并阐述如何用相图来描述和表征单组分、双组分、三组分和多组分系统的体积变化。

1.1　单组分系统

　　组分是指体系中各个组分，如烃类系统中有甲烷、乙烷、丙烷、氮气等组分。最简单的烃类系统是只含有一种组分的系统。单组分系统完全由一种原子或分子组成。理解压力 P、体积 V 和温度 T 之间的关系对掌握相态的变化非常重要。压力、体积和温度的关系可以通过单组分实验得到。假设将固定量的纯组分放置在装有无摩擦的活塞圆筒中，温度为 T_1。此外，假设施加在系统上的初始压力足够低，以至整个系统处于气态。这个初始条件由压力 – 体积相图($P-V$ 图)上的 E 点表示，如图 1–1 所示。实验步骤如下：

　　(1)通过活塞，等温地增加压力。为此气体体积减小，直到它到达图中的 F 点，此时液体开始凝结。相应的压力点称为露点压力 P_d，是形成第一滴液体的压力。

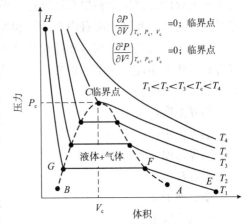

图 1–1　典型的单组分 $P-V$ 图

图中标注：
$$\left(\frac{\partial P}{\partial V}\right)_{T_c,\ P_c,\ V_c}=0;\ 临界点$$
$$\left(\frac{\partial^2 P}{\partial V^2}\right)_{T_c,\ P_c,\ V_c}=0;\ 临界点$$
$T_1 < T_2 < T_3 < T_c < T_4$

C临界点

液体+气体

（2）随着活塞的推进，气缸中出现了更多的冷凝液体。在冷凝过程中，压力始终保持恒定，可由水平线 FG 表示。在 G 点，气相消失，相应的压力称为泡点压力 P_b，也可以定义为液相中分离出第一批气泡的压力。单组分系统的一个重要特征是，在给定温度条件下，露点压力和泡点压力相等。

（3）当活塞继续轻微推入气缸时，压力急剧增加，液体体积没有明显的减少（G 点到 H 点）。这种现象反映了液相的低压缩性。

在逐渐升高的温度下重复这些步骤，构建了一系列相等温度的曲线（等温线），如图 1 – 1 所示。连接露点的虚线称为露点线（FC 线）。在露点线之上，物质以气态形式存在，与初始产生的液体保持平衡，气体（或蒸气）处于饱和状态，代表"饱和气体"。当压力相同，温度增高时，无液相出现。相反，气体可能获得液体组分而不发生液相沉积，此时气体处于未饱和状态。连接泡点的曲线称为泡点线（GC 线）。在泡点线之上，物质以液态形式存在，与初始产生的气体保持平衡，液体处于饱和状态。当压力相同，温度降低时，液体处于未饱和状态，代表"饱和液体"。露点线与泡点线在 C 点交汇，称为临界点。相应的压力和体积分别称为临界压力 P_c 和临界体积 V_c。在 C 点，两种相态趋于平衡，两者的组成均等于总组成。当温度接近临界温度而压力位于临界压力之上时，仅存在一种相态，难以区分其为气体还是液体，此时通常称为"超临界流体"。

需要注意的是，随着温度增加，等温线直线部分的长度减小，直至最终消失，并且等温线仅在临界点 C 处具有水平切线和拐点。该等温温度称为该单组分系统的临界温度 T_c。T_c 处的水平切线和拐点可以由以下数学式表示，如式（1 – 1）、式（1 – 2）所示：

$$\left(\frac{\partial P}{\partial V}\right)_{T_c} = 0 \qquad T_c \text{处的水平切线} \qquad (1-1)$$

$$\left(\frac{\partial^2 P}{\partial V^2}\right)_{T_c} = 0 \qquad T_c \text{处的拐点} \qquad (1-2)$$

图 1 – 1 中由 $AFCGB$ 包围的区域称为两相区或相包络区。在这个确定的区域内，气体和液体可以共存。在相包络区之外，只存在一个相。临界点（C 点）描述了纯组分的临界状态，并代表了两相（即液体和气体）存在的限制条件。换句话说，对于单组分系统，临界点定义为两相共存的最高压力和最高温度点。单组分或多组分系统临界点更一般的定义是：临界点是共存的气相和液相所有内在性质相等的点。

多年来，人们已经测量和计算出许多纯物质的特征参数。这些参数为计算纯组分及其混合物的热力学性质提供了重要信息。这些性质中最重要的包括：

临界压力 P_c。

临界温度 T_c。

临界体积 V_c。

临界压缩因子 Z_c。

沸点 T_b。

偏心因子 ω。

摩尔质量 M。

相对密度 γ。

表 1 – 1 显示了计算烃类相态特征的各种烃类和非烃类组分的物理性质。

表 1—1　单组分的物理性质

序号	组分(见注释序号)	化学式	A 摩尔质量	B 沸点(℉)14.696psia	蒸气压力(psia)100℉	C 凝固点(℉)14.696psia	D 折射系数 πD60℉	临界 压力(psia)	临界 温度(℉)	临界 体积(ft³/lb-m)	E 相对密度60℉/60℉	E 1b-m/gal	E gal/1b-m	F 密度温度系数(1/℉)	G 偏心因子 ω	H 压缩系数 Z 14.696psia,60℉	I 相对密度 Air=1	I ft³gas/lb-m	I ft³gas/gal.liquid	J Cp 理想气体	J Cp 液体
1	Methane	CH_4	16.043	-258.73	(5000)*	-296.44*	1.00042*	666.4	-116.67	0.0988	(0.3)*	(2.5)*	(6.4172)*	—	0.0104	0.9980	0.5539	23.654	(59.135)*	0.52669	—
2	Ethane	C_2H_6	30.070	-127.49	(800)*	-297.04*	1.20971*	706.5	89.92	0.0783	0.35619*	2.9696*	10.126*	—	0.0979	0.9919	1.0382	12.620	37.476*	0.40782	0.97225
3	Propane	C_3H_8	44.097	-43.75	188.64	-305.73*	1.29480*	616.0	206.06	0.0727	0.50699*	4.2268*	10.433*	—	0.1522	0.9825	1.5226	8.6059	36.375*	0.38852	0.61996
4	Isobutane	C_4H_{10}	58.123	10.78	72.581	-255.28	1.3245*	527.9	274.46	0.0714	0.56287*	4.6927*	12.386*	-0.00162*	0.1852	0.9711	2.0068	6.5291	30.639*	0.38669	0.57066
5	n-Butane	C_4H_{10}	58.123	31.08	51.706	-217.05	1.33588*	550.6	305.62	0.0703	0.58401*	4.8690*	11.937*	-0.00119*	0.1995	0.9667	2.0068	6.5291	27.393	0.38448	0.53331
6	Isopentane	C_5H_{12}	72.150	82.12	20.445	-255.82	1.35631	490.4	369.10	0.0679	0.62470	5.2082	13.853	0.00106*	0.2280	—	2.4912	5.2596	27.674	0.38825	0.54363
7	n-Pentane	C_5H_{12}	72.150	96.92	15.574	-201.51	1.35992	488.6	385.8	0.0675	0.63112	5.2617	13.712	0.00090	0.2514	—	2.4912	5.2596	26.163*	0.39038	0.55021
8	Neopentane	C_5H_{12}	72.150	49.10	36.69	2.17	1.342*	464.0	321.13	0.0673	0.59666*	4.9744*	14.504*	0.00086	0.1963	0.9582	2.4912	5.2596	24.371	0.38628	0.53327
9	n-Hexane	C_6H_{14}	86.177	155.72	4.9597	-139.58	1.37708	436.9	453.6	0.0688	0.66383	5.5344	15.571	0.00106*	0.2994	—	2.9755	4.4035	24.152	0.38526	0.52732
10	2-Methylpentane	C_6H_{14}	86.177	140.47	6.769	-244.62	1.37387	436.6	435.83	0.0682	0.65785	5.4846	15.713	0.00075	0.2780	—	2.9755	4.4035	24.561	0.37902	0.51876
11	3-Methylpentane	C_6H_{14}	86.177	145.89	6.103	—	1.37888	453.1	448.4	0.0682	0.66901	5.5776	15.451	0.00076	0.2732	—	2.9755	4.4035	24.462	0.37762	0.51308
12	Neohexane	C_6H_{14}	86.177	121.52	9.859	-147.72	1.37126	446.8	420.13	0.0667	0.65385	5.4512	15.809	0.00076	0.2326	—	2.9755	4.4035	21.729	0.38447	0.52802
13	2,3-Dimethylbutane	C_6H_{14}	86.177	136.36	7.406	-199.38	1.37730	453.5	440.29	0.0665	0.66631	5.551	15.513	0.00076	0.2469	—	2.9755	4.4035	21.568	0.38041	0.52199
14	n-Heptane	C_7H_{16}	100.204	209.16	1.620	-131.05	1.38989	396.8	512.7	0.0691	0.68820	5.7376	17.464	0.00068	0.3494	—	3.4598	3.7872	21.838	0.37882	0.51019
15	2-Methylhexane	C_7H_{16}	100.204	194.09	2.272	-180.89	1.38714	396.5	495.00	0.0673	0.68310	5.6951	17.595	0.00070	0.3298	—	3.4598	3.7872	22.189	0.38646	0.51410
16	3-Methylhexane	C_7H_{16}	100.204	197.33	2.131	—	1.39091	408.1	503.80	0.0646	0.69165	5.7664	17.377	0.00070	0.3232	—	3.4598	3.7872	21.416	0.38594	0.51678
17	3-Ethylpentane	C_7H_{16}	100.204	200.25	2.013	-181.48	1.39566	419.3	513.39	0.0665	0.70276	5.8590	17.103	0.00069	0.3105	—	3.4598	3.7872	21.386	0.39414	0.52440
18	2,2-Dimethylpentane	C_7H_{16}	100.204	174.54	3.494	-190.86	1.38446	402.2	477.23	0.0665	0.67829	5.6550	17.720	0.00070	0.2871	—	3.4598	3.7872	22.030	0.38306	0.50138
19	2,4-Dimethylpentane	C_7H_{16}	100.204	176.89	3.293	-182.63	1.38379	396.9	475.95	0.0668	0.67733	5.6470	17.745	0.00073	0.3026	—	3.4598	3.7872	21.930	0.37724	0.49920
20	3,3-Dimethylpentane	C_7H_{16}	100.204	186.91	2.774	-210.01	1.38564	427.2	505.87	0.0652	0.69772	5.8170	17.226	0.00067	0.2674	—	3.4598	3.7872	19.580	0.38331	0.52406
21	Triptane	C_7H_{16}	100.204	177.58	3.375	-12.81	1.39168	428.4	496.44	0.0636	0.69457	5.7907	17.304	0.00068	0.2503	—	3.4598	3.7872	19.330	0.37571	0.51130
22	n-Octane	C_8H_{18}	114.231	258.21	0.53694	-70.18	1.39956	360.7	564.22	0.0690	0.70696	5.8940	19.381	0.00064	0.3977	—	3.9441	3.3220	19.283	0.38222	0.48951
23	Diisobutyl	C_8H_{18}	114.231	228.39	1.102	-132.11	1.39461	360.6	530.44	0.0676	0.69793	5.8187	19.632	0.00067	0.3564	—	3.9441	3.3220	17.807	0.38246	0.52244
24	Isooctane	C_8H_{18}	114.231	210.63	1.709	-161.27	1.38624	372.4	519.46	0.0656	0.69624	5.8046	19.679	0.00065	0.3035	—	3.9441	3.3220	17.807	0.38222	0.48951
25	n-Nonane	C_9H_{20}	128.258	303.47	0.17953	-64.28	1.40748	331.8	610.68	0.0684	0.72187	6.0183	21.311	0.00061	0.4445	—	4.4284	2.9588	17.807	0.38246	0.52244
26	n-Decane	$C_{10}H_{22}$	142.285	345.48	0.06088	-21.36	1.41385	305.2	652.0	0.0679	0.73421	6.1212	23.245	0.00057	0.4898	—	4.9127	2.6671	16.326	0.38179	0.52103
27	Cyclopentane	C_5H_{10}	70.134	120.65	9.915	-136.91	1.40896	653.8	461.2	0.0594	0.75050	6.2570	11.209	0.00073	0.1950	—	2.4215	5.4110	33.856	0.27199	0.42182
28	Methylcyclopentane	C_6H_{12}	84.161	161.25	4.503	-224.40	1.41210	548.9	499.35	0.0607	0.75349	6.2819	13.397	0.00069	0.2302	—	2.9059	4.5090	28.325	0.30100	0.44126
29	Cyclohexane	C_6H_{12}	84.161	177.29	3.266	43.77	1.42862	590.8	536.6	0.0586	0.78347	6.5319	12.885	0.00065	0.2096	—	2.9059	4.5090	29.452	0.28817	0.43584
30	Methyl cyclohexane	C_7H_{14}	98.188	213.68	1.609	-195.87	1.42538	503.5	570.27	0.0600	0.77400	6.4529	15.216	0.00062	0.2358	—	3.3902	3.8649	24.940	0.31700	0.44012
31	Ethene(ethylene)	C_2H_4	28.054	-154.73	(1400)*	-272.47*	(1.228)*	731.0	48.54	0.0746	0.52095*	4.3432*	—	—	0.0865	0.9936	0.9686	13.527	—	0.35697	—
32	Propene(propylene)	C_3H_6	42.081	-53.84	227.7	-301.45*	1.3130*	668.6	197.17	0.0689	—	—	9.6889*	0.00173*	0.1356	0.9844	1.4529	9.0179	39.167*	0.35714	0.57116

序号	组分	见注释符号→ 化学式	A 摩尔质量	B 沸点(°F) 14.696 psia	蒸气压力 (psia), 100°F	C 凝固点(°F) 14.696 psia	D 折射系数 n_D 60°F	临界值 压力(psia)	临界值 温度(°F)	临界值 体积(ft³/lb-m)	E 液体密度 相对密度 60°F/60°F	E 液体密度 lb-m/gal.	E 液体密度 gal./lb-m	F 密度的温度系数 1/°F	G 偏心因子 ω	H 真实气体的压缩系数 Z14.696 psia, 60°F	I 理想气体 相对密度 Air=1	I 理想气体 ft³/lb-m	I 理想气体 ft³ gas/gal. liquid	J Cp. 1 Deal Gas	J Cp. Liquid
33	1-Butene(butylene)	C_4H_8	56.108	20.79	62.10	-301.63*	1.3494*	583.5	295.48	0.0685	0.60107*	5.0112*	11.197	0.00112*	0.1941	0.9699	1.9373	6.7636	33.894*	0.35446	0.54533
34	cis-2-Butene	C_4H_8	56.108	38.69	45.95	-218.06	1.3665*	612.1	324.37	0.0668	0.62717*	5.2288*	10.731	0.00105*	0.2029	0.9665	1.9373	6.7636	35.366*	0.33754	0.54215
35	trans-2-Butene	C_4H_8	56.108	33.58	49.87	-157.96	1.3563*	587.4	311.86	0.0679	0.60996*	5.0853*	11.033	0.00106*	0.2128	0.9700	1.9373	6.7636	34.395*	0.35574	0.54215
36	Isobutene	C_4H_8	56.108	19.59	63.02	-220.65	1.3512*	580.2	292.55	0.0682	0.60040*	5.0056*	11.209	0.00117*	0.1999	—	1.9373	6.7636	33.856*	0.37690	0.54839
37	1-Pentene	C_5H_{10}	70.134	85.93	19.12	-265.39	1.37426	511.8	376.93	0.0676	0.64571	5.3834	13.028	0.00089*	0.2333	(0.969)	2.4215	5.4110	29.129	0.36351	0.51782
38	1.2-Butadiene	C_4H_6	54.092	51.53	36.53	-213.16	—	(653)*	(340)*	(0.065)*	0.65799*	5.4857*	9.8605	0.00101*	0.2840	(0.965)	1.8677	7.0156	38.485*	0.34347	0.54029
39	1.3-Butadiene	C_4H_6	54.092	24.06	59.46	-164.02	1.3875*	627.5	305	0.0654	0.62723*	5.2293*	10.344*	0.00110*	0.2007	0.965	1.8677	7.0156	36.687*	0.34120	0.53447
40	Isoprene	C_5H_8	68.119	93.31	16.48	-230.73	1.42498	(558)*	(412)*	(0.065)*	0.68615	5.7205	11.908	0.00082*	0.1568	0.930	2.3520	5.5710	31.869	0.35072	0.51933
41	Acetylene	C_2H_2	26.038	-120.49*		-114.5	—	890.4	95.34	0.0695	(0.41796)	(3.4842)	(7.473)	—	0.1949	—	0.8990	14.574	—	0.39754	—
42	Benzene	C_6H_6	78.114	176.18	3.225	41.95	1.50396	710.4	552.22	0.0531	0.88448	7.3740	10.593	0.00067	0.2093	—	2.6971	4.8581	35.824	0.24296	0.40989
43	Toluene	C_7H_8	92.141	231.13	1.033	-139.00	1.49942	595.5	605.57	0.0550	0.87190	7.2691	12.676	0.00059	0.2633	—	3.1814	4.1184	29.937	0.26370	0.40095
44	Ethylbenzene	C_8H_{10}	106.167	277.16	0.3716	-138.966	1.49826	523.0	651.29	0.0565	0.87168	7.2673	14.609	0.00056	0.3027	—	3.6657	3.5744	25.976	0.27792	0.41139
45	o-Xylene	C_8H_{10}	106.167	291.97	0.2643	-13.59	1.50767	541.6	674.92	0.0557	0.88467	7.3756	14.394	0.00052	0.3942	—	3.6657	3.5744	26.363	0.28964	0.41620
46	m-Xylene	C_8H_{10}	106.167	282.41	0.3265	-54.18	1.49951	512.9	651.02	0.0567	0.86875	7.2429	14.658	0.00053	0.3257	—	3.6657	3.5744	25.889	0.27427	0.40545
47	p-Xylene	C_8H_{10}	106.167	281.07	0.3424	55.83	1.49810	509.2	649.54	0.0570	0.86578	7.2181	14.708	0.00056	0.3216	—	3.6657	3.5744	25.800	0.27471	0.40255
48	Styrene	C_8H_8	104.152	293.25	0.2582	-23.10	1.54937	587.8	(703)*	0.0534	0.91108	7.5958	13.712	0.00053	(0.2412)	—	3.5961	3.6435	27.675	0.27110	0.41220
49	Isopropylbenzene	C_9H_{12}	120.194	306.34	0.1884	-140.814	1.49372	465.4	676.3	0.0572	0.86634	7.228	16.641	0.00055	0.3260	—	4.1500	3.1573	22.804	0.29170	0.42053
50	Methyl alcohol	CH_4O	32.042	148.44	4.629	-143.79	1.33034	1174	463.08	0.0590	0.79626	6.6385	4.8267	0.00066	0.5649	0.9992	1.1063	11.843	78.622	0.32316	0.59187
51	Ethyl alcohol	C_2H_6O	46.069	172.90	2.312	-173.4	1.36346	890.1	465.39	0.0581	0.79399	6.6196	6.9595	0.00058	0.6438	0.9997	1.5906	8.2372	54.527	0.33222	0.56610
52	Carbon monoxide	CO	28.010	-312.68		-337.00*	1.00036*	507.5	-220.43	0.0532	0.78939*	6.5812*	4.2561*	—	0.0484	0.9959	0.9671	13.548	89.16*	0.24847	—
53	Carbon dioxide	CO_2	44.010	-109.257*		-69.83*	1.00048*	1071	87.91	0.0344	0.81802*	6.8199*	6.4532*	0.00583*	0.2667	0.9943	1.5196	8.6229	58.807*	0.19911	0.50418
54	Hydrogen sulfide	H_2S	34.08	-76.497	394.59	-121.88*	1.00060*	1300	212.45	0.0461	0.80144*	6.6817*	5.1005*	0.00157*	0.0948	0.9846	1.1767	11.135	74.401	0.23827	0.32460
55	Sulfur dioxide	SO_2	64.06	14.11	85.46	-103.86*	1.00062*	1143	315.8	0.0305	1.3974*	11.650	5.4987	—	0.2548	0.9802	2.2118	5.9238	69.012	0.14804	—
56	Ammonia	NH_3	17.0305	27.99	211.9	-107.88*	1.00036*	1646	270.2	0.0681	0.61832*	5.1550*	3.3037*	—	0.2557	0.9877	0.5880	22.283	114.87*	0.49677	1.1209
57	Air	N_2+O_2	28.9625	-317.8				546.9	-221.31	0.0517	0.87476*	7.2930*	3.9713*	—		1.0000	1.0000	13.103	95.557*	0.23988	—
58	Hydrogen	H_2	2.0159	-422.955*		-435.26*	1.00013*	188.1	-399.9	0.5165	0.071070*	0.59252*	3.4022*	—	-0.2202	1.0006	0.06960	188.25	111.54*	3.4038	—
59	Oxygen	O_2	31.9988	-297.332*		-361.820*	1.00027*	731.4	-181.43	0.0367	1.1421*	9.5221*	3.3605*	—	0.0216	0.9992	1.1048	11.859	112.93*	0.21892	—
60	Nitrogen	N_2	28.0134	-320.451		-346.00*	1.00028*	493.1	-232.51	0.0510	0.80940*	6.7481*	4.1513*	—	0.0372	0.9997	0.9672	13.546	91.413*	0.24828	—
61	Chlorine	Cl_2	70.906	29.13	157.3	-149.73*	1.3878*	1157	290.75	0.0280	1.4244*	11.875*	5.9710*	—	0.0878	(0.9875)	2.4482	5.3519	63.554*	0.11377	—
62	Water	H_2O	18.0153	212.000*	0.9501	32.00	1.33335*	3198.8	705.16	0.0497s	1.00000	8.33712	2.1609	0.00009	0.3443	1.0006	0.62202	21.065	175.62	0.44457	0.99974
63	Helium	He	4.0026	-452.09		-450.31	1.00003*	32.99	-450.31	0.2300	0.12510*	1.0430*	3.8376*	—	0.	1.0006	0.1382	94.814	98.891*	1.2404	—
64	Hydrogen chloride	HCl	36.461	-121.27	906.71	-173.52*	1.00042*	1205	124.77	0.0356	0.85129*	7.0973*	5.1373*	0.00300*	0.1259	0.9923	1.2589	10.408	73.806*	0.19086	—

Note: Numbers in this table do not have accuracies greater than 1 part in 1000; in some cases extra digits have been added to calculated values for consistency or to permit recalculation of experimental values.

Source: Courtesy of the Gas Processors Suppliers Association. Published in the GPSA Engineering Data Book, 10th edition, 1987.

另一种显示实验结果的方法如图 1-2 所示。其中，系统的压力和温度是独立的参数。图 1-2 显示了单组分系统的典型压力-温度图（$P-T$ 图）。图中的实线清楚地表示出三种不同的相态的边界：气相-液相，气相-固相和液相-固相的分界线。如图 1-2 所示，线 AC 终止于临界点（C 点），可以认为是气相区和液相区之间的分界线。曲线上任何点的相应压力称为蒸气压力 P_v，其相应的温度称为沸点，因此该曲线通常称为蒸气压力曲线或沸点曲线。蒸气压力曲线代表在该压力和温度条件下，气相和液相可以共存。位于蒸气压曲线下方的点表示

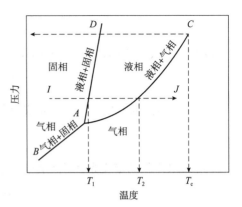

图 1-2　单组分下的典型 $P-T$ 图版

系统仅由气相组成。类似地，曲线上方的点表示系统仅由液相组成。可用如下公式表述：

当 $P < P_v$ 时，系统为气相；

当 $P > P_v$ 时，系统为液相；

当 $P = P_v$ 时，系统为气相和液相并存。

其中，P 为系统压力，上述表达式仅在系统温度低于临界温度时成立。

蒸气压力曲线的下端受三相点（A 点）的限制。这一点表示的是在平衡条件下固体、液体和蒸气共存的压力和温度。AB 线称为固相的升华压力曲线，它将存在固相的区域与存在气相的区域分开。AB 线上方的点表示固相系统，AB 线下方的点表示气相系统。AD 线称为熔化曲线，用于表示熔点温度随压力的变化。熔化曲线将固相区域与液相区域分开。在 AD 线上任何点的温度，称为熔点或熔点温度。注意，固液曲线（熔化曲线）具有陡峭的斜率，这表明大多数流体的三相点接近其熔点温度。对于纯烃，熔点通常随压力增加而升高，因此 AD 线的斜率为正。水是例外，因为其熔点随压力增加而降低，因此在这种情况下，AD 线的斜率是负的。每种纯烃都有一个类似于图 1-2 所示的 $P-T$ 图。

每个纯组分的特征是其自身的蒸气压力、升华压力和临界值。换而言之，不同的纯组分的这些值（曲线）都不相同，但基本特征是相似的。如果给定物质的 $P-T$ 图，它可用于预测该物质在温度和压力变化时相态的变化。例如，在图 1-2 中，纯组分系统最初处于由 I 点表示的压力和温度下，表明系统处于固态。在恒定压力下，将系统加热至 J 点。在等压条件下，该系统保持在固态直到温度达到 T_1。该温度是在该恒定压力下的熔点。此时，液体开始形成，并且温度保持恒定直至所有固体消失。随着温度进一步升高，系统保持液体直至达到温度 T_2。在 T_2（此压力下的沸点）下，蒸气形成，温度保持恒定直到所有的液体都变为气体。最后，这个系统的温度增加直至 J 点。当温度介于 T_1 和 T_2 之间时，系统内只存在液相，并且没有发生相变。显然，随着温度的升高，液体的性质会发生变化。例如，温度的升高会导致液体体积增加和密度降低。类似地，液体的其他物理性质也会发生改变，但整个系统的性质是液体的性质，并且在等压升温过程中（温度从 T_1 升高到 T_2），不会出现其他相。

图 1-3 展示了描述蒸气压力与温度关系的图——Cox 图。请注意，蒸气压力的坐标轴是对数坐标，而温度的坐标轴是直角坐标。

1.1.1　纯组分体积特征描述

（1）密度 ρ，单位 lb_m/ft^3，定义是质量 m 与体积 V 之比，表达式如下：

$$\rho = \frac{m}{V}$$

（2）摩尔数 n，定义是质量 m 与摩尔质量 M 之比，表达式是：

$$n = \frac{m}{M}$$

（3）比容 ν，单位是 $\mathrm{ft^3/lb_m}$，定义是体积与质量之比，即密度的倒数，表达式如下：

$$\nu = \frac{V}{m}$$

（4）摩尔体积的定义是体积与摩尔数之比，表达式是：

$$V_\mathrm{m} = \frac{V}{n} = \frac{M}{\rho}$$

（5）摩尔密度的定义如下：

$$\rho_\mathrm{m} = \frac{1}{V_\mathrm{m}} = \frac{\rho}{M}$$

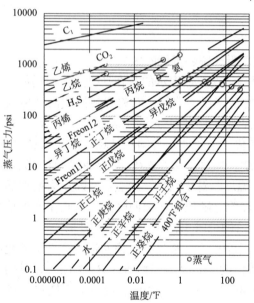

图 1-3 单组分的蒸气压力图
数据来源：GPSA Engineering Data Book.

例 1-1 在实验室里将纯丙烷保持在 80℉ 和 200psia。确定纯丙烷的相态（即判断纯丙烷是气体、液体还是固态）。

解 从 Cox 图（图 1-3）中可以看出，当温度为 80℉ 时，丙烷的蒸气压力值为 $P_\mathrm{v} = 150\mathrm{psia}$，这意味着在 80℉ 和 200psi（$P > P_\mathrm{v}$）的实验条件下丙烷为液态。

如图 1-3 所示的 Cox 图可以快速估算出在特定温度下纯物质的蒸气压力 P_v。然而，对于计算机技术快速发展的时代，采用方程式更为方便。Lee 和 Kesler（1975）提出了以下广义蒸气压力计算公式，如式（1-3）所示：

$$P_\mathrm{v} = P_\mathrm{c} \exp(A + \omega B) \tag{1-3}$$

其中，

$$A = 5.92714 - \frac{6.09648}{T_r} - 1.2886\ln(T_r) + 0.16934 (T_r)^6 \tag{1-4}$$

$$B = 15.2518 - \frac{15.6875}{T_r} - 13.4721\ln(T_r) + 0.4357 (T_r)^6 \tag{1-5}$$

式中 T_r——对比温度，其值等于绝对温度与临界温度的比值：

$$T_r = \frac{T}{T_c}$$

式中 T_r——对比温度；

   T——物质的实际温度，℉R；

   T_c——临界温度，℉R；

   P_c——临界压力，psia；

   ω——偏心因子。

Pitzer(1955)提出的偏心因子 ω 是表征物质非常有用的参数。它已成为正确表征任何纯组分及其常见性质(如相对分子质量、临界温度、临界压力和临界体积)的标准。偏心因子 ω 是一个测量分子的中心性,或组分分子形状与球形分子形状偏差的特殊参数。氩分子的形状被认为是完全球形的,因此其偏心因子被指定为零。偏心因子 ω 可由以下表达式定义:

$$\omega = -\log\left(\frac{P_v}{P_c}\right)_{T=0.7T_c} - 1 \tag{1-6}$$

式中　P_c——临界压力,psia;

　　　P_v——温度为临界温度的 0.7 倍时(即 $T=0.7T_c$)的蒸气压力,psia。

偏心因子 ω 是确定相态和定义状态方程的第三个关键参数。常用纯物质的偏心因子 ω 的值可查表 1-1。

例 1-2　利用 Lee 和 Kesler(1975)关系式计算丙烷在 80℉时的蒸气压力。

解　查表 1-1 得到丙烷的临界参数和偏心因子,即:

$$T_c = 666.01°R$$

$$P_c = 616.3\text{psia}$$

$$\omega = 0.1572$$

计算对比温度得到:

$$T_r = \frac{T}{T_c} = \frac{540}{666.01} = 0.81$$

分别求解式(1-4)和式(1-5)中的参数 A 和 B 得到:

$$A = 5.92714 - \frac{6.09648}{0.81} - 1.2886\ln0.81 + 0.16934 \times 0.81^6 = -1.27$$

$$B = 15.2518 - \frac{15.6875}{0.81} - 13.4721\ln0.81 + 0.4357 \times 0.81^6 = -1.15$$

利用式(1-3)求解 P_v 得到:

$$P_v = 616.3 \times \exp(-1.27 - 1.15 \times 0.1572) = 145\text{psia}$$

纯组分的密度(如液体和蒸气共存时的密度)可以绘制为温度的函数,如图 1-4 所示。随着温度的升高,饱和液体的密度降低,而饱和蒸气的密度增加。在临界点 C,蒸气和液体的密度趋于一致(气相和液相的密度相同),即 ρ_c。在该临界点 C,相的所有其他性质也变得相同,例如黏度和密度。

图 1-4 表明液相和气相密度的算术平均值是温度的线性函数。平均密度与温度之间的线性关系使定义临界点变得容易。平均密度曲线与密度曲线的交叉点即为临界点,并对应了临界温度和临界密度。

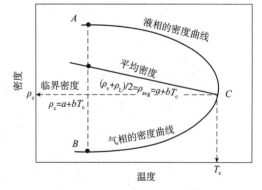

图 1-4　典型的温度-密度图版

在数学上,平均密度与温度之间的线性关系表达如式(1-8)所示:

$$\frac{\rho_v + \rho_L}{2} = \rho_{avg} = a + bT \tag{1-7}$$

式中 ρ_v——气相密度，lb/ft^3；

ρ_L——液相密度，lb/ft^3；

ρ_{avg}——平均密度，lb/ft^3；

T——温度，$°R$；

a，b——平均密度曲线的截距和斜率。

因为在临界点处，ρ_v和ρ_L是相同的，所以式$(1-7)$可以用式$(1-8)$表示：

$$\rho_c = a + bT_c \qquad (1-8)$$

式中 ρ_c——物质的临界密度，lb/ft^3。

将式$(1-7)$与式$(1-8)$组合可求解临界密度：

$$\rho_c = \frac{a + bT}{a + bT_c}\rho_{avg}$$

该密度－温度图还可用于根据密度计算临界体积。有时因为需要在高温和高压下精确测量体积，因此从实验中确定临界体积非常困难。但是通过绘制平均密度与温度的关系图，得到平均密度直线曲线，该直线与临界温度相交于临界密度，然后将相对分子质量除以临界密度即可得到临界摩尔体积：

$$V_c = \frac{M}{\rho_c}$$

式中 V_c——纯组分的临界体积，$ft^3/(lbm-mol)$；

M——摩尔相对分子质量，$lbm/(lbm-mol)$；

ρ_c——临界密度，lbm/ft^3。

图$1-5$显示了多种烃类流体的密度曲线。对于每种纯物质，曲线的上部称为饱和液体密度曲线，而曲线的下部称为饱和蒸气密度曲线。图$1-5$中两条曲线在临界点处相交。

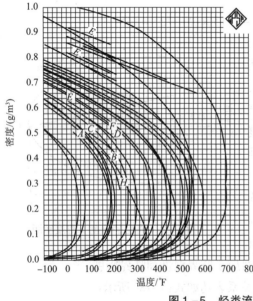

A: 8 mol% CH_4–92% mol% C_3H_8(370–739 lbs)
B: 50.25 wt.% C_2H_6–49.75wt.% n–C_7H_{16}
C: 19.2wt. % CH_4–80.8wt.%C_6H_{14}(2412–2506 lbs)
D: 7.15 wt. %CH_4–92.85 wt. % n–C_5H_{12}(845–1043 lbs)
E: National Standard Petroleum Oil Tables
F:7.15 wt. %CH_4–92.85 wt. % n–C_5H_{12}(3000 lbs)
G:9.78 wt. % C_2H_6–90.22 wt. % n–C_7H_{16}
H:75.45 mol % C_3H_8–24.55 % n–C_4H_{10}
I:65.77 mol % C_2H_6–34.23 % n–C_4H_{10}

图$1-5$ 烃类流体的密度曲线

数据来源：*GPSA Engineering Data Book*，10th ed. Tulsa，OK：Gas Processors Suppliers Association，1987. Courtesy of the Gas Processors Suppliers Association.

例1-3 计算 n 型丁烷在200℉的饱和液体和气体的密度。

解 从图1-5中查得在200℉时 n 型丁烷的液相密度和气相密度分别是：

$$\rho_L = 0.475 \text{g/cm}^3$$
$$\rho_v = 0.035 \text{g/cm}^3$$

密度-温度图也可用于确定单组分系统的状态。假设系统的总密度 ρ 在给定温度下是已知的。如果该总密度小于或等于 ρ_v，则显然系统完全由蒸气组成。类似地，如果总密度 ρ 大于或等于 ρ_L，则系统完全由液体组成。然而，如果总密度在 ρ_L 和 ρ_v 之间，则液体和蒸气同时存在。为了计算同时存在的液体和蒸气的质量，可以采用以下公式：

$$m_L + m_v = m_t$$
$$V_L + V_v = V_t$$

式中 m_L，m_v，m_t——液体质量、蒸气质量和总质量；

$\quad\quad$ V_L，V_v，V_t——液体体积、蒸气体积和总体积。

将以上两个式子组合起来，并引入密度，可以得到如式(1-9)所示的公式：

$$\frac{m_t - m_v}{\rho_L} + \frac{m_v}{\rho_v} = V_t \tag{1-9}$$

例1-4 将10lb的烃置于60℉的1ft³容器中。已知在该温度下液体和蒸气的密度分别为25lb/ft³和0.05lb/ft³。计算液相和气相的质量和体积。

解 计算总密度：

$$\rho_t = \frac{m_t}{V_t} = \frac{10}{1.0} = 10 \text{lb/ft}^3$$

由于系统的总密度介于液体密度和气体密度之间，判断该系统由液体和蒸气组成。

计算气相(蒸气)的质量：

$$\frac{10 - m_v}{25} + \frac{m_v}{0.05} = 1$$

求解该方程，得到 $m_v = 0.030$lb。因此，液相的质量为：

$$m_l = 10 - m_l = 9.97 \text{lb}$$

分别计算气相和液相的体积得到：

$$V_v = \frac{m_v}{\rho_v} = \frac{0.03}{0.05} = 0.6 \text{ft}^3$$

$$V_l = 1 - V_v = 1 - 0.60 = 0.40 \text{ft}^3$$

例1-5 将58000000lb的丙烷存放在一个在体积为480000桶的地下盐穴中，盐穴温度为110℉。估算洞穴中储存的液态丙烷的质量和体积。

解 计算盐穴体积得到：

$$V_t = 480000 \times 5.615 = 2695200 \text{ft}^3$$

计算总密度得到：

$$\rho_t = \frac{m_t}{V_t} = \frac{58000000}{2695200} = 21.52 \text{lb/ft}^3$$

从图1-5中得到丙烷在110℉温度下气相和液相的密度：

$$\rho_v = 0.030 \text{g/cm}^3 = 0.03 \times 62.4 = 1.87 \text{lb/ft}^3$$

$$\rho_L = 0.468 \mathrm{g/cm^3} = 0.468 \times 62.4 = 29.20 \mathrm{lb/ft^3}$$

由于$\rho_v < \rho_t < \rho_L$，所以丙烷在110℉的地下盐穴中是气态和液态并存。

计算气相(蒸气)的质量：

$$\frac{58000000 - m_v}{29.20} + \frac{m_v}{1.87} = 2695200$$

求解该方程得到$m_v = 1416345 \mathrm{lb}$。因此，液相丙烷的质量是：

$$m_L = 58000000 - 1416345 = 56583655 \mathrm{lb}（占总质量的98\%）$$

最后，分别计算气相和液相丙烷的体积：

$$V_v = \frac{m_v}{\rho_v} = \frac{1416345}{1.87} = 757404 \mathrm{ft^3}$$

$$V_L = V_t - V_v = 2695200 - 757404 = 1937796 \mathrm{ft^3}$$

这意味着液态丙烷的体积占盐穴体积的72%。以上例子是最简单的相分离情况，即纯组分的情况。通常，石油工程师关心的是计算复杂混合物(原油、天然气和凝析油)的相分离。

1.1.2 纯组分的饱和液态密度

Rackett(1970)提出了一个简单的广义方程来预测纯化合物的饱和液体密度ρ_L。具体的表达式如式(1-10)所示：

$$\rho_L = \frac{MP_c}{R T_c Z_c^a} \tag{1-10}$$

式中 M——纯组分的摩尔质量；

P_c——纯组分的临界压力，psia；

T_c——纯组分的临界温度，℉；

Z_c——纯组分在临界点的压缩因子；

R——气体常数，10.73($\mathrm{ft^3 \cdot psia/lb - mol}$)℉；

T_r——对比温度，℉。

其中，系数a的表达式是：

$$a = 1 + (1 - T_r)^{2/7}$$

Spencer和Danner(1973)用Z_{RA}替代了Rackett(1970)式中的压缩因子Z_c。Z_{RA}是每种混合物的特定常数。即，他们对式(1-10)做出了修改，如式(1-11)所示：

$$\rho_L = \frac{MP_c}{RT_c(Z_{RA})^a} \tag{1-11}$$

其中，Z_{RA}可从表1-2中得到；系数a的表达式是：

$$a = 1 + (1 - T_r)^{2/7}$$

Z_{RA}也可以采用下式进行估算，该式由Yamada和Gunn(1993)提出。

$$Z_{RA} = 0.29056 - 0.08775\omega \tag{1-12}$$

式中 ω——偏心因子。

Rackett偏心因子可近似地表示为重组分碳原子数n的函数，如$n = 8, 9, \cdots$，具体计算公式如下：

$$Z_{RA} = 0.37748n^{-0.16941}$$

表 1 - 2　部分组分的 Z_{RA} 值

组　分	Z_{RA} 值	组　分	Z_{RA} 值
二氧化碳	0.2722	正戊烷	0.2684
氮	0.29	正己烷	0.2635
硫化氢	0.2855	正庚烷	0.2604
甲烷	0.2892	异辛烷	0.2684
乙烷	0.2808	正辛烷	0.2571
丙烷	0.2766	正壬烷	0.2543
异丁烷	0.2754	正癸烷	0.2507
正丁烷	0.273	正十一烷	0.2499
异戊烷	0.2717		

例 1 - 6　使用以下两种方法计算饱和液体的在 160°F 下的密度：

（1）Rackett 经验方法。

（2）修正的 Rackett 方法。

解　（1）Rackett 经验方法。

从表 1 - 1 中查找丙烷的临界性质得到：

$$T_c = 666.06°R$$

$$P_c = 616.0psia$$

$$M = 44.097$$

$$v_c = 0.0727 \ ft^3/lb$$

利用真实气体的状态方程计算 Z_c：

$$Z = \frac{PV}{nRT} = \frac{PV}{(m/M)RT} = \frac{PvM}{RT}$$

式中　V——体积，ft^3；

　　　v——特殊体积，V/m，ft^3/lb。

用丙烷的临界性质计算 Z_c 得到：

$$Z_c = \frac{P_c v_c M}{RT_c} = \frac{616.0 \times 0.0727 \times 44.097}{10.73 \times 666.06} = 0.2763$$

使用式（1 - 10）计算相对温度 T_r 和饱和液体的密度：

$$T_r = \frac{T}{T_c} = \frac{160+460}{666.06} = 0.93085$$

$$a = 1 + (1 - T_r)^{2/7} = 1 + (1 - 0.93085)^{2/7} = 1.4661$$

$$\rho_L = \frac{MP_c}{RT_c Z_c^a} = \frac{44.097 \times 616.0}{10.73 \times 666.06 \times 0.2763^{1.4661}} = 25.05 lb/ft^3$$

（2）修正的 Rackett 方程。

查表 1 - 2 得到 Rackett 压缩因子为 0.2766，计算液体的密度得到：

$$\rho_L = \frac{MP_c}{RT_c Z_{RA}^a} = \frac{44.097 \times 616.0}{10.73 \times 666.06 \times 0.2766^{1.4661}} = 25.01 lb/ft^3$$

1.2 双组分系统

单组分系统的一个显著特征是，该系统在固定温度下，两相(蒸气和液体)只能在一个压力点下平衡存在，即蒸气压力。对于二元(双组分)系统，在温度相同但压力不同的情况下，两相仍可以平衡存在。以下关于双组分系统相态特征的描述和讨论可以适用于更复杂的多组分系统。

二元系统的一个重要特征是其热力学性质和其他物理性质随着混合物组成的变化而变化。因此，有必要通过摩尔或质量分数来表示混合物的组成。通常根据它们在给定温度下的相对蒸气压力的大小，将一种组分指定为挥发性较高的组分，另一种组分指定为挥发性较低的组分。

我们将已知组成的二元混合物放入气缸中。在固定温度 T_1 下施加在系统上足够低的初始压力 P_1，使得整个系统处于气态。作用在混合物上的压力和温度的初始条件由图 1-6 的 $P-V$ 图上的 1 点表示。随着压力在恒温条件下增加，到达 2 点，在该点处无限小量的液体被冷凝。此时的压力称为混合物的露点 P_d 压力。在露点压力以下，气相的组成等于二元混合物的总组成。通过迫使活塞进入气缸来减小总体积，冷凝出越来越多的液体，观察到压力显著升高(2 点—3 点)。继续该冷凝过程直到压力达到 3 点，在该点处气体量无限小，相应的压力称为泡点压力 P_b。因为在泡点处气相仅具有无穷小的体积，因此液相的组成与二元混合物的总组成相同。当活塞被进一步推入气缸时，压力急剧上升到 4 点，并且体积也相应地减小。

在逐渐升高的温度下重复前面的操作。对于由正戊烷和正庚烷组成的二元系统，在图 1-7 的 $P-V$ 图上获得一组完整的等温线。泡点曲线(AC 线)表示形成第一批气泡的压力和体积的轨迹曲线。露点曲线(BC 线)表示的是形成第一滴液体的压力和体积的轨迹。这两条曲线在临界点(C 点)处相交。临界压力、临界温度和临界体积分别由 P_c、T_c 和 V_c 表示。相包络线(ACB 线)内的任何点表示由两相组成的系统。在相包络线之外，只存在一个相。

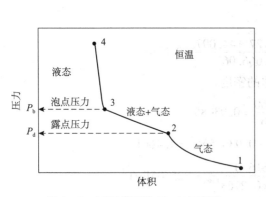

图 1-6 两组分下的 $P-V$ 相态图

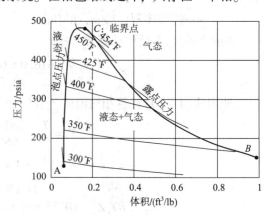

图 1-7 含有 52.4% 的正戊烷和 47.6% 正庚烷组成的二元混合物的 $P-V$ 图

如果将不同温度下的泡点压力和露点压力的 $P-V$ 图绘制为以温度为函数的图版可得到类似于图 1-8 所示的 $P-T$ 图。图 1-8 表明，压力-温度关系不能再像单组分系统那样用简单的蒸气压力曲线表示，而需要采用图 1－8 所示的相包络线（ACB 线）的形式。相包络线内的虚线称为等液量线，他们描述了等液量时的压力和温度条件。显然，泡点线和露点线分别代表 100% 和 0% 的液体。

图 1－9 显示了改变二元系统的组成对相包络线的形状和位置的影响。图中线 1 代表的是二元系统中轻组分的蒸气压力曲线，线 2 代表的是另一纯组分的蒸气压力曲线。图中还显示了两种组分以不同比例混合的 4 条相包络线。随着组分的变化，这些曲线从一个纯组分的蒸气压力曲线连续变化为另一个纯组分的蒸气压曲线。图中 A 点到 D 点表示的是不同混合比例的混合物的临界点。通过观察图 1－9 可以发现，当其中一种组分占主导地位时，二元系统的相包络线往往相对狭窄，并且较接近主要组分的临界性质。随着混合物的组成在两种组分之间均匀分布，相包络线的范围显著增大。

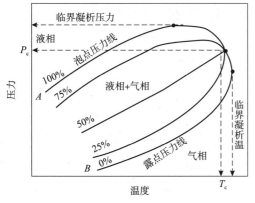

图 1－8　二元系统下的典型 P－T 图

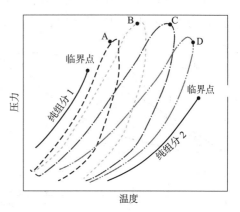

图 1－9　二元系统的相图

1.2.1　二元系统的压力－组成图

压力－组成图，通常称为 P－X 图，是描述二元系统的相态特征的另一种方法。它是通过在恒定温度下，绘制露点压力和泡点压力与组分的关系来构建的。当系统的组成在恒定温度下变化时，泡点压力和露点压力也随之改变，连接这些点即可得到 P－X 图。图 1－10 是典型的双组分系统的压力－组成图。其中，组分 1 是挥发性较高的组分，组分 2 是挥发性较低的组分。图中的 A 点表示挥发性较高的组分的蒸气压力。而 B 点表示挥发性较低的组分的蒸气压力。在 A 点和 B 点处，露点压力与泡点压力相等。假设该二元系统中含有 75%（质量）的组分 1（即挥发性较高的组分）和 25% 的组分 2，该混合物的露点压力表示为 C 点和泡点压力表示为 D 点。两种组分的不同组合产生不同的泡点和

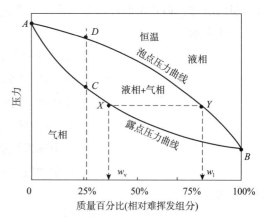

图 1－10　二元系统下典型的 P－X 图版
（x 轴为相对难挥发组分的质量百分比）

露点压力值。ADYB 线显示的是二元系统的泡点压力随系统组分的变化，而 ACXB 线描述

的是在恒定温度下露点压力随系统组分的变化。露点线以下的区域为气相区，泡点线上方的区域为液相区，两条曲线之间的区域为气液两相共存的区域。

P-X图同样可以用易挥发的组分的质量百分比来表示。此时，泡点和露点线位置相反，即露点线在泡点线的上方。

在图1-11所示的P-X图中，二元系统的组成以更易挥发的组分的摩尔分数表示。假设总组成为z的二元系统处于气态，如A点所示。如果系统的压力增加，则在压力达到露点B（压力为P_1）之前不会发生相变。在露点压力下，形成无限小量的液体，其组成由x_1给出。蒸气的组成仍然等于原始组成z。随着压力的增加，形成更多的液体。两相共存的组成可以通过等压水平线与泡点压力线和露点压力线的相交点在x轴上的投影得到。例如，当压力为P_2，液体和蒸气同时存在，其组成可以分别由x_2和y_2给出。在压力P_3下，达到泡点压力C，液体的组成等于原始组成z，在泡点处仍存在小量的蒸气，其组成由y_3给出。

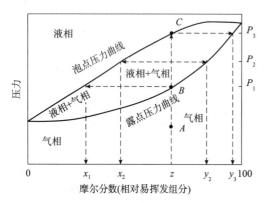 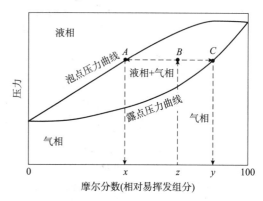

图1-11　二元系统典型的P-X图版　　　图1-12　二元系统相图的液相和气相摩尔分数的
（x轴为相对易挥发组分的摩尔分数）　　　　　几何解释（x轴为易挥发组分的摩尔分数）

两相区域的等压水平线的末端代表两相共存时的组成。Burcik（1957）指出，两相系统中存在的各相的组成和数量对于油藏工程计算具有实际意义。例如，在露点处，仅存在无穷小量的液体，但它由两种组分的摩尔分数组成。两相系统中液体和气体的相对量可以用以下公式表示：

$$n = 二元系统中的总摩尔数$$
$$n_L = 液体的摩尔数$$
$$n_v = 气体的摩尔数$$
$$z = 系统中挥发性较高的组分的摩尔分数$$
$$x = 液相中挥发性较高的组分的摩尔分数$$
$$y = 气相中挥发性较高的组分的摩尔分数$$

根据定义，

$$n = n_L + n_v$$
$$n \times z = 系统中更易挥发的组件的摩尔数$$
$$n_L \times x = 液体中挥发性较高的组分的摩尔数$$
$$n_v \times y = 气体中挥发性较高的组分的摩尔数$$

物质平衡方程可由系统中易挥发组分的摩尔数表示为：

$$n \times z = n_L \times x + n_v \times y \tag{1-13}$$

$$n_L = n - n_v$$

合并式(1-13)得到：

$$n \times z = (n - n_v) \times x + n_v \times y$$

从而可以得到：

$$\frac{n_v}{n} = \frac{z-x}{y-x} \tag{1-14}$$

类似地，如果在等式(1-13)中消去 n_v，可得到：

$$\frac{n_L}{n} = \frac{z-y}{x-y} \tag{1-15}$$

式(1-14)和式(1-15)可以用图 1-12 进行几何解释。由于 $z - x = AB$ 段的长度，并且 $y - x =$ 水平线 AC 的总长度，因此式(1-14)可表示为：

$$\frac{n_v}{n} = \frac{z-x}{y-x} = \frac{AB}{AC} \tag{1-16}$$

类似地，式(1-15)可表示为：

$$\frac{n_L}{n} = \frac{z-y}{x-y} = \frac{BC}{AC} \tag{1-17}$$

式(1-16)表明气体的摩尔数与总摩尔数之比等于连接混合物 z 与液相组分 x 的线段 AB 的长度除以总长度 AC。类似地，系统中液体摩尔数与总摩尔数之比等于连接混合物 z 与气相组分 y 的线段 BC 的长度除以总长度 AC。如果在相图上绘制不易挥发组分的摩尔分数而不是较易挥发组分的摩尔分数，结果是相同的。

例 1-7　一个二元系统由 3mol 的异丁烯和 1mol 的正庚烷组成。该系统在固定的温度和压力下分离，并分别回收液体和气体。回收的液体和气体中异丁烯的摩尔分数分别为 0.370 和 0.965。计算回收的液体和气体的摩尔数。

解　已知 $x = 0.370$，$y = 0.965$，并且 $n = 4$，计算系统中异丁烷的总摩尔分数：

$$z = \frac{3}{4} = 0.750$$

通过式(1-14)求解气相的摩尔数：

$$n_v = n\left(\frac{z-x}{y-x}\right) = 4 \times \frac{0.750 - 0.370}{0.965 - 0.375} = 2.56\text{mol}$$

确定液相的摩尔数：

$$n_L = n - n_v = 4.0 - 2.56 = 1.44\text{mol}$$

液相的摩尔数也可以用式(1-15)求解得到：

$$n_L = n\left(\frac{z-y}{x-y}\right) = 4 \times \frac{0.750 - 0.965}{0.375 - 0.965} = 1.44\text{mol}$$

如果二元系统的组成以质量分数而不是摩尔分数表示，则可以得到类似于式(1-14)和式(1-15)表示的表达式。

m_T = 系统的总质量(质量)

m_L = 液体的总质量(质量)

m_v = 气体的总质量(质量)

w_o = 原始系统中更易挥发的组分的质量分数

w_L = 液体中挥发性较高的组分的质量分数

w_v = 气体中挥发性较高的组分的质量分数

根据易挥发组分的物质平衡方程可以得到以下方程：

$$\frac{m_v}{m_t} = \frac{w_o - w_L}{w_v - w_L}$$

$$\frac{m_L}{m_t} = \frac{w_o - w_v}{w_L - w_v}$$

1.3 三组分系统

含有三种组分(三元系统)的混合物的相态可方便地用三角图表示，如图1-13所示。此图基于等边三角形的性质，即从三角形内任意一点到每边的垂直距离之和是常数，并且等于任意边的长度。因此，在图1-13的三角形内部点 A 表示的三元系统的组成 x_i 满足以下关系式：

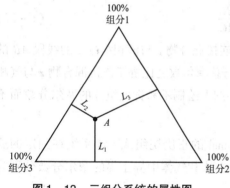

图1-13 三组分系统的属性图

组分1： $\qquad x_1 = \dfrac{L_1}{L_T}$

组分2： $\qquad x_2 = \dfrac{L_2}{L_T}$

组分3： $\qquad x_3 = \dfrac{L_3}{L_T}$

其中： $\qquad L_1 + L_2 + L_3 = L_T$

在固定压力和温度下，典型的三元相图如图1-14所示。在相包络线内的任何混合物将分成液相和气相。连接处于平衡状态的液相和气相组成的线称为连接线。位于该连接线上的混合物可分成相同组分的液体和蒸气组合物。液相组分和气相组分的相包络线在临界点处相交。假设液体、蒸气和总混合物中组分 i 的摩尔分数是 x_i、 y_i 和 z_i，则液相 n_L 中总摩尔数的分数由下式给出：

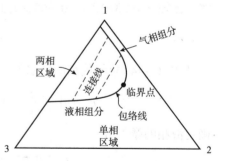

图1-14 在固定压力和温度下的三元相图

$$n_L = \frac{y_i - z_i}{y_i - x_i}$$

这个表达式是另一个杠杆规则，类似于二元系统。双节点曲线(相包络线)的液相段和气相段在临界点相交。在此临界点处，液体和气体的性质完全相同。

1.4　多组分系统

多组分烃类系统在两相区即液－气相区的相行为与二元系统的相行为非常相似。然而，随着系统越来越复杂，不同组分的数量越来越多，两相区域的压力和温度范围明显增大。

这些阶段存在的条件具有相当重要的实际意义。这些条件的实验或数学确定可以方便地用不同类型的图来表示，通常称为相图。其中，一个图称为压力－温度图。

1.5　压力－温度图

图 1–15 显示了具有特定总体组成的多组分系统典型的压力－温度图（$P–T$ 图）。虽然不同的烃系有不同的相图，但总体结构是相似的。

这些多组分 $P–T$ 相图主要用于对储层进行分类，确定自然形成的油气系统，并描述储层流体的相行为。

为了充分理解 $P–T$ 相图的重要性，有必要确定和定义 $P–T$ 相图上的以下关键点：

（1）临界凝析温度 T_{ct}：临界凝析温度是指无论压力如何变化，都不能形成液体的最高温度（E 点）。相应的压力称为临界凝析温度下的压力 P_{ct}。

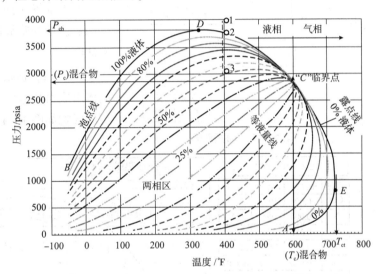

图 1–15　多组分系统的典型 $P–T$ 相图

（2）临界凝析压力 P_{cb}：临界凝析压力是指无论温度如何变化，都不能形成气体的最高压力（D 点）。相应的温度称为临界凝析压力下的温度 T_{cb}。

（3）临界点：多组分系统的临界点是气相和液相所有的强度性质都相等的温度和压力点（C 点）。在临界点，相应的压力和温度称为混合物的临界压力 P_c 和临界温度 T_c。

（4）相包络区（两相区域）：气液平衡共存的泡点线和露点线（BCA 线）所包围的区域，即烃系的相包络区。

（5）等液量线：相图中的线称为等液量线。它们描述了液体体积百分比（液体的百分比）相等时的压力和温度条件。注意，等液量线收敛于临界点（C 点）。

（6）泡点线：泡点线（BC 线）定义为将液相区与两相区分开的线。

（7）露点线：露点线（AC 线）定义为将气相区与两相区分开的线。

1.6　油藏及油藏流体的划分

油藏一般分为油藏和气藏。这一广泛的分类可根据以下条件进一步细分：

（1）储层烃类混合物的组成。

（2）原始油藏压力和温度。

（3）地面生产的压力和温度。

（4）储层温度相对于临界温度和临界凝析温度的位置。

一般来说，与烃类混合物的临界温度（T_c）相比，根据储层温度 T 对储层进行分类较为方便。影响最大的可能是甲烷和重组分，如 C_{7+}。一般来说，这两种组分会影响相包络区的大小以及混合物的临界温度。因此，储层基本上可分为三类：

① 油藏：如果储层温度小于油藏流体的临界温度，则该储层属于油藏。

② 气藏：如果储层温度大于油藏流体的临界温度，则该储层属于气藏。

③ 近临界条件油藏：如果储层温度非常接近油藏流体的临界温度，则该储层为近临界条件油藏。

图1-16 总结了三种油藏分类的流程图。流体组成对相包络区的形状和大小以及油藏类型的影响如图1-17 所示。

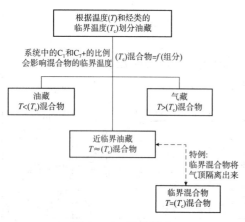

图1-16 油藏划分

组分定义两相区的大小			
组分	混合物2	P_c/psia	T_c/°R
CO_2	0.000	1071	547.9
N_2	0.000	493	227.6
C_1	0.350	667.8	343.37
C_2	0.100	707.8	550.09
C_3	0.060	616.3	666.01
$i-C_4$	0.020	529.1	734.98
$n-C_4$	0.020	550.7	765.65
$i-C_5$	0.001	490.4	829.1
$n-C_5$	0.002	488.6	845.7
C_6	0.030	436.9	913.7
C_{7+}	0.417	320.3	1139.4

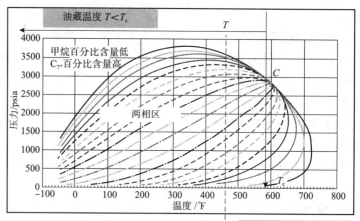

组分	混合物2	P_c/psia	T_c/°R
CO_2	0.009	1071	547.9
N_2	0.003	493	227.6
C_1	0.535	667.8	343.37
C_2	0.115	707.8	550.09
C_3	0.088	616.3	666.01
$i-C_4$	0.023	529.1	734.98
$n-C_4$	0.023	550.7	765.65
$i-C_5$	0.015	490.4	829.1
$n-C_5$	0.015	488.6	845.7
C_6	0.015	436.9	913.7
C_{7+}	0.159	320.3	1139.4

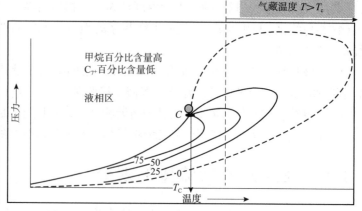

图1-17 组分对相包络范围的影响

1.6.1　油藏分类

根据油藏初始压力 P_i，油藏可细分为以下三类：

（1）欠饱和油藏：如果油藏初始压力 P_i（由图 1-15 中 1 点表示）大于油藏流体的泡点压力 P_b，则该油藏为欠饱和油藏。

（2）饱和油藏：当油藏初始压力等于油藏流体泡点压力时，如图 1-15 中 2 点所示，油藏为饱和油藏。

（3）气顶油藏：当一个油藏在最初时两个相（气相和油相）达到平衡，该油藏为气顶油藏。由于气区和油区的组成完全不同，每一相将分别用单独的相图表示，油区在其泡点处，气顶在其露点处。根据气顶的组成，气顶可能是凝析气，也可能是干气/湿气，如图 1-18 所示。

应指出，在油气界面（GOC），储层压力 P_i、泡点压力 P_b 和露点压力 P_d 均相等（即在 GOC 处，$P_i = P_b = P_d$）。这是油藏初始时达到平衡的必要条件，如图 1-18 所示。

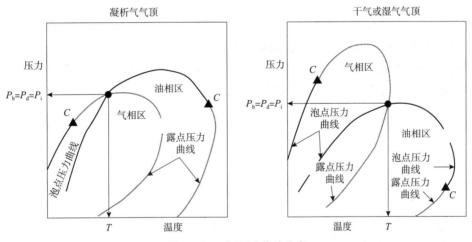

图 1-18　气顶油藏的分类

1.6.2　原油系统的分类

原油是由碳氢化合物组分的混合物。根据碳氢化合物分子的不同，原油的颜色、组成和黏度也不同。不同油田的原油品种差异显著，从轻质原油到重质原油不等。原油类型的变化与原油的流动能力（黏度）、颜色和密度有关。"甜"用来描述含硫化合物（如硫化氢）少的原油，"酸"用来描述高含硫的原油化合物。

原油在物理性质和化学成分上涵盖了广泛的范围，因此，对它们进行分类通常很重要。一般来说，原油可分为以下几种类型：

（1）普通黑油。

（2）低收缩性原油。

（3）挥发性油。

（4）近临界原油。

上述分类基本上是基于原油的物理性质和 PVT 性质，包括：

（1）物理性质，如脱气原油的 API 重度。

（2）组分。

（3）初始生产气油比（GOR）。

（4）外观，如脱气原油的颜色。

（5）压力温度相图。

上述性质中有三种性质应用较为广泛，包括初始 GOR、API 重度和分离出来的液体的颜色。

初始生产气油比是判断流体类型最重要的指标。流体颜色并不是区分凝析气和挥发油的可靠方法，但一般来说，深色表明重烃的存在。烃类系统没有明显的分界，只有通过实验研究才能得到适当的分类。总的来说，储层温度和油气系统的组成对系统的性质有很大的影响。将四个原油体系的流体物理特征总结如下。

1. 普通黑油

图 1—19 是普通黑油的典型的 $P-T$ 相图。黑油相图的特点是其等液量线大概是等距的。通过绘制液体体积百分比作为压力的函数，沿着图 1—19 中 EF 所示的压力下降路径，可以绘制出图 1—20 所示的液体收缩曲线。除了在非常低的压力下，液体收缩曲线近似于一条直线。在生产时，普通黑油的气油比通常在 200～700scf/STB 之间，API 重度为 15～40，其地面脱气原油的颜色通常是由棕色到深绿色的。

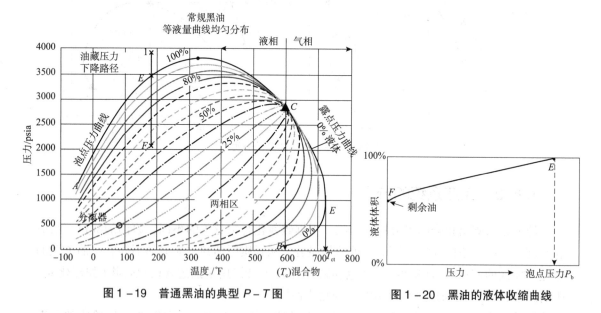

图 1—19　普通黑油的典型 $P-T$ 图　　　　图 1—20　黑油的液体收缩曲线

2. 不易挥发性原油

不易挥发性原油的典型 $P-T$ 相图如图 1—21 所示。该图的特点是等液量线偏向露点线。图 1—22 所示的液体收缩曲线显示了这类原油的收缩性质。这类原油的其他相关性质包括：

（1）地层体积系数小于 1.2bbl/STB。

（2）生产气油比 GOR 小于 200scf/STB。

（3）原油 API 重度小于 35。

（4）黑色或深颜色的。

（5）从图 1-22 中 85% 等液量线上的分离器条件下液体回收量很大。

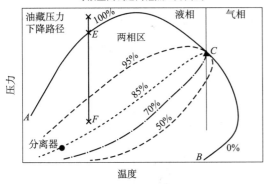

图 1-21　低收缩性油的典型 $P-T$ 相图

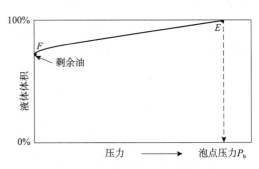

图 1-22　低收缩性油的收缩曲线

3. 挥发性原油

挥发性（高收缩性）原油的相图如图 1-23 所示。该图的特点是其等液量线趋近泡点线，且在较低的压力下，等液量线的间距较大。这类原油的特点是在泡点压力以下液体的收缩性很高，如图 1-24 所示。其他性质包括：

（1）地层体积系数大于 1.5bbl/STB。

（2）生产气油比在 2000～3000scf/STB 之间。

（3）原油 API 重度在 45～55 之间。

（4）分离条件下的液体回收率较低，如图 1-23 中的 G 点所示。

（5）液体颜色从绿色到橙色。

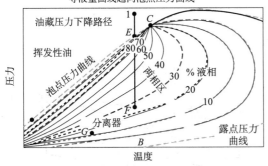

图 1-23　挥发性原油的典型 $P-T$ 图

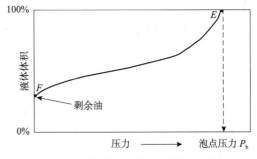

图 1-24　挥发性原油的典型液体收缩曲线

在地面条件下，从挥发性油中释放出来的溶解气含有大量的凝析油。从黑油中提取的溶解气通常被认为是"干"的，因为在地面条件下，产生的脱气原油并不多。在工程计算中，挥发性油和黑油之间最重要的区别是释放的溶解气中液体的含量。挥发性油藏的另一个特点是，在储层后期，油藏液体的 API 重度会变大。

4. 近临界原油

如图1-25所示，如果储层温度接近烃类系统的临界温度，则该烃类混合物被称为近临界原油。由于所有的等液量线在临界点收敛，等温压降（如图1-25中的垂直线 EF）可能会使原油在低于泡点 $10 \sim 50psi$ 的压力下从碳氢化合物孔隙体积的 100% 收缩到 55% 或更低。近临界原油的收缩性质如图1-26所示。由于大多数储层岩石的气油相对渗透率特征，这种高收缩性导致孔隙空间含气饱和度高；游离气体几乎在油藏压力刚接近泡点压力的时候就能获得较高的流动性。

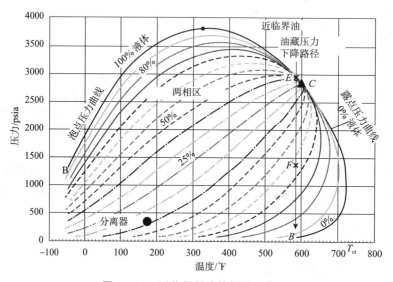

图1-25 近临界原油的相图示意图

近临界原油的特点是生产气油比较高，超过 $3000scf/STB$，油层体积系数为 $2.0bbl/STB$ 或更高。其组成特征通常是包含 $12.5 \sim 20mol\%$ 的 C_{7+}，35% 或更多的乙烷至己烷，剩下的是甲烷。需要指出的是，在相图上，近临界油系统可以看作富凝析气的边界线。

图1-27比较了各类原油的液体收缩曲线的特征。

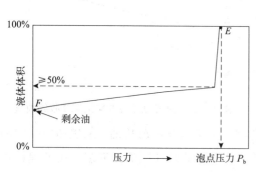

图1-26 近临界原油的典型液体收缩曲线

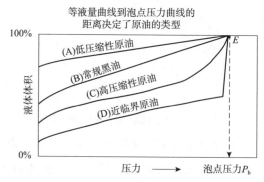

图1-27 原油体系的液体收缩

1.6.3 气藏的分类

一般来说，如果储层温度高于油气系统的临界温度，则将其划分为天然气储层。天然气根据相图和储层条件可分为四类：

(1)反凝析气藏。

(2)凝析气藏。

(3)湿气藏。

(4)干气藏。

在某些情况下，当从地面处理设备中回收凝析油(脱气原油)时，储层被错误地归类为反凝析气藏。严格地说，反凝析气藏的定义只取决于储层温度。

1. 反凝析气藏

如果储层温度 T 介于储层流体的临界温度 T_c 和临界凝析温度 T_{ct} 之间，则该储层为反凝析气藏。这类气藏具有独特的油气成藏类型，油藏流体特殊的热力学行为是该类气藏开发和衰竭过程的控制因素。当压力降低时，油藏烃类混合物不像预期的那样膨胀(如果是气体)或汽化(如果是液体)，也不会冷凝，而是会蒸发。

图1-28的压力-温度相图上的1点表示的是油藏的初始条件。由于储层压力高于露点压力，油气系统在储层中以单相(即气相)的形式存在。在生产过程中，随着储层压力从初始压力(1点)等温下降到露点压力(2点)，轻组分和重组分分子之间的引力变弱，而重组分分子之间的吸引力增强，因此，液体开始凝结。随着压力不断降低，反凝析过程继续进行，直到液体析出量达到最大值(3点)。当压力进一步降低时，重组分分子开始正常的蒸发过程。在此过程中，撞击液体表面的气体分子越来越少，离开液相的分子要多于进入液相的分子。蒸发过程会一直持续到储层压力达到较低的露点压力。这就意味着，形成的所有液体都会汽化，因为在低于下露点压力时，混合物系统本身就处于气相。

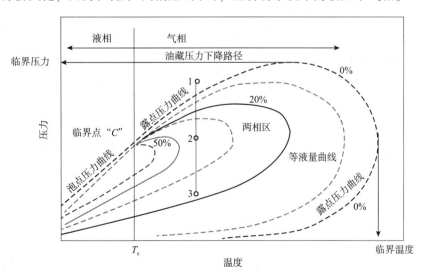

图1-28 凝析系统的典型相图

图 1-29 显示了一个凝析气系统的典型液体收缩曲线。该曲线通常称为液体析出曲线。当油藏压力从露点压力 5900psi 下降至 2800psi 时，最大液体析出量（LDO）为 26.5%。在大多数凝析气藏中，凝析液的体积很少超过孔隙体积的 15%～19%。这种液体饱和度不足以让任何液体流动。但是，应该认识到，在压降较高的井眼周围可能会积聚足够的 LDO，从而导致气液两相流。这一类气藏的物理特征包括：

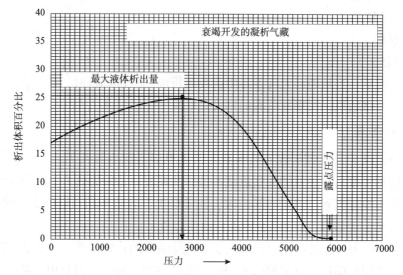

图 1-29　典型的液体析出曲线

（1）生产气油比在 8000～70000scf/STB 之间。一般来说，由于 LDO 和液体中重组分的损失，凝析系统的 GOR 随时间增大。

（2）凝析油 API 重度高于 50。

（3）储液液体通常为水白色或略带颜色。

需要指出的是，从挥发性油的溶液中析出并留在储层中的气体通常被称为反凝析气，并随着压力的下降形成反凝析油。

从组分的角度可看出，在油和凝析液之间有一条明显的分界线。若储层流体中含有庚烷且其重组分的摩尔浓度大于 12.5% 时，流体在储层中几乎总处于液态。人们已观测到庚烷浓度低至 10%，凝析液浓度高达 15.5% 的原油。这种情况很少，除非它们有很高的 API 值。

2. 凝析气藏

如图 1-30 所示，如果储层温度接近临界温度，则烃类混合物被归类为凝析气藏。通过等温压力下降来描述这类天然气的体积性质，如图 1-30 中的垂直线 1-3 和图 1-31 中给出的 LDO 曲线。由于所有的等液量线都在图 1-31 所示的临界点处收敛，当压力降低到 2 点时，在露点压力以下液体会快速析出。

这一性质可以通过这样一个事实来证明：在压力的等温还原过程中，几个等液量线通过等温压力降低而非常迅速地相交。当液体停止凝析并再次开始收缩时，储层从反凝析区域进入正常蒸发区域。

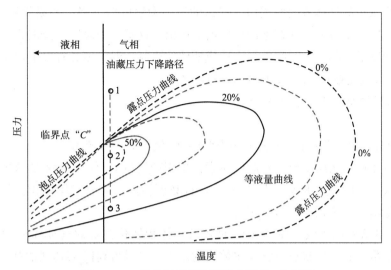

图 1-30　近临界凝析气藏的典型 $P-T$ 相图

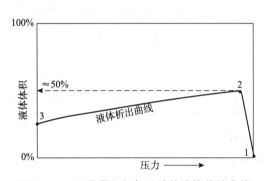

图 1-31　近临界凝析气系统的液体收缩曲线

3. 湿气藏

湿气的典型 $P-T$ 相图如图 1-32 所示，其中储层温度高于烃类混合物的临界凝析温度。由于储层温度超过油气系统的临界凝析温度，当储层沿垂直线 AB 等温衰竭时，储层流体始终保持在气相区内。

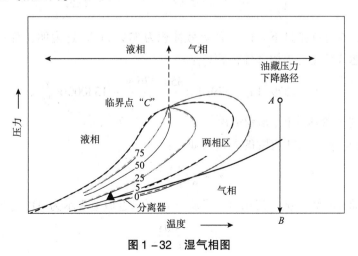

图 1-32　湿气相图

然而，当采出的气体流向地表时，气体的压力和温度会下降。如果气体进入两相区，便会从气体中冷凝出液相，并在地面分离器中产出。这是由于温度下降时重分子动能随着温度的下降而降低，随后分子间的引力造成液体的冷凝。湿气藏具有以下特征：

(1)生产气油比在 60000 ~ 100000scf/STB 之间。

(2)地面脱气原油 API 重度大于60。

(3)液体呈水白色。

(4)地面分离器条件(如分离器的压力和温度)位于两相区域内。

在湿气藏中应用物质平衡方程时应注意，累积产气量 G_P 作为 P/Z 的函数，累积地面凝析油体积 N_P(STB)或凝析油产量 Q_o(STB/d)必须转换为等效气体体积，并添加到累积分离器产气量 G_P 或分离器产气量 q_{gas} 中。

用 scf/STB 表示的等效气体体积 V_{eq} 是将液体体积转化为等效气体体积的一个重要性质。根据摩尔数 n 和气体状态方程摩尔数 n 的定义，可以得到 V_{eq} 表达式的基本方程。

摩尔数(液体或气体)的定义是质量 m 与相对分子质量 M 之比，流体质量 m 由流体体积乘以其密度得出。将该定义应用于储罐条件下的液相，得到：

$$n_o = \frac{m_o}{M_o} = \frac{V_o \rho_o}{M_o} = \frac{5.615 \times 62.4 \, \gamma_o}{M_o}$$

或：

$$n_o = \frac{m_o}{M_o} = \frac{V_o \rho_o}{M_o} = \frac{5.615 \times 62.4 \, \gamma_o}{M_o} = \frac{350.376 \, \gamma_o}{M_o}$$

式中　V_o——液体体积，STB；

　　　M_o——液体的相对分子质量；

　　　γ_o——液体相对密度 60°F/60°F。

气体状态方程是：

$$PV = ZnRT$$

通过求解储罐条件下体积 V 的状态方程，即在 14.7psi 和 60°F 条件下，气体常数 R 为 10.73，可以得到：

$$V_{sc} = \frac{Z_{sc}RTn}{P_{sc}} = \frac{1 \times 10.73 \times (60+460)n}{14.7}$$

以上结果表明，在标准条件下，1mol 的等效体积为 379.4scf。这说明，任何液体摩尔数可以通过以下表达式转化为等效气体体积 V_{eq}：

$$V_{eq} = 379.4 n_o = 379.4 \times \frac{350.376 \, \gamma_o}{M_o} \approx 133000 \times \frac{\gamma_o}{M_o}$$

式中　V_{eq}——等效气体体积，scf/STB。

液体相对密度 γ_o 与 API 重度的关系式如下：

$$\gamma_o = \frac{141.5}{API + 131.5}$$

对于凝析油和轻烃系统，其相对分子质量 M_o 可以近似地表示为 API 重度，关系如下：

$$M_o = \frac{6084}{API - 5.9}$$

结合上述两个表达式，求出了 γ_o / M_o 比值得到：

$$\frac{\gamma_o}{M_o} = 0.001892 + 7.35 \times 10^{-5}\,API - 4.52 \times 10^{-8}\,(API)^2$$

等效气体体积方程中的 γ_o / M_o 比可以用上述表达式代替得到：

$$V_{eq} = 252 + 9.776\,API - 0.006\,(API)^2$$

下面的例子说明了等效气体体积在将液体体积转换为等效气体体积方面的实际应用。

例 1-8 某个页岩气藏具有以下性质：

$$P_i = 3200\text{psia}；T = 200\,^{\circ}\text{F}；\Phi = 8\%；S_{wi} = 30\%；$$

凝析液日流量 $Q_o = 400\text{STB/d}$；

凝析油的 API 重度 $= 50\,^{\circ}\text{API}$；

日高压分离器气体流量 $q_{gsep} = 4.20\text{MMscf/d}$；

日低压分离器气体流量 $q_{gsep} = 1.20\text{MMscf/d}$；

平均分离器气体相对密度 $= 0.65$；

日储罐气体流量 $q_{gst} = 0.15\text{MMscf/d}$；

根据如下所示地表设备，计算该井的日流量（MMscf/d）。

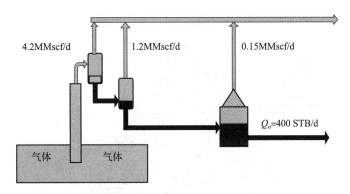

解　（1）计算等效气体体积 V_{eq}：

$$V_{eq} = 252 + 9.776\,API - 0.006\,(API)^2$$

$$V_{eq} = 252 + 9.776 \times 50 - 0.006 \times (50)^2 = 725.8\text{scf/STB}$$

（2）计算总井产量 Q_g：

$$Q_g = 4.2 + 1.2 + 0.15 + 400 \times 725.8/10^6 = 5.840\text{MMscf/d}$$

可将等效气体体积方程进一步简化，与上述公式结合。

4. 干气藏

油气混合物以气体的形式存在于储层和地面设备中。与干气藏的气体相关联的唯一液体是水。图 1-33 为干气藏的相图。通常，生产气油比大于 100000scf/STB 的系统被认为是干气藏。这种混合物的动能非常大，分子间的引力又非常小，以致在储罐的温度和压力条件下，没有一个分子能聚成液体。

应指出的是，所列烃类流体也可以根据系统的初始组成来进行分类。需要指出的是，烃类混合物中的重组分（如 C_{7+}）对流体性质的影响最大。大量的实验室组分分析表明，油气

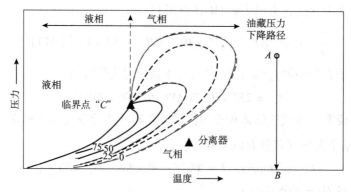

图 1-33 干气的典型 $P-T$ 相图

系统中 C_{7+} 的总摩尔百分比是油气体系中分离油气和其他流体体系的相边界。一般来说：

当 C_{7+} 摩尔百分比小于 12.5 时，烃系统为气相；

当 C_{7+} 摩尔百分比为 12.5~20 时，烃系统为近临界；

当 C_{7+} 摩尔百分比大于 20 时，烃系统为油相。

图 1-34 所示的等边三角形的三元图可以用于粗略地划分不同类型烃类系统的组分的相边界。

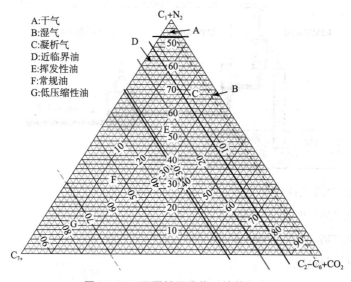

图 1-34 不同储层流体系统的组成

从新发现的油田获得的流体样品可能有助于确定两相的存在，即上覆气顶或下覆油环的气顶体系。由于油气层的组成完全不同，两个体系可以分别用单独的相图来表示，它们之间或它们与复合相之间的关系不大。油层在泡点下作为饱和油藏开采，但会因气顶的存在而改变。根据气体的组成和相图，气顶气体可能是反凝析气顶，如图 1-35 所示，也可能是如图 1-36 所示的干气气顶或湿气气顶。因此，在饱和油藏中的探井通常需要进一步进行现场划分，以证实在测试井上方（即气顶）或下方（即油环）是否存在第二平衡相。这需要使用重复储层测试（RFT）方法来确定作为深度的函数的流体压力梯度，或者有必要在该探井的上倾或下倾地层钻一口新井。

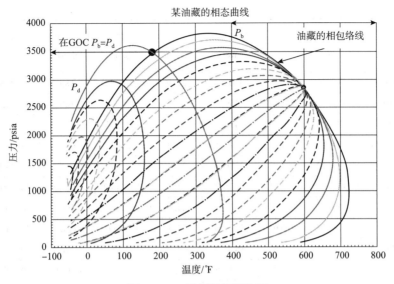

图 1-35　反凝析气顶油藏

当在不同的深度采集多个样本时，它们会显示出 PVT 性质随深度变化（表 1-3）。若以图形方式表示这种变化可用于定位油气界面（GOC）（图 1-37）。PVT 性质的变化还可以用 C_1 和 C_{7+} 组分随深度的变化（图 1-38）、井眼密度和储层密度随深度的变化图形表示（图 1-39）。

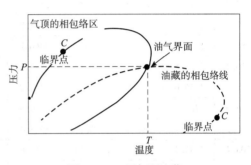

图 1-36　干气顶油藏

表 1-3　油气界面定位表

深度/ft	压力/psia	温度/°F	相	饱和压力/psia	摩尔质量	密度/(lb/ft³)	气油比/(scf/STB)	STO 密度/(lb/ft³)	黏度/cP
5200. 0	3586. 8	163. 71	气相	3070. 0	23. 0	14. 4365	43485. 8	48. 2664	0. 0278
5248. 3	3591. 6	164. 43	气相	3089. 9	23. 1	14. 4714	42419. 5	48. 2697	0. 0279
5296. 6	3596. 5	165. 16	气相	3110. 9	23. 1	14. 5079	41365. 4	48. 2733	0. 0280
5344. 8	3601. 4	165. 88	气相	3133. 1	23. 2	14. 5462	40322. 1	48. 2771	0. 0281
5393. 1	3606. 3	166. 61	气相	3156. 6	23. 3	14. 5865	39288. 6	48. 2814	0. 0281
5441. 4	3611. 1	167. 33	气相	3181. 5	23. 3	14. 6288	38263. 5	48. 2859	0. 0282
5489. 7	3616. 1	168. 05	气相	3208. 0	23. 4	14. 6735	37245. 5	48. 2910	0. 0283
5537. 9	3621. 0	168. 78	气相	3236. 1	23. 5	14. 7207	36233. 1	48. 2964	0. 0284
5586. 2	3625. 9	169. 50	气相	3266. 1	23. 6	14. 7709	35224. 5	48. 3025	0. 0285
5634. 5	3630. 9	170. 23	气相	3298. 1	23. 7	14. 8242	34218. 1	48. 3091	0. 0286
5682. 8	3635. 9	170. 95	气相	3332. 4	23. 8	14. 8812	33211. 7	48. 3164	0. 0287
5731. 0	3640. 9	171. 68	气相	3369. 0	23. 8	14. 9423	32203. 1	48. 3245	0. 0288

深度/ft	压力/psia	温度/℉	相	饱和压力/psia	摩尔质量	密度/(lb/ft³)	气油比/(scf/STB)	STO 密度/(lb/ft³)	黏度/cP
5779.3	3645.9	172.40	气相	3408.3	23.9	15.0082	31189.6	48.3334	0.0290
5827.6	3650.9	173.12	气相	3450.6	24.1	15.0796	30168.0	48.3434	0.0291
5875.9	3656.0	173.85	气相	3496.0	24.2	15.1575	29134.8	48.3545	0.0293
5924.1	3661.1	174.57	气相	3545.1	24.3	15.2430	28085.5	48.3670	0.0295
5972.4	3666.2	175.30	气相	3598.1	24.4	15.3379	27014.6	48.3810	0.0296
6020.7	3671.4	176.02	气相	3655.7	24.6	15.4443	25914.9	48.3968	0.0299
6034.4	3672.9	176.23	气相	3672.8	24.6	15.4767	25599.2	48.4016	0.0299
6034.4	3672.9	176.23	油相	3673.0	60.1	34.4996	1793.4	49.2422	0.1404
6069.0	3681.2	176.74	油相	3640.0	62.7	35.1887	1656.5	49.3460	0.1558
6117.2	3693.2	177.47	油相	3597.5	66.3	36.0601	1495.0	49.4877	0.1800
6165.5	3705.4	178.19	油相	3557.9	70.0	36.8474	1359.2	49.6253	0.2076
6213.8	3717.9	178.92	油相	3520.2	73.7	37.5643	1243.2	49.7583	0.2391
6262.1	3730.6	179.64	油相	3483.8	77.5	38.2196	1142.9	49.8863	0.2750
6286.0	3737.0	180.00	油相	3466.2	79.4	38.5237	1098.1	49.9478	0.2946
6310.3	3743.5	180.37	油相	3448.6	81.3	38.8198	1055.5	50.0089	0.3156
6358.6	3756.6	181.09	油相	3414.2	85.1	39.3702	978.8	50.1257	0.3612
6406.9	3769.9	181.81	油相	3380.5	89.0	39.8754	911.1	50.2367	0.4119
6455.2	3783.4	182.54	油相	3347.4	92.8	40.3393	851.1	50.3419	0.4678
6503.4	3796.9	183.26	油相	3314.8	96.7	40.7656	797.6	50.4413	0.5290
6551.7	3810.7	183.99	油相	3282.7	100.5	41.1576	749.7	50.5352	0.5954
6600.0	3824.5	184.71	油相	3251.1	104.4	41.5185	706.7	50.6236	0.6670

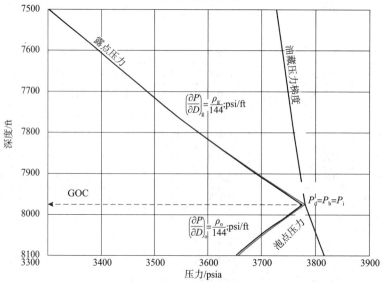

根据压力梯度确定油气界面

图 1-37 用压力梯度法测定油气界面

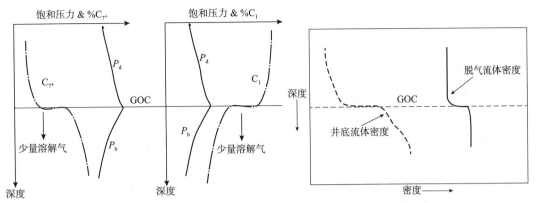

图 1-38 C_1 和 C_{7+} 组分随深度的变化

图 1-39 井底流体和脱气流体的
密度随深度的变化

确定流体界面,即油气界面(GOC)和油水界面(WOC),对于确定油气初始位置和规划油田开发极为重要。流体界面的不确定性对储量估算有重大影响。流体界面可以通过以下三种方式测得:

(1)电阻工具,如电测井工具。

(2)压力测量,如重复储层测试(RFT)或模块化储层动态测试(MDT)。

(3)地震数据解释。

通常情况下,除非油井直接穿透流体界面,否则流体界面的位置会存在较大的不确定性。RFT 是斯伦贝谢公司用于建立储层纵向压力分布(即提供储层压力纵向剖面)和获取流体样品的裸眼测井工具的专有名称。在新油田的评估阶段,RFT 测试可以提供质量最好的压力数据,并确定流体界面。与钻杆测试(DSTs)相比,这些测量数据的解释不需要复杂的地层分析来确定储层压力,也不需要进行深度校正,通常比较简单,因为测量深度实际上与 RFT 探头的深度一致。

RFT 工具在目标区域配有一个压力传感器,并被封隔器挤靠在井壁上。探针由两个测试室组成,每个测试室配备一个活塞。探针被推向地层并穿过泥饼,然后拔出测试室中的活塞,在探头两端将产生压降。这两个测试室串联工作:第一个活塞缓慢抽出(抽出 $10cm^3$ 液体大约需要 4s);第二个活塞以更快的速度抽出($10cm^3$ 时液体需要 5s)。在将工具对准地层之前,压力传感器会记录目标深度的泥浆压力。

当第一个测试室充满液体(缓慢地)时,观察到第一个主压降 ΔP_1,随后观察到第二个测试室充满液体时的 ΔP_2。地层越致密,ΔP_1 和 ΔP_2 越大。因此,这个记录可以定性地说明储层的渗透率。由于已知流量和压降,实际地层渗透率可以通过 CSU(测井工具上的计算机)计算出来。注意因为 RFT 测试的是油藏的很小一部分,而且分析假设的是一种特定的流型,因此在某些情况下该测试得到的渗透率可能不具有代表性。但是这些渗透率的测量值指示了渗透率的数量级。

一旦出现了两个压降,即刻停止采出流体,使地层压力得以恢复。这个压力的回升被称为压力恢复,它应该恢复到地层深处真实的地层流体压力值。注意,压差 ΔP_1 和 ΔP_2 与最终压力恢复有关,而与初始压力(即泥浆压力)无关。压力恢复率可以用来估算渗透率。

因此，RFT测试在同一采样点给出了三种渗透率估计值。

致密地层会导致非常大的压降和缓慢的压力恢复。如果压力在 4～5min 内没有回升和恢复，通常会放弃该压力测试，以免工具被卡，收回测试工具并在新的深度重复该过程。一旦工具重置，应让压力读数恢复到与设置前相同的泥浆压力，以此来控制和检查仪表。RFT测试对压力取样的深度没有限制。

如果需要流体样品，可在取样过程中将流体分流至工具中的样本室。

应指出的是，在绘制压力与深度的关系图时，压力单位必须保持一致，即绝对压力（psia）或表压（psig）。深度必须是真实的垂直深度，最好低于地下基准深度。

图 1－40 说明了压力－深度图的基本原理。这张图显示了两口井：

①井 1 钻穿气顶时，记录的气体压力为 P_g，测量的气体密度为 ρ_g。

②井 2 钻穿油层时，记录了油压 P_o 和油密度 ρ_o。

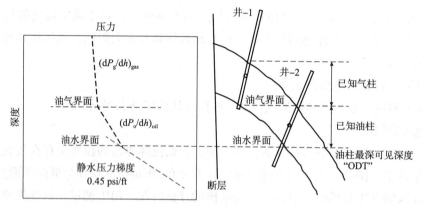

图 1－40　压力梯度与深度的关系

气、油和水的压力梯度可通过以下公式计算：

$$\frac{\mathrm{d}P_g}{\mathrm{d}h} = \frac{\rho_g}{144} = \gamma_g$$

$$\frac{\mathrm{d}P_o}{\mathrm{d}h} = \frac{\rho_o}{144} = \gamma_o$$

$$\frac{\mathrm{d}P_w}{\mathrm{d}h} = \frac{\rho_w}{144} = \gamma_w$$

式中　$\mathrm{d}P/\mathrm{d}h$——流体压力梯度，psi/ft；

　　　　γ_g——气体压力梯度，psi/ft；

　　　　γ_o——油的压力梯度，psi/ft；

　　　　γ_w——水的梯度，psi/ft；

　　　　ρ_g——气体密度，lb/ft³；

　　　　ρ_o——油密度，lb/ft³；

　　　　ρ_w——水密度，lb/ft³。

1.7 油气界面

如图 1-40 所示,油和气压力梯度线的交点位于油气界面(GOC)处。注意,只有在油柱最深可见深度(ODT)界面以上才可看见油。除非进一步向下钻探新井以确定油水界面(WOC)的位置,否则该 ODT 位置被指定为油水界面。

图 1-41 显示了另一种油井穿透油柱的情况。可以看到油流达到 ODT 位置。但是,油藏可能存在气顶。如果在该特定深度下,记录油层压力为 P_o,测得泡点压力为 P_b,则可确定油气界面(GOC)的位置为:

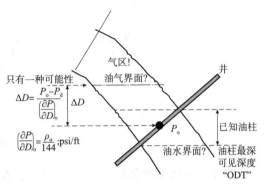

图 1-41 油环上的一口井

$$\Delta D = \frac{P_o - P_b}{(\mathrm{d}P/\mathrm{d}h)_{oil}} = \frac{P_o - P_b}{\gamma_o} \quad (1-18)$$

如果计算的深度值 ΔD 位于储层的 GOC 内,则有可能存在气顶,但这存在不确定性。因为式(1-18)假设 PVT 性质(包括泡点压力)不随深度变化。确定存在气顶的唯一方法是钻一口顶部井。

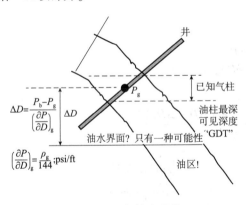

图 1-42 气柱发现井

图 1-42 展示了一个类似的情况。在图中,一口发现井穿透了一个在 GDT(Gas-Down-To)界面以上均可见气体的气柱,因此气顶下方可能存在一个油环。如果油田公司认为此处存在一个油环,则可与该地区其他相似油田进行类比,估算油气界面(GOC)的距离:

$$\Delta D = \frac{P_o - P_g}{(\mathrm{d}P/\mathrm{d}h)_{gas}} = \frac{P_o - P_g}{\gamma_g}$$

图 1-43 显示了两口探井:第一口井在气柱中,第二口井穿透水层。当然,只有两种可能:

(1)第一种可能性如图 1-43(a)所示,表明已知气柱下有一个含水带。此外,气水界面(GWC)尚未建立。推测 GWC 可以由以下关系计算:

$$D_1 = \frac{P_g - [P_w - \Delta D (\mathrm{d}P/\mathrm{d}h)_{water}]}{(\mathrm{d}P/\mathrm{d}h)_{water} - (\mathrm{d}P/\mathrm{d}h)_{gas}} = \frac{P_g - (P_w - \Delta D \gamma_{water})}{\gamma_{water} - \gamma_{gas}}$$

式中 γ ——流体梯度, psi/ft,即 $\rho/144$;

ρ ——流体密度, lb/ft^3;

D_1 ——气井与气水界面(GWC)的垂直距离, ft;

ΔD ——两口井之间的垂直距离;

$\mathrm{d}P/\mathrm{d}h$ ——流体梯度, psi/ft。

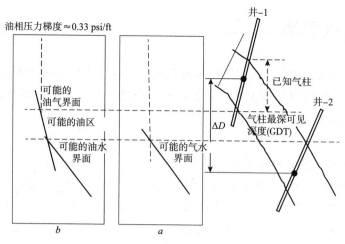

图1-43　两口发现井

（2）第二种可能性如图1-43（b）所示，在两口井之间可能存在一个油层。假设油相压力梯度范围为 $0.28 \sim 0.38\mathrm{psi/ft}$，则可通过绘制一条起始于GDT，斜率范围为 $0.28 \sim 0.38\mathrm{psi/ft}$ 的直线，直至与水相压力梯度线相交，以此来估算油层最大可能厚度。

图1-44中再次显示了两口发现井；一口井穿透气顶，另一口井穿透水层，两口井之间的垂直距离为 ΔD。如果已知泡点压力，则可估计出油柱最大可能厚度和不同接触面的深度，表达式如下：

到GOC的可能深度 D_1：

$$\Delta D_1 = \frac{P_b - P_g}{(\partial P_g / \partial D)_g}$$

到WOC的可能深度 D_3：

$$\Delta D_3 = \frac{(P_w - P_b) - [(\partial P_o / \partial D)(\Delta D - \Delta D_1)]}{(\partial P_w / \partial D) - (\partial P_o / \partial D)}$$

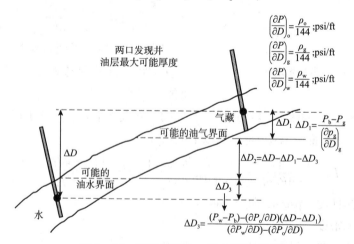

图1-44　两口发现井-最大可能油厚

油柱最大可能厚度 D_2 :

$$\Delta D_2 = \frac{\Delta D(\mathrm{d}P_w/\mathrm{d}h) - (P_w - P_b) - (P_b - P_g)(\mathrm{d}P_w/\mathrm{d}h)/(\mathrm{d}P_g/\mathrm{d}h)}{(\mathrm{d}P_w/\mathrm{d}h) - (\mathrm{d}P_o/\mathrm{d}h)}$$

$$= \frac{\Delta D\gamma_w - (P_w - P_b) - (P_b - P_g)(\gamma_w/\gamma_g)}{\gamma_w - \gamma_o}$$

或者

$$\Delta D_2 = \Delta D - \Delta D_1 - \Delta D_3$$

式中　ΔD_2——油柱最大可能厚度，ft；

　　　ΔD——两口井之间的垂直距离，ft；

　　　$\mathrm{d}P/\mathrm{d}h$——流体压力梯度，psi/ft。

例 1 – 9　图 1 – 45 显示了两口井，一口井在真实垂直深度(TVD)4950ft 处穿过气层，
另一口井在 5150ft 处穿过水层。

压力和 PVT 数据如下：

$P_g = 1745\mathrm{psi}$

$\rho_g = 14.4\mathrm{lb/ft}^3$

$P_w = 1808\mathrm{psi}$

$\rho_w = 57.6\mathrm{lb/ft}^3$

附近油田的泡点压力为
1750psi，原油密度为 50.4lb/ft³。
计算：

(1)GOC 的可能深度。

(2)油柱最大可能厚度。

(3)WOC 的可能深度。

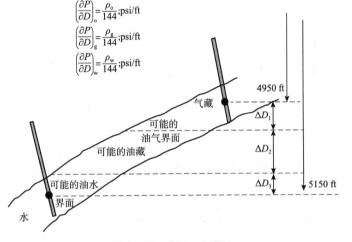

图 1 – 45　例 1 – 9 图示

解　(1)计算各相压力梯度：

气相压力梯度：$\left(\dfrac{\mathrm{d}P}{\mathrm{d}h}\right)_{gas} = \dfrac{\rho_g}{144} = \dfrac{14.4}{144} = 0.1\mathrm{psi/ft}$

液相压力梯度：$\left(\dfrac{\mathrm{d}P}{\mathrm{d}h}\right)_{oil} = \dfrac{\rho_o}{144} = \dfrac{50.4}{144} = 0.35\mathrm{psi/ft}$

水相压力梯度：$\left(\dfrac{\mathrm{d}P}{\mathrm{d}h}\right)_{water} = \dfrac{\rho_w}{144} = \dfrac{57.6}{144} = 0.4\mathrm{psi/ft}$

(2)估算 GOC 深度：

$$\Delta D_1 = \frac{P_b - P_g}{(\partial P_g/\partial D)_g} = \frac{1750 - 1745}{0.1} = 50\mathrm{ft}$$

$\mathrm{GOC} = 4950 + 50 = 5000\mathrm{ft}$

(3)估算 WOC 深度：

$$\Delta D_3 = \frac{(P_w - P_b) - \left[\left(\dfrac{\partial P_o}{\partial D}\right)(\Delta D - \Delta D_1)\right]}{\left(\dfrac{\partial P_w}{\partial D}\right) - \left(\dfrac{\partial P_o}{\partial D}\right)} = \frac{(1808 - 1750) - 0.35 \times (200 - 50)}{0.4 - 0.35} = 110\mathrm{ft}$$

$$WOC = 5150 - 110 = 5040ft$$

（4）估算油柱最大可能厚度：

$$\Delta D_2 = \frac{\Delta D \gamma_w - (P_w - P_b) - (P_b - P_g)(\gamma_w/\gamma_g)}{\gamma_w - \gamma_o}$$

$$\Delta D_2 = \frac{200 \times 0.4 - (1808 - 1750) - (1750 - 1745) \times (0.4 \div 0.1)}{0.4 - 0.35} = 40ft$$

或者

$$\Delta D_2 = \Delta D - \Delta D_1 - \Delta D_3 = 200 - 50 - 110 = 40ft$$

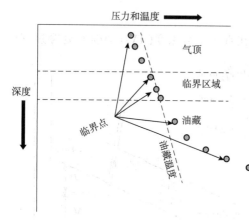

图 1-46 欠饱和气油界面

1.8 欠饱和 GOC

对于组分和温度随深度变化较大的气顶油藏，组分随深度的变化会导致油气系统类型的变化。有时，在没有气顶的情况下，气相也可转化为液相。如图 1-46 所示，对这种现象的一种可能解释是，在气液系统转化的过程中，油藏温度梯度与碳氢化合物临界温度梯度一致，从而形成了临界混合物。这一临界混合物将气体和液体分离而没有形成明显的 GOC，这一气油界面被称为欠饱和 GOC。

1.9 相态原则

在这个阶段引入和定义相态原则的概念是合适的。Gibbs（1948）推导了平衡状态下的相数 P、组分数 C 和自变量数 F 之间的简单关系，必须指定这些自变量才能完全描述系统的状态。

Gibbs 提出了如式（1-19）所示的相态基本的原则：

$$F = C - P + 2 \tag{1-19}$$

式中　F——确定系统处于平衡状态所需的变量数或自由度数量（如压力、温度、密度）；

C——独立组分的数量；

P——相的数量。

相被定义为物理和化学成分均匀的系统。系统的自由度 F 包括如温度、压力、密度和相的组成（浓度）等性质。必须指定这些自变量才能完整定义系统。在单组分（$C=1$）、两相系统（$P=2$）中，只有一个自由度（$F=1-2+2=1$）。因此，只需指定压力或温度即可确定系统的热力学状态。

如式（1-19）所描述的相态原则在几个方面非常有用。它表示可以共存的平衡相的最大数量和存在的组分数量。应该指出的是，相态原则并不决定相的性质、确切的组成或总量。此外，它只适用于处于平衡的系统，而不能确定达到平衡的速率。

例 1-10、例 1-11、例 1-12 说明了相态原则的重要性和实际应用。

例 1-10 对于单组分系统,确定系统存在于单相区域所需的自由度。

解 应用公式(1-19)得出 $F = 1 - 1 + 2 = 2$。必须指定两个自由度,系统才能存在于单相区域。这两个性质一定是压力和温度。

例 1-11 两个阶段的双组分系统允许的自由度是多少?

解 因为 $C = 2$ 和 $P = 2$,应用式(1-19)得到 $F = 2 - 2 + 2 = 2$。这两个自由度可以是系统压力、系统温度和浓度(摩尔分数),或者系统压力、系统温度和组分的其他组合。

例 1-12 对于一个三组分系统,确定系统存在于单相区的自由度。

解 使用相态原则表达式得到 $F = 3 - 1 + 2 = 4$,因此必须指定四个自变量来定义系统。变量可以是压力、温度和三个组分中的两个的摩尔分数。

从前面的讨论中可以看出,烃类混合物可能以气态或液态存在,这取决于储层和它们所处的操作条件。提出的定性概念可能有助于开展定量分析。经验状态方程是描述和划分烃类系统的定量工具。这些状态方程需要烃类系统的详细组成,以及烃类混合物中每个组分的物理和临界性质的完整描述。

习题

1. 下面列出了不同烃类系统的组成分析,其组成以摩尔百分比表示。对这些系统进行分类。

组 分	系统 1	系统 2	系统 3	系统 4
C_1	68.00	25.07	60.00	12.15
C_2	9.68	11.67	8.15	3.10
C_3	5.34	9.36	4.85	2.51
C_4	3.48	6.00	3.12	2.61
C_5	1.78	3.98	1.41	2.78
C_6	1.73	3.26	2.47	4.85
C_{7+}	9.99	40.66	20.00	72.00

2. 纯组分在不同温度下的蒸气压力为:

$T/℉$	104	140	176	212
P_v/psi	46.09	135.04	345.19	773.75

(1)将这些数据绘制成一条近乎直线的曲线。

(2)测定 $200lb/ft^2$ 时沸点。

(3)测定 250℉时的蒸气压力。

3. 纯组分的临界温度是 260°F。不同温度下的液相和气相密度为：

$T/°F$	86	122	158	212
$\rho_L/(\text{lb/ft}^3)$	40.280	38.160	35.790	30.890
$\rho_v/(\text{lb/ft}^3)$	0.886	1.691	2.402	5.054

测定该物质的临界密度。

4. 使用 Lee 和 Kesler 经验公式，计算正丁烷在 100°F 时的蒸气压力。将计算出的蒸气压力与从 Cox 图中得到的蒸气压力进行比较。

5. 分别使用以下经验公式计算 200°F 下正丁烷的饱和液体密度：
（1）Rackett 经验公式。
（2）修正的 Rackett 经验公式。
将计算得到两个值与由图 1-5 确定的实验值进行比较。

6. 在单组分、双组分、三组分体系中，在恒温常压下达到平衡的最大相数是多少？

7. 对于一个七组分系统，确定系统在以下区域必须指定的自由度数。
（1）单相区。
（2）两相区。

8. 图 1-9 展示了八种甲烷和乙烷混合物的相图以及两种组分的蒸气压力曲线。确定
（1）甲烷在 160°F 时的蒸气压力。
（2）乙烷在 60°F 时的蒸气压力。
（3）混合物 7 的临界压力和温度。
（4）混合物 7 的临界凝析压力和临界凝析温度。
（5）混合物 6 在 20°F 时的上露点压力和下露点压力。
（6）混合物 8 在 60°F 时的泡点压力和露点压力。

9. 根据图 1-9，在压力组成图中识别下列温度下所处的相区：
（1）-120°F。
（2）20°F。

10. 使用图 1-9，在下列压力下，制作温度组成图（通常称为 T/X 图）：
（1）300psia。
（2）700psia。
（3）800psia。

11. 推导当组分分别用以下两种质量分数表示时两相区域中液体和气体的数量的方程：

（1）挥发性较强的组分的质量分数。

（2）低挥发性组分的质量分数。

12. 一个容量为 $20ft^3$ 的储罐在 $60\,^{\circ}F$ 被排空并加热。分别计算当注入 5lb 和 100lb 液态丙烷时，储罐内的压力，液体和气体的比例是多少？

参考文献

Burcik, E., 1957. Properties of Petroleum Reservoir Fluids. International Human Resources Development Corporation (IHRDC), Boston, MA.

Gibbs, J. W., 1948. The Collected Works of J. Willard Gibbs (Connecticut Academy of Arts and Sciences, Trans.). vol. 1. Yale University Press, New Haven, CT (original text published 1876).

Lee, B. I., Kesler, M. G., 1975. A generalized thermodynamics correlation based on three – parameter corresponding states. AIChE J. 21 (3), 510 – 527.

Pitzer, K. S., 1955. The volumetric and thermodynamics properties of fluids. J. Am. Chem. Soc. 77 (13), 3427 – 3433.

Rackett, H. G., 1970. Equation of state for saturated liquids. J. Chem. Eng. Data 15 (4), 514 – 517.

Spencer, F. F., Danner, R. P., 1973. Prediction of bubblepoint density of mixtures. J. Chem. Eng. Data 18 (2), 230 – 234.

Yamada, T., Gunn, R., 1973. Saturated liquid molar volumes：the Rackett equation. J. Chem. Eng. Data 18 (2), 234 – 236.

第2章 重质烃类的表征

储层流体包含各种不同化学结构的物质，包括烃类和非烃类组分。由于构成烃类系统的组分数量巨大，完整地描述烃类流体的化学组成和各种天然储层流体的组分从最轻的组分(如氮或甲烷)到中等再到非常大的相对分子质量组分形成烃谱。这些流体不同部分的相对比例可以在很大范围内变化，这导致石油流体表现出非常不同的特征：如干气、反凝析气、挥发油等。

2.1 原油分析

每种原油都具有独特的分子和化学性质。这些差异是导致原油品质不同的关键。原油分析本质上是通过物理和化学实验对原油进行评估。它提供了原油最终用途的适用性数据，还有助于预测原油的商业价值。此外，从原油分析中获得的信息还可用于状态方程的调整和验证。原油体积性质有助于初步筛选和鉴定有相似来源的油。这些体积性质包括几种可用于量化原油质量的实验室测量值。下面简要讨论这些性质：

(1)美国石油学会(API)重度：API重度是一种用于量化原油质量的标准行业性质。这种石油性质的定义如下所示，高值表示轻质油，低值表示重油。

$$API = \frac{141.5}{\gamma} - 131.5$$

式中　γ——液体的相对密度。

需要注意的是，水的API重度为10，因为水的相对密度为1，这意味着非常重的原油的API重度可能小于10，并且在10到30之间变化，对于中等原油，API重度在30到40之间，对于轻质原油，API重度在40以上。

(2)浊点：浊点定义为油在标准条件下逐渐冷却开始形成蜡晶体的最低温度。在这个温度下，油变得浑浊，并能观察到第一个蜡晶体颗粒。低浊点原油适合在低温条件下使用。一般仅对含有石蜡的油进行浊点测量，因此没有轻组分(石脑油或汽油)的浊点数据报告。蜡晶体可能造成严重的流动安全问题，包括堵塞流动管线和降低油井产能。

(3)Reid蒸气压为(RVP)：RVP是原油表面以上轻烃组分的蒸气压力，RVP值越高，原油样品中轻烃的百分比越高。

(4)流动点：石油组分流动点的定义是油在不搅拌的情况下仍能流动的最低温度。

(5)含硫量：天然气中的含硫量通常用硫化氢(H_2S)的质量百分比来表示。一些天然气中含有高达30%的硫化氢。原油的含硫量用硫的质量百分比来表示，范围从0.1%到6%不等。含硫量小于1%的原油称为低硫油或甜原油，含硫量大于1%的原油称为高硫油或酸原油。

(6)闪点：液态烃或其任何衍生物的闪点的定义是在液体表面产生足够的蒸气与空气形成混合物的最低温度，如果存在火花，这种混合物就能发生自燃。闪点是一个重要的安全参数，特别是在储存和运输挥发性石油产品(如液化石油气、轻油、汽油)时。储罐周围的环境温度应始终小于油的闪点，以避免着火的可能性。

(7)折射率(RI)：RI 代表光在真空中的速度与在油中的速度之比。这一性质是指光通过介质时弯曲(折射)的程度。RI 值可以非常精确地测量，并用于关联碳氢化合物的密度和其他性质，具有很高的可靠性。从 RI 测量中获得的信息可以用来确定沥青质的性质，特别是它们从原油中沉淀的倾向。

(8)凝固点：凝固点是指烃类液体在大气压力下凝固的温度。

(9)烟点：烟点是一种用来描述燃油在烟火中燃烧趋势的性质。燃油中含有较高数量的芳烃会产生烟味，并由于热辐射造成能量损失。该性质是指燃油的无烟火焰的高度，超过该高度就会冒烟，以 mm 为单位表示；即烟点高表示燃油含有少量的芳烃。

(10)苯胺点：该性质表示等体积苯胺与石油完全混溶的最低温度。苯胺点在石油组分的表征和分子类型分析中具有重要意义。

(11)康氏残炭值(CCR)：该性质测量的是原油形成焦炭的趋势和能力。它通过对样品进行破坏性蒸馏以确定剩余的焦炭残渣。CCR 是剩余焦炭残渣的质量占原始样品的百分比。

(12)酸值：酸值是决定炼化厂气体有机酸度的一个性质。

(13)燃烧总热(高热值)：这一性质衡量单位数量的燃油完全燃烧所产生的热量。

(14)燃烧净热(较低的热值)：通过燃烧总热或高热值减去燃烧形成的水蒸气的热值得到。

储层流体组分有多种分类方法。通常，烃类系统的组分可分为以下两类：

①定义明确的石油组分。

②未定义的石油组分。

2.1.1　定义明确的组分

纯组分被认为是定义明确的组分，因为它们的物理性质已经过多年的测量和整理。这些性质包括相对密度、标准沸点、相对分子质量、临界性质和偏心因子。有明确定义的组分分为以下三组：

(1)非烃类化合物，即 CO_2、N_2、H_2S 等。

(2)甲烷 C_1 至正戊烷 $n - C_5$。

(3)碳氢化合物，包括己烷、庚烷和重质组分(如 C_6、C_7、C_8、C_9 等)，其异构体数量呈指数增长。例如，己烷(C_6)是指除 2 - 甲基戊烷、3 - 甲基戊烷和少量其他组分外，还含有高比例正己烷的烷烃。同样，庚烷是指包含 C_7H_{16} 异构体的烷烃，最常见的组分是正庚烷、二甲基环戊烷、3 - 乙基戊烷、甲基环己烷和 3 - 甲基己烷。但是，在 EOS 应用中对每个组分进行识别和特征描述是一项困难的任务。因此，有些组分被表示为由许多沸点相近的组分组成的，称为拟组分。碳氢化合物的组分通常用单碳原子数(SCN)组和代表一组组分的拟组分，如 C_6 组、C_7 组等来表示。表2－1所示的实验室数据说明了 SCN 和拟组分的概念。

表2－1　单碳原子数的概念

项　目	组　分	流　体	
		摩尔分数/%	流量
单碳原子数组	硫化氢	0.002	0.000
	氮	0.084	0.000
	二氧化碳	1.163	0.000
	甲烷	65.410	0.000
	乙烷	12.107	3.220
	丙烷	5.329	1.459
	异丁烷	1.280	0.416
	正丁烷	2.039	0.639
	2，2－二甲基丙烷	0.012	0.004
	异戊烷	0.899	0.327
	正戊烷	0.902	0.325
C_6 组	2，2－二甲基丁烷	0.031	0.013
	环戊烷	0.006	0.002
	2，3－二甲基丁烷	0.060	0.025
	2－甲基戊烷	0.370	0.153
	3－甲基戊烷	0.221	0.090
	其他己烷	0.000	0.000
	正己烷	0.560	0.229
C_7 组	甲基环戊烷	0.098	0.035
	苯	0.066	0.018
	环己烷	0.144	0.049
	2－甲基己烷	0.235	0.109
	3－甲基己烷	0.211	0.096
	2，2，4－三甲基戊烷	0.000	0.000
	其他庚烷	0.213	0.092
	正庚烷	0.471	0.216
C_8 组	甲基环己烷	0.329	0.132
	甲苯	0.286	0.095
	其他 $C-8_S$	0.815	0.380
	正辛烷	0.388	0.198

项　目	组　分	流　体	
		摩尔分数/%	流量
C₉组	乙苯	0.088	0.034
	间二甲苯和对二甲苯	0.354	0.136
	邻二甲苯	0.113	0.043
	其他 C - 9ₛ	0.547	0.285
	正壬烷	0.299	0.167
C₁₀组	其他 C - 10	0.742	0.425
	正癸烷	0.247	0.151
	十一烷	3.880	3.131
	合计	100.000	12.692

　　Katz 和 Firoozabadi(1978)通过分析 26 种凝析油和原油的物理性质,给出了如表 2 - 2 所示的石油组分 C_6 至 C_{45} 的通用物理性质,包括平均沸点、相对密度、相对分子质量及临界性质等。

表 2 - 2　通用物理性质

组　分	T_b/°R	γ	K	M	T_c/°R	P_c/psia	ω	V_c/(ft³/lb)
C_6	607	0.690	12.27	84	923	483	0.250	0.06395
C_7	658	0.727	11.96	96	985	453	0.280	0.06289
C_8	702	0.749	11.87	107	1036	419	0.312	0.06264
C_9	748	0.768	11.82	121	1085	383	0.348	0.06285
C_{10}	791	0.782	11.83	134	1128	351	0.385	0.06273
C_{11}	829	0.793	11.85	147	1166	325	0.419	0.06291
C_{12}	867	0.804	11.86	161	1203	302	0.454	0.06306
C_{13}	901	0.815	11.85	175	1236	286	0.484	0.06311
C_{14}	936	0.826	11.84	190	1270	270	0.516	0.06316
C_{15}	971	0.836	11.84	206	1304	255	0.550	0.06325
C_{16}	1002	0.843	11.87	222	1332	241	0.582	0.06342
C_{17}	1032	0.851	11.87	237	1360	230	0.613	0.06350
C_{18}	1055	0.856	11.89	251	1380	222	0.638	0.06362
C_{19}	1077	0.861	11.91	263	1400	214	0.662	0.06372
C_{20}	1101	0.866	11.92	275	1421	207	0.690	0.06384
C_{21}	1124	0.871	11.94	291	1442	200	0.717	0.06394
C_{22}	1146	0.876	11.95	300	1461	193	0.743	0.06402
C_{23}	1167	0.881	11.95	312	1480	188	0.768	0.06408

续表

组 分	$T_b/°R$	γ	K	M	$T_c/°R$	P_c/psia	ω	$V_c/(\text{ft}^3/\text{lb})$
C_{24}	1187	0.885	11.96	324	1497	182	0.793	0.06417
C_{25}	1207	0.888	11.99	337	1515	177	0.819	0.06431
C_{26}	1226	0.892	12.00	349	1531	173	0.844	0.06438
C_{27}	1244	0.896	12.00	360	1547	169	0.868	0.06443
C_{28}	1262	0.899	12.02	372	1562	165	0.894	0.06454
C_{29}	1277	0.902	12.03	382	1574	161	0.915	0.06459
C_{30}	1294	0.905	12.04	394	1589	158	0.941	0.06468
C_{31}	1310	0.909	12.04	404	1603	143	0.897	0.06469
C_{32}	1326	0.912	12.05	415	1616	138	0.909	0.06475
C_{33}	1341	0.915	12.05	426	1629	134	0.921	0.06480
C_{34}	1355	0.917	12.07	437	1640	130	0.932	0.06489
C_{35}	1368	0.920	12.07	445	1651	127	0.942	0.06490
C_{36}	1382	0.922	12.08	456	1662	124	0.954	0.06499
C_{37}	1394	0.925	12.08	464	1.673	121	0.964	0.06499
C_{38}	1407	0.927	12.09	475	1683	118	0.975	0.06506
C_{39}	1419	0.929	12.10	484	1693	115	0.985	0.06511
C_{40}	1432	0.931	12.11	495	1703	112	0.997	0.06517
C_{41}	1.442	0.933	12.11	502	1712	110	1.006	0.06520
C_{42}	1453	0.934	12.13	512	1720	108	1.016	0.06529
C_{43}	1464	0.936	12.13	521	1729	105	1.026	0.06532
C_{44}	1477	0.938	12.14	531	1739	103	1.038	0.06538
C_{45}	1487	0.940	12.14	539	1747	101	1.048	0.06540

Source：Permission to publish from the Society of Petroleum Engineers of the AIME. © SPE – AIME.

Ahmed(1985)使用模型回归的方法将 Katz 和 Firoozabadi 列表中物理性质与碳原子数 n 相关联。广义方程的形式如下：

$$\theta = a_1 + a_2 n + a_3 n^2 + a_4 n^3 + \frac{a_5}{n}$$

式中 θ——任何物理性质，例如 T_c、P_c 或 V_c；

n——碳原子数，即6，7，…，45；

$a_1 \sim a_5$——系数，如表 2-3 所示。

表2-3　方程式中的系数

θ	a_1	a_2	a_3	a_4	a_5
M	-131.11375000	24.96156	-0.34079022	2.4941184×10^{-3}	468.32575
$T_c/°R$	915.53747	41.421337	-0.75868590	5.8675351×10^{-3}	-1.3028779×10^3

θ	a_1	a_2	a_3	a_4	a_5
$P_c/psia$	275. 56275	− 12. 52226900	0. 29926384	− 2. 8452129 × 10^{-3}	1. 7117226 × 10^3
$T_b/°R$	434. 38878	50. 125279	− 0. 9097293	7. 0280657 × 10^{-3}	− 601. 856510
ω	− 0. 50862704	8. 700211	− 1. 84848140	1. 466389 × 10^{-5}	1. 8518106
γ	0. 86714949	3. 4143408	− 2. 83962700	2. 4943308 × 10^{-8}	− 1. 1627984
$V_c/(ft^3/lb)$	− 0. 232837085	0. 974111699	− 0. 009226997	3. 63611E − 05	0. 111351508

2.1.2 未定义的组分

未定义的石油组分是指那些重组分归在一起并称为加组分的烃组分，如 C_{7+} 组分。几乎所有天然存在的烃都含有大量的重组分，这些重组分没有明确的定义，也非单个已知组分的混合物。

在进行可靠的相态计算和组分建模的研究中，正确描述烃类混合物中加组分和其他未定义的石油组分的物理性质非常重要。正确描述这些物理性质需要使用热力学性质预测模型，例如状态方程，而状态方程又必须提供混合物中已定义和未定义(重)组分的偏心因子、临界温度和临界压力。如何根据这些未定义重组分的临界性质和偏心因子来充分地表征这些未定义重组分的性质，是石油工业长期以来一直面临的问题。一般来说，未定义组分是通过实沸点(TBP)蒸馏分析来确定的，并以平均标准沸点、相对密度和相对分子质量来表征。一般来说，可用来描述重组分特征的现有数据可分为以下三组：

(1)实沸点。

(2)气相色谱法模拟蒸馏。

(3)重组分表征方法。

下面将对这三组进行简短的讨论。

2.2 实沸点

石油纯组分的沸点是指在 1atm 的压力下开始沸腾并从液态转变为气态的温度。换句话说，在这个温度下，石油组分的蒸气压等于大气压。有各种标准的蒸馏方法，通过这些方法可以得到沸点曲线。在 TBP 蒸馏实验中，油被蒸馏，记录冷凝蒸气的温度和形成的液体体积，并利用 TBP 实验数据建立了蒸馏液体积百分比与冷凝温度的关系曲线。

在蒸馏过程中，C_{7+} 组分首先在大气压下，然后在 40mm 汞柱的真空下进行标准化蒸馏。通常在第一滴液体析出时测量温度。10 个组分被蒸馏出来，第一个组分的温度为 50℃，接下来的每个组分的沸点范围为 25℃。每蒸馏一次 C_{7+}，测定一次体积、相对密度和相对分子质量。根据其采集时的沸点范围确定组分划分。蒸气在测试中任何一点的冷凝温度都将接近凝析液在该点的沸点。蒸馏实验的一个关键结果是沸点曲线，它被定义为石油组分的沸点与蒸馏体积百分比之间的关系曲线。初始沸点(IBP)定义为第一滴液体离开

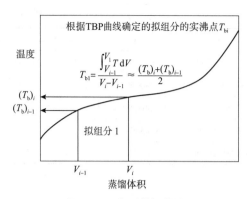

图2-1 典型蒸馏曲线

蒸馏装置冷凝器管时的温度，最终沸点（FBP）定义为实验中记录的最高温度。FBP和IBP之间的差异称为沸点范围。应该指出的是，石油组分在大约650℉和一个大气压下容易裂解。因此，当接近这个裂解温度时，压力逐渐降低到40mm汞柱，以避免样品裂解和扭曲TBP测量值。典型的TBP曲线如图2-1所示。

应该指出的是，每一个蒸馏组分都包括大量沸点接近的组分。根据TBP蒸馏数据，将C_{7+}组分为适合于状态方程应用的拟组分和假想组分。这些组分通常在两个连续蒸馏体积的温度范围内收集，如图2-1所示。蒸馏组分被称为拟组分。每个拟组分，例如拟组分1，都由具有平均标准沸点T_{bi}的TBP曲线的体积部分表示。每个组分的平均沸点取在该组分的体积百分比的中间；也就是在V_i和V_{i-1}之间。这是通过积分得到的：

$$T_{b1} = \frac{\int_{V_{i-1}}^{V_i} T_b(V) \, dV}{V_i - V_{i-1}} \approx \frac{(T_b)_i + (T_b)_{i-1}}{2}$$

式中 $V_i - V_{i-1}$——与拟组分i相关的TBP曲线的体积切割；

$T_{bt}(V)$——液体体积百分比V下的TBP温度。

TBP测试中的拟组分主要通过以下三个实验室测量的物理性质来识别：

（1）沸点T_b。

（2）相对分子质量M是通过降低凝固点实验来测量的。在本实验中，通过比较其凝固点与已知相对分子质量的纯溶剂的凝固点来测定蒸馏组分的相对分子质量。

（3）每一组分的相对密度γ_i是用相对密度计或电子密度计测量的。

在TBP分析过程中，直接测量每个组分的质量m_i。组分由摩尔数n_i计算，摩尔数n_i为测量质量m_i与相对分子质量M_i之比；也就是说：

$$n_i = \frac{m_i}{M_i}$$

密度ρ_i和相对密度γ_i根据蒸馏组分的测量质量和体积计算，如下所示：

$$\rho_i = \frac{m_i}{V_i}$$

或者用相对密度来表示：

$$\gamma_i = \frac{\rho_i}{62.4}$$

用N个蒸馏组分的TBP实验得到了C_{7+}的平均相对分子质量和密度为：

$$M_{C_{7+}} = \frac{\sum\limits_{i=1}^{N} m_i}{\sum\limits_{i=1}^{N} n_i}$$

和

$$\rho_{C_{7+}} = \frac{\sum\limits_{i=1}^{N} m_i}{\sum\limits_{i=1}^{N} V_i}$$

蒸馏实验计算出的相对分子质量和密度应与所测得的 C_{7+} 值进行比较,任何差异都归于蒸馏实验造成的材料损失。图 2-2 给出了相对分子质量、相对密度和 TBP 随液体蒸发质量百分比变化的典型图。

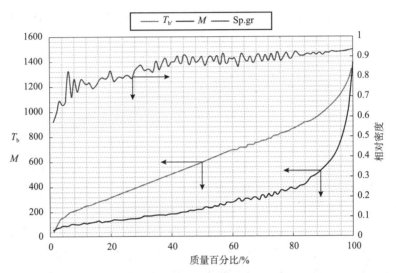

图 2-2　储油样品的 TBP、相对密度和相对分子质量

相对分子质量 M、相对密度 γ 和沸点 T_b 被认为是反映石油化学组成的关键性质。Watson 等(1935)引入了一种广泛使用的表征因子,称为 UOP 因子或 Watson 表征因子,它基于标准沸点和相对密度。该表征参数由式(2-1)给出:

$$K_w = \frac{T_b^{1/3}}{\gamma} \qquad (2-1)$$

式中　K_w——Watson 表征因子;

　　　T_b——标准沸点,$°R$;

　　　γ——相对密度。

从 TBP 蒸馏数据中,应用以下关系式,可以估算出平均的庚烷 + 表征因子 $K_{C_{7+}}$:

$$K_{C_{7+}} = \frac{\sum\limits_{i=1}^{N} \left[(T_{bi}^{1/3} / \gamma_i)\, m_i \right]}{\sum\limits_{i=1}^{N} m_i}$$

式中　m_i——每个组分的质量。

Watson 表征因子 K_w 提供了原油石蜡度的定性测量。一般说来,K_w 在 8.5 ~ 13.5 之间的变化大致如下:

(1)对于链烷烃化合物,K_w 的范围为 12.5 ~ 13.5。

（2）对于环烷烃化合物，K_w 的范围为 11.0～12.5。

（3）对于芳香烃化合物，K_w 的范围为 8.5～11.0。

Waston 表征因子性质的意义在于，在合理的沸点范围内，对于 C_{7+} 蒸馏组分，K_w 几乎是恒定的。Whitson（1980）提出 Watson 因子与相对分子质量 M 和相对密度 γ 具有如式（2-2）所示的关系：

$$K_w \approx 4.5579 \left(\frac{M^{0.15178}}{\gamma^{0.84573}} \right) \tag{2-2}$$

Whitson 指出，当蒸馏组分的相对分子质量 M 超过 250 时，式（2-2）的可靠性就会降低。然而，将式（2-2）的关系以下形式改进，可以消除对相对分子质量的限制：

$$K_w \approx 3.33475 \left(\frac{M^{0.149405}}{\gamma^{0.935227}} \right) + 3.099934 \tag{2-2A}$$

如果 C_{7+} 的相对分子质量和相对密度已知，则可由上述表达式估算 Watson 表征因子：

$$K_w \approx 3.33475 \left(\frac{M^{0.149405}}{\gamma^{0.935227}} \right)_{C_{7+}} + 3.099934$$

Whitson 和 Brule（2000）通过观察含有多种烃类样品的混合物发现，对所有 PVT 样品和蒸馏组分，由式（2-2）计算得到的 $(K_w)_{C_{7+}}$ 值是一个恒定值。作者认为，重组分的相对分子质量与相对密度图有助于检查 C_{7+} 相对分子质量与相对密度测量的一致性。Austad（1983）和 Whitson 和 Brule（2000）通过绘制两个北海油田 C_{7+} 组分的相对分子质量（M）与相对密度（γ）的关系图来说明这一观点。Whitson 和 Brule 的观察结果如图 2-3 和图 2-4 所示。图 2-3 所示挥发油的 $M_{C_{7+}}$ 与 $\gamma_{C_{7+}}$ 的示意图在 220～255 的相对分子质量范围内平均 $(K_w)_{C_{7+}} = 11.99 \pm 0.01$。凝析油的数据如图 2-4 所示，相对分子质量在 135～150 之间的平均 $(K_w)_{C_{7+}} = 11.99 \pm 0.01$。Whitson 和 Brule 的结论是，这两个油田的高度相关性表明实验室可以精确地测量相对分子质量。通常，在实验室进行测量时，$(K_w)_{C_{7+}}$ 值的变化范围不应超过 ± 0.01。

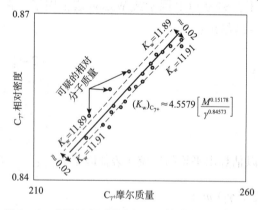
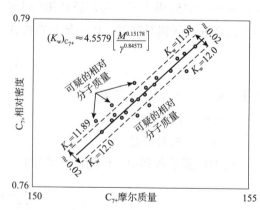

图 2-3　挥发油相对密度与 C_{7+} 相对分子质量的关系　图 2-4　凝析气相对密度与 C_{7+} 相对分子质量的关系

Whitson 和 Brule 指出，当一个油田的表征因子可以确定时，式（2-8）对于检查 C_{7+} 相对分子质量和相对密度的测量值的一致性非常有用。$(K_w)_{C_{7+}}$ 的显著偏差，如 ± 0.03，可能表明测量数据可能存在误差。因为相对分子质量的测量比相对密度的测量更容易出错，因此异常的 $(K_w)_{C_{7+}}$ 通常表示相对分子质量测量存在错误。

假设一个常数 K_w，例如 $(K_w)_{C_{7+}}$，如果不测量蒸馏组分，它可用于估算 M_i 或 γ_i。设各

组分的K_w恒定，对式(2-2A)进行重新排列，得到相对分子质量M_i和相对密度γ_i的表达式

$$M_i = 315.5104753 \times 10^{-6}(K_w - 3.099934)^{6.6932358}\gamma_i^{6.2596977} \tag{2-3}$$

或者

$$\gamma_i = \frac{3.624849522\, M_i^{0.159752123}}{(K_w - 3.099934)^{1.06928586}}$$

值得注意的是，拟组分的相对分子质量M、相对密度γ和 Watson 表征因子K_w为进一步表征这些组分的临界性质和偏心因子提供了关键数据。以下两组用于估算拟组分T_c、P_c和ω的关系式是通过拟合多篇文献发表的数据建立的。第一组与M/γ相关，而第二组与T_b/γ相关，得出：

第一组(性质以M/γ为参数的关系式)：

$$T_c = 231.9733906\left(\frac{M}{\gamma}\right)^{0.351579776} - 0.352767639\frac{M}{\gamma} - 233.3891996 \tag{2-3A}$$

$$P_c = 31829\left(\frac{M}{\gamma}\right)^{-0.885326626} - 0.106467189\frac{M}{\gamma} + 49.62573013 \tag{2-3B}$$

$$\omega = 0.279354619\ln\frac{M}{\gamma} + 0.00141973\frac{M}{\gamma} - 1.243207019 \tag{2-3C}$$

$$v_c = 0.054703719\left(\frac{M}{\gamma}\right)^{0.984070268} + 87.7041 \times 10^{-6}\frac{M}{\gamma} - 0.001007476 \tag{2-3D}$$

$$T_b = 33.72211\left(\frac{M}{\gamma}\right)^{0.664115311} - 1.40066452\frac{M}{\gamma} - \frac{379.4428973}{M/\gamma} \tag{2-3E}$$

第二组(性质以T_b/γ为参数的关系式)：

$$T_c = 1.379242274\left(\frac{T_b}{\gamma}\right)^{0.967105064} + 0.012011487\frac{T_b}{\gamma} + 0.10009512 \tag{2-3F}$$

$$P_c = 2898.631565\exp\left(-0.002020245\frac{T_b}{\gamma}\right) - 0.00867297\frac{T_b}{\gamma} + 0.099138742 \tag{2-3G}$$

$$\omega = 0.000115057\left(\frac{T_b}{\gamma}\right)^{1.250922701} + 0.00068975\frac{T_b}{\gamma} - 0.92098982 \tag{2-3H}$$

$$v_c = 8749.94 \times 10^{-6}\left(\frac{T_b}{\gamma}\right)^3 - 9.75748 \times 10^{-6}\left(\frac{T_b}{\gamma}\right)^2 + 0.014653\frac{T_b}{\gamma} - 4.60231684 - \frac{595.7922076}{\left(\frac{T_b}{\gamma}\right)} \tag{2-3I}$$

$$M = 52.11038728\exp\frac{0.001617123 T_b}{\gamma} - 132.1481762 \tag{2-3J}$$

若T_b未知，则相对分子质量可由式(2-3K)估算：

$$M = 0.048923\exp(9.88378\gamma) - 33.085468\gamma + \frac{39.598437}{\gamma} \tag{2-3K}$$

式中　T_b——沸点，°R；

　　　T_c——临界温度，°R；

　　　v_c——临界体积，$\text{ft}^3/(\text{lb}_m - \text{mol})$；

　　　M——相对分子质量。

注意，用 ft^3/lb_m 表示临界体积时，用 v_c 除以相对分子质量 M 得到：

$$V_c = \frac{v_c}{M}$$

在得到蒸馏曲线后，需要解决的主要问题是如何将整个沸点范围分解或切割用于定义拟组分的临界点范围。组分数量的确定基本上是随机的；然而，拟组分的数量必须足以再现具有高沸点的组分的挥发性。以下是一些经验的简要总结：

（1）Pedersen（1982）等建议选择少量具有近似质量分数的拟组分。

（2）根据经验，如果 TBP 曲线比较"陡峭"，则使用 10 ~ 15 个组分；如果 TBP 曲线比较"平坦"，则使用 5 ~ 8 个组分。

（3）为更好地再现 TBP 曲线的形状和反映拟组分中轻、中、重组分的相对分布，Miquel（1992）等指出，可在 TBP 曲线上根据相等的体积分数或温度区间对拟组分进行拆分。根据相等的温度区间进行拆分能更好地再现 TBP 曲线的形状和反映拟组分中轻、中、重组分的分布。而根据相等的体积分数进行拆分，可能会丢失轻组分和重组分的信息。

（4）大多数商业模拟器（如 HYSYS 模型）根据代表石油组分的沸点范围生成拟组分。模拟器中拟组分的典型沸点范围如表 2 - 4 所示：

表 2 - 4　模拟器中拟组分的典型沸点范围

沸点范围	建议拟组分数量
IBP 到 800 ℉	30
800 ~ 1200 ℉	10
1200 ~ 1650 ℉	8
拟组分总数	48

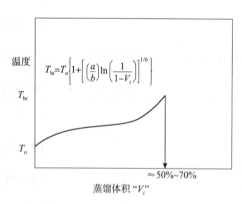

图 2 - 5　TBP 曲线的数学表示

需要指出的是，在整个馏出体积百分比范围内很少有完整的 TBP 曲线。在许多情况下，可能只获得石油组分或原油馏出百分比 50% 或 70% 的蒸馏曲线。这种不完整的蒸馏曲线是由于在蒸馏曲线的末端，石油组分或原油含有更多重烃，而得到这些组分或原油的沸点比较困难。然而，在状态方程拟合的过程中，获得馏出百分比 90% ~ 95% 的蒸馏曲线对准确地描述流体特征很重要。如图 2 - 5 所示，Riazi 和 Daubert（1987）提出了一种计算 TBP 曲线的数学表达式，可用于获得馏出百分比。

$$T_{bi} = T_o \left\{ 1 + \left[\left(\frac{a}{b} \right) \ln \left(\frac{1}{1 - V_i} \right) \right]^{1/b} \right\}$$

式中　T_{bi}——任意馏出百分比 V_i 下的 TBP 温度；

　　　V_i——馏出体积百分比；

　　　T_o——馏出百分比为 0（即 $V_i = 0$）时的 TBP 温度；

　　a，b——相关系数。

系数 a 和 b 可以通过回归或将上述方程线性化得到：

$$\ln\left(\frac{T_{bi} - T_o}{T_o}\right) = \left(\frac{1}{b}\right)\ln\left(\frac{a}{b}\right) + \frac{1}{b}\left\{\ln\left[\ln\left(\frac{1}{1 - V_i}\right)\right]\right\}$$

上面的关系表明，$\ln\left(\dfrac{T_{bi} - T_o}{T_o}\right)$ 和 $\ln\left(\dfrac{1}{1 - V_i}\right)$ 会产生一条斜率为 $\dfrac{1}{b}$、截距为 $\left(\dfrac{1}{b}\right)\ln\left(\dfrac{a}{b}\right)$ 的直线，并用于计算参数 a 和 b，然后可以使用数学表达式来预测和获取馏出百分比 95% 以内的 TBP 曲线。

2.3　气相色谱模拟蒸馏

常规的 TBP 蒸馏过程耗时长、成本高。气相色谱法（GC）是一种快速、重复性好的模拟蒸馏（SD）方法，用于分析原油中各种烃组分的碳原子数分布。GC 是利用气体作流动相的色层分离分析方法。与其他色谱技术一样，气相色谱由一个流动相和一个固定相组成。流动相是由惰性气体（如氦、氩或氮）组成的载气。色谱柱中填充的固定相能够在特定的时间内吸收和保持烃组分，然后根据其沸点依次释放。这导致每个化合物在不同的时间释放，称为化合物的保留时间。气相色谱与分馏法类似，这两种方法主要是根据沸点来分离混合物中的组分。

气相色谱实验获得 SD 曲线的具体过程是将少量油样注入载气，载气将样品带入可吸收油样中较重组分的色谱柱中，将色谱柱置于温度可控的烘箱中；随着色谱柱温度的升高，较重的组分根据其沸点依次释放，然后由载气移出，进入检测载气热导率变化的检测器。对于给定的加热程序，在色谱柱中的保留时间与释放组分的标准沸点成正比。这是因为在相同的条件下分离已知的烃类混合物（如正构烷烃）获得的沸点范围内的校准曲线与保留时间有关。所得到的校准曲线将碳原子数和沸点与保留时间联系起来，并允许测定碳氢化合物样品中组分的沸点。如图 2−6 和表 2−5 所示，气相色谱检测到的两个相邻正构烷烃之间的所有组分通常被归为一类，并称为拟组分，其 SCN 等于较高的正构烷烃；例如，C_8 和 C_9 之间的正构烷烃被称为 SCN 为 C_9 的拟组分。

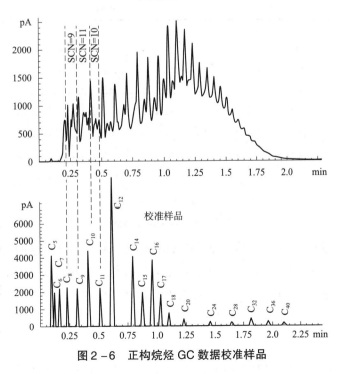

图 2−6　正构烷烃 GC 数据校准样品

表2-5 沸点数据

正构烷烃	保留时间/min	沸点/℃
C_5	0.09764	21.9
C_6	0.11994	54.7
C_7	0.16272	84.1
C_8	0.23050	111.9
C_9	0.31882	136.3
C_{10}	0.41783	159.7
C_{11}	0.51717	181.9
C_{12}	0.61712	201.9
C_{14}	0.79714	220.8
C_{15}	0.87985	239.7
C_{16}	0.95957	256.9
C_{17}	1.03281	273.0
C_{18}	1.10226	288.0
C_{20}	1.23156	301.9
C_{24}	1.45693	376.9
C_{28}	1.64895	416.9
C_{32}	1.81618	451.9
C_{36}	1.96389	481.9
C_{40}	2.10297	508.0

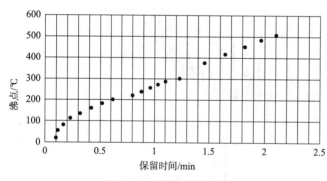

图2-7 模拟蒸馏曲线

如图2-7所示，将气相色谱数据绘制成沸点与正烷烃的保留时间或SCN的函数关系的蒸馏曲线称为SD曲线，它表示常压下原油混合物中化合物的沸点。需要指出的是，SD曲线与TBP曲线所显示的实际沸点非常接近。

这种SD方法的主要优点是只需要少量的样品，而且比TBP蒸馏更便宜。气相色谱用于生成气体和原油样品的蒸馏曲线，以及烃类混合物按其质量分数 w_i 组成。通过质量分数 w_i 计算摩尔分数 x_i 需要所有组分的相对分子质量 M_i，可以由下式计算得到：

$$x_i = \frac{w_i / M_i}{\sum_i (w_i / M_i)}$$

同理，如果已知体积分数 v_i 和密度 ρ_i，则可以由以下关系式计算摩尔分数：

$$x_i = \frac{v_i \rho_i / M_i}{\sum_i (v_i \rho_i / M_i)}$$

然而，需要指出的是，气相色谱分析的一个主要缺点是在色谱分析测试中没有收集到物理组分，因此没有测量它们的相对分子质量 M_i 和相对密度。正如本章后面所讨论的，要根据这些组分的临界性质和偏心因子来描述它们。在大多数广泛使用的经验公式中，相对分子质量和相对密度是已知量。Ahmed(2014)指出，在没有拟组分的相对分子质量和相对密度的情况下，气相色谱模拟蒸馏数据仍然可以用来对这些组分进行表征。他推荐的方法是通过一组与气相色谱模拟沸点数据具有等效平均沸点的对应拟组分来重新生成气相色谱模拟沸点数据。这些拟组分由一组有效碳原子数(ECN)识别，可用于估算其物理和临界性质。该方法使用 Microsoft Excel 软件的规划求解功能来拟合沸点 T_b，并对 ECN 进行回归，得到如下关系：

$$T_b = 427.2959078 + 50.08577848 \text{ECN} - 0.88693418 \text{ECN}^2 + 0.00675667 \text{ECN}^3 - \frac{551.2778516}{\text{ECN}}$$

其中，T_b 单位为 °R。拟组分的物理、临界性质和偏心因子可由下列表达式计算：

$$M = -131.11375 + 24.96156 \text{ECN} - 0.34079022 \text{ECN}^2 + 0.002494118 \text{ECN}^3 + \frac{468.32575}{\text{ECN}}$$

$$\gamma = 0.86714949 + 0.0034143408 \text{ECN} - 2.839627 \times 10^{-5} \text{ECN}^2 + 2.49433308 \times 10^{-8} \text{ECN}^3 - \frac{1.1627984}{\text{ECN}}$$

$$T_c = 926.6022445 + 39.729363 \text{ECN} - 0.7224619 \text{ECN}^2 + 0.005519083 \text{ECN}^3 - \frac{1366.4317487}{\text{ECN}}$$

$$P_c = 311.236191 - 14.68693 \text{ECN} + 0.3287671 \text{ECN}^2 - 0.0027346 \text{ECN}^3 + \frac{1690.900114}{\text{ECN}}$$

$$T_b = 427.295908 + 50.0857785 \text{ECN} - 0.8869342 \text{ECN}^2 + 0.00675667 \text{ECN}^3 - \frac{551.277852}{\text{ECN}}$$

$$\omega = -0.3142816 + 0.0780028 \text{ECN} - 0.00139205 \text{ECN}^2 + 1.02147 \times 10^{-5} \text{ECN}^3 + \frac{0.009102887}{\text{ECN}}$$

$$v_c = 0.2328371 + 0.9741117 \text{ECN} - 0.009227 \text{ECN}^2 + 36.3611 \times 10^{-6} \text{ECN}^3 + \frac{0.1113515}{\text{ECN}}$$

式中　ECN——有效碳原子数；

T_c——碳原子数为 n 的组分的临界温度，°R；

T_b——碳原子数为 n 的组分的沸点，°R；

P_c——碳原子数为 n 的组分的临界压力，psia；

v_c——碳原子数为 n 的组分的临界体积，$\text{ft}^3 / (\text{lb}_m - \text{mol})$；

M——相对分子质量；

ω——偏心因子；

γ——相对密度。

需要指出的是，根据下式计算等效于正构烷烃的碳原子数 n：

$$n = \text{INT}(\text{ECN} + 1)$$

式中　ECN——有效碳原子数；

　　　　n——等效正构烷烃碳原子数；

　　　INT——整数。

为了验证 Ahmed 的方法，假设表2-5中列出的数据与 TBP 非常接近。估算每个列出的沸点的 ECN，并与正构烷烃碳原子数进行比较，计算每个碳原子数的物理和临界性质。

步骤1，使用回归方法，从表达式中确定 ECN：

$$T_b = 427.2959078 + 50.08577848\text{ECN} - 0.88693418\text{ECN}^2 + 0.00675667\text{ECN}^3 - \frac{551.2778516}{\text{ECN}}$$

$$n = \text{INT}(\text{ECN} + 1)$$

得到（表2-6）：

表2-6　确定 ECN 值

n	$T_b/℃$	$T_b/°R$	ECN
5	21.9	530.82	4.8
6	54.7	589.86	5.8
7	84.1	642.78	6.7
8	111.9	692.82	7.7
9	136.3	736.74	8.7
10	159.7	778.86	9.7
11	181.9	818.82	10.7
12	201.9	854.82	11.7
14	220.8	888.84	12.6
15	239.7	922.86	13.6
16	256.9	953.82	14.6
17	273	982.8	15.6
18	288	1009.8	16.5
20	310.9	1051.02	18.1
24	376.9	1169.82	23.2
28	416.9	1241.82	27.1
32	451.9	1304.82	31.1
36	481.9	1358.82	35
40	508	1405.8	38.9

步骤2，使用提出的相关方程和 ECN 值计算每个碳原子数的物理性质和临界性质（表2-7）：

表2-7　物理和临界性质

n	M	$T_c/°R$	P_c/psi	$T_b/°R$	W	γ	$v_c/(\text{ft}^3/\text{lb}_m - \text{mol})$
5.000	79.151	834.591	546.140	546.140	0.240	0.651	4.434
6.000	84.980	912.423	516.176	605.461	0.271	0.693	5.306
7.000	94.678	975.996	465.156	658.000	0.309	0.724	6.162

n	M	$T_c/°R$	P_c/psi	$T_b/°R$	W	γ	$v_c/(ft^3/lb_m - mol)$
8.000	106.586	1030.221	424.744	705.768	0.350	0.747	7.002
9.000	119.791	1077.845	391.568	749.899	0.393	0.766	7.826
10.000	133.750	1120.526	363.599	791.089	0.436	0.782	8.633
11.000	148.123	1159.332	339.539	829.797	0.479	0.796	9.424
12.000	162.688	1194.988	318.518	866.342	0.522	0.807	10.200
14.000	191.849	1258.753	283.332	933.821	0.604	0.826	11.704
15.000	206.271	1287.520	268.402	965.074	0.643	0.835	12.433
16.000	220.515	1314.526	254.980	994.834	0.681	0.842	13.147
17.000	234.547	1339.947	242.602	1023.198	0.718	0.849	13.846
18.000	248.342	1363.928	231.383	1050.252	0.753	0.855	14.530
20.000	275.171	1408.036	211.673	1100.727	0.820	0.866	15.855
24.000	325.661	1483.330	180.771	1188.915	0.938	0.885	18.338
28.000	372.107	1544.968	158.115	1262.975	1.038	0.900	20.610
32.000	415.049	1596.289	141.146	1325.995	1.122	0.912	22.685
36.000	455.213	1640.091	127.974	1380.843	1.194	0.922	24
40.000	493.416	1678.898	117.046	1430.278	1.257	0.931	26.298

2.4　重组分表征方法

众所周知，C_{7+} 表征方法对描述油藏油气流体动态的 EOS 预测具有重要的影响。大多数表征方法的基础是 TBP 数据，包括质量、摩尔数和每个组分的体积分数，以及测量的相对分子质量、相对密度和沸点。每个组分通常被看作是具有临界压力、临界温度和偏心因子的拟组分。如果组分处于正构烷烃的沸点范围之内，则这些烷烃将被归为 SCN 组。通常可根据 SCN 组的相对分子质量和相对密度来确定其临界性质。根据重组分实验室测量的数据类型，通常有如下三种方法来表征重组分的性质：

（1）经验公式。

（2）利用解析解确定 PNA。

（3）利用图表确定 PNA。

下面详细介绍这三种表征未定义石油组分的技术。

2.4.1　经验公式

使用任何热力学性质预测模型，如状态方程，去预测复杂碳氢化合物的相态和体积行为，必须已知混合物中定义和未定义（重）组分的偏心因子 ω、临界温度 T_c 和临界压力 P_c。如何根据未定义（重）组分的临界性质和偏心因子来充分地表征其性质，这是石油工业长期以来一直面临的问题。Whitson（1984）总结了各种庚烷加（C_{7+}）表征方法对状态方程预测烃类混合物体积的影响。

可用来估算石油组分的物理性质的经验公式有很多。大多数经验公式使用与相对密度（γ）和沸点（T_b）相关的参数。然而，这些经验公式的系数是通过拟合纯组分的物理性质和临界性质来确定的，这可能会导致在表征未定义组分时出现误差。下面列出了几种经验公式，包括：

Riazi 和 Daubert；

Cavett；

Kesler – Lee；

Winn 和 Sim – Daubert；

Watansiri – Owens – Starling；

Edmister；

临界压缩系数经验公式；

Rowe；

Standing；

Willman – Teja；

Hall – Yarborough；

Magoulas – Tassios；

Twu；

Silva 和 Rodriguez。

1. Riazi 和 Daubert 经验公式

Riazi 和 Daubert（1980）提出了一个简单的双参数方程来预测纯化合物和未定义烃类混合物的物理性质。该经验公式以标准沸点和相对密度作为相关参数。基本公式如式（2 – 4）所示：

$$\theta = aT_b^b\gamma^c \tag{2-4}$$

式中　θ——任何物理性质（T_c、P_c、V_c 或 M）；

　　T_b——标准沸点，°R；

　　γ——相对密度；

　　M——相对分子质量；

　　T_c——临界温度，°R；

　　P_c——临界压力，psia；

　　V_c——临界体积；ft^3/lb_m；

a，b，c——每个性质的相关常数，如表 2 – 8 所示。

表 2 – 8 中包括每个性质的预期平均误差。注意，该预测精度在 100 ~ 850°F 范围内是合理的。Riazi 和 Daubert（1987）提出了一种改进的经验公式，用于预测石油组分的物理性质，这个经验公式考虑了以下因素：准确性、简单性、通用性和输入参数的可用性。

作者对式（2 – 4）进行了如下修改，保持了之前经验公式的简单性，同时显著地提高了其准确性：

$$\theta = a\theta_1^b\theta_2^c\exp(d\theta_1 + e\theta_2 + f\theta_1\theta_2)$$

式中 θ——任何物理性质；

$a \sim f$——每个性质的常数。

表2-8 式(2-4)的相关常数

θ	a	b	c	平均误差/%	最大误差/%
M	-4.56730×10^{-5}	2.1962	-1.0164	2.6	11.8
$T_c/°R$	24.2787	0.58848	0.3596	1.3	10.6
$P_c/psia$	-3.12281×10^9	-2.31250	2.3201	3.1	-9.3
$V_c/(ft^3/lb)$	-7.52140×10^{-3}	0.2896	-0.7666	2.3	-9.1

Riazi 和 Daubert 指出，θ_1 和 θ_2 是能够表征化合物分子力和分子大小的任意两个参数。他们将(T_b，γ)和(M，γ)确定为方程中合适的输入参数组合。最后提出了广义相关的两种形式。

在第一种形式中，以石油组分的沸点 T_b 和相对密度 γ 作为相关参数，如式(2-5)所示：

$$\theta = a T_b^b\gamma^c\exp(dT_b + e\gamma + f T_b\gamma) \tag{2-5}$$

表2-9给出了每种性质的常数 $a \sim f$。

表2-9 式(2-5)的相关常数

θ	a	b	c	d	e	f
M	581.960	-0.97476	6.51274	5.43076×10^{-4}	9.53384	1.11056×10^{-3}
$T_c/°R$	10.6443	0.81067	0.53691	-5.17470×10^{-4}	-0.54444	3.5995×10^{-4}
$P_c/psia$	6.162×10^6	-0.48440	4.08460	-4.72500×10^{-3}	-4.80140	3.1939×10^{-3}
$V_c/(ft^3/lb)$	6.233×10^{-4}	0.75060	-1.20280	-1.46790×10^{-3}	-0.26404	1.0950×10^{-3}

在第二种形式中，以组分的相对分子质量 M 和相对密度 γ 为相关参数。其数学表达式如式(2-6)所示：

$$\theta = a (M)^b\gamma^c\exp(dM + e\gamma + fM\gamma) \tag{2-6}$$

在推导和得到 $a \sim f$ 常数时，如表2-10所示，作者使用了碳原子数为 $1 \sim 20$ 的38种纯烃的物理性质数据，包括相对分子质量在 $70 \sim 300$，沸点在 $80 \sim 650℉$ 的烷烃、烯烃、环烷烃和芳烃。

表2-10 式(2-6)的相关常数

θ	a	b	c	d	e	f
$T_c/°R$	544.4	0.2998	1.0555	-1.34780×10^{-4}	-0.61641	0
$P_c/psia$	4.5203×10^4	-0.80630	1.6015	-1.80780×10^{-3}	-0.30840	0
$V_c/(ft^3/lb)$	1.206×10^{-2}	0.20378	-1.30360	-2.65700×10^{-3}	0.528700	2.6012×10^{-3}
$T_b/°R$	6.77857	0.401673	-1.58262	3.77409×10^{-3}	2.984036	-4.25288×10^{-3}

2. Cavett 经验公式

Cavett(1962)提出了估算烃类组分临界压力和温度的经验公式。这些经验公式在石油行业中得到了广泛的应用，因为该经验公式在进行外推时比较可靠。所提出的经验公式为标准沸点 $T_b(℉)$ 和 API 重度的函数。Cavett 给出了石油组分临界温度和压力的计算公式，如式(2-7)、式(2-8)所示：

$$T_c = a_0 + a_1 T_{bF} + a_2 T_{bF}{}^2 + a_1 \mathrm{API} T_{bF} + a_4 T_{bF}{}^3 + a_5 \mathrm{API} T_{bF}{}^2 + a_6 \mathrm{API}^2 T_{bF}{}^2 \quad (2-7)$$

$$\log P_c = b_0 + b_1 T_{bF} + b_2 T_{bF}{}^2 + b_1 \mathrm{API} T_{bF} + b_4 T_{bF}{}^3 + b_5 \mathrm{API} T_{bF}{}^2 + b_6 \mathrm{API}^2 T_{bF} + b_7 \mathrm{API}^2 T_{bF}{}^2$$
$$(2-8)$$

式中　　T_c——临界温度，$℃R$；

　　　　P_c——临界压力，psia；

　　　　T_{bF}——标准沸点，$℉$；

　　　　API——组分的 API 重度。

注意，上述关系式中的标准沸点用$℉$表示。

式(2-7)和式(2-8)的系数如表(2-11)所示。虽然 Cavett 给出了这些经验公式，但没有给出得到这些经验公式的数据类型和来源。

表 2-11　式(2-7)和式(2-8)系数

i	a_i	b_i
0	768. 07121000	2. 82904060
1	1. 7133693000	$0.94120109 \times 10^{-3}$
2	-0.0010834003	$-0.30474749 \times 10^{-5}$
3	-0.0089212579	$-0.20876110 \times 10^{-4}$
4	$0.38890584 \times 10^{-6}$	$0.15184103 \times 10^{-8}$
5	0.5309492×10^{-5}	$0.11047899 \times 10^{-7}$
6	0.327116×10^{-7}	$-0.48271599 \times 10^{-7}$
7		$0.13949619 \times 10^{-9}$

3. Kesler 和 Lee 经验公式

Kesler 和 Lee(1976)提出了一组计算石油组分的临界温度、临界压力、偏心因子和相对分子质量的函数。这些函数使用相对密度 γ 和沸点 T_b 作为输入参数，如式(2-9)~式(2-13)所示：

$$\ln(P_c) = 8.3634 - \frac{0.0566}{\gamma} - \left(0.24244 + \frac{2.2898}{\gamma} + \frac{0.11875}{\gamma^2}\right) \times 10^{-3} T_b$$
$$+ \left(1.4685 + \frac{3.648}{\gamma} + \frac{0.47227}{\gamma^2}\right) \times 10^{-7} T_b{}^2 - \left(0.42019 + \frac{1.6977}{\gamma^2}\right) \times 10^{-10} T_b{}^3$$
$$(2-9)$$

$$T_c = 341.7 + 811.1\gamma + (0.4244 + 0.1174\gamma) T_b + \frac{(0.4669 - 3.26238\gamma) \times 10^5}{T_b}$$
$$(2-10)$$

$$M = -12272.6 + 9486.4\gamma + (4.6523 + 3.3287\gamma)T_b + (1 - 0.77084\gamma - 0.02058\gamma^2)$$
$$\left(1.3437 - \frac{720.79}{T_b}\right)\frac{10^7}{T_b} + (1 - 0.80882\gamma - 0.02226\gamma^2)\left(1.8828 - \frac{181.98}{T_b}\right)\frac{10^{12}}{T_b^3}$$
$$(2-11)$$

通过回归分析得到相对分子质量方程，以拟合相对分子质量在 60~650 之间的实验室数据。

此外，Kesler 和 Lee 提出了两个用 Watson 表征因子和相对沸点作为相关参数来估算偏心因子的表达式。两个相关参数由以下两个参数定义：

Watson 表征因子 K_w：$K_w = \dfrac{(T_b)^{1/3}}{\gamma}$

相对沸点 θ：$\theta = T_b/T_c$

其中，沸点 T_b 和临界温度 T_c 均以 °R 为单位。

Kessler 和 Lee 基于相对沸点的值提出了两个计算偏心因子的表达式，如式(2-12)、式(2-13)所示：

若 $\theta > 0.8$：
$$\omega = -7.904 + 0.1352K_w - 0.007465K_w^2 + 8.359\theta + (1.408 - 0.01063K_w)/\theta \quad (2-12)$$

若 $\theta < 0.8$：
$$\omega = \frac{-\ln\left(\dfrac{P_c}{14.7}\right) - 5.92714 + \dfrac{6.09648}{\theta} + 1.28862\ln[\theta] - 0.169347\theta^6}{15.2518 + \dfrac{15.6875}{\theta} - 13.4721\ln[\theta] - 0.43577\theta^6} \quad (2-13)$$

式中　P_c——临界压力，psia；

　　　T_c——临界温度，°R；

　　　T_b——标准沸点，°R；

　　　ω——偏心因子；

　　　M——相对分子质量；

　　　γ——相对密度。

Kesler 和 Lee 表示式(2-9)和式(2-10)给出的 P_c 和 T_c 在沸点低于 1200 °F 时的值与 API 数据手册中的值几乎相同。

4. Winn 和 Sim-Daubert 经验公式

Winn(1957)提出了方便的图版来估算各种物理性质，包括石油组分的相对分子质量和拟临界压力。这两个图版的输入数据都是沸点 K_w 和相对密度(API 重度)。Sim 和 Daubert(1980)认为 Winn 的方法是表征石油组分最准确的方法。Sim 和 Daubert 提出了与 Winn 图版数据相匹配的经验公式。采用相对密度和沸点作为计算临界压力、临界温度和相对分子质量的相关参数。Sim 和 Daubert 经验公式可用于估算未定义石油组分的拟临界性质，如式(2-14)~式(2-16)所示：

$$P_c = 3.48242 \times 10^9 T_b^{-2.3177}\gamma^{2.4853} \quad (2-14)$$
$$T_c = \exp(3.9934718\, T_b^{0.08615}\gamma^{0.04614}) \quad (2-15)$$
$$M = 1.4350476 \times 10^{-5} T_b^{2.3776}\gamma^{-0.9371} \quad (2-16)$$

式中 P_c——临界压力，psia；

T_c——临界温度，°R；

T_b——标准沸点，°R。

5. Watansiri – Owens – Starling 经验公式

Watansiri（1985）等开发了一套经验公式来估算煤化合物和未定义的烃组分及其衍生物的临界性质和偏心因子。所提出的经验公式将未定义组分的临界性质和物理性质表示为组分的标准沸点、相对密度和相对分子质量的函数。这些关系式如式（2-17）~式（2-20）所示：

$$\ln(T_c) = -0.0650504 - 0.0005217T_b + 0.03095\ln(M) + 1.11067\ln(T_b) +$$
$$M(0.078154\gamma^{1/2} - 0.061061\gamma^{1/3} - 0.016943\gamma) \tag{2-17}$$

$$\ln(v_c) = 76.313887 - 129.8038\gamma + 63.175\gamma^2 - 13.175\gamma^3$$
$$+ 1.10108\ln(M) + 42.1958\ln[\gamma] \tag{2-18}$$

式中 v_c——临界体积，$ft^3/lb-mol$。

$$\ln(P_c) = 6.6418853 + 0.01617283\left(\frac{T_c}{V_c}\right)^{0.8} - 8.712\left(\frac{M}{T_c}\right) - 0.08843889\left(\frac{T_b}{M}\right) \tag{2-19}$$

$$\omega = \left[5.12316667 \times 10^{-4}T_b + 0.281826667(T_b/M) + 382.904/M + 0.074691 \times 10^{-5}(T_b/\gamma)^2\right.$$
$$- 0.12027778 \times 10^{-4}T_bM + 0.00126\gamma M + 0.1265 \times 10^{-4}M^2 + 0.2016 \times 10^{-4}\gamma M^2$$
$$\left. - 66.29959\frac{T_b^{1/3}}{M} - 0.00255452\frac{T_b^{2/3}}{\gamma^2}\right]\left(\frac{5T_b}{9M}\right) \tag{2-20}$$

式中 ω——偏心因子；

P_c——临界压力，psia；

T_c——临界温度，°R；

T_b——标准沸点，°R；

V_c——临界体积，$ft^3/lb-mol$。

以上经验公式的平均相对误差分别是：T_c为1.2%，V_c为3.8%，P_c为5.2%，ω为11.8%。

6. Edmister 经验公式

Edmister（1958）以沸点、临界温度和临界压力作为参数，提出了估算纯组分和石油混合物的偏心因子 ω 的相关经验公式。该公式在石油工业中广泛应用，它以沸点、临界温度和临界压力为参数。由关系式（2-21）表示：

$$\omega = \frac{3\log(P_c/14.70)}{7(T_c/T_b - 1)} - 1 \tag{2-21}$$

式中 ω——偏心因子；

P_c——临界压力，psia；

T_c——临界温度，°R；

T_b——标准沸点，°R。

如果偏心因子可以从另一种经验公式中得到，Edmister 方程可以重新排列以求解其他三个性质中的任何一个（如果其他两个已知的话）。

7. 临界压缩系数经验公式

临界压缩系数的定义是利用组分临界性质，包括 T_c、P_c、V_c，在临界点处计算得到的压缩系数，包括 T_c、P_c 和 V_c。这一性质可方便地由临界点处的实际气体状态方程计算得到，如式(2-22)所示：

$$Z_c = \frac{P_c v_c}{R T_c} \tag{2-22}$$

式中　R——理想气体常数，值为 10.73psia ft^3/lb - mol,$^\circ$R;

$\quad\quad v_c$——临界体积，ft^3/lb - mol。

如果临界体积 v_c 以 ft^3/lb 为单位，则式(2-22)可写为：

$$Z_c = \frac{P_c V_c M}{R T_c}$$

式中　M——相对分子质量；

$\quad\quad V_c$——临界体积，ft^3/lb。

式(2-22)的准确性取决于 P_c、T_c 和 v_c 的准确性。表 2-12 总结了多年来发表的临界压缩系数估算方法：

表 2-12　临界压缩系数估算方法

方　法	年　份	Z_c	方　程
Haugen	1959	$Z_c = 1/(1.28\omega + 3.41)$	(2-23)
Reid，Prausnitz 和 Sherwoo	1977	$Z_c = 0.291 - 0.08\omega$	(2-24)
Salerno 等	1985	$Z_c = 0.291 - 0.08\omega - 0.016\omega^2$	(2-25)
Nath	1985	$Z_c = 0.2918 - 0.0928\omega$	(2-26)

8. Rowe 经验公式

Rowe(1978)提出了预测重组分 C_{7+} 的标准沸点、临界温度和临界压力的经验公式。C_{7+} 性质的预测是基于这样一个假设，即 C_{7+} 重组分与常规的碳原子数为 n 且与该重组分具有相同临界性质的链烷烃具有相同的性质。Rowe 提出，基于 C_{7+} 组分的相对分子质量计算得到的碳原子数 n 可用来表征 C_{7+} 组分的临界温度、临界压力和沸点。具体的关系式如下：

$$n = \frac{M_{C_{7+}} - 2.0}{14} \tag{2-27}$$

$$(T_c)_{C_{7+}} = 1.8(961 - 10^a) \tag{2-28}$$

系数 a 的定义是：

$$a = 2.95597 - 0.090597 n^{2/3}$$

将 C_{7+} 组分的临界压力和沸点与临界温度和碳原子数关系式是：

$$(P_c)_{C_{7+}} = \frac{10^{(4.89165 + Y)}}{(T_c)_{C_{7+}}} \tag{2-29}$$

参数 Y 如下所示：

$$Y = -0.0137726826 n + 0.6801481651$$

$$(T_b)_{C_{7+}} = 0.0004347 (T_c)_{C_{7+}}^2 + 265 \tag{2-30}$$

式中　$(T_c)_{C_{7+}}$——C_{7+}的临界温度，°R；

　　　$(T_b)_{C_{7+}}$——C_{7+}的沸点，°R；

$(P_c)_{C_{7+}} = C_{7+}$——C_{7+}的临界压力，psia；

　　　$M_{C_{7+}}$——C_{7+}的相对分子质量。

Soreide(1989)提出了另一种计算沸点的方法，该方法是从68个储层C_{7+}样品中提取的843个TBP组分的分析中得到的。Soreide提出沸点可以表示为重组分的相对分子质量和相对密度的函数：

$$T_b = 1928.3 - \left(\frac{1695 \times 10^5 \gamma^{3.266}}{M^{0.03522}} \right) \exp[-4.922 \times 10^{-3} M - 4.7685\gamma + 3.462 \times 10^{-3} M\gamma]$$

其中，T_b以°R为单位。

9. Standing 经验公式

Matthews(1942)等给出了确定C_7组分临界温度和压力的图版。Standing(1977)用如下数学形式更方便地表示了这些图版，如下：

$$(T_c)_{C_{7+}} = 608 + 364\log(M_{C_{7+}} - 71.2) + (2450\log M_{C_{7+}} - 3800)\log\gamma_{C_{7+}} \qquad (2-31)$$

$$(P_c)_{C_{7+}} = 1188 - 431\log(M_{C_{7+}} - 61.1) + (2319 - 852\log M_{C_{7+}} - 53.7)(\gamma_{C_{7+}} - 0.8) \qquad (2-32)$$

式中　$M_{C_{7+}}$，$\gamma_{C_{7+}}$——C_7组分的相对分子质量和相对密度。

10. Willman – Teja 经验公式

Willman 和 Teja(1987)提出了确定正构烷烃同系物临界压力和临界温度的关系式。他们以正构烷烃的标准沸点和碳原子数为参数，利用非线性回归方法得到这组关系式。利用这些关系式计算得到的临界性质与 Bergmanetal(1977) 和 Whitson(1980)提供的临界性质非常接近。Willman 和 Teja 将有效碳原子数(n)引入他们的公式中，并提出可通过拟合未定义组分的沸点来估算 n 值。Ahmed(2014)提出通过拟合沸点 T_b 来估算 n 值。T_b表达式如下：

$$T_b = 434.38878 + 50.125279n - 0.9097293n^2 + 7.028065 \times 10^{-3} n^3 - 601.85651/n$$

其中，T_b以°R为单位。

临界温度和压力可由式(2-33)、式(2-34)计算：

$$T_c = T_b[1 + (1.25127 + 0.137242n)^{-0.884540633}] \qquad (2-33)$$

$$P_c = \frac{339.0416805 + 1184.157759n}{(0.873159 + 0.54285n)^{1.9265669}} \qquad (2-34)$$

式中　n——有效碳原子数；

　　　T_b——未定义组分的平均沸点，°R；

　　　T_c——未定义组分的临界温度，°R；

　　　P_c——未定义组分的临界压力，psia。

11. Hall 和 Yarborough 经验公式

Hall 和 Yarborough(1971)提出了一种根据相对分子质量和相对密度来确定某一组分临界体积的表达式如式(2-35)所示：

$$v_c = \frac{0.025M^{1.15}}{\gamma^{0.7935}} \qquad (2-35)$$

式中　v_c——临界体积，ft³/lb - mol。

若以 ft³/lb 表示临界体积，转换关系式是：

$$v_c = MV_c$$

式中　M——相对分子质量；

　　V_c——临界体积，ft³/lb；

　　v_c——临界体积，ft³/lb - mol。

应用该组分临界点处的实际气体状态方程，也可以计算出临界体积：

$$PV = Z\left(\frac{m}{M}\right)RT$$

在临界点处应用实际气体状态方程得到：

$$V_c = \frac{Z_c R T_c}{P_c M}$$

12. Magoulas - Tassios 经验公式

Magoulas 和 Tassios（1990）将临界温度，临界压力和偏心因子与各组分的相对密度 γ、体积和相对分子质量 M 进行关联，得到如下关系式：

$$T_c = -1247.4 + 0.729M + 1971\gamma - \frac{27000}{M} + \frac{707.4}{\gamma}$$

$$\ln(P_c) = 0.01901 - 0.0048442M + 0.13239\gamma + \frac{227}{M} + \frac{1.1663}{\gamma} + 1.2702\ln M$$

$$\omega = -0.64235 + 0.00014667M + 0.021876\gamma - \frac{4.559}{M} + 0.21699\ln M$$

式中　T_c——临界温度，°R；

　　P_c——临界压力，psia。

13. Twu 经验公式

Twu（1984）以正构烷烃为参考，基于扰动 - 膨胀理论提出了一种用于确定未定义烃组分（如 C_{7+}）的临界性质的经验公式。该方法基于选择（找到）一个沸点 T_{bP} 与烃类重组分 T_{bC_+}（如 C_{7+}）相同的正构烷烃组分。该方法要求提供重组分的沸点 T_{bC_+}、相对分子质量 M_{C_+} 及相对密度 C_+ 数据。如果沸点未知，则可以根据 Soreide（1989）提出的经验公式进行估算：

$$T_{bC_+} = a_1 + a_2 M_{C_+}{}^{a_3} \gamma_{C_+}{}^{a_4} \exp(a_5 M_{C_+} + a_6 \gamma_{C_+} + a_7 M_{C_+} \gamma_{C_+})$$

其中，$a_1 = 1928.3$

　　　$a_2 = -1.695 \times 10^5$

　　　$a_3 = -0.03522$

　　　$a_4 = 3.266$

　　　$a_5 = -4.922 \times 10^{-3}$

　　　$a_6 = -4.7685$

　　　$a_7 = 3.462 \times 10^{-3}$

Twu 方法具有以下两个步骤：

步骤 1，从以下表达式中计算正构烷烃的性质，即 T_{cP}、P_{cP}、γ_P 和 v_{cP}：

①正构烷烃的临界温度 T_{cP}，以 °R 为单位：

$$T_{cP} = T_{bC_+}\left[A_1 + A_2 T_{bC_+} + A_3 T_{bC_+}^2 + A_4 T_{bC_+}^3 + \frac{A_5}{(A_6 T_{bC_+})^{13}}\right]^{-1}$$

其中，$A_1 = 0.533272$

$A_2 = 0.191017 \times 10^{-3}$

$A_3 = 0.779681 \times 10^{-7}$

$A_4 = -0.284376 \times 10^{-10}$

$A_5 = 0.959468 \times 10^2$

$A_6 = 0.01$

②正构烷烃的临界压力 P_{cP}，以 psia 为单位：

$$P_{cP} = (A_1 + A_2 \alpha_i^{0.5} + A_3 \alpha_i + A_4 \alpha_i^2 + A_5 \alpha_i^4)^2$$

通过下式计算参数 α_i：

$$\alpha_i = 1 - \frac{T_{bC_+}}{T_{cP}}$$

其中，$A_1 = 3.83354$

$A_2 = 1.19629$

$A_3 = 34.8888$

$A_4 = 36.1952$

$A_5 = 104.193$

③正构烷烃的相对密度 γ_P：

$$\gamma_P = A_1 + A_2 \alpha_i + A_3 \alpha_i^3 + A_4 \alpha_i^{12}$$

其中，$A_1 = 0.843593$

$A_2 = -0.128624$

$A_3 = -3.36159$

$A_4 = -13749.5$

④正构烷烃的临界体积 v_{cP}，以 ft³/lb－mol 为单位：

$$v_{cP} = (1 + A_1 + A_2 \alpha_i + A_3 \alpha_i^3 + A_4 \alpha_i^{14})^{-8}$$

其中，$A_1 = -0.419869$

$A_2 = 0.505839$

$A_3 = 1.56436$

$A_4 = 9481.7$

步骤2，通过下式计算重组分的性质：

⑤重组分的临界温度 T_{C_+}，以 °R 为单位：

$$T_{C_+} = T_{cP} \left(\frac{1 + 2f_T}{1 - 2f_T} \right)^2$$

函数 f_T 为：

$$f_T = \{ \exp[5(\gamma_P - \gamma_{C_+})] - 1 \} \left[\frac{A_1}{T_{bC_+}^{0.5}} + \left(A_2 + \frac{A_3}{T_{bC_+}^{0.5}} \right) \{ \exp[5(\gamma_P - \gamma_{C_+})] - 1 \} \right]$$

其中，$A_1 = -0.362456$

$A_2 = 0.0398285$

$A_3 = -0.948125$

⑥重组分的临界体积 v_{C_+}，以 $\text{ft}^3/\text{lb} - \text{mol}$ 为单位：

$$v_{C_+} = v_{cP} \left(\frac{1 + 2f_v}{1 - 2f_v} \right)^2$$

$$f_v = \{ \exp[4(\gamma_P^2 - \gamma_{C_+}^2)] - 1 \} \left[\frac{A_1}{T_{bC_+}^{0.5}} + \left(A_2 + \frac{A_3}{T_{bC_+}^{0.5}} \right) \{ \exp[4(\gamma_P^2 - \gamma_{C_+}^2)] - 1 \} \right]$$

其中，$A_1 = 0.466590$

$\qquad A_2 = -0.182421$

$\qquad A_3 = 3.01721$

⑦重组分的临界压力 P_{C_+}，以 psia 为单位：

$$P_{C_+} = P_{cP} \left(\frac{T_{C_+}}{T_{cP}} \right) \left(\frac{v_{cP}}{v_{C_+}} \right) \left[\frac{1 + 2f_P}{1 - 2f_P} \right]^2$$

$$f_P = \{ \exp[0.5(\gamma_P - \gamma_{C_+})] - 1 \}$$

$$\left[\left(A_1 + \frac{A_2}{T_{bC_+}^{0.5}} + A_3 T_{bC_+} \right) + \left(A_4 + \frac{A_5}{T_{bC_+}^{0.5}} + A_6 T_{bC_+} \right) \{ \exp[0.5(\gamma_P - \gamma_{C_+})] - 1 \} \right]$$

其中，$A_1 = 2.53262$

$\qquad A_2 = -46.19553$

$\qquad A_3 = -0.00127885$

$\qquad A_4 = -11.4277$

$\qquad A_5 = 252.14$

$\qquad A_6 = 0.00230535$

14. Silva 和 Rodriguez 经验公式

Silva 和 Rodriguez(1992)建议使用以下两个公式以相对分子质量估算沸点和相对密度：

$$T_b = 460 + \left[447.08723 \ln \left(\frac{M}{64.2576} \right) \right]$$

利用上述 T_b 的计算值，由下式计算各组分的相对密度：

$$\gamma = 0.132467 \ln(T_b - 460) + 0.0116483$$

式中　T_b——沸点，°R。

15. Sancet 经验公式

Sancet(2007)提出了用相对分子质量 M 估算临界性质和沸点的公式：

$$P_c = 653 \exp(-0.007427M) + 82.82$$

$$T_c = 383.5 \ln(M - 4.075) - 778.5$$

$$T_b = (0.00124 T_c^{1.869}) + 194$$

式中　T_b，T_c——沸点，°R。

16. 相对分子质量经验公式的比较

Mudgal(2014)比较了几种根据沸点数据预测相对分子质量的方法。采用 Lee - Kesler、Riazi - Daubert、Winn nomographs、Goossens、Twu 等方法估算相对分子质量。Mudgal 认为根据 Goossens 和 Twu 方法可以得到合理的相对分子质量。此外，Ahmed(2014)应用等效碳

原子数 n 的概念来估算 Mudgal 的沸点 T_b。如本章前面所述：

$$T_b = 427.2959078 + 50.08577848 ECN - 0.88693418\ ECN^2 + 0.00675667\ ECN^3 - \frac{551.2778516}{ECN}$$

n 是由下式计算得到：

$$n = INT(ECN + 1)$$

用等效碳原子数 n 来估算相对分子质量：

$$M = -131.11375 + 24.9615n - 0.34079022n^2 + 0.002494118n^3 + 468.32575/n$$

上述表达式与 Twu 方法非常吻合。表 2 – 13 对比了各种方法的计算结果，图 2 – 8 展示了这些对比。

表 2 – 13 相对分子质量经验公式对比

组 分	$T_b/°K$	$T_b/°R$	Lee – Kesler	Riaz – Daubert	Winn	Twu	Goossens	Ahmed	
			M	M	M	M	M	n	M
1	363.15	653.67	87.78	92.68	91.02	94.3	92	7	94.67761
2	403.15	725.67	106.15	117.51	112.55	115.35	112	8.4	111.7485
3	453.15	815.67	131.79	149.16	139.77	144.77	143.5	10.6	142.3398
4	473.15	851.67	143.32	160.25	148.29	155.62	156	11.6	156.8496
5	498.15	896.67	155.18	178.52	163.66	173.02	175	12.9	175.8379
6	548.15	986.67	190.82	217.03	194.13	209.98	225.5	15.7	216.263
7	583.15	1049.67	219.15	248.41	219.9	240.97	242	18	248.3421
8	593.15	1067.67	225.15	256.75	225.48	249.21	250	18.7	257.8502
9	613.15	1103.67	241.19	274.79	239.71	267.45	251	20.2	277.7957
10	644.35	1159.83	268.56	305.92	265.62	300.34	270	22.7	309.7129
其他	764.83	1376.694	434.2	450.25	414.18	474.49	345	36.5	460.0781

相对分子质量对沸点

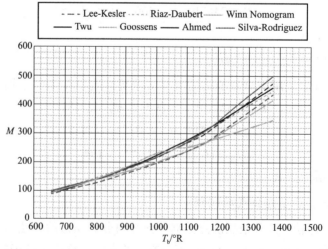

图 2 – 8 相对分子质量估算方法的对比

例2-1 用以下方法估算相对分子质量为150、相对密度为0.78的庚烷重组分(即 C_{7+})的临界性质和偏心因子：

(1)计算偏心因子的 Riazi – Daubert 方程(2-6)和 Edmister 方程。

(2)使用式(2-3A)至式(2-3E)。

解 (1)应用 Riazi – Daubert 方程：

$$\theta = aM^b\gamma^c \exp[dM + e\gamma + f\gamma M]$$

$$T_c = 544.2 \times 150^{0.2998} \times 0.78^{1.0555} \exp(-1.3478 \times 10^{-4} \times 150$$
$$-0.61641 \times 0.78 + 0) = 1139.4°R$$

$$P_c = 4.5203 \times 10^4 \times 150^{-0.8063} \times 0.78^{1.6015} \exp[-1.8078 \times 10^{-3} \times 150$$
$$-0.3084 \times 0.78 + 0] = 320.3\text{psia}$$

$$V_c = 1.206 \times 10^{-2} \times 150^{0.20378} \times 0.78^{-1.3036} \exp(-2.657 \times 10^{-3} \times 150$$
$$+0.5287 \times 0.78 \times 2.6012 \times 10^{-3} \times 150 \times 0.78) = 0.06035 \text{ ft}^3/\text{lb}$$

$$T_b = 6.77857 \times 150^{0.401673} \times 0.78^{-1.58262} \exp(3.77409 \times 10^{-3} \times 150$$
$$+2.984036 \times 0.78 - 4.25288 \times 10^{-3} \times 150 \times 0.78) = 825.26°R$$

利用 Edmister 方程(式2-21)估算偏心因子：

$$\omega = \frac{3\log(P_c/14.70)}{7(T_c/T_b - 1)} - 1$$

$$\omega = \frac{3(\log(320.3/14.70))}{7(1139.4/825.26 - 1)} - 1 = 0.5067$$

(2)应用式(2-3A)至式(2-3E)：

$$T_c = 231.9733906\left(\frac{M}{\gamma}\right)^{0.351579776} - 0.352767639\left(\frac{M}{\gamma}\right) - 233.3891996 = 1170°R$$

$$P_c = 31829\left(\frac{M}{\gamma}\right)^{-0.885326626} - 0.106467189\left(\frac{M}{\gamma}\right) + 49.62573013 = 331.6\text{psi}$$

$$\omega = 0.279354619\ln\left(\frac{M}{\gamma}\right) + 0.00141973\left(\frac{M}{\gamma}\right) - 1.243207019 = 0.499$$

$$v_c = 0.054703719\left(\frac{M}{\gamma}\right)^{0.984070268} + 87.7041 \times 10^{-6}\left(\frac{M}{\gamma}\right) - 0.001007476$$

$$= 9.69 \text{ ft}^3/\text{lb}_m - \text{mol}$$

$$= 0.0646 \text{ ft}^3/\text{lb}_m$$

$$T_b = 33.72211\left(\frac{M}{\gamma}\right)^{0.664115311} - 1.40066452\left(\frac{M}{\gamma}\right) - \frac{379.4428973}{\frac{M}{\gamma}} = 837°R$$

(3)Silva 和 Rodriguez 经验公式。

当组分的沸点和相对密度未知时：

$$T_b = 460 + \left[447.08723\ln\left(\frac{M}{64.2576}\right)\right] = 840°R$$

$$\gamma = 0.132467\ln(T_b - 460) + 0.0116483 = 0.7982$$

表2-14总结了本例题的结果。

表 2 - 14　结果总结

方　法	$T_c/°R$	P_c/psia	$V_c/(ft^3/lb)$	$T_b/°R$	ω
Riazi – Daubert	1139	320	0.0604	825	0.507
Silva and Rodriguez	—	—	—	840	—
Sancet	1133	297	—	828	—
式(2-3A)~式(2-3E)	1170	331	0.0646	837	0.499

例 2 - 2　利用以下方法估算沸点为 198℉(658°R)、相对密度为 0.7365 的石油组分的临界性质、相对分子质量和偏心因子：

(1)Riazi – Daubert[式(2-5)]。

(2)Riazi – Daubert[式(2-5)]。

(3)Cavett。

(4)Kesler – Lee。

(5)Winn and Sim – Daubert。

(6)Watansiri – Owens – Starling。

(7)Willman – Teja。

(8)式(2-3F)至式(2-3J)。

解　(1)使用 Riazi – Daubert[式(2-4)]求解：

$$\theta = a\,T_b^b\gamma^c$$

$$M = 4.5673 \times 10^{-5} \times 658^{2.1962} \times 0.7365^{-1.0164} = 96.4$$

$$T_c = 24.2787 \times 658^{0.58848} \times 0.7365^{0.3596} = 990.67°R$$

$$P_c = 3.12281 \times 10^9 \times 658^{-2.3125} \times 0.7365^{2.3201} = 466.9\,psia$$

$$V_c = 7.5214 \times 10^{-3} \times 658^{0.2896} \times 0.7365^{-0.7666} = 0.06227\,ft^3/lb$$

利用式(2-22)求解 Z_c：

$$Z_c = \frac{P_c V_c M}{RT_c} = \frac{466.9 \times 0.06227 \times 96.4}{10.73 \times 990.67} = 0.26365$$

利用式(2-21)求解 ω：

$$\omega = \frac{3[\log(p_c/14.70)]}{7(T_c/T_b - 1)} - 1$$

$$\omega = \frac{3[\log(466.9/14.70)]}{7(990.67/658 - 1)} - 1 = 0.2731$$

(2)Riazi – Daubert[式(2-5)]。

$$\theta = a\,T_b^b\gamma^c \exp(dT_b + e\gamma + fT_b\gamma)$$

应用上述公式并使用适当的常数，可得：

$$M = 581.96 \times 658^{-0.97476} \times 0.7365^{6.51274}$$

$$\exp(5.4307 \times 10^{-4} \times 658 + 9.53384 \times 0.7365 + 1.11056 \times 10^{-3} \times 658 \times 0.7365)M = 96.911$$

$$T_c = 10.6443 \times 658 \times^{0.810676} \times 0.7365^{0.53961}$$

$$\exp(-5.1747 \times 10^{-4} \times 658 - 0.54444 \times 0.7365 + 3.5995 \times 10^{-4} \times 658 \times 0.7365)T_c = 985.7°R$$

同样地，

$$P_c = 465.83 \text{psia}$$

$$V_c = 0.06257 \text{ ft}^3/\text{lb}$$

应用式（2 - 21）和式（2 - 22）可得到偏心因子和临界压缩系数。

$$\omega = \frac{3\left[\log(P_c/14.70)\right]}{7(T_c/T_b - 1)} - 1 = \frac{3\left[\log(465.83/14.70)\right]}{7(986.7/658 - 1)} - 1 = 0.2877$$

$$Z_c = \frac{P_c V_c M}{R T_c} = \frac{465.83 \times 0.06257 \times 96.911}{10.73 \times 986.7} = 0.2668$$

（3）Cavett 经验公式。

步骤 1，用式（2 -7）和系数（表 2 -15）求解 T_c：

表 2 - 15　系数

i	a_i	b_i
0	768.0712100000	2.82904060
1	1.7133693000	$0.94120109 \times 10^{-3}$
2	-0.0010834003	$-0.30474749 \times 10^{-5}$
3	-0.0089212579	$-0.20876110 \times 10^{-4}$
4	$0.3889058400 \times 10^{-6}$	$0.15184103 \times 10^{-8}$
5	$0.5309492000 \times 10^{-5}$	$0.11047899 \times 10^{-7}$
6	$0.3271160000 \times 10^{-7}$	$-0.48271599 \times 10^{-7}$
6		$0.13949619 \times 10^{-9}$

$$T_c = a_0 + a_1 T_b + a_2 T_b^2 + a_3 (\text{API}) T_b + a_4 T_b^3 + a_5 (\text{API}) T_b^2 + a_6 E^2 T_b^2$$

得到 $T_c = 978.1\degree\text{R}$

步骤 2，利用式（2 -8）计算 P_c：

$$\log P_c = b_0 + b_1 T_b + b_2 T_b^2 + b_3 (\text{API}) T_b + b_4 T_b^3 + b_5 (\text{API}) T_b^2 + b_6 (\text{API})^2 T_b + b_7 (\text{API})^2 T_b^2$$

得到 $P_c = 466.1\text{psia}$

步骤 3，应用 Edmister 经验公式［式（2 -21）］求解偏心因子：

$$\omega = \frac{3 \times \left[\log(466.1/14.70)\right]}{7 \times \left[(980/658) - 1\right]} - 1 = 0.3147$$

步骤 4，用式（2 -25）计算临界压缩系数：

$$Z_c = 0.291 - 0.08\omega - 0.016\,\omega^2$$

$$Z_c = 0.291 - 0.08 \times 0.3147 - 0.016 \times 0.3147^2 = 0.2642$$

步骤 5，用式（2 -22）计算 v_c：

$$v_c = \frac{Z_c R T_c}{P_c} = \frac{0.2642 \times 10.731 \times 980}{466.1} = 5.9495 \text{ft}^3/\text{lb} - \text{mol}$$

假设相对分子质量为 96，估算临界体积：

$$V_c = \frac{5.9495}{96} = 0.06197 \text{ft}^3/\text{lb}$$

（4）Kesler 和 Lee 经验公式。

步骤 1，由式（2 -9）计算 P_c：

$$\ln(P_c) = 8.3634 - \frac{0.0566}{\gamma} - \left(0.24244 + \frac{2.2898}{\gamma} + \frac{0.11875}{\gamma^2}\right)10^{-3}T_b$$
$$+ \left(1.4685 + \frac{3.648}{\gamma} + \frac{0.47227}{\gamma^2}\right)10^{-7}T_b^2 - \left(0.42019 + \frac{1.6977}{\gamma^2}\right)10^{-10}T_b^3$$

得到 $P_c = 470\text{psia}$

步骤2，采用式(2-10)求解 T_c：

$$T_c = 341.7 + 811.1\gamma + (0.4244 + 0.1174\gamma)T_b + \frac{(0.4669 - 3.26238\gamma)\times10^5}{T_b}$$

得到 $T_c = 980°\text{R}$

步骤3，利用式(2-11)计算相对分子质量 M：

$$M = -12272.6 + 9486.4\gamma + (4.6523 - 3.3287\gamma)T_b$$
$$+ (1 - 0.77084\gamma - 0.02058\gamma^2)\left(1.3437 - \frac{720.79}{T_b}\right)\frac{10^7}{T_b}$$
$$+ (1 - 0.80882\gamma - 0.02226\gamma^2)\left(1.8828 - \frac{181.98}{T_b}\right)\frac{10^{12}}{T_b^3}$$

得到 $M = 98.7$

步骤4，计算 Watson 表征因子 K 和参数 θ：

$$K = \frac{(658)^{1/3}}{0.7365} = 11.8$$

$$\theta = \frac{658}{980} = 0.671$$

步骤5，应用式(2-13)求解偏心因子：

$$\omega = \frac{-\ln\left(\dfrac{P_c}{14.7}\right) - 5.92714 + \dfrac{6.09648}{\theta} + 1.28862\ln(\theta) - 0.169347\theta^6}{15.2518 - \dfrac{15.6875}{\theta} - 13.4721\ln(\theta) + 0.43577\theta^6} = 0.306$$

步骤6，利用式(2-26)估算气体临界压缩系数 Z_c：

$$Z_c = 0.2918 - 0.0928\omega$$

$$Z_c = 0.2918 - 0.0928\times0.306 = 0.2634$$

步骤7，利用式(2-22)求解 V_c：

$$V_c = \frac{Z_c R T_c}{P_c M} = \frac{0.2634\times10.73\times980}{470\times98.7} = 0.0597\text{ft}^3/\text{lb}$$

(5) Winn-Sim-Daubert 经验公式。

步骤1，由式(2-14)估算 P_c：

$$P_c = (3.48242\times10^9)\frac{\gamma^{2.4853}}{T_b^{2.3177}}$$

$$P_c = 478.6\text{psia}$$

步骤2，应用式(2-15)求解 T_c：

$$T_c = \exp(3.9934718\,T_b^{0.08615}\gamma^{0.04614})$$

$$T_c = 979.2°\text{R}$$

步骤 3，由式（2 - 16）计算 M：

$$M = (1.4350476 \times 10^{-5}) \frac{T_b^{2.3776}}{\gamma^{0.9371}}$$

$$M = 95.93$$

步骤 4，由式（2 - 21）求解偏心因子：

$$\omega = \frac{3 [\log(P_c/14.70)]}{7(T_c/T_b - 1)} - 1$$

$$\omega = 0.3280$$

利用式（2 - 24）求解 Z_c：

$$Z_c = 0.291 - 0.08\omega$$

$$Z_c = 0.291 - 0.08 \times 0.3280 = 0.2648$$

步骤 5，由式（2 - 22）计算临界体积 V_c：

$$V_c = \frac{0.2648 \times 10.731 \times 979.2}{478.6 \times 95.93} = 0.06059 \text{ft}^3/\text{lb}$$

（6）Watansiri - Owens - Starling 经验公式。

步骤 1，因为方程式（2 - 17）~式（2 - 19）需要相对分子质量，因此假设 $M = 96$。

步骤 2，由式（2 - 17）计算 T_c：

$$\ln T_c = -0.0650504 - 0.0005217 T_b + 0.03095\ln M + 1.11067\ln T_b$$
$$+ M(0.078154 \gamma^{\frac{1}{2}} - 0.061061 \gamma^{\frac{1}{3}} - 0.016943\gamma) T_c = 980.0°\text{R}$$

步骤 3，由式（2 - 18）确定临界体积：

$$\ln V_c = 76.313887 - 129.8038\gamma + 63.175 \gamma^2 - 13.175 \gamma^3 + 1.10108\ln M$$
$$+ 42.1958\ln(\gamma) V_c = 0.06548 \text{ft}^3/\text{lb}$$

步骤 4，由式（2 - 19）来求解该组分的临界压力：

$$\ln P_c = 6.6418853 + 0.01617283 \left(\frac{T_c}{V_c}\right)^{0.8} - 8.712 \left(\frac{M}{T_c}\right) - 0.08843889 \left(\frac{T_b}{M}\right)$$

$$P_c = 426.5\text{psia}$$

步骤 5，由式（2 - 20）计算偏心因子得到：

$$\omega = \Big[5.12316667 \times 10^{-4} T_b + 0.281826667(T_b/M) + 382.904/M + 0.074691$$
$$\times 10^{-5}(T_b/\gamma)^2 - 0.12027778 \times 10^{-4} T_b M + 0.00126\gamma M + 0.1265 \times 10^{-4} M^2$$
$$+ 0.2016 \times 10^{-4}\gamma M^2 - 66.29959 \frac{T_b^{1/3}}{M} - 0.00255452 \frac{T_b}{\gamma^2} \Big] \frac{5T_b}{9M}$$

得到 $\omega = 0.2222$

步骤 6，应用式（2 - 24）计算临界压缩系数：

$$Z_c = 0.291 - 0.08\omega = 0.2918 - 0.0928 \times 0.2222 = 0.27112$$

（7）Willman 和 Teja 经验公式。

步骤 1，通过拟合给定的沸点 T_b 来确定有效碳原子数 n：

$$T_b = 434.38878 + 50.12579n - 0.9097293 n^2 + 7.0280657 \times 10^{-3} n^3 - 601.85641/n$$

$$658 = 434.38878 + 50.12579n - 0.9097293\,n^2 + 7.0280657 \times 10^{-3} n^3 - 601.85641/n$$

得到 $n = 7$

步骤2，由式(2-33)计算 T_c：

$$T_c = T_b [1 + (1.25127 + 0.137252n)^{-0.884540633}]$$

$$T_c = T_b [1 + (1.25127 + 0.137252 \times 7)^{-0.884540633}] = 983.7\,°R$$

步骤3，由式(2-34)计算 P_c：

$$P_c = \frac{339.0416805 + 1184.157759n}{(0.873159 + 0.54285 \times 7)^{1.9265669}} = 441.8\,\text{psia}$$

(8)式(2-3F)至式(2-3J)：

$$T_c = 1.379242274 \left(\frac{T_b}{\gamma}\right)^{0.967105064} + 0.012011487 \frac{T_b}{\gamma} + 0.10009512 = 996\,°R$$

$$P_c = 2898.631565 \exp\left(-0.002020245 \frac{T_b}{\gamma}\right) - 0.00867297 \frac{T_b}{\gamma} + 0.099138742 = 469\,\text{psi}$$

$$\omega = 0.000115057 \left(\frac{T_b}{\gamma}\right)^{1.250922701} + 0.00068975 \frac{T_b}{\gamma} - 0.92098982 = 0.26$$

$$v_c = 8749.94 \times 10^{-6} \left(\frac{T_b}{\gamma}\right)^3 - 9.75748 \times 10^{-6} \left(\frac{T_b}{\gamma}\right)^2 + 0.014653 \frac{T_b}{\gamma} - 4.60231684$$

$$- \frac{595.7922076}{\frac{T_b}{\gamma}} = 6.273\,\text{ft}^3/\text{lbm} - \text{mol}$$

$$M = 52.11038728 \exp\left(\frac{0.001617123\,T_b}{\gamma}\right) - 132.1481762 = 89$$

表2-16总结了本例的结果。

表2-16 结果表

方 法	$T_c/°R$	P_c/psia	$v_c/[\text{ft}^3/(\text{lb}-\text{mol})]$	M	ω	Z_c
Riazi-Daubert 1	990.67	466.90	0.06227	96.400	0.2731	0.26365
Riazi-Daubert 2	986.70	465.83	0.06257	96.911	0.2877	0.26680
Cavett	978.10	466.10	0.06197	—	0.3147	0.26420
Kesler-Lee	980.00	469.00	0.05970	98.700	0.3060	0.26340
Winn	979.20	478.60	0.06059	95.930	0.3280	0.26480
Watansiri	980.00	426.50	0.06548	—	0.2222	0.27112
Willman-Teja	983.7	441.8	—	—	—	—
式(2-3F)~式(2-3J)	996	469	0.0689	89	0.26	—

例2-3　如果庚烷重组分的相对分子质量和相对密度分别为216和0.8605，则使用以下公式计算临界温度和压力：

(1)Rowe 经验公式。

(2)Standing 经验公式。

（3）Magoulas – Tassios 经验公式。

（4）式（2 – 3A）～式（2 – 3B）。

解　（1）Rowe 经验公式。

步骤 1，由式（2 – 28）计算出 C_{7+} 的碳原子数：

$$n = \frac{M_{C_{7+}} - 2.0}{14} = \frac{216 - 2.0}{14} = 15.29$$

步骤 2，计算系数 a：

$$a = 2.95597 - 0.090597 n^{2/3}$$

$$a = 2.95597 - 0.090597 \times 15.29^{2/3} = 2.39786$$

步骤 3，由式（2 – 27）求出临界温度：

$$(T_c)_{C_{7+}} = 1.8 [961 - 10^a]$$

$$(T_c)_{C_{7+}} = 1.8 [961 - 10^{2.39786}] = 1279.8°\text{R}$$

步骤 4，计算系数 Y：

$$Y = -0.0137726826 n + 0.6801481651$$

$$Y = -0.0137726826 \times 2.39786 + 0.6801481651 = 0.647123$$

步骤 5，由式（2 – 29）计算临界压力得到：

$$(P_c)_{C_{7+}} = \frac{10^{(4.89165 + Y)}}{(T_c)_{C_{7+}}} = \frac{10^{(4.89165 + 0.647123)}}{1279.8} = 270\text{psia}$$

（2）Standing 经验公式。

步骤 1，利用式（2 – 31）求解临界温度可得：

$$(T_c)_{C_{7+}} = 608 + 364\log(M_{C_{7+}} - 71.2) + (2450\log M_{C_{7+}} - 3800)\log(\gamma)_{C_{7+}}$$

$$(T_c)_{C_{7+}} = 1269.3°\text{R}$$

步骤 2，由式（2 – 32）计算临界压力：

$$(P_c)_{C_{7+}} = 1188 - 431\log(M_{C_{7+}} - 61.1) + (2319 - 852\log M_{C_{7+}} - 53.7)[(\gamma)_{C_{7+}} - 0.8]$$

$$(P_c)_{C_{7+}} = 270\text{psia}$$

（3）Magoulas – Tassios 经验公式。

$$T_c = 1247.4 + 0.792M + 1971\gamma - \frac{27000}{M} + \frac{707.4}{\gamma}$$

$$T_c = 1247.4 + 0.792 \times 216 + 1971 \times 0.8605 - \frac{27000}{216} + \frac{707.4}{0.8605} = 1317°\text{R}$$

$$\ln P_c = 0.01901 - 0.0048442M + 0.13239\gamma + \frac{227}{M} - \frac{1.1663}{\gamma} + 1.2702\ln M$$

$$\ln P_c = 0.01901 - 0.0048442 \times 216 + 0.13239 \times 0.8605 + \frac{227}{216} - \frac{1.1663}{0.8605} + 1.2702\ln 216 = 5.6098$$

$$P_c = \exp 5.6098 = 273\text{psi}$$

（4）由式（2 – 3A）～式（2 – 3B）计算得到：

$$T_c = 231.9733906 \left(\frac{M}{\gamma}\right)^{0.351579776} - 0.352767639 \frac{M}{\gamma} - 233.3891996 = 1294°\text{R}$$

$$P_c = 31829 \left(\frac{M}{\gamma}\right)^{-0.885326626} - 0.106467189 \frac{M}{\gamma} + 49.62573013 = 262\text{psi}$$

结果总结如表 2 – 17：

表 2 – 17　结果表

方　法	$T_c/°R$	$P_c/psia$
Rowe	1279	270
Standing	1269	270
Magoulas – Tassios	1317	273
式(2 – 3A)至(2 – 3B)	1294	262

例 2 – 4　用测得的相对分子质量为 198.71，相对密度为 0.8527，计算 C_{7+} 的临界性质和偏心因子。采用以下方法：

（1）Rowe 经验公式。

（2）Standing 经验公式。

（3）Riazi – Daubert 经验公式。

（4）Magoulas – Tassios 经验公式。

（5）式(2 – 3A) ~ 式(2 – 3E)。

解　（1）Rowe 经验公式。

步骤 1，计算碳原子的数 n 和系数 a 得到：

$$n = \frac{M - 2}{14} = \frac{198.71 - 2}{14} = 14.0507$$

$$a = 2.95597 - 0.090597 n^{2/3}$$

$$a = 2.95597 - 0.090597 \times 14.0507^{2/3} = 2.42844$$

步骤 2，由式(2 – 28)确定 T_c：

$$(T_c)_{C_{7+}} = 1.8 \times (961 - 10^a)$$

$$(T_c)_{C_{7+}} = 1.8 \times (961 - 10^{2.42844}) = 1247°R$$

步骤 3，计算系数 Y：

$$Y = -0.0137726826 n + 0.6801481651$$

$$Y = -0.0137726286 \times 2.42844 + 0.6801481651 = 0.6467$$

步骤 4，由式(2 – 29)计算 P_c：

$$(P_c)_{C_{7+}} = \frac{10^{(4.89165 + 0.6467)}}{1247} = 277 psi$$

步骤 5，应用式(2 – 30)确定 T_b：

$$(T_b)_{C_{7+}} = 0.0004347 (T_c)^2_{C_{7+}} + 265 = 0.0004347 \times 1247^2 + 265 = 941°R$$

步骤 6，应用式(2 – 21)求解偏心因子：

$$\omega = \frac{3 \log(P_c/14.70)}{7(T_c/T_b - 1)} - 1$$

$$\omega = 0.6123$$

（2）Standing 经验公式。

步骤 1，利用式(2 – 31)求 C_{7+} 的临界温度得到：

$$(T_c)_{C_{7+}} = 608 + 364\log(M_{C_{7+}} - 71.2) + (2450\log M_{C_{7+}} - 3800)\log\gamma_{C_{7+}}$$

$$(T_c)_{C_{7+}} = 1247.73°R$$

步骤 2，由式（2-32）计算临界压力：

$$(P_c)_{C_{7+}} = 1188 - 431\log(M_{C_{7+}} - 61.1) + (2319 - 852\log M_{C_{7+}} - 53.7)[(\gamma)_{C_{7+}} - 0.8]$$

$$(P_c)_{C_{7+}} = 291.41\text{psia}$$

（3）Riazi-Daubert 经验公式。

$$\theta = a(M)^b\gamma^c\exp(\text{d}M + e\gamma + f\gamma M)$$

$$T_c = 544.2 \times 198.71^{0.2998} \times 0.8577^{1.0555}$$

$$\exp(-1.3478 \times 10^{-4} \times 198.71 - 0.61641 \times 0.8577) = 1294°R$$

$$P_c = 4.5203 \times 10^4 \times 198.71^{-0.8061} \times 0.8577^{1.6015}$$

$$\exp(-1.8078 \times 10^{-3} \times 198.71 - 0.3084 \times 0.8577) = 264\text{psi}$$

应用式（2-6）确定 T_b：

$$T_b = 958.5°R$$

由式（2-21）求出偏心因子得到：

$$\omega = \frac{3\log(P_c/14.70)}{7(T_c/T_b - 1)} - 1$$

$$\omega = 0.5346$$

（4）Magoulas-Tassios 经验公式。

$$T_c = 1247.4 + 0.792M + 1971\gamma - \frac{27000}{M} + \frac{707.4}{\gamma}$$

$$T_c = 1247.4 + 0.792 \times 198.71 + 1971 \times 0.8527 - \frac{27000}{198.71} + \frac{707.4}{0.8527} = 1284°R$$

$$\ln(P_c) = 0.01901 - 0.0048442M + 0.13239\gamma + \frac{227}{M} - \frac{1.1663}{\gamma} + 1.2702\ln M$$

$$\ln(P_c) = 0.01901 - 0.0048442 \times 198.71 + 0.13239 \times 0.8527 + \frac{227}{198.71} - \frac{1.1663}{0.8527}$$

$$+ 1.2702\ln 198.71 = 5.6656$$

$$P_c = \exp(5.6656) = 289\text{psi}$$

$$\omega = -0.64235 + 0.00014667M + 0.021876\gamma\frac{4.559}{M} + 0.21699\ln M$$

$$\omega = -0.64235 + 0.00014667 \times 198.71 + 0.021876 \times 0.8527 \times \frac{4.559}{198.71} + 0.21699\ln 198.71 = 0.531$$

（5）式（2-3A）～式（2-3E）。

$$T_c = 231.9733906\left(\frac{M}{\gamma}\right)^{0.351579776} - 0.352767639\frac{M}{\gamma} - 233.3891996 = 1259°R$$

$$P_c = 31829\left(\frac{M}{\gamma}\right)^{-0.885326626} - 0.106467189\frac{M}{\gamma} + 49.62573013 = 280\text{psi}$$

$$\omega = 0.279354619\,C_{7+}\frac{M}{\gamma} + 0.00141973\frac{M}{\gamma} - 1.243207019 = 0.61$$

$$v_c = 0.054703719 \left(\frac{M}{\gamma}\right)^{0.984070268} + 87.7041 \times 10^{-6}\frac{M}{\gamma}$$

$$-0.001007476 = 11.717 \mathrm{ft}^3/\mathrm{lbm-mol} = 0.0589 \mathrm{ft}^3/\mathrm{lbm}$$

$$T_b = 33.72211 \left(\frac{M}{\gamma}\right)^{0.664115311} - 1.40066452\frac{M}{\gamma} - \frac{379.4428973}{M/\gamma} = 931°\mathrm{R}$$

表2-18 总结了本例的结果。

表2-18　结果表

方　法	$T_c/°\mathrm{R}$	p_c/psia	$T_b/°\mathrm{R}$	ω
Rowe	1247	277	941	0.612
Standing	1247	291	—	—
Riazi – Daubert	1294	264	950	0.534
Magoulas – Tassios	1284	298	—	0.531
式(2-3A)~式(2-3E)	1259	280	931	0.61

17. 推荐的重组分表征

在石油工业中广泛使用的多种形式的三元状态方程(如 Peng – Robinson 状态方程)都需要烃类系统中每个已定义和未定义石油组分的临界性质和偏心因子。未定义石油组分的表征依赖于应用经验公式,而经验公式是通过拟合纯组分的临界性质和物理性质得到的。各个经验公式得到的结果通常有很大的差异,使用这些经验公式通常会产生错误的状态方程结果。因此,状态方程是不可预测的,需要通过拟合可用的实验室 PVT 数据来调整未定义的石油组分的临界性质。认识到调整状态方程需要调整未定义烃组分的临界性质这一事实,就需要选择一种或多种经验公式,这些经验公式能够得到合理的烃组分性质的趋势(例如 T_c 和 ω 随着烃组分相对分子质量的增加而增加,而 P_c 随之减小)。Riazi – Daubert 临界性质和 Kesler – Lee 偏心因子经验公式提供了所需的性质趋势,因此建议在状态方程应用中使用。

确定重质组分(例如 C_{7+})的确切组成和临界性质几乎是不可能完成的任务,一种有用的组分分析是通过 TBP 分析蒸馏得到拟组分,确定石蜡 P,环烷烃 N 和芳烃 A 的相对含量。详细的 PNA 分析可以准确评估这些石油组分的物理性质和临界性质。原油分析测试可以包括此类测量,但是分析可能既昂贵又耗时。作者同意 Whitson 和 Brule(2000)的观点,即 PNA 测定对于改进状态方程的作用有限。然而,下面总结了 PNA 测量方法的细节。

2.4.2　PNA 测定

构成天然原油的大量烃类化合物,在化学上已分为几个系列化合物。每个系列都由分子构成和特征相似的化合物组成。在给定的系列中,化合物的范围从极轻或化学成分简单到重或化学成分复杂。一般认为,重烃(未定义)组分由三种烃组分组成:

(1)石蜡(P)。

(2)环烷烃(N)。

(3)芳香烃(A)。

重组分(未定义的烃组分)的 PNA 含量可以通过实验蒸馏或色谱分析来估算。这两种分析都提供了有价值的信息,可用于表征重组分。Bergman 等(1977)概述了色谱分析的步骤,蒸馏组分的特点是密度和相对分子质量以及重均沸点(WABP)。需要指出的是,当仅给出重组分的一个沸点时,它通常表示的是体积平均沸点(VABP)。

通常,有五种方法用来确定重组分的标准沸点(如 C_{7+}):

(1)VABP 的数学定义式,如式(2-36)所示:

$$\text{VABP} = \sum_i V_i T_{bi} \tag{2-36}$$

式中　T_{bi}——蒸馏组分 i 的沸点,°R;

　　　V_i——蒸馏组分 i 的体积分数。

(2)WABP 由表达式(2-37)定义:

$$\text{WABP} = \sum_i w_i T_{bi} \tag{2-37}$$

式中　w_i——蒸馏组分 i 的质量分数。

(3)摩尔平均沸点(MABP)由关系式(2-38)给出:

$$\text{MABP} = \sum_i x_i T_{bi} \tag{2-38}$$

式中　x_i——蒸馏组分 i 的摩尔分数。

(4)立方平均沸点(CABP)的定义式如式(2-39)所示:

$$\text{CABP} = \left(\sum_i x_i T_{bi}^{1/3} \right)^3 \tag{2-39}$$

(5)平均沸点(MeABP)的定义如式(2-40)所示:

$$\text{MeABP} = \frac{\text{MABP} + \text{CABP}}{2} \tag{2-40}$$

推荐 MeABP(T_b)作为重组分最具代表性的沸点,因为它可以更好地体现整个混合物的性质。

Edmister 和 Lee(1984)指出,上述 5 种用于计算标准沸点的表达式,对于沸点范围小的石油组分,其值相差不大。通常用于估算重烃组分 PNA 含量的三个参数包括:

(1)相对分子质量。

(2)相对密度。

(3)VABP 或 WABP。

Hopke 和 Lin(1974)、Erbar(1977)、Bergman 等(1977)以及 Robinson 和 Peng(1978)利用上述参数和 PNA 概念来描述未定义烃组分的临界性质和偏心因子。两种最广泛使用的基于 PNA 的表征方法包括:

(1)Peng - Robinson 方法。

(2)Bergman 方法。

这两种方法的细节总结如下。

1. Peng - Robinson 方法

Peng - Robinson 提出了如下表征重烃组分的详细步骤:

步骤 1,通过求解以下三个严格定义的方程,计算未定义组分的 PNA 含量(X_P,X_N,X_A):

$$\sum_{i=P,N,A} X_i = 1 \tag{2-41}$$

$$\sum_{i=P,N,A} (M_i T_{bi} X_i) = MWABP \qquad (2-42)$$

$$\sum_{i=P,N,A} (M_i X_i) = M \qquad (2-43)$$

式中 X_P——未定义组分中链烷烃的摩尔分数;

$\qquad X_N$——未定义组分中环烷烃的摩尔分数;

$\qquad X_A$——未定义组分中芳香烃的摩尔分数;

WABP——未定义组分的重均沸点,°R;

$\qquad M$——未定义组分的相对分子质量;

$\qquad M_i$——每个组分的平均相对分子质量(即 PNA);

$\qquad T_{bi}$——每个组分的沸点,°R。

式(2-41)到式(2-43)可以写成矩阵形式:

$$\begin{bmatrix} 1 & 1 & 1 \\ (MT_b)_P & (MT_b)_N & (MT_b)_A \\ (M)_P & (M)_N & (M)_A \end{bmatrix} \begin{bmatrix} X_P \\ X_N \\ X_A \end{bmatrix} = \begin{bmatrix} 1 \\ M(WABP) \\ M \end{bmatrix} \qquad (2-44)$$

Robinson 和 Peng 指出, PNA 含量有可能得到负值。为了防止出现这些负值, 作者施加了以下约束:

$$0 \leqslant X_P \leqslant 0.90$$

$$X_N \geqslant 0.00$$

$$X_A \geqslant 0.00$$

用式(2-44)求解 PNA 含量, 需要 WABP 和未定义烃组分的相对分子质量。Robinson 和 Peng 提出了估算沸点 $(T_b)_P$、$(T_b)_N$、$(T_b)_A$ 和相对分子质量 M_P、M_N、M_A 的表达式:

链烷烃: $\qquad \ln(T_b)_P = \ln 1.8 + \sum_{i=1}^{6} [a_i(n-6)^{i-1}] \qquad (2-45)$

环烷烃: $\qquad \ln(T_b)_N = \ln 1.8 + \sum_{i=1}^{6} [a_i(n-6)^{i-1}] \qquad (2-46)$

芳香烃: $\qquad \ln(T_b)_A = \ln 1.8 + \sum_{i=1}^{6} [a_i(n-6)^{i-1}] \qquad (2-47)$

链烷烃: $\qquad M_P = 14.026n + 2.016 \qquad (2-48)$

环烷烃: $\qquad M_N = 14.026n - 14.026 \qquad (2-49)$

芳香烃: $\qquad M_A = 14.026n - 20.074 \qquad (2-50)$

其中, n 是未定义烃类组分中的碳原子数, 如 7、8……; a_i 是方程的系数如表 2-19:

表 2-19　系数 a_i 表

系　数	链烷烃 P	环烷烃 N	芳香烃 A
a_1	5.83451830	5.85793320	5.867176
a_2	$0.84909035 \times 10^{-1}$	$0.79805995 \times 10^{-1}$	$0.80436947 \times 10^{-1}$
a_3	$-0.52635428 \times 10^{-2}$	$-0.43098101 \times 10^{-2}$	$-0.47136506 \times 10^{-2}$
a_4	$0.21252908 \times 10^{-3}$	$0.14783123 \times 10^{-3}$	$0.18233365 \times 10^{-3}$
a_5	$-0.44933363 \times 10^{-5}$	$-0.27095216 \times 10^{-5}$	$-0.38327239 \times 10^{-5}$
a_6	$0.37285365 \times 10^{-7}$	$0.19907794 \times 10^{-7}$	$0.32550576 \times 10^{-7}$

步骤 2，如步骤 1 所示，得到未定义烃组分的 PNA 含量后，应用以下表达式计算该组分的临界压力：

$$P_c = X_P (P_c)_P + X_N (P_c)_N + X_A (P_c)_A \tag{2-51}$$

式中　P_c——重烃组分的临界压力，psia。

根据以下公式计算每个组分中重组分的临界压力：

链烷烃：
$$(P_c)_P = \frac{206.126096n + 29.67136}{(0.227n + 0.340)^2} \tag{2-52}$$

环烷烃：
$$(P_c)_N = \frac{206.126096n - 206.126096}{(0.227n - 0.137)^2} \tag{2-53}$$

芳香烃：
$$(P_c)_A = \frac{206.126096n - 295.007504}{(0.227n - 0.325)^2} \tag{2-54}$$

步骤 3，使用以下表达式计算未定义组分每个组分的偏心因子：

链烷烃：
$$\omega_P = 0.432n + 0.0457 \tag{2-55}$$

环烷烃：
$$\omega_N = 0.0432n - 0.0880 \tag{2-56}$$

芳香烃：
$$\omega_A = 0.0445n - 0.0995 \tag{2-57}$$

步骤 4，使用以下关系式计算组分的临界温度：

$$T_c = X_P (T_c)_P + X_N (T_c)_N + X_A (T_c)_A \tag{2-58}$$

式中　T_c——组分的临界温度，°R。

根据以下表达式计算未定义组分每个组分的临界温度：

链烷烃：
$$(T_c)_P = S \left\{ 1 + \frac{3\log[(P_c)_P] - 3.501952}{7[1 + (\omega)_P]} \right\} (T_b)_P \tag{2-59}$$

环烷烃：
$$(T_c)_N = S_1 \left\{ 1 + \frac{3\log[(P_c)_N] - 3.501952}{7[1 + (\omega)_N]} \right\} (T_b)_N \tag{2-60}$$

芳香烃：
$$(T_c)_A = S_1 \left\{ 1 + \frac{3\log[(P_c)_A] - 3.501952}{7[1 + (\omega)_A]} \right\} (T_b)_A \tag{2-61}$$

式中　校正系数 S 和 S_1 由以下表达式定义：

$$S = 0.99670400 + 0.00043155n$$
$$S_1 = 0.99627245 + 0.00043155n$$

步骤 5，使用 Edmister 经验公式（式 2-21）计算重质组分的偏心因子：

$$\omega = \frac{3[\log(P_c/14.7)]}{7[(T_c/T_b) - 1]} - 1 \tag{2-62}$$

式中　ω——重质组分的偏心因子；

P_c——重质组分的临界压力，psia；

T_c——重质组分的临界温度，°R；

T_b——平均质量沸点，°R。

例 2-5　使用 Peng 和 Robinson 方法，计算由实验室测量数据表征的未定义烃组分的临界压力、临界温度和偏心因子：

（1）相对分子质量 =94。

（2）相对密度 = 0.726133。

（3）WABP = 195℉，即 655°R。

解 步骤1，应用式(2-45)~式(2-47)计算每个组分的沸点：

$$(T_b)_P = \exp\left\{\ln 1.8 + \sum_{i=1}^{6} \left[a_i(n-6)^{i-1}\right]\right\} = 666.58°R$$

$$(T_b)_N = \exp\left\{\ln 1.8 + \sum_{i=1}^{6} \left[a_i(n-6)^{i-1}\right]\right\} = 630°R$$

$$(T_b)_A = \exp\left\{\ln 1.8 + \sum_{i=1}^{6} \left[a_i(n-6)^{i-1}\right]\right\} = 635.85°R$$

步骤2，使用式(2-48)~式(2-50)计算每个组分的相对分子质量：

链烷烃：$M_P = 14.026n + 2.016$

$$M_P = 14.026 \times 7 + 2.016 = 100.198$$

环烷烃：$M_N = 14.026n - 14.026$

$$M_N = 14.026 \times 7 - 14.026 = 84.156$$

芳香烃：$M_A = 14.026n - 20.074$

$$M_A = 14.026 \times 7 - 20.074 = 78.180$$

步骤3，根据式(2-44)求解 X_P、X_N 和 X_A：

$$\begin{bmatrix} 1 & 1 & 1 \\ (MT_b)_P & (MT_b)_N & (MT_b)_A \\ (M)_P & (M)_N & (M)_A \end{bmatrix} \begin{bmatrix} X_P \\ X_N \\ X_A \end{bmatrix} = \begin{bmatrix} 1 \\ M(\text{WABP}) \\ M \end{bmatrix}$$

$$\begin{bmatrix} 1 & 1 & 1 \\ 66689.78 & 53018.28 & 49710.753 \\ 199.198 & 84.156 & 78.180 \end{bmatrix} \begin{bmatrix} X_P \\ X_N \\ X_A \end{bmatrix} = \begin{bmatrix} 1 \\ 61570 \\ 94 \end{bmatrix}$$

得到：

$$X_P = 0.6313$$

$$X_N = 0.3262$$

$$X_A = 0.04250$$

步骤4，应用式(2-52)~式(2-54)计算未定义组分中每个组分的临界压力：

$$(P_c)_P = \frac{206.126096 \times 7 + 29.67136}{(0.227 \times 7 + 0.340)^2} = 395.70\text{psia}$$

$$(P_c)_N = \frac{206.126096 \times 7 - 206.126096}{(0.227 \times 7 - 0.137)^2} = 586.61$$

$$(P_c)_A = \frac{206.126096 \times 7 - 295.007504}{(0.227 \times 7 - 0.325)^2} = 718.46$$

步骤5，根据式(2-51)计算重质组分的临界压力：

$$P_c = X_P(P_c)_P + X_N(P_c)_N + X_A(P_c)_A$$

$$P_c = 0.6313 \times 395.70 + 0.3262 \times 586.61 + 0.04250 \times 718.46 = 471\text{psia}$$

步骤6，利用式(2-55)~式(2-57)计算组分中每个组分的偏心因子：

$$(\omega)_P = 0.432 \times 7 + 0.0457 = 0.3481$$

$$(\omega)_N = 0.0432 \times 7 - 0.0880 = 0.2144$$

$$(\omega)_A = 0.0445 \times 7 - 0.0995 = 0.2120$$

步骤7，利用式(2-59)~式(2-61)求解$(T_c)_P$、$(T_c)_N$和$(T_c)_A$：

$$S = 0.99670400 + 0.00043155 \times 7 = 0.99972$$

$$S_1 = 0.99627245 + 0.00043155 \times 7 = 0.99929$$

$$(T_c)_P = 0.99972 \times \left[1 + \frac{3\log(395.70) - 3.501952}{7 \times (1 + 0.3481)}\right] \times 666.58 = 969.4°R$$

$$(T_c)_N = 0.99929 \times \left[1 + \frac{3\log(586.61) - 3.501952}{7 \times (1 + 0.2144)}\right] \times 630 = 947.3°R$$

$$(T_c)_A = 0.99929 \times \left[1 + \frac{3\log(718.46) - 3.501952}{7 \times (1 + 0.2120)}\right] \times 635.85 = 1014.9°R$$

步骤8，根据式(2-58)求解未定义组分的临界温度T_c：

$$T_c = X_P(T_c)_P + X_N(T_c)_N + X_A(T_c)_A = 964.1°R$$

步骤9，根据式(2-62)计算偏心因子得到：

$$\omega = \frac{3[\log(471/14.70)]}{7[(964.1/655) - 1]} - 1 = 0.3680$$

2. Bergman 方法

Bergman 等(1977)提出了一个基于计算烃组分 PNA 含量来表征未定义烃组分的详细步骤。该步骤源自对贫气和凝析气的大量实验数据的分析。在推导经验公式时，作者假设链烷烃、环烷烃和芳香烃具有相同的沸点。计算步骤概括如下：

步骤1，应用下式估算未定义组分中芳香烃的质量分数：

$$\omega_A = 8.47 - 0.7 K_w \tag{2-63}$$

式中　ω_A——芳香烃的质量分数；

　　　K_w——Watson 因子，其数学表达式是：

$$K_w = \frac{T_b^{1/3}}{\gamma} \tag{2-64}$$

式中　γ——未定义组分的相对密度；

　　　T_b——质量平均沸点，°R。

Bergman 等对芳香烃组分施加以下约束：

$$0.03 \leqslant \omega_A \leqslant 0.35$$

步骤2，Bergman 提出了一组表达式，如式(2-65)、式(2-66)、式(2-67)所示，用于估算三组相对密度，即γ_P、γ_N和γ_A：

$$\gamma_P = 0.582486 + 0.00069481 \times (T_b - 460) - 0.7572818 \times 10^{-6} \times (T_b - 460)^2$$
$$+ 0.3207736 \times 10^{-9} \times (T_b - 460)^3 \tag{2-65}$$

$$\gamma_N = 0.694208 + 0.0004909267 \times (T_b - 460) - 0.659746 \times 10^{-6} \times (T_b - 460)^2$$
$$+ 0.330966 \times 10^{-9} \times (T_b - 460)^3 \tag{2-66}$$

$$\gamma_A = 0.916103 - 0.000250418 \times (T_b - 460) + 0.357967 \times 10^{-6} \times (T_b - 460)^2$$
$$- 0.166318 \times 10^{-9} \times (T_b - 460)^3 \tag{2-67}$$

Bergman 等建议石蜡的最低含量为 0.20。为了保证满足这个最小值，将导致 w_P 值为负值的芳香烃含量以 0.03 的增量进行增加（最大可增加 15 倍），直到石蜡含量超过 0.20。他们指出，这种方法对 C_{15} 以下的组分给出了合理的结果。

步骤 3，根据步骤 1 估算的芳香烃含量，步骤 2 计算出的三个 PNA 组分的相对密度，通过求解以下线性方程组确定石蜡和环烷烃组分的质量分数：

$$w_P + w_N = 1 - w_A \tag{2-68}$$

$$\frac{w_P}{\gamma_P} + \frac{w_N}{\gamma_N} = \frac{1}{\gamma} - \frac{w_A}{\gamma_A} \tag{2-69}$$

式中　　w_P——链烷烃的质量分数；

w_N——环烷烃的质量分数；

γ——未定义组分的相对密度；

γ_P，γ_N，γ_A——三个组分在质量平均沸点下的相对密度，可由以下关系式计算：

结合式（2-68）与式（2-69）并求解芳烃的质量分数得到：

$$w_P = \frac{\dfrac{\gamma_P}{\gamma} - \dfrac{w_A \gamma_P \gamma_N}{\gamma_A} - (1 - w_A) \gamma_P}{\gamma_N - \gamma_P}$$

$$w_N = 1 - (w_A + w_P)$$

步骤 4，根据表达式计算每个组分的临界温度、临界压力和偏心因子，如式（2-70）~式（2-78）所示：

链烷烃：

$$(T_c)_P = 735.23 + 1.2061 \times (T_b - 460) - 0.00032984 \times (T_b - 460)^2 \tag{2-70}$$

$$(P_c)_P = 573.011 - 1.13707 \times (T_b - 460) + 0.00131625 \times (T_b - 460)^2$$
$$- 0.85103 \times 10^{-6} \times (T_b - 460)^3 \tag{2-71}$$

$$\omega_P = 0.14 + 0.0009 \times (T_b - 460) + 0.233 \times 10^{-6} \times (T_b - 460)^2 \tag{2-72}$$

环烷烃：

$$(T_c)_N = 616.8906 + 2.6077 \times (T_b - 460) - 0.003801 \times (T_b - 460)^2$$
$$+ 0.2544 \times 10^{-5} \times (T_b - 460)^3 \tag{2-73}$$

$$(P_c)_N = 726.414 - 1.3275 \times (T_b - 460) + 0.9846 \times 10^{-3} \times (T_b - 460)^2$$
$$- 0.45169 \times 10^{-6} \times (T_b - 460)^3 \tag{2-74}$$

$$\omega_N = \omega_P - 0.075 \tag{2-75}$$

Bergman 等（1977）给 C_8、C_9 和 C_{10} 环烷烃定义了以下特殊的偏心因子值：

$$C_8 \omega_N = 0.26$$

$$C_9 \omega_N = 0.27$$

$$C_{10} \omega_N = 0.35$$

芳香烃：

$$(T_c)_A = 749.535 + 1.7017(T_b - 460) - 0.0015843(T_b - 460)^2$$
$$+ 0.82358 \times 10^{-6} \times (T_b - 460)^3 \tag{2-76}$$

$$(P_c)_A = 1184.514 - 3.44681(T_b - 460) + 0.0045312(T_b - 460)^2$$
$$- 0.23416 \times 10^{-5} \times (T_b - 460)^3 \tag{2-77}$$

$$\omega_A = \omega_P - 0.1 \tag{2-78}$$

步骤 5，根据关系式计算未定义组分的临界压力，临界温度和偏心因子，如式（2-79）~式（2-81）所示：

$$P_c = w_P(P_c)_P + w_N(P_c)_N + w_A(P_c)_A \tag{2-79}$$

$$T_c = w_P(T_c)_P + w_N(T_c)_N + w_A(T_c)_A \tag{2-80}$$

$$\omega = w_P(\omega)_P + w_N(\omega)_N + w_A(\omega)_A \tag{2-81}$$

Whitson(1984)不建议使用 Peng - Robinson 和 Bergman 的 PNA 方法来表征含有比 C_{20} 重的组分的储层流体。

例 2-6　使用 Bergman 的方法，计算由实验室测量值表征的未定义烃组分的临界压力、临界温度和偏心因子：

（1）相对分子质量 = 94。

（2）相对密度 = 0.726133。

（3）WABP = 195 ℉，即 655°R。

解　步骤 1，计算 Watson 表征因子：

$$K_w = \frac{T_b^{1/3}}{\gamma} = \frac{655^{1/3}}{0.7261} = 11.96$$

步骤 2，估算芳香烃的质量分数：

$$w_A = \frac{0.847}{K_w} = \frac{0.847}{11.96} = 0.070819$$

步骤 3，通过应用式（2-65）~式（2-67）估算三个组分的相对密度，即 γ_P、γ_N 和 γ_A：

$$\gamma_P = 0.582486 + 0.00069481 \times 195 - 0.7572818 \times 10^{-6} \times 195^2$$
$$+ 0.3207736 \times 10^{-9} \times 195^3 = 0.692422$$

$$\gamma_N = 0.694208 + 0.0004909267 \times 195 - 0.659746 \times 10^{-6} \times 195^2$$
$$+ 0.330966 \times 10^{-9} \times 195^3 = 0.767306$$

$$\gamma_A = 0.916103 - 0.000250418 \times 195 + 0.357967 \times 10^{-6} \times 195^2$$
$$- 0.166318 \times 10^{-9} \times 195^3 = 0.879652$$

步骤 4，计算链烷烃和环烷烃的质量分数：

$$w_P = \frac{\left(\dfrac{\gamma_P}{\gamma} - \dfrac{w_A \gamma_P \gamma_N}{\gamma_A}\right) - (1 - w_A)\gamma_P}{\gamma_N - \gamma_P} = 0.607933$$

$$w_N = 1 - (w_A + w_P) = 1 - (0.079819 + 0.607933) = 0.321248$$

步骤 5，由下式计算各组分的临界温度、临界压力和偏心因子：

对于链烷烃：

$$(T_c)_P = 735.23 + 1.2061 \times 195 - 0.00032984 \times 195^2 = 957.9°R$$

$$(P_c)_P = 573.011 - 1.13707 \times 195 + 0.00131625 \times 195^2 - 0.85103 \times 10^{-6} \times 195^3 = 395 psi$$

$$\omega_P = 0.14 + 0.0009 \times 195 + 0.233 \times 10^{-6} \times 195^2 = 0.3244$$

对于环烷烃：

$$(T_c)_N = 616.8906 + 2.6077 \times 195 - 0.003801 \times 195^2 + 0.2544 \times 10^{-5} \times 195^3 = 999.8°R$$

$$(P_c)_N = 726.414 - 1.3275 \times 195 + 0.9846 \times 10^{-3} \times 195^2 - 0.45169 \times 10^{-6} \times 195^3 = 501.6 psi$$

$$\omega_N = \omega_P - 0.075 = 0.2494$$

对于芳香烃：

$$(T_c)_A = 749.535 + 1.7017 \times 195 - 0.0015843 \times 195^2 + 0.82358 \times 10^{-6} \times 195^3 = 1027°R$$

$$(P_c)_A = 1184.514 - 3.44681 \times 195 + 0.0045312 \times 195^2 - 0.23416 \times 10^{-5} \times 195^3 = 667 psi$$

$$\omega_A = \omega_P - 0.1 = 0.2244$$

步骤6，根据以下关系式计算未定义组分的临界压力，临界温度和偏心因子：

$$P_c = w_P(P_c)_P + w_N(P_c)_N + w_A(P_c)_A = 449 psi$$

$$T_c = w_P(T_c)_P + w_N(T_c)_N + w_A(T_c)_A = 976°R$$

$$\omega = w_P(\omega)_P + w_N(\omega)_N + w_A(\omega)_A = 0.2932$$

2.4.3　图版法

我们已有几种确定石油组分物理性质和临界性质的经验公式。这些经验公式很适于计算机应用。但是，以图形形式表示性质对于更好地理解这些性质及其相互之间的关系很重要。

1. 沸点

多年来，已经发展出了许多确定石油组分的物理性质和临界性质的图版。在这些图版中，大多数图版将标准沸点用作参数之一。如前所述，有五种方法可以定义标准沸点：

（1）VABP。

（2）WABP。

（3）MABP。

（4）CABP。

（5）MeABP。

图 2-9 说明了 VABP 与其他四种平均沸点类型之间的转换。下面的步骤总结了利用图 2-9 确定所需平均沸点的过程。

步骤1，根据 ASTM D-86 蒸馏数据，由式（2-82）的表达式计算体积平均沸点：

$$VABP = (t_{10} + t_{30} + t_{50} + t_{70} + t_{90})/5 \qquad (2-82)$$

式中　　　　　　　　　　　t——温度，℉；

下标10，30，50，70和90——蒸馏过程中液体回收的体积百分比。

步骤2，根据式（2-83）的表达式计算 ASTM 蒸馏曲线的 10% 至 90% 的斜率：

$$斜率 = (t_{90} - t_{10})/80 \qquad (2-83)$$

在图版中输入斜率值，并垂直移动到所需沸点的相应位置。

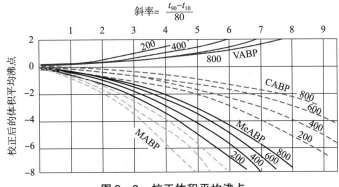

斜率 = $\dfrac{t_{90} - t_{10}}{80}$

图 2 - 9　校正体积平均沸点

步骤 3，从纵坐标读取 VABP 的校正因子并应用如式(2 - 84)的关系式所示：

$$期望的沸点 = VABP + 校正因子 \tag{2 - 84}$$

例 2 - 7 可以很好地说明图版的用法。

例 2 - 7　表 2 - 20 给出了重度为 55°API 的石油组分的 ASTM 蒸馏数据。计算 WAPB、MABP、CABP、MeABP。

表 2 - 20　重度为 55°API 石油组分的 ASTM 蒸馏数据

组　分	蒸馏百分比/%	温度/℉
1	初始沸点	159
2	10	178
3	20	193
4	30	209
5	40	227
6	50	253
7	60	282
8	70	318
9	80	364
10	90	410
残余	末端沸点	475

解　步骤 1，根据式(2 - 82)计算 VABP：

$$VABP = \frac{178 + 209 + 253 + 318 + 410}{5} = 273 \, ℉$$

步骤 2，根据式(2 - 83)计算蒸馏曲线的斜率：

$$斜率 = \frac{410 - 178}{80} = 2.9$$

步骤3，在图2-9中以斜率值2.9并向下移动到适当的沸点曲线的位置。从纵坐标上读取相应的校正因子得到：

$$WABP 的校正因子 = 6\ ℉$$
$$CABP 的校正因子 = -7\ ℉$$
$$MeABP 的校正因子 = -18\ ℉$$
$$MABP 的校正因子 = -33\ ℉$$

步骤4，应用式(2-84)计算所需沸点：

$$WABP = 273 + 6 = 279\ ℉$$
$$CABP = 273 - 7 = 266\ ℉$$
$$MeABP = 273 - 18 = 255\ ℉$$
$$MABP = 273 - 33 = 240\ ℉$$

2. 相对分子质量

图2-10为通过MeABP和API重度确定石油组分的相对分子质量提供了一个方便的图版。下面的例子说明了图版法的实际应用。

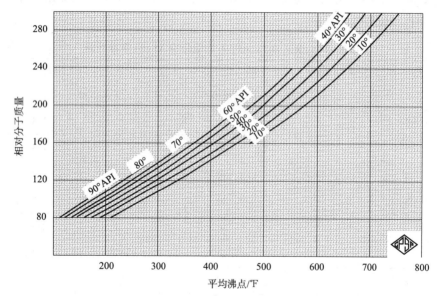

图2-10 相对分子质量、API重度和MeABP之间的关系

例2-8 计算例2-7中给出的API重度和MeABP下石油组分的相对分子质量，即：

$$API = 55°$$
$$MeABP = 255\ ℉$$

解 在图2-10中输入这些值，得到MW = 118。

3. 临界温度

石油组分的临界温度可以用图2-11所示的图版来确定。所需的参数是未定义组分的API重度和MABP。

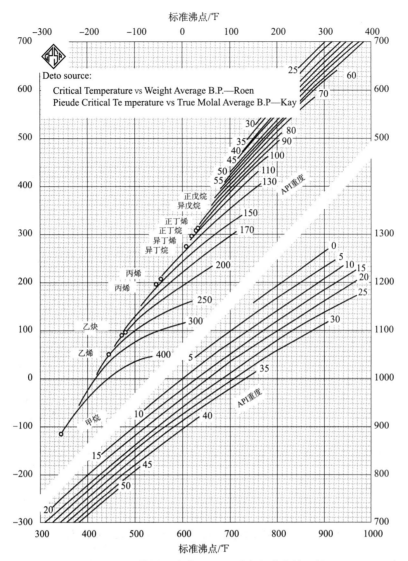

图 2 – 11　临界温度关于 API 重度和沸点的函数

例 2 – 9　计算例 2 – 7 所示物理性质的石油组分的临界温度。

解　从例 2 – 7 可知：

$$API = 55°$$

$$MeABP = 255 \, ℉$$

在图 2 – 6 中输入上述值，得出 $T_c = 600 \, ℉$。

4. 临界压力

图 2 – 12 是未定义石油组分临界压力与 MeABP 和 API 重度的函数的图版。下面的示例展示了该图版的实际应用。

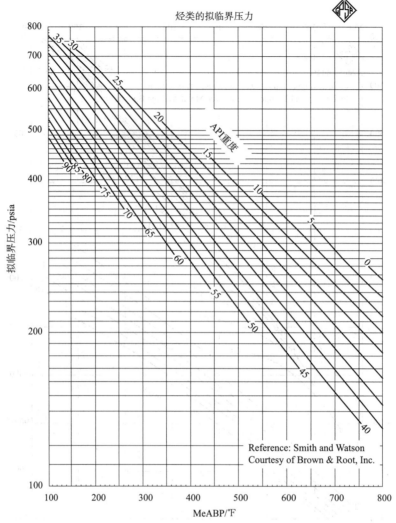

图2-12 临界压力、API重度和MeABP之间的关系

例2-10 计算例2-7中石油组分的临界压力。

解 从例2-7可知：

$$API = 55°$$

$$MeABP = 255°F$$

从图2-12确定组分的临界压力，得出 $P_c = 428$psia。

2.5 组分的拆分和合并

所有形式的状态方程都需要知道烃混合物中每种组分的临界性质和偏心因子。对于纯组分，这些必需的性质已得到明确定义。但是，大多数烃类流体包含数百种不同的成分，这些成分很难通过实验室分离技术进行鉴定和表征。传统上，将这些比 C_6 重的组分合并在一起，并归类为重组分；例如，庚烷加 C_{7+} 或十一烷加 C_{11+}。大量天然存在的烃类流体都包含这些烃类重组分，这在应用状态方程来模拟烃类流体的体积并预测烃类流体的热力学性质时可能会造成重大问题。这些问题是由于难以根据其临界性质和偏心因子正确地表征重组分造成的。如本章前面所述，已经存在许多基于相对分子质量和相对密度计算重组分的临界性质和偏心因子的经验公式。虽然重组分(例如 C_{7+})的常规实验提供了其相对分子质量和相对密度的描述，但所测得的重组分的相对分子质量误差可能高达20%。

在缺少烃混合物中重组分的详细 TBP 蒸馏或色谱分析数据的情况下，如果重组分被归类为一个组分并直接用于 EOS 相平衡计算，就可能导致错误的预测和结论。例如，在计算富凝析气样品的饱和压力时，可能会出现误差。EOS 的计算有时会预测泡点压力，而不是露点压力。如果将重组分分解为若干个可控数量的拟组分，就可以大大减少这些问题。组分拆分是指将重组分分解成某个数量的拟组分的过程，即 SCN 组分的最佳数目。

一般来说，如果有足够多的拟组分用于表征烃类混合物的重质组分，就可以用状态方程对 PVT 性质进行较准确的预测。然而，在组分模型中，计算成本和计算时间会随着系统中组分数量的增加而显著增加。因此，对可用于组分模型的组分的最大数量设置了严格的限制，并且必须将原始组分归类到较少数量的拟组分中，以便进行状态方程计算。

表征重组分(如 C_{7+})一般包括以下三个步骤：

(1)将重组分拆分为拟组分(如 C_7 到 C_{45+})。

(2)将生成的拟组分归类为最佳数量的 SCN 数。

(3)根据临界性质和偏心因子表征分组数量。

那么，问题是如何充分地将一个 C_{7+} 组分拆分成许多以摩尔分数、相对分子质量和相对密度来表征的拟组分。这些表征性质，当适当组合时，应符合测量的重组分性质；即 M_{7+} 和 γ_{7+}。

2.5.1　拆分方法

拆分方法是指将庚烷 + 组分用 SCN(C_7、C_8、C_9 等)划分成多个烃组分的过程，其物理性质与纯组分相同。需要指出的是，绘制任何天然烃类体系的组分分析图，都将显示出所有轻于庚烷 C_7 的组分呈离散分布，而重于己烷的组分呈连续分布，如图 2 – 13 所示。

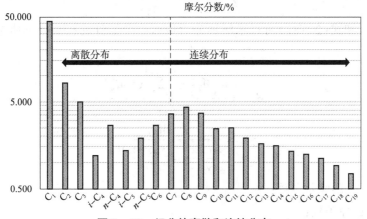

图 2 – 13　组分的离散和连续分布

基于对组分连续分布的观察，一些作者以摩尔分数作为相对分子质量或碳原子数的函数，提出了不同的方法来扩展 C_{7+} 的摩尔分布。一般而言，所提出的方法是基于这样的观察：较轻的体系，如冷凝物，摩尔分布通常呈现指数分布，而较重的体系则通常呈现左偏分布(图2-14)。

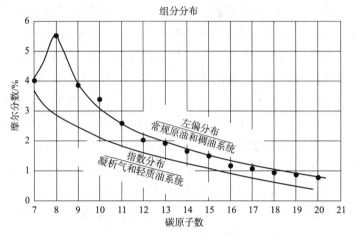

图2-14 指数分布函数和左偏分布函数

当应用任何提出方法拆分组分时，应满足以下三个重要的要求：

(1)各拟组分的摩尔分数之和等于 C_{7+} 的摩尔分数。

(2)各拟组分的摩尔分数与相对分子质量的乘积之和等于 C_{7+} 的摩尔分数与相对分子质量的乘积。

(3)摩尔分数和相对分子质量的乘积之和除以各组分的相对密度等于 C_{7+} 的相对密度。

这些要求可以通过数学关系式(2-85)~式(2-87)表示：

$$\sum_{n=7}^{n^+} z_n = z_{7+} \tag{2-85}$$

$$\sum_{n=7}^{n^+} (z_n M_n) = z_{7+} M_{7+} \tag{2-86}$$

$$\sum_{n=7}^{n^+} \frac{z_n M_n}{\gamma_n} = \frac{z_{7+} M_{7+}}{\gamma_{7+}} \tag{2-87}$$

式(2-86)和式(2-87)可以求解拆分后最后一个组分的相对分子质量和相对密度，得到：

$$M_{n^+} = \frac{z_{7+} M_{7+} - \sum_{n=7}^{(n^+)-1} (z_n M_n)}{Z_{n^+}}$$

$$\gamma_{n^+} = \frac{Z_{n^+} M_{n^+}}{\dfrac{z_{7+} M_{7+}}{\gamma_{7+}} - \sum_{n=7}^{(n^+)-1} \dfrac{z_n M_n}{\gamma_n}}$$

式中　z_{n^+}——C_{7+} 的摩尔分数；

　　　n——碳原子数；

　　　n^+——C_{7+} 中的最后一个烃基上有 n 个碳原子，例如 20^+；

z_n——含有 n 个碳原子的拟组分的摩尔分数；

M_{7+}，γ_{7+}——测量的 C_{7+} 组分的相对分子质量和相对密度；

M_n，γ_n——具有 n 个碳原子的拟组分的相对分子质量和相对密度。

下面将应用以上几种拆分方法来预测重质组分的组分分布。

1. 修正的 Katz 方法

Katz（1983）提出了一种易于使用的图版，将存在于凝析油体系中的 C_{7+} 组分拆分为拟组分。该方法最初是通过在半对数坐标上绘制六个凝析体系与碳原子数的函数的拓展组分分析，并绘制与数据拟合最好的曲线。Katz 所使用的数据有限，不足以发展出一个通用且相对准确的表达式。该表达式可用于从摩尔分数来扩展 C_{7+} 的组分分析，即 z_{7+}。为了提高 Katz 图版的准确性，在 Katz 数据中加入了更多的组分分析实验数据，得到如式（2 − 88）所示的表达式：

$$z_n = 1.269831 z_{7+} \exp(-0.26721n) + 0.0060884 z_{7+} + 10.4275 \times 10^{-6} \qquad (2-88)$$

式中　z_{7+}——凝析体系中 C_{7+} 的摩尔分数；

　　　n——拟组分的碳原子数；

　　　z_n——碳原子数为 n 的拟组分的摩尔分数。

重复使用式（2 − 88），直到满足式（2 − 85）。最后一种拟组分的相对分子质量和相对密度可由式（2 − 86）和式（2 − 87）计算。通过下面的例子解释使用式（2 − 88）的计算过程。

例 2 − 11　天然凝析气系统的组成如表 2 − 21：

表 2 − 21　天然凝析气系统的组成

组　分	Z_i	组　分	Z_i
C_1	0.7393	C_{10}	0.00405
C_2	0.11938	C_{11}	0.00268
C_3	0.04618	C_{12}	0.00189
$i-C_4$	0.0124	C_{13}	0.00168
$n-C_4$	0.01544	C_{14}	0.00131
$i-C_5$	0.00759	C_{15}	0.00107
$n-C_5$	0.00703	C_{16}	0.00082
C_6	0.00996	C_{17}	0.00073
C_7	0.00896	C_{18}	0.00063
C_8	0.00953	C_{19}	0.00055
C_9	0.00593	C_{20+}	0.00289

C_{7+} 和 C_{20+} 的相对分子质量和相对密度性质如表 2 − 22：

表 2 − 22　C_{7+} 和 C_{20+} 的相对分子质量和相对密度性质

组　分	摩尔/%	质量/%	MW	SG
总流体	100.000	100.000	27.74	0.412
C_{7+}	4.271	22.690	147.39	0.789
C_{20+}	1.830	13.346	202.31	0.832

利用式(2-88)应用修正的 Katz 拆分方法，将 C_{7+} 的组分分布扩展至 C_{20+}，计算 C_{20+} 的 M、γ、T_b、P_c、T_c 和 ω，并与实验室扩展组分分析进行比较。

解　将 $z_{7+} = 0.04271$ 应用于式(2-88)得到如下结果(表2-23)：

$$z_n = 1.269831 z_{7+} \exp(-0.26721n) + 0.0060884 z_{7+} + 10.4275 \times 10^{-6}$$

$$z_n = 1.269831 \times 0.04271 \exp(-0.26721n) + 0.0060884 \times 0.04271 + 10.4275 \times 10^{-6}$$

表2-23　z_n 计算结果

组　分	z_i	式(2-88)
C_7	0.00896	0.008229
C_8	0.00953	0.006478
C_9	0.00593	0.005104
C_{10}	0.00405	0.004026
C_{11}	0.00268	0.00318
C_{12}	0.00189	0.002516
C_{13}	0.00168	0.001995
C_{14}	0.00131	0.001587
C_{15}	0.00107	0.001267
C_{16}	0.00082	0.001017
C_{17}	0.00073	0.000822
C_{18}	0.00063	0.000669
C_{19}	0.00055	0.00055
C_{20+}	0.00289	0.00467[a]

该值由式(2-85)求得：

$$0.04271 - \sum_{n=7}^{19} z_n = 0.00467$$

C_{20+} 的表征步骤如下：

步骤1，通过求解式(2-86)和式(2-87)，计算 C_{20+} 的相对分子质量和相对密度(表2-24)。

表2-24　计算相对分子质量和相对密度

n	z_{006E}	M_n	$z_n M_n$	γ_n	$z_n M / \gamma_n$
7	0.00862	96	0.827940631	0.727	1.138845434
8	0.00667	107	0.713207474	0.749	0.952212916
9	0.00517	121	0.625078138	0.768	0.813903826
10	0.00402	134	0.538412919	0.782	0.688507569
11	0.00314	147	0.461470288	0.793	0.581929746
12	0.00247	161	0.397115715	0.804	0.493925019

n	z_{006E}	M_n	$z_n M_n$	γ_n	$z_n M/\gamma_n$
13	0.00195	175	0.341529967	0.815	0.419055174
14	0.00156	190	0.295904773	0.826	0.358238224
15	0.00126	206	0.258658497	0.836	0.309400117
16	0.00102	222	0.227464594	0.843	0.269827514
17	0.00085	237	0.200922779	0.851	0.236101973
18	0.00071	251	0.17881299	0.856	0.208893679
19	0.00061	263	0.160107188	0.861	0.185954922
20^+	0.00467	—	—	—	—
Σ			5.226625952		6.656796111

求 C_{20^+} 的相对分子质量得到：

$$M_{20^+} = \frac{z_{7^+} M_{7^+} - \sum_{n=7}^{19} (Z_n M_n)}{Z_{20^+}}$$

$$M_{20^+} = \frac{0.04271 \times 147.39 - 5.22662}{0.00467} = 228.67$$

相对密度为：

$$\gamma_{20^+} = \frac{Z_{20^+} M_{20^+}}{\dfrac{z_{7^+} M_{7^+}}{\gamma_{7^+}} - \sum_{n=7}^{19} \dfrac{Z_n M_n}{\gamma_n}}$$

$$\gamma_{20^+} = \frac{0.00467 \times 228.67}{(0.04271 \times 147.39/0.789) - 6.656796} = 0.808$$

步骤 2，利用 Riazi – Daubert 经验公式[式(2 – 6)]计算 C_{20^+} 的沸点、临界压力和临界温度得到：

$$\theta = a M^b \gamma^c \exp[dMe\gamma + f\gamma M]$$

$$T_c = 544.4 \times 228.67^{-0.2998} \times 0.808^{1.0555} \exp(-1.3478 \times 10^{-4}$$
$$\times 228.67 - 0.61641 \times 0.808) = 1305°R$$

$$P_c = 4.5203 \times 10^{-4} \times 228.67^{-0.8063} \times 0.808^{1.6015} \exp(-1.8078 \times 10^{-3}$$
$$\times 228.67 - 0.3084 \times 0.808) = 207 psi$$

$$T_b = 6.77857 \times 228.67^{0.401673} \times 0.808^{-1.58262} \exp(3.7709 \times 10^{-3} \times 228.67$$
$$-2.984036 \times 0.808 - 4.25288 \times 10^{-3} \times 228.67 \times 0.808) = 1014°R$$

步骤 3，应用 Edmister 经验公式计算 C_{20^+} 的偏心因子，由式(2 – 21)求出偏心因子：

$$\omega = \frac{3[\log(P_c/14.70)]}{7[(T_c/T_b) - 1]} - 1$$

$$\omega = \frac{3[\log(207/14.7)]}{7(1305/1014) - 1} - 1 = 0.712$$

为了确保在描述重组分（如 C_{20+}）的临界性质和偏心因子方面的连续性和一致性，读者应该考虑应用式(2-3A)~式(2-3E)，即：

$$\frac{M}{\gamma} = \frac{228.67}{0.808} = 283$$

$$T_c = 231.9733906\left(\frac{M}{\gamma}\right)^{0.351579776} - 0.352767639\frac{M}{\gamma} - 233.3891996 = 1355°R$$

$$P_c = 31829\left(\frac{M}{\gamma}\right)^{-0.885326626} - 0.106467189\frac{M}{\gamma} + 49.62573013 = 234.3psi$$

$$\omega = 0.279354619\ln\left(\frac{M}{\gamma}\right) + 0.00141973\frac{M}{\gamma} - 1.243207019 = 0.7357$$

2. Lohrenz 方法

Lohrenz 等(1964)提出，C_{7+} 组分可以分为碳原子数在 7~40 之间的拟组分。他们用数学的方法表示，摩尔分数 z_n 与它的碳原子数 n 和正己烷 z_6 的摩尔分数有关：

$$z_n = z_6 e^{A(n-6)^2 + B(n-6)} \tag{2-89}$$

式中 z_6——己烷的摩尔分数；

n——拟组分的碳原子数；

z_n——含 n 个碳原子数的拟组分的摩尔分数；

A 和 B——参数。

式(2-89)假设将 C_{7+} 组分拆分为己烷(C_6)到相对分子质量极大的重组分。可以将 Lohrenz 的表达式线性化，确定系数 A 和 B。然而，该方法需要烃系统的组分拓展分析（如 C_7 到 C_{11+}），以确定系数 A 和 B 的值。此外，当对多个凝析油样品进行摩尔分布扩展实验时，无法验证该方程的有效性和适用性。

3. Pedersen 方法

Pedersen 等(1982)提出，对于天然存在的烃混合物，组分的摩尔分数和相应的碳原子数之间存在指数关系。他们将这一关系用式(2-90)的指数形式进行数学表达：

$$z_n = e^{(An+B)} \tag{2-90}$$

式中 A 和 B——常数；

n——碳原子数，如 7、8、9……。

对于凝析油和挥发油，作者提出 A 和 B 可以通过对轻烃组分摩尔分布使用最小二乘法拟合来确定。也就是说，该方法需要对重组分进行组分扩展分析。Pedersen 的表达式也可以用线性形式来确定方程的系数，即：

$$\ln(z_n) = An + B$$

将式(2-90)外推计算各重组分的摩尔含量。由式(2-85)至式(2-87)给出的约束条件同样适用。

例 2-12 使用 Pedersen 拆分方法来重新计算例 2-11。假设 C_{7+} 的偏摩尔分布仅在 $C_7 \sim C_{10}$ 之间。将分析扩展到 C_{20+}，并与实验数据进行比较（表 2-25）。

表 2 – 25　计算 Z_i

组　分	Z_i	组　分	Z_i
C_1	0.7393	C_{10}	0.00405
C_2	0.11938	C_{11}	0.00268
C_3	0.04618	C_{12}	0.00189
$i - C_4$	0.0124	C_{13}	0.00168
$n - C_4$	0.01544	C_{14}	0.00131
$i - C_5$	0.00759	C_{15}	0.00107
$n - C_5$	0.00703	C_{16}	0.00082
C_6	0.00996	C_{17}	0.00073
C_7	0.00896	C_{18}	0.00063
C_8	0.00953	C_{19}	0.00055
C_9	0.00593	C_{20+}	0.00289

组　分	摩尔/%	质量/%	MW	SG
总流体	100.000	100.000	27.74	0.412
C_{7+}	4.271	22.690	147.39	0.789
C_{10+}	1.830	13.346	202.31	0.832

解　步骤 1，如图 2 – 15 所示，利用 $C_7 \sim C_{10}$ 的组分分析，通过绘制 $\ln(z_n)$ 与 n 的对比图，计算系数 A 和 B，得到斜率 A 和截距 B，如下所示：

$$A = -0.252737$$

$$B = -2.98744$$

步骤 2，应用式（2 – 90）预测 $C_{10} \sim C_{20}$ 的摩尔分数（表 2 – 26），如图 2 – 15 所示。

$$z_n = e^{(An + B)}$$

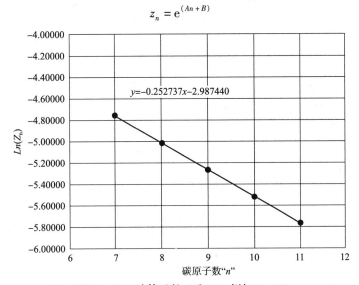

图 2 – 15　计算系数 A 和 B，例如 2 – 12

表 2 - 26　计算 Z_i

组　分	z_i	式(2 - 90)
C_7	0.00896	0.00896
C_8	0.00953	0.00953
C_9	0.00593	0.00593
C_{10}	0.00405	0.00405
C_{11}	0.00268	0.00268
C_{12}	0.00189	0.00246
C_{13}	0.00168	0.00191
C_{14}	0.00131	0.00149
C_{15}	0.00107	0.00116
C_{16}	0.00082	0.00090
C_{17}	0.00073	0.00070
C_{18}	0.00063	0.00054
C_{19}	0.00055	0.00042
C_{20+}	0.00289	0.00199

4. Ahmeds 方法

Ahmeds 等(1985)设计了一种简化的方法，将 C_{7+} 组分拆分为拟组分。该方法来源于对 34 个凝析油和原油体系的摩尔分布进行详细的实验室重组分分析。该方法所需要的唯一数据是 C_{7+} 的相对分子质量和总摩尔分数。

拆分方法基于在逐渐增加的碳原子数下计算摩尔分数 z_n。拆分过程一直持续到拟组分的摩尔分数之和等于庚烷加 (z_{7+}) 的总摩尔分数。

$$z_n = z_{n+} \left[\frac{M_{(n+1)^+} - M_{n^+}}{M_{(n+1)^+} - M_n} \right] \tag{2 - 91}$$

式中　z_n——具有 n 个碳原子数的拟组分的摩尔分数；

　　　M_n——具有 n 个碳原子的烃组分的相对分子质量；

M_{n+}——通过式(2 - 92)计算 n_+ 组分的相对分子质量：

$$M_{(n+1)^+} = M_{7+} + S(n - 6) \tag{2 - 92}$$

式中　n——碳原子数；

　　　S——式(2 - 92)的系数，取值如表 2 - 27：

表 2 - 27　S 取值

碳原子数	凝析油系统	原油系统
$n \leqslant 8$	15.5	16.5
$n > 8$	17.0	20.1

此方法的计算步骤总结如下：

步骤 1，根据所研究的油气系统类型(凝析油或原油)，选择合适的系数值。

步骤 2，已知 C_{7+} 组分的相对分子质量 M_{7+}，应用式(2-92)计算 C_{8+} 组分的相对分子质量 M_{8+}。

步骤 3，利用式(2-91)计算 C_7 组分的摩尔分数 z_7。

步骤 4，对系统中各组分(C_8、C_9 等)重复步骤 2 和步骤 3，直到计算的摩尔分数之和等于系统 C_{7+} 的摩尔分数。通过以下例题来说明此拆分方法。

例 2-13 使用 Ahmed 的拆分方法重新计算例 2-12(表 2-28)。

表 2-28 计算 Z_i

组 分	Z_i	组 分	Z_i
C_1	0.7393	C_{10}	0.00405
C_2	0.11938	C_{11}	0.00268
C_3	0.04618	C_{12}	0.00189
$i-C_4$	0.0124	C_{13}	0.00168
$n-C_4$	0.01544	C_{14}	0.00131
$i-C_5$	0.00759	C_{15}	0.00107
$n-C_5$	0.00703	C_{16}	0.00082
C_6	0.00996	C_{17}	0.00073
C_7	0.00896	C_{18}	0.00063
C_8	0.00953	C_{19}	0.00055
C_9	0.00593	C_{20+}	0.00289

组 分	摩尔/%	质量/%	MW	SG
总流体	100.000	100.000	27.74	0.412
C_{7+}	4.271	22.690	147.39	0.789
C_{10+}	1.830	13.346	202.31	0.832

解 步骤 1，计算 z_7 的摩尔分数，即 $n=7$：

$$z_n = z_{n+}\left(\frac{M_{(n+1)+} - M_{n+}}{M_{(n+1)+} - M_n}\right)$$

$$z_7 = z_{7+}\left(\frac{M_{8+} - M_{7+}}{M_{8+} - M_7}\right)$$

应用式(2-92)计算 C_{8+} 的相对分子质量：

$$n = 7$$

$$M_{(n+1)+} = M_{7+} + S(n-6)$$

$$M_{8+} = 147.39 + 15.5 \times (7-6) = 162.89$$

应用式(2-91)求庚烷(z_7)的摩尔分数：

$$z_n = z_{n+}\left[\frac{M_{(n+1)+} - M_{n+}}{M_{(n+1)+} - M_n}\right]$$

$$z_7 = z_{7^+}\left(\frac{M_{8^+} - M_{7^+}}{M_{8^+} - M_7}\right) = 0.04271 \times \left(\frac{162.89 - 147.39}{162.89 - 96}\right) = 0.0099$$

步骤2，计算 z_8 的摩尔分数，即 $n = 8$：

$$z_n = z_{n^+}\left[\frac{M_{(n+1)^+} - M_{n^+}}{M_{(n+1)^+} - M_n}\right]$$

$$z_8 = z_{8^+}\left(\frac{M_{9^+} - M_{8^+}}{M_{9^+} - M_8}\right)$$

由式(2-92)计算 C_{9^+} 的相对分子质量：

$$n = 8$$

$$M_{(n+1)^+} = M_{7^+} + S(n-6)$$

$$M_{9^+} = 147.39 + 15.5 \times (8-6) = 178.39$$

确定 C_{8^+} 的摩尔分数：

$$z_{8^+} = z_{7^+} - z_7 = 0.04271 - 0.0099 = 0.0328$$

由式(2-91)确定 C_8 的摩尔分数：

$$z_8 = z_{8^+}\left[(M_{9^+} - M_{8^+})/(M_{9^+} - M_8)\right]$$

$$z_8 = 0.0328 \times \left[(178.39 - 162.89)/(178.39 - 107)\right] = 0.0074$$

步骤3，计算 z_9 的摩尔分数，即 $n = 9$：

$$z_n = z_{n^+}\left[\frac{M_{(n+1)^+} - M_{n^+}}{M_{(n+1)^+} - M_n}\right]$$

$$z_9 = z_{9^+}\left(\frac{M_{10^+} - M_{9^+}}{M_{10^+} - M_9}\right)$$

由式(2-92)计算 C_{9^+} 的相对分子质量：

$$n = 9$$

$$M_{(n+1)^+} = M_{7^+} + S(n-6)$$

$$M_{10^+} = 147.39 + 17 \times (9-6) = 198.39$$

确定 z_{9^+} 的摩尔分数：

$$z_{9^+} = z_{7^+} - z_7 - z_8 = 0.04271 - 0.0099 - 0.0074 = 0.0254$$

由式(2-91)确定 C_9 的摩尔分数：

$$z_n = z_{n^+}\left[\frac{M_{(n+1)^+} - M_{n^+}}{M_{(n+1)^+} - M_n}\right]$$

$$z_9 = z_{9^+}\left(\frac{M_{10^+} - M_{9^+}}{M_{10^+} - M_9}\right) = 0.0254 \times \left(\frac{198.39 - 178.39}{198.39 - 121}\right) = 0.0065$$

步骤4，重复上述步骤得到以下结果(表2-29)。

表2-29　计算结果

N	M_{n^+}	M_n	z_n
7	147.39	96	0.00990
8	162.89	107	0.00740
9	177.39	121	0.00650

N	M_{n+}	M_n	z_n
10	198. 39	134	0.00395
11	215. 39	147	0.00298
12	232. 39	161	0.00230
13	249. 39	175	0.00180
14	266. 39	190	0.00143
15	283. 39	206	0.00116
16	300. 39	222	0.00094
17	317. 39	237	0.00076
18	334. 39	251	0.00061
19	351. 39	263	0.00048
20 +	—	—	0.00250

步骤 5，使用适当的方法确定 C_{20+} 的沸点、临界性质和偏心因子，从而得到（表 2 - 30）：

表 2 - 30　沸点、临界性质和偏心因子

N	z_n	M_n	$z_n M_n$	γ_n	$z_n M/\gamma_n$
7	0.00990	96	0.9504	0.727	1. 307290234
8	0.00740	107	0.7918	0.749	1. 057142857
9	0.00650	121	0.7865	0.768	1. 024088542
10	0.00395	134	0.529266249	0.782	0. 67681106
11	0.00298	147	0.437822572	0.793	0. 55210917
12	0.00230	161	0.371019007	0.804	0. 461466427
13	0.00180	175	0.315026462	0.815	0. 386535537
14	0.00143	190	0.272443701	0.826	0. 32983499
15	0.00116	206	0.239056697	0.836	0. 285952987
16	0.00094	222	0.209010771	0.843	0. 247936858
17	0.00076	237	0.179601656	0.851	0. 211047775
18	0.00061	251	0.152316618	0.856	0. 117939974
19	0.00048	263	0.126282707	0.861	0. 146669811
20 +	0.00250	—	—	—	—
Σ			5. 360546442		6. 864826221

求解 C_{20+} 的相对分子质量得到：

$$M_{20+} = \frac{z_{7+} M_{7+} - \sum_{n=7}^{19}(z_n M_n)}{Z_{20+}}$$

$$M_{20^+} = \frac{0.04271 \times 147.39 - 5.36054}{0.00250} = 374$$

求解 C_{20^+} 的相对密度得到：

$$\gamma_{20^+} = \frac{z_{20^+} M_{20^+}}{\dfrac{z_{7^+} M_{7^+}}{\gamma_{7^+}} - \sum_{n=7}^{19} \dfrac{z_n M_n}{\gamma_n}}$$

$$\gamma_{20^+} = \frac{0.0025 \times 374}{(0.04271 \times 147.39/0.789) - 6.864826} = 0.839$$

应用式(2-3A)~式(2-3E)得到：

$$\frac{M}{\gamma} = \frac{228.67}{0.808} = 283$$

$$T_c = 231.9733906 \left(\frac{M}{\gamma}\right)^{0.351579776} - 0.352767639 \frac{M}{\gamma} - 233.3891996 = 1355°\text{R}$$

$$P_c = 31829 \left(\frac{M}{\gamma}\right)^{-0.885326626} - 0.106467189 \frac{M}{\gamma} + 49.62573013 = 234\text{psi}$$

$$\omega = 0.279354619\ln\left(\frac{M}{\gamma}\right) + 0.00141973 \frac{M}{\gamma} - 1.243207019 = 0.736$$

5. Whitson 方法

最广泛使用的分布函数是由 Whitson(1983)提出的三参数伽马概率密度函数。不同于所有以前的拆分方法，伽马函数可以通过调整其方差灵活地描述一个范围更大的分布，即方差是一个可调参数。Whitson 将函数表示为式(2-93)的形式：

$$p(M) = \frac{(M-\eta)^{\alpha-1}\exp\{-[(M-\eta)/\beta]\}}{\beta^\alpha \Gamma(\eta)} \tag{2-93}$$

式中　Γ——伽马函数；

η——分布中包含的最小相对分子质量，如 M_{C_7}；

α 和 β——描述组分分布形状的可调参数；

M——相对分子质量。

关键参数 α 定义了分布的形状，其值通常在 $0.5 \sim 2.5$ 之间。图 2-16 给出了多个 α 值的 Whitson 模型。

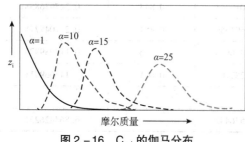

图 2-16　C_{7^+} 的伽马分布

当 $\alpha = 1$，分布是指数分布。

当 $\alpha < 1$，分布是加速指数分布。

当 $\alpha > 1$，分布是左偏态分布。

将伽马分布应用于稠油、沥青和石油残渣中时，结果表明 α 上限为 $25 \sim 30$，在统计上接近对数正态分布。

Whitson 指出，参数 η 可以从物理上解释为 C_{n^+} 组分中最小的相对分子质量。如果 C_{7^+} 为重组分，Whitson 建议使用 $\eta = 92$ 作为近似值，对于其他重组分(即 C_{n^+})，则使用式(2-94)的近似值：

$$\eta \approx 14n - 6 \tag{2-94}$$

和式(2-95):

$$\beta = \frac{M_{C_{n+}} - \eta}{\alpha} \tag{2-95}$$

需要指出的是，当参数 $\alpha = 1$ 时，组分分布为指数分布，概率密度函数为:

$$P(M) = \frac{\exp\{-[(M-\eta)/\beta]\}}{\beta}$$

重新排列得到:

$$P(M) = \exp(-M/\beta)\left[\frac{\exp(\eta/\beta)}{\beta}\right] \tag{2-96}$$

将

$$\beta = M_{C_{n+}} - \eta$$

分子质量边界在 M_{i+1} 和 M_i 之间的 SCN 基团(如 C_7 基团、C_8 基团、C_9 基团等)，累计概率 f_i 为:

$$f_n = \int_{M_{n-1}}^{M_n} P(M)\,\mathrm{d}M = P(M_n) - P(M_{n-1})$$

对上式积分得到式(2-97):

$$f_n = -\exp\left(\frac{\eta}{\beta}\right)\left[\exp\left(\frac{-M_n}{\beta}\right) - \exp\left(\frac{-M_{n-1}}{\beta}\right)\right] \tag{2-97}$$

每组 SCN 的摩尔分数 z_n 由 SCN 的累积概率 f_n 乘以重组分的摩尔分数得到，即:

$$z_n = z_{C_7+} f_n$$

Whitson 和 Brule 指出，当同时表征多个样品时，所有样品的 M_n、η 和 β 值必须相同。然而，单个样本的 M_{C_7+} 和 α 值可以不同。这个表征的结果是当每个样品的摩尔分数 z_n 不同时，得到 C_7+ 组分的相对分子质量(因此可以保证其平均相对分子质量 M_{C_7+} 不变)。

例 2-14　使用 Whitson 的指数拆分方法重新计算例 2-13(表 2-31)。

表 2-31　Z_i 计算结果

组　分	z_i	组　分	z_i
C_6	0.01	C_{14}	0.0013
C_7	0.009	C_{15}	0.0011
C_8	0.0095	C_{16}	0.0008
C_9	0.0059	C_{17}	0.0007
C_{10}	0.0041	C_{18}	0.0006
C_{11}	0.0027	C_{19}	0.0006
C_{12}	0.0019	C_{20+}	0.0029
C_{13}	0.0017		

解　步骤 1，计算 η 得到:

$$\eta \approx 86$$

步骤 2，计算 β 得到：

$$\beta = M_{C_{n^+}} - \eta$$
$$\beta = 147.39 - 86 = 61.39$$

步骤 3，计算各 SCN 组的摩尔分数 z_n：

$$f_n = -\exp\left(\frac{\eta}{\beta}\right)\left[\exp\left(\frac{-M_n}{\beta}\right) - \exp\left(\frac{-M_{n-1}}{\beta}\right)\right]$$

$$f_n = -\exp\left(\frac{86}{61.39}\right)\left[\exp\left(\frac{-M_n}{61.39}\right) - \exp\left(\frac{-M_{n-1}}{61.39}\right)\right]$$

$$z_n = z_{C_{7^+}} f_n$$

$$z_n = z_{C_{7^+}}\left\{-\exp\left(\frac{86}{61.39}\right)\left[\exp\left(\frac{-M_n}{61.39}\right) - \exp\left(\frac{-M_{n-1}}{61.39}\right)\right]\right\}$$

$$z_n = -0.17335 \times \left[\exp\left(\frac{-M_n}{61.39}\right) - \exp\left(\frac{-M_{n-1}}{61.39}\right)\right]$$

步骤 4，计算每个 SCN 组的摩尔分数，其值如表 2-32 所示：

表 2-32　每个 SCN 组的摩尔分数

N	M_n	z_n
6	84	
7	96	0.0078344
8	107	0.0059532
9	121	0.0061861
10	134	0.0046089
11	147	0.0037294
12	161	0.0032244
13	175	0.0025669
14	190	0.0021723
15	206	0.0018007
16	222	0.0013876
17	237	0.0010103
18	251	0.0007443
19	263	0.0005159
20^+	379	0.0009755

组　分	摩尔/%	质量/%	MW	SG
C_{7^+}	4.271	22.69	147.39	0.789
C_{10^+}	1.830	13.346	202.31	0.832

6. 修正的 Ahmed 方法

非常规储层产气量呈典型的左偏分布，类似于烃组分的连续分布。Ahmed(2014)采用了描述流量的方法来进行重组分的扩展组分分析，步骤如下所示：

步骤 1，对 C_7 以上的每个组分通过计算比率 $z_n / \sum z_n$ 来进行归一化，得到如表 2 – 33 所示的计算结果：

表 2 – 33　计算结果

n	z_n	$\sum z_n$	$z_n / \sum z_n$
7	0.0583	0.0583	1
8	0.0552	0.1135	0.486344
9	0.0374	0.1509	0.247846
10	0.0338	0.1847	0.182999
11	0.0257	0.2104	0.122148
12	0.0202	0.2306	0.087598
13	0.0202	0.2508	0.080542
14	0.0165	0.2673	0.061728
15	0.0148	0.2821	0.052464
16	0.0116	0.2937	0.039496

步骤 2，在双对数坐标下绘制 $z_n / \sum z_n$ 与碳原子数如图 2 – 17 中"$n-6$"所示的曲线。

步骤 3，将直线对数据进行最佳拟合，并表示为幂函数形式：

$$\frac{z_n}{\sum z_n} = a \, (n-6)^{-m} \tag{2-98}$$

并确定参数 m 和 a。在所有计算中，斜率 m 必须视为正。

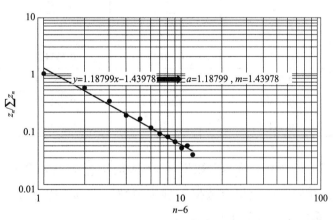

图 2 – 17　幂函数表示

步骤 4，在组分扩展分析中找到摩尔分数最高的组分 z_n，用 N 表示其碳原子数。例如，如果观察到的扩展分析表明 C_8 的摩尔分数最高，则设置 $N = 8$。

步骤 5，由下式计算 z_n 作为 n 的函数：

$$z_n = z_N a \, (n-6)^{-m} e^{X} (N-6) \tag{2-99}$$

且

$$X = \left(\frac{a}{1-m}\right)\left[(n-6)^{1-m} - (N-6)^{1-m}\right] \qquad (2-100)$$

步骤6，使用回归方法调整系数 a 和 m 以拟合观察到的 z_n。

步骤7，利用步骤5中的 a 和 m 的回归值，通过在上述方程式中假设 n 的不同值来扩展分析，并计算相应的组分摩尔分数。

例2-15 使用修正的 Ahmed 拆分方法重新计算例2-14，只使用 $C_7 \sim C_{11}$ 的数据(表2-34)。

表2-34　Z_i 计算结果

组分	z_i	组分	z_i
C_7	0.009	C_{14}	0.0013
C_8	0.0095	C_{15}	0.0011
C_9	0.0059	C_{16}	0.0008
C_{10}	0.0041	C_{17}	0.0007
C_{11}	0.0027	C_{18}	0.0006
C_{12}	0.0019	C_{19}	0.0006
C_{13}	0.0017	C_{20+}	0.0029

解　步骤1，通过计算 $C_7 \sim C_{11}$ 各组分的 $z_n / \sum z_n$ 的比值，对 z_n 组成分析进行归一化(表2-35)。

表2-35　计算

n	z_n	$\sum z_n$	$z_n / \sum z_n$	$n-6$
7	0.00896	0.00896	1	1
8	0.00953	0.01849	0.515414	2
9	0.00593	0.02442	0.242834	3
10	0.00405	0.02847	0.142255	4
11	0.00268	0.03115	0.086035	5

步骤2，如图2-18所示，在双对数坐标下绘制 $z_n / \sum z_n$ 与碳原子数"$n-6$"的曲线。如图2-18所示，并用幂函数拟合数据以确定参数 a 和 m，得到 $a = 1.175558$ 和 $m = 1.52272$(请注意，系数 m 必须为正)。

步骤3，将 C_8 组分确定为部分组分分析中摩尔分数最高的组分，设：

$$z_N = 0.00953$$

以及

$$N = 8$$

步骤4，应用式(2-99)和式(2-11)，并与实验室数据比较(表2-36)：

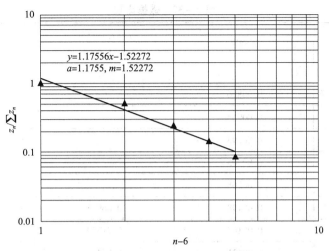

图 2 – 18　无量纲比与碳原子数

$$X = \left(\frac{a}{1-m}\right)\left[(n-6)^{1-m} - (N-6)^{1-m}\right]$$

$$= \left(\frac{1.175558}{1-1.52272}\right)\left[(n-6)^{1-1.52272} - (8-6)^{1-1.52272}\right]$$

$$z_n = z_n a (n-6)^{-m} e^X (N-6) = 0.00953 \times 1.175558 \times (n-6)^{-m} e^X$$

表 2 – 36　数据比较

N	实验室 z_n	$a = 1.175558$ $m = 1.52272$ X	z_n
7	0.00896	– 0.68354	0.01131
8	0.00953	0.00000	0.00780
9	0.00593	0.29897	0.00567
10	0.00405	0.47579	0.00437
11	0.00268	0.59575	0.00351

步骤 5，对系数 a 和 m 进行回归，拟合 $C_7 \sim C_{11}$ 的组成，得到以下系数：

$$a = 1.988198$$

和

$$m = 1.992053$$

N	实验室 z_n	$a = 1.988198$ $m = 1.992053$ X	z_n
7	0.00896	– 0.99653	0.01399
8	0.00953	0.00000	0.00953
9	0.00593	0.33370	0.00593
10	0.00405	0.50102	0.00395
11	0.00268	0.60161	0.00280

步骤 6，将摩尔分布扩展到 C_{12}，并将公式应用到 C_{19}（表 2 – 37）：

表2-37   数据比较

n	实验室 z_n	$a = 1.175558$ $m = 1.52272$ X	z_n
7	0.00896		0.00896
8	0.00953		0.00953
9	0.00593		0.00593
10	0.00405		0.00405
11	0.00268		0.00268
12	0.00198	0.66945	0.00208
13	0.00168	0.71789	0.00161
14	0.00131	0.75431	0.00128
15	0.00107	0.78271	0.00102
16	0.00082	0.80547	0.00086
17	0.00073	0.82412	0.00073
18	0.00063	0.83969	0.00062
19	0.00055	0.85289	0.00054
20 +	0.00289	—	0.00281

该方法的结果如图2-19所示。

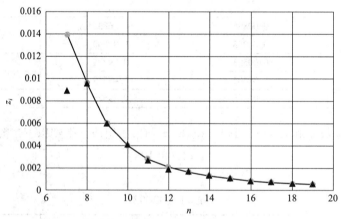

图2-19   使用LGF表示例2-16的结果

Ahmed(2014)还建议使用如下所示的逻辑增长函数(LGF)来拆分C_{7+}:

$$z_n = \frac{z_{C_{7+}} man^{m-1}}{(a + n^m)^2}$$

当系数a和m相关时，必须对其进行调整，以拟合观察到的组分扩展分析。系数m的取值将影响组分分布的形状，即指数型、左偏型等。

使用LGF重新计算例2-15，通过调整系数a和m以拟合组分扩展分析，得到$a =$

0.2292 和 $m=1.9144$，所以

$$z_n = \frac{z_{C_{7+}} man^{m-1}}{(a+n^m)^2} = \frac{0.04272 \times 1.9144 \times 0.2292 n^{1.9144-1}}{(0.2292 + n^{1.9144})^2}$$

扩展的组分分析如图 2-20 所示。

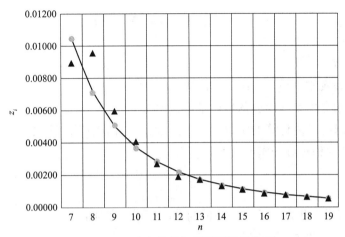

图 2-20　摩尔分数与碳原子数的关系

2.5.2　合并方法

为了精确地进行相建模，状态方程的计算常常需要大量的组分来描述烃类混合物。通常，当 C_{7+} 组分的实验数据只有相对分子质量和相对密度时，就需要把许多实验确定的组分放在一起，或者是对烃类系统进行建模。

术语合并或拟组分是指减少计算油藏流体状态方程的组分数量。这种简化是通过使用拟组分的概念来完成的。拟组分表示一组合并在一起的纯组分，由具有 SCN 的单组分表示。

从本质上讲，在不影响状态方程预测能力的情况下，将原始组分重组成更少数量的组分，主要面临两个问题：

(1)如何选择每一组用拟组分表示的纯组分。

(2)对新合并的拟组分的物理性质(如 P_c、T_c、M、γ 和 ω)，应该选择哪种混合规则。

可以使用以下几种方法来解决这些合并问题：

Lee 等 (1979)；

Whitson (1980)；

Mehra 等(1980)；

Montel and Gouel (1984)；

Schlijper (1984)；

Behrens and Sandler (1986)；

Gonzalez 等(1986)。

1. Whitson 合并方法

Whitson(1980)提出了一种重组方法，将 C_{7+} 组分的组分分布减少到只有几个碳原子数（MCN）基团。Whitson 提出，描述重组分所需的 MCN 的数量可以通过以下经验方法得到：

$$N_g = \text{Int}[1 + 3.3\log(N - n)] \qquad (2-101)$$

式中　N_g——MCN 基团的数目；

　　　Int——整数；

　　　N——烃系统中最后一个组分的碳原子数；

　　　n——重组分中第一组分的碳原子数，即 C_{7+} 的 $n = 7$。

整数函数要求括号内计算的实数表达式四舍五入到最接近的整数。

各 MCN 基团的相对分子质量由下式计算：

$$M_I = M_{C_7}\left(\frac{M_{N+}}{M_{C_7}}\right)^{1/N_g} \qquad (2-102)$$

式中　M_{N+}——烃系统扩展分析中最后的组分的相对分子质量；

　　　M_{C_7}——C_7 的相对分子质量；

　　　$I = 1, 2, \cdots, N_g$。

例如，M_{I-1} 至 M_I 的相对分子质量的范围在第 I 个 MCN 基团中。例 2-16 说明了式（2-101）和式（2-102）的使用。

例 2-16　根据以下凝析体系中 C_{7+} 组分的组分分析，确定在 C_{7+} 中适当的拟组分数量（表 2-38）：

表 2-38　组分分析

组　分	z_i	组　分	z_i
C_7	0.00347	C_{13}	0.00073
C_8	0.00268	C_{14}	0.000566
C_9	0.00207	C_{15}	0.000437
C_{10}	0.001596	C_{16+}	0.001671
C_{11}	0.00123	M_{16+}	259
C_{12}	0.00095		

解　步骤1，系统中各组分的相对分子质量（表 2-39）。

表 2-39　各组分相对分子质量

组　分	z_i	M_i
C_7	0.00347	96
C_8	0.00268	107
C_9	0.00207	121
C_{10}	0.001596	134

组　分	z_i	M_i
C_{11}	0.00123	147
C_{12}	0.00095	161
C_{13}	0.00073	175
C_{14}	0.000566	190
C_{15}	0.000437	206
C_{16+}	0.001671	259

步骤 2，由式(2 – 102)计算拟组分的数量。

$$N_g = \text{Int}[1 + 3.3\log(16 - 7)]$$

$$N_g = \text{Int}(4.15)$$

$$N_g = 4$$

步骤 3，应用式(2 – 109)确定分离烃组分的相对分子质量。

$$M_I = 96\left(\frac{259}{96}\right)^{1/4}$$

$$M_I = 96 \times 2.698^{1/4}$$

当 $M_I = 96 \times 2.698^{1/4}$ 时，每个拟组分的值是：

拟组分 1 = 123

拟组分 2 = 158

拟组分 3 = 202

拟组分 4 = 259

这些定义为：

拟组分 1：第一组拟组分包括了相对分子质量在 96 ~ 123 范围内的所有组分。该组包括了 C_7、C_8 和 C_9。

拟组分 2：第二组拟组分含有相对分子质量大于 123 且小于 158 的所有组分。因此，该组包括了 C_{10} 和 C_{11}。

拟组分 3：第三组拟组分包括了相对分子质量大于 158 小于 202 的所有组分。因此，该组包括了 C_{12}、C_{13} 和 C_{14}。

拟组分 4：该组拟组分包括所有剩余组分，即 C_{15} 和 C_{16+}。

这些总结如下(表 2 – 40)。

表 2 – 40　总结

组　合	组　分	z_i	z_I
1	C_7	0.00347	0.00822
	C_8	0.00268	
	C_9	0.00207	
2	C_{10}	0.001596	0.002826
	C_{11}	0.00123	

组 合	组 分	z_i	z_I
3	C_{12}	0.00095	0.002246
	C_{13}	0.00073	
	C_{14}	0.000566	
4	C_{15}	0.000437	0.002108
	$C_{16}+$	0.001671	

在这个阶段,用拟物理性质和拟临界性质来描述拟组分的混合规则是很方便的。由于单个组分的性质可以以多种方式混合,每种方式都为拟组分提供不同的性质,因此选择正确的混合规则与合并方法同样重要。下面给出一些混合规则。

2. Hong 混合规则

Hong(1982)得出结论,质量分数平均值 w_i 是通过以下混合规则表征 C_{7+} 组分的最佳混合参数。将一个组分 i 的归一化质量分数(即合并组分内的 $I \in L$)定义为:

$$w_i^* = \frac{z_i M_i}{\sum_{i \in L}^{L} z_i M_i}$$

提出的混合规则为:

拟临界压力 $P_{cL} = \sum_{i \in L}^{L} w_i^* P_{ci}$

拟临界温度 $T_{cL} = \sum_{i \in L}^{L} w_i^* T_{ci}$

拟临界体积 $V_{cL} = \sum_{i \in L}^{L} w_i^* V_{ci}$

拟偏心因子 $\omega_L = \sum_{i \in L}^{L} w_i^* w_i$

拟相对分子质量 $M_L = \sum_{i \in L}^{L} w_i^* M_i$

二元相互作用系数 $k_{kL} = 1 - \sum_{i \in L}^{L} \sum_{j \in L}^{L} w_i^* w_j^* (1 - k_{ij})$

式中 w_i^*——合并组分中组分 i 的归一化权重系数;

k_{kL}——第 k 个组分与合并组分的二元相互作用系数;

下标 L——合并组分的总数量。

3. Lee 混合规则

在他们提出的重组方法中,使用 Kay 的混合规则作为确定合并组分性质的表征方法。在合并的组分内,定义组分 i 的归一化摩尔分数,即 $i \in L$,

$$z_i^* = \frac{z_i}{\sum_{i \in L}^{L} z_i}$$

提出以下规则:

$$M_L = \sum_{i \in L}^{L} z_i^* M_i \qquad (2-103)$$

$$\gamma_L = M_L / \sum_{\in L}^{L} (z_i^* M_i / \gamma_i) \qquad (2-104)$$

$$V_{cL} = \sum_{i \in L}^{L} (z_i^* M_i V_{ci} / M_L) \qquad (2-105)$$

$$P_{cL} = \sum_{i \in L}^{L} (z_i^* P_{ci}) \qquad (2-106)$$

$$T_{cL} = \sum_{i \in L}^{L} (z_i^* T_{ci}) \qquad (2-107)$$

$$\omega_L = \sum_{i \in L}^{L} (z_i^* \omega_i) \qquad (2-108)$$

例 2 – 17 使用 Lee 的混合规则,确定例 2 – 16 中四个拟组分的物理性质和临界性质。

解 步骤 1,为每个组分分配适当的物理性质和临界性质,如表 2 – 41 所示:

表 2 – 41 物理性质和临界性质

组	组 分	z_i	z_I	M_i	γ_i	V_{ci}	P_{ci}	T_{ci}	ω_i
1	C_7	0.00347	0.00822	96[a]	0.272[a]	0.06289[a]	453[a]	985[a]	0.280[a]
	C_8	0.00268		107	0.749	0.06264	419	1,036	0.312
	C_9	0.00207		121	0.768	0.06258	383	1,058	0.348
2	C_{10}	0.001596	0.002826	134	0.782	0.06273	351	1,128	0.385
	C_{11}	0.00123		147	0.793	0.06291	325	1,166	0.419
3	C_{12}	0.00095	0.002246	161	0.804	0.06306	302	1,203	0.454
	C_{13}	0.00073		175	0.815	0.06311	286	1,236	0.484
	C_{14}	0.000566		190	0.826	0.06316	270	1,270	0.516
4	C_{15}	0.000437	0.002108	206	0.826	0.06325	255	1,304	0.55
	C_{16+}	0.001671		259	0.908	0.0638[b]	215[b]	1,467	0.68[b]

步骤 2,应用方程式(2 – 103) ~ 式(2 – 108)计算每一组的物理性质和临界性质,得到以下结果(表 2 – 42):

表 2 – 42 物理性质和临界性质汇总

组 合	z_I	M_L	γ_L	V_{cL}	P_{cL}	T_{cL}	ω_L
1	0.00822	105.9	0.746	0.0627	424	1020	0.3076
2	0.002826	139.7	0.787	0.0628	339.7	1144.5	0.4000
3	0.002246	172.9	0.814	0.0631	288	1230.6	0.4794
4	0.002108	248	0.892	0.0637	223.3	1433	0.6531

4. Behrens 和 Sandler 合并方法

Behrens 和 Sandler(1986)利用半连续热力学分布理论来计算 C_{7+} 组分的状态方程。作者认为,只要有两个拟组分,就可以完全描述 C_{7+} 组分。

半连续流体混合物的定义是:某些组分(如 $C_1 \sim C_6$)的摩尔分数是离散的,而其他不可识别的组分(如 C_{7+})的浓度可以表示为连续分布函数 $F(I)$。这个连续分布函数 $F(I)$ 根据指数 I 描述重组分,指数 I 可以是单组分的某一性质,如碳原子数、沸点或相对分子质量。

对于含 k 个离散组分的烃系统，可采用以下关系式：

$$\sum_{i=1}^{C_6} z_i + z_{7^+} = 1.0$$

将式中 C_{7^+} 的摩尔分数替换为所选择的分布函数得到：

$$\sum_{i=1}^{C_6} z_i + \int_A^B F(I)\,dI = 1.0 \tag{2-109}$$

式中 A——积分下限（连续分布的起点，如 C_7）；

B——积分上限（连续分布的上限，如 C_{45}）。

摩尔分布如图 2-21 所示。该图显示了在半对数坐标系上重烃类系统中各组分的组成 z_i 与碳原子数 n 的关系。参数 A 可从图中确定或默认为 C_7，即 $A=7$。第二个参数 B 的取值范围为 50 到无穷，即 $50 \leqslant B \leqslant \infty$。然而，Behrens 和 Sandler 指出，准确地选择积分上限并不重要。

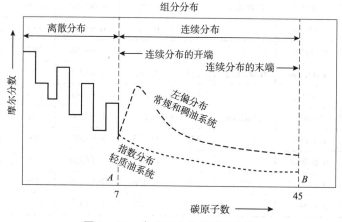

图 2-21   半连续分布模型的图解

选择分布函数 $F(I)$ 的指数 I 为碳原子数 n，Behrens 和 Sandler 提出了 $F(I)$ 的指数形式如下：

$$F(n) = D(n)\,e^{an}\,dn \tag{2-110}$$

且

$$A \leqslant n \leqslant B$$

式中参数 α 由以下函数 $f(\alpha)$ 给出：

$$f(\alpha) = \frac{1}{\alpha} - \overline{c_n} + A - \frac{(A-B)\,e^{-B\alpha}}{e^{-A\alpha} - e^{-B\alpha}} = 0 \tag{2-111}$$

其中，$\overline{c_n}$ 是由以下关系式定义的平均碳原子数：

$$\overline{c_n} = \frac{M_{C_{7^+}} + 4}{14} \tag{2-112}$$

式（2-111）可以通过使用连续迭代的方法或 Newton-Raphson 方法迭代求解 α，其初始值为：

$$\alpha = [1/\overline{c_n}] - A$$

将式（2-112）代入式（2-111）得到：

$$\sum_{i=1}^{C_6} z_i + \int_A^B D(n)\,e^{-an}\,dn = 1.0$$

或者

$$z_{7^+} = \int_A^B D(n)\,e^{-an}\,dn$$

通过变量变换将从 A 和 B 的积分范围变为 0 和 c，方程变为：

$$z_{7^+} = \int_0^c D(r)\,e^{-r}\,dr \tag{2-113}$$

其中，

$$c = (B-A)\alpha \tag{2-114}$$

$$r = 积分虚拟变量$$

作者应用高斯数值积分法和两点积分来计算式（2-113），得到：

$$z_{7^+} = \sum_{i=1}^2 D(r_i) w_i = D(r_1)w_1 + D(r_2)w_2 \tag{2-115}$$

式中　r_i——变量变换后积分求得的根；

w_i——点 i 处的高斯积分的加权因子。

表 2-43 给出了 r_1、r_2、w_1 和 w_2 的值。

表 2-43　两点积分的 Behrens 和 Sandler 根与权重

c	r_1	r_2	w_1	w_2	c	r_1	r_2	w_1	w_2
0.30	0.0615	0.2347	0.5324	0.4676	4.40	0.4869	2.5954	0.7826	0.2174
0.40	0.0795	0.3101	0.5353	0.4647	4.50	0.4914	2.6304	0.7858	0.2142
0.50	0.0977	0.3857	0.5431	0.4569	4.60	0.4957	2.6643	0.7890	0.2110
0.60	0.1155	0.4607	0.5518	0.4482	4.70	0.4998	2.6971	0.7920	0.2080
0.70	0.1326	0.5347	0.5601	0.4399	4.80	0.5038	2.7289	0.7949	0.2051
0.80	0.1492	0.6082	0.5685	0.4315	4.90	0.5076	2.7596	0.7977	0.2023
0.90	0.1652	0.6807	0.5767	0.4233	5.00	0.5112	2.7893	0.8003	0.1997
1.00	0.1808	0.7524	0.5849	0.4151	5.10	0.5148	2.8179	0.8029	0.1971
1.10	0.1959	0.8233	0.5932	0.4068	5.20	0.5181	2.8456	0.8054	0.1946
1.20	0.2104	0.8933	0.6011	0.3989	5.30	0.5214	2.8722	0.8077	0.1923
1.30	0.2245	0.9625	0.6091	0.3909	5.40	0.5245	2.8979	0.8100	0.1900
1.40	0.2381	1.0307	0.6169	0.3831	5.50	0.5274	2.9226	0.8121	0.1879
1.50	0.2512	1.0980	0.6245	0.3755	5.60	0.5303	2.9464	0.8142	0.1858
1.60	0.2639	1.1644	0.6321	0.3679	5.70	0.5330	2.9693	0.8162	0.1838
1.70	0.2763	1.2299	0.6395	0.3605	5.80	0.5356	2.9913	0.8181	0.1819
1.80	0.2881	1.2944	0.6468	0.3532	5.90	0.5381	3.0124	0.8199	0.1801
1.90	0.2996	1.3579	0.6539	0.3461	6.00	0.5405	3.0327	0.8216	0.1784
2.00	0.3107	1.4204	0.6610	0.3390	6.20	0.5450	3.0707	0.8248	0.1754
2.10	0.3215	1.4819	0.6678	0.3322	6.40	0.5491	3.1056	0.8278	0.1722

c	r_1	r_2	w_1	w_2	c	r_1	r_2	w_1	w_2
2.20	0.3318	1.5424	0.6745	0.3255	6.60	0.5528	3.1375	0.8305	0.1695
2.30	0.3418	1.6018	0.6810	0.3190	6.80	0.5562	3.1686	0.8329	0.1671
2.40	0.3515	1.6602	0.6874	0.3126	7.00	0.5593	3.1930	0.8351	0.1649
2.50	0.3608	1.7175	0.6937	0.3063	7.20	0.5621	3.2170	0.8371	0.1629
2.60	0.3699	1.7738	0.6997	0.3003	7.40	0.5646	3.2388	0.8389	0.1611
2.70	0.3786	1.8289	0.7056	0.2944	7.70	0.5680	3.2674	0.8413	0.1587
2.80	0.3870	1.8830	0.7114	0.2886	8.10	0.5717	3.2992	0.8439	0.1561
2.90	0.3951	1.9360	0.7170	0.2830	8.50	0.5748	3.3247	0.8460	0.1540
3.00	0.4029	1.9878	0.7244	0.2776	9.00	0.5777	3.3494	0.8480	0.1520
3.10	0.4104	2.0386	0.7277	0.2723	10.00	0.5816	3.3811	0.8507	0.1493
3.20	0.4177	2.0882	0.7328	0.2672	11.00	0.5836	3.3978	0.8521	0.1479
3.30	0.4247	2.1367	0.7378	0.2622	12.00	0.5847	3.4063	0.8529	0.1471
3.40	0.4315	2.1840	0.7426	0.2574	14.00	0.5856	3.4125	0.8534	0.1466
3.50	0.4380	2.2303	0.7472	0.2528	16.00	0.5857	3.4139	0.8535	0.1465
3.60	0.4443	2.2754	0.7517	0.2483	18.00	0.5858	3.4141	0.8536	0.1464
3.70	0.4504	2.3193	0.7561	0.2439	20.00	0.5858	3.4142	0.8536	0.1464
3.80	0.4562	2.3621	0.7603	0.2397	25.00	0.5858	3.4142	0.8536	0.1464
3.90	0.4618	2.4038	0.7644	0.2356	30.00	0.5858	3.4142	0.8536	0.1464
4.00	0.4672	2.4444	0.7683	0.2317	40.00	0.5858	3.4142	0.8536	0.1464
4.10	0.4724	2.4838	0.7721	0.2297	60.00	0.5858	3.4142	0.8536	0.1464
4.20	0.4775	2.5221	0.7757	0.2243	100.00	0.5858	3.4142	0.8536	0.1464
4.30	0.4823	2.5593	0.7792	0.2208	∞	0.5858	3.4142	0.8536	0.1464

该方法的计算步骤概括如下:

步骤1,求分布的端点值 A 和 B。由于端点的起点和终点都设在两个碳原子数的中间,因此有效端点变成:

$$A = 起始碳原子数 - 0.5 \qquad (2-116)$$
$$B = 结束碳原子数 + 0.5 \qquad (2-117)$$

步骤2,迭代求解方程式(2-111),计算参数 α 的值。

步骤3,通过应用式(2-114)确定积分 c 的上限。

步骤4,由表2-9求积分点 r_1 和 r_2 和权重因子 w_1 和 w_2。

步骤5,从以下表达式求出拟组分的碳原子数 n_i 和摩尔分数 z_i。

对于第一个拟组分:

$$n_1 = \frac{r_1}{\alpha} + A \qquad (2-118)$$

$$z_1 = w_1 z_{7+} \tag{2-119}$$

对于第二个拟组分：

$$n_2 = \frac{r_2}{\alpha} + A$$

$$z_2 = w_2 z_{7+}$$

步骤 6，在表 2-2 中查找两个拟组分的物理性质和临界性质。

例 2-18　在原油体系中，一个 C_{7+} 组分的摩尔分数为 0.4608，相对分子质量为 226。利用 Behrens 和 Sandler 合并方法，用两个拟组分表征 C_{7+} 并计算其摩尔分数。

解　步骤 1，假设分布起点和终点的碳原子数为 C_7 和 C_{50}，根据方程式（2-116）和方程式（2-117）计算 A 和 B：

$$A = 起点碳原子数 - 0.5$$

$$A = 7 - 0.5 = 6.5$$

$$B = 终点碳原子数 + 0.5$$

$$B = 50 + 0.5 = 50.5$$

步骤 2，由式（2-112）计算 $\overline{c_n}$ 得到：

$$\overline{c_n} = \frac{M_{C_{7+}} + 4}{14}$$

$$\overline{c_n} = \frac{226 + 4}{14} = 16.43$$

步骤 3，迭代求解式（2-111）得到：

$$\frac{1}{\alpha} - \overline{c_n} + A - \frac{(A-B)\,\mathrm{e}^{-B\alpha}}{\mathrm{e}^{-A\alpha} - \mathrm{e}^{-B\alpha}} = 0$$

$$\frac{1}{\alpha} - 16.43 + 6.5 - \frac{(6.5 - 50.5)\,\mathrm{e}^{-50.5\alpha}}{\mathrm{e}^{-6.5\alpha} - \mathrm{e}^{-50.5\alpha}} = 0$$

迭代此式，求解得到 $\alpha = 0.0938967$。

步骤 4，由式（2-114）计算积分 c 的范围：

$$c = (B - A)\alpha$$

$$c = (50.5 - 6.5) \times 0.0938967 = 4.13$$

步骤 5，由表 2-43 得到积分点 r_i 和权重 w_i：

$$r_1 = 0.4741$$

$$r_2 = 2.4965$$

$$w_1 = 0.7733$$

$$w_2 = 0.2267$$

步骤 6，应用方程式（2-118）和式（2-119）求拟组分碳原子数 n_i 和摩尔分数 z_i。

对于第一个拟组分：

$$n_1 = \frac{r_1}{\alpha} + A$$

$$n_1 = \frac{0.4741}{0.0938967} + 6.5 = 11.55$$

$$z_1 = w_1 z_{7+}$$

$$z_1 = 0.7733 \times 0.4608 = 0.3563$$

对于第二个拟组分：

$$n_2 = \frac{r_2}{\alpha} + A$$

$$n_2 = \frac{2.4965}{0.0938967} + 6.5 = 33.08$$

$$z_2 = w_2 z_{7+}$$

$$z_2 = 0.2267 \times 0.4608 = 0.1045$$

C_{7+}组分由下面的两个拟组分表示（表 2 – 44）。

表 2 – 44　拟组分

拟组分	碳原子数	摩尔分数
1	$C_{11.55}$	0.3563
2	$C_{33.08}$	0.1045

步骤 7，根据碳原子数，使用表 2 – 2 中给出的 Katz 和 Firoozabadi 广义物理性质或通过式（2 – 6）计算，得到两个拟组分的物理性质。这两种组分的物理性质如表 2 – 45 所示。

表 2 – 45　两种组分的物理性质

拟组分	n	$T_b/°R$	γ	M	$T_b/°R$	$P_c/psia$	ω
1	11.55	848	0.799	154	1185	314	0.437
2	33.08	1341	0.915	426	1629	134	0.921

5. Lee 合并方法

Lee 等（1979）设计了一个简单的步骤，将石油组分重新组合成拟组分。他们利用原油组分有相近物理性质和化学性质（如原油的相对分子质量和相对密度）的特点，用一个单一组分进行表征。他们还观察到，当根据每个组分的质量平均沸点绘制性质时，曲线的斜率反映了这些性质的相似性。使用这些曲线加权平均斜率作为原油组分合并的标准。作者提出了以下计算步骤：

步骤 1，将每个原始组分的可用物理和化学性质与其质量平均沸点进行绘图。

步骤 2，计算在每个 WABP 处各组分的斜率 m_{ij}，其中，m_{ij} 是性质曲线与沸点的斜率，$i = 1，\cdots，n_f$；$j = 1，\cdots，n$；n_f 是原油组分的数量；n_p 是可用的物理化学性质的数量。

步骤 3，根据定义计算归一化绝对斜率 m_{ij}：

$$\overline{m}_{ij} = \frac{m_{ij}}{\max_{i=1,\cdots,n_f} m_{ij}} \tag{2 – 120}$$

步骤 4，计算每个组分的加权平均斜率，如下所示：

$$\overline{M}_i = \frac{\sum_{j=1}^{n_{\mathrm{p}}} \overline{m}_{ij}}{n_{\mathrm{p}}} \tag{2-121}$$

式中　$\overline{M}_i$——原油组分物理化学性质沿沸点轴的平均变化。

步骤 5，判断每个组分的 $\overline{M}_i$ 值，将具有相近 $\overline{M}_i$ 值的组分进行合并。

步骤 6，根据式（2-103）~式（2-108）给出的混合规则，计算拟组分的物理性质。

例 2-19　由 Hariu 和 Sage（1969）给出的表 2-46 中的数据代表了原油体系中 15 种拟组分的平均沸点相对分子质量、相对密度和摩尔分布。使用 Lee 方法将给定的数据合并到最佳数量的拟组分中。

表 2-46　例 2-18 中拟组分的性质

拟组分	$T_{\mathrm{b}}/°\mathrm{R}$	M	γ	z_i
1	600	95	0.680	0.0681
2	654	101	0.710	0.0686
3	698	108	0.732	0.0662
4	732	116	0.750	0.0631
5	770	126	0.767	0.0743
6	808	139	0.781	0.0686
7	851	154	0.793	0.0628
8	895	173	0.800	0.0564
9	938	1491	0.826	0.0528
10	983	215	0.836	0.0474
11	1052	248	0.850	0.0836
12	1154	322	0.883	0.0669
13	1257	415	0.910	0.0535
14	1382	540	0.940	0.0425
15	1540	700	0.975	0.0340

解　步骤 1，绘制相对分子质量和相对密度与沸点的关系图，并计算每个拟组分的斜率 m_{ij}，如表 2-47 所示：

表 2-47　每个拟组分的斜率

拟组分	T_{b}	$m_{i1} = \partial M/\partial T_{\mathrm{b}}$	$m_{i2} = \partial \gamma/\partial T_{\mathrm{b}}$
1	600	0.1111	0.00056
2	654	0.1327	0.00053
3	698	0.1923	0.00051
4	732	0.2500	0.00049
5	770	0.3026	0.00041
6	808	0.3457	0.00032
7	851	0.3908	0.00022

续表

拟组分	T_b	$m_{i1} = \partial M/\partial T_b$	$m_{i2} = \partial \gamma/\partial T_b$
8	895	0.4253	0.00038
9	938	0.4773	0.00041
10	983	0.5000	0.00021
11	1052	0.6257	0.00027
12	1154	0.8146	0.00029
13	1257	0.9561	0.00025
14	1382	1.0071	0.00023
15	1540	1.1027	0.00022

步骤2，使用式(2-121)和式(2-122)计算归一化绝对斜率m_{ij}和斜率$\overline{M}_i$。如表2-48所示。注意m_{i1}的最大值为1.0127，m_{i2}的最大值为0.00056。

表2-48　绝对斜率m_{ij}和加权斜率$\overline{M}_i$

拟组分	$\overline{m}_{i1} = m_{ij}/1.0127$	$\overline{m}_{i2} = m_{ij}/0.00056$	$\overline{M}_i = (\overline{m}_{i1} + \overline{m}_{i2})/2$
1	0.1097	1.0000	0.55485
2	0.1310	0.9464	0.53870
3	0.1899	0.9107	0.55030
4	0.2469	0.875	0.56100
5	0.2988	0.7321	0.51550
6	0.3414	0.5714	0.45640
7	0.3859	0.3929	0.38940
8	0.4200	0.6786	0.54930
9	0.4713	0.7321	0.60170
10	0.4937	0.3750	0.43440
11	0.6179	0.4821	0.55000
12	0.8044	0.5179	0.66120
13	0.9441	0.4464	0.69530
14	0.9945	0.4107	0.70260
15	1.0000	0.3929	0.69650

通过对$\overline{M}_i$值的考察，可以将拟组分归为三组：

①组1，将1-5拟组分进行组合，其总摩尔分数为0.3403。

②组2，将6-10拟组分进行组合，其总摩尔分数为0.2880。

③组3，将11-15拟组分进行组合，其总摩尔分数为0.2805。

步骤3，计算各组的物理性质。这可以通过应用式(2-103)和式(2-104)计算每组的M和γ来实现，然后使用 Riazi-Daubert 经验公式[式(2-6)]来描述每个组分的性质。计算结果如表2-49所示。

表 2 - 49　计算结果

组	摩尔分数 z_i	M	γ	T_b	T_c	P_c	V_c
1	0.3403	109.4	0.7299	694	1019	404	0.0637
2	0.2880	171.0	0.8073	891	1224	287	0.0634
3	0.2805	396.5	0.9115	1383	1656	137	0.0656

M、γ 和 T_b 的物理性质反映了石油组分的化学组成。根据沸点和相对密度来表征拟组分的方法，通常假设 C_{7+} 所有组分的表征因子 C_f 是恒定的。Soreide(1989)根据对 68 个储层 C_{7+} 样品中 843 个 TBP 组分的分析，提出了一个用于估算相对密度的精确关系式，并将特征因子 C_f 引入其中。该计算公式如下式所示：

$$r_i = 0.2855 + C_f (M_i - 66)^{0.13} \tag{2 - 122}$$

特征因子 C_f 必须满足以下关系：

$$(\gamma_{C_{7+}})_{exp} = \frac{z_{C_{7+}} M_{C_{7+}}}{\sum_{i=C_7}^{C_{N+}} \left(\frac{z_i M_i}{r_i} \right)} \tag{2 - 123}$$

其中，$(\gamma_{C_{7+}})_{exp}$ 是测得的 C_{7+} 的相对密度。联立式(2 - 122)与式(2 - 123)得到：

$$(\gamma_{C_{7+}})_{exp} = \frac{z_{C_{7+}} M_{C_{7+}}}{\sum_{i=C_7}^{C_{N+}} \left[\frac{z_i M_i}{0.2855 + C_f (M_i - 66)^{0.13}} \right]}$$

重新上式得到：

$$f(C_f) = \sum_{i=C_7}^{C_{N+}} \left[\frac{z_i M_i}{0.2855 + C_f (M_i - 66)^{0.13}} \right] - \frac{z_{C_{7+}} M_{C_{7+}}}{(\gamma_{C_{7+}})_{exp}} = 0 \tag{2 - 124}$$

通过求解 C_f 的表达式，迭代确定表征因子的最优值。Newton - Raphson 是一种有效的数值方法，可以方便地利用这种关系求解上述非线性方程：

$$C_f^{n+1} = C_f^n - \frac{f(C_f^n)}{\partial f(C_f^n) / \partial C_f^n}$$

且

$$\frac{\partial f(C_f^n)}{\partial C_f^n} = \sum_{i=C_7}^{C_{N+}} \left[\frac{-(M_i - 66)^{0.13}}{[0.2855 + C_f^n (M_i - 66)^{0.13}]^2} \right]$$

该方法假设初始值为 C_f^n，然后通过计算得到一个可在第二次迭代中使用的改进值 C_f^{n+1}。持续进行迭代，直到 C_f^n 和 C_f^{n+1} 之间的差异很小，如小于 10^{-6}。然后，可以在式(2 - 122)中使用计算的 C_f 来确定任何拟组分的相对密度 γ_i。

Soreide 还提出了以下沸点 T_b 的关系式，即组分的相对分子质量和相对密度的函数：

$$T_b = 1928.3 - \frac{1.695 \times 10^5 A \gamma^{3.266}}{M^{0.03522}}$$

且

$$A = \exp[0.003462 M \gamma - 0.004922 M - 4.7685 \gamma]$$

式中　T_b——沸点，°R；

　　　M——表示相对分子质量。

例2-20 Whitson 和 Brule 给出 C_{7+} 的摩尔分布如下，其中，$M_{C_{7+}} = 143$ 和 $(\gamma_{C_{7+}})_{exp} = 0.795$。计算五个拟组分的相对密度（表2-50）。

表2-50 五个拟组分的相对密度

C_{7+}组分 i	摩尔分数 z_i	相对分子质量 M_i
1	2.4228	95.55
2	2.8921	135.84
3	1.2852	296.65
4	0.2367	319.83
5	0.0132	500.00

解 步骤1，通过反复试算或 Newton-Raphson 方法求解方程式（2-124）的特征因子 C_f 得到：

$$C_f = 0.26927$$

步骤2，利用式（2-122）计算五个组分的相对密度，如表2-51所示。

$$r_i = 0.2855 + C_f(M_i - 66)^{0.13}$$
$$r_i = 0.2855 + 0.26927(M_i - 66)^{0.13}$$

表2-51 计算五个组分的相对密度

C_{7+}组分 i	摩尔分数 z_i	摩尔质量 M_i	相对密度 $[r_i = 0.2855 + 0.26927(M_i - 66)^{0.13}]$
1	2.4228	95.55	0.7407
2	2.8921	135.84	0.7879
3	1.2852	296.65	0.8358
4	0.2367	319.83	0.8796
5	0.0132	500.00	0.9226

2.5.3 多个烃类样品的表征

当同时表征多个样本用于计算状态方程时，建议采用以下步骤：

(1)从同一储层的多个样品中识别并选择主要流体样品。一般选择在模拟过程中占优势或具有大量实验室数据的样本作为主要样本。

(2)使用 Whitson 方法将主要样品的重组分拆分成几个组分，并确定参数 M_N、η 和 β^*，如式（2-93）和式（2-94）所示。

(3)通过求解式（2-124）计算表征因子 C_f，通过式（2-122）计算 C_{7+} 各组分的相对密度。

(4)根据物理性质 P_c、T_c、M、γ 和 ω，将选出的主样品拆分成若干拟组分。

(5)将主样品的伽马函数的参数（M_N、η 和 β^*）应用于所有剩余样本。此外，所有混合物的特征因子 C_f 必须相同，但每个样品可以具有不同的 $M_{C_{7+}}$ 和 α。

(6)使用与主样品相同的伽马函数参数，将每个剩余样本分成多个组分。

(7)对于每一个剩余样品，将其组分分成多个拟组分，这些拟组分的相对分子质量与主样品的拟组分的相对分子质量相等或相近。

（8）表征过程的结果是：

①C_{7+}组分的一组相对分子质量。

②每个拟组分具有与主样品相同的性质（即 M、γ、T_b、p_c、T_c 和 ω），但摩尔分数不同。

需要指出的是，在对多个样本进行表征时，必须对异常样本分别进行识别和处理。假设这多个样本来自不同的深度，每个样本都由实验室的 PVT 测量来描述，可以通过绘制下图来识别出异常样本：

①饱和压力与深度。

②C_1摩尔百分比与深度。

③C_{7+}摩尔百分比与深度。

④C_{7+}相对分子质量与深度的关系。

如图 2-22 ~ 图 2-25 所示，与总体趋势有明显偏差的数据不应用于表征多个样本。Takahashi 等（2002）指出，单一的 EOS 模型从未使用一个共同的特征来预测这种异常行为。还要注意，偏离总体的趋势可能表明存在一个单独的流体系统，需要一个单独的状态方程模型，若出现与明确趋势的随机偏差通常是由于实验数据错误或报告的组分数据与实验室实验中使用的实际样品不一致所致。

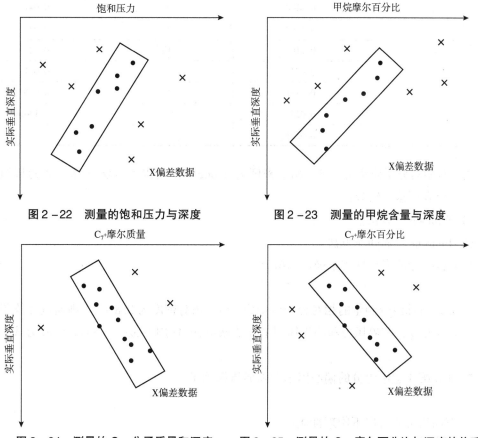

图 2-22 测量的饱和压力与深度　　图 2-23 测量的甲烷含量与深度

图 2-24 测量的 C_{7+} 分子质量和深度　　图 2-25 测量的 C_{7+} 摩尔百分比与深度的关系

习题

1. 相对分子质量为 198、相对密度为 0.8135 的 C_{7+} 摩尔分数为 0.1145。利用:

(1) Katz 经验公式。

(2) Ahmed 经验公式。

描述扩展分析中最后一个组分的物理性质和临界性质。

2. 天然存在的原油系统具有以下性质的 C_{7+} 组分:

$M_{7+} = 213.0000$

$\gamma_{7+} = 0.8405$

$x_{7+} = 0.3497$

扩展重组分的摩尔分布,并确定最后一个组分的临界性质和偏心因子。

3. 原油系统具有以下组成:

组 分	x_i	组 分	x_i
C_1	0.3100	C_8	0.0472
C_2	0.1042	C_9	0.0246
C_3	0.1187	C_{10}	0.0233
C_4	0.0732	C_{11}	0.0212
C_5	0.0441	C_{12}	0.0169
C_6	0.0255	C_{13+}	0.1340
C_7	0.0571		

C_{13+} 的相对分子质量为 325,相对密度为 0.842。使用以下方法计算合适的拟组分数量,以充分表征这些组分:

(1) Whitson 合并法。

(2) Behrens – Sandler 方法。

根据拟组分的临界性质来描述拟组分。

4. 如果石油组分测量的相对分子质量为 190,相对密度为 0.8762,则通过计算组分的沸点,临界温度,临界压力和临界体积来表征该组分(使用 Riazi – Daubert 经验公式)。

5. 计算第 4 题中组分的偏心因子和临界压缩因子。

6. 石油组分具有以下物理性质:

$API = 50°$

$T_{\mathrm{b}} = 400°$

$M = 165$

$\gamma = 0.79$

分别使用以下经验公式计算 P_{c}、T_{c}、V_{c}、ω 和 Z_{c}：

(1) Cavett。

(2) Kesler – Lee。

(3) Winn – Sim – Daubert。

(4) Watansiri – Owens – Starling。

7. 具有 10 个碳原子的未定义的石油组分的平均沸点为791°R，相对分子质量为134。如果该组分的相对密度为0.78，使用以下方法确定组分的临界压力、临界温度和偏心因子：

(1) Robinson – Peng 的 PNA 方法。

(2) Bergman PNA 方法。

(3) Riazi – Daubert 方法。

(4) Cavett 方法。

(5) Kesler – Lee 方法。

(6) Willman – Teja 方法。

8. C_{7+}组分的相对分子质量为200，相对密度为0.810。使用以下方法计算 C_{7+}组分的 P_{c}、T_{c}、T_{b}和偏心因子：

(1) Riazi – Daubert 方法。

(2) Rowe 方法。

(3) Standing 方法。

9. 使用第 8 题中给出的数据和 Riazi – Daubert 经验公式计算出的沸点，使用以下方法确定临界性质和偏心因子：

(1) Cavett 方法。

(2) Kesler – Lee 方法。

将结果与第 8 题中的结果进行比较。

参考文献

Ahmed, T., 1985. Composition modeling of Tyler and Mission canyon formation oils with CO_2 and lean gasses. Final report submitted to Montanans on a New Track for Science (MONTS), Montana National Science Foundation Grant Program.

Ahmed, T., 2014. Equations of State and PVT Analysis. Course Material.

Ahmed, T., Cady, G., Story, A., 1985. A generalized correlation for characterizing the hydrocarbon heavy fractions. Paper SPE 14266, In: Presented at the 60th Annual Technical Conference of the Society of Petroleum Engineers, Las Vegas, September 22 – 25.

Austad, T. , 1983. Practical aspects of characterizing petroleum fluids. In: Paper, Presented at the North Sea Condensate Reserves, London, May 24 – 25.

Behrens, R. , Sandler, S. , 1986. The use of semi – continuous description to model the C_{7+} fraction in equation – of – state calculation. Paper SPE/DOE 14925, In: Presented at the Fifth Annual Symposium on EOR, Held in Tulsa, OK, April 20 – 23.

Bergman, D. F. , Tek, M. R. , Katz, D. L. , 1977. Retrograde condensation in natural gas pipelines. Project PR 2 – 29 of Pipelines Research Committee, AGA, January.

Cavett, R. H. , 1962. Physical data for distillation calculations — vapor – liquid equilibrium. In: Proceedings of the 27th Meeting, API, San Francisco, pp. 351 – 366.

Edmister, W. C. , 1958. Applied hydrocarbon thermodynamics, part 4, compressibility factors and equations of state. Petroleum Refiner. 37 (April), 173 – 179.

Edmister, W. C. , Lee, B. I. , 1984. Applied Hydrocarbon Thermodynamics, vol. 1 Gulf Publishing Company, Houston, TX.

Erbar, J. H. , 1977. Prediction of absorber oil K – values and enthalpies. Research Report 13. GPA, Tulsa, OK.

Gonzalez, E. , Colonomos, P. , Rusinek, I. , 1986. A new approach for characterizing oil fractions and for selecting pseudo – components of hydrocarbons. Can. J. Petrol. Tech. (March – April), 78 – 84.

Hall, K. R. , Yarborough, L. , 1971. New simple correlation for predicting critical volume. Chem. Eng. (November), 76.

Hariu, O. , Sage, R. , 1969. Crude split figured by computer. Hydrocarb. Process. (April), 143 – 148.

Haugen, O. A. , Watson, K. M. , Ragatz, R. A. , 1959. Chemical Process Principles, second ed. Wiley, New York. p. 577.

Hong, K. S. , 1982. Lumped – component characterization of crude oils for compositional simulation. Paper SPE/DOE 10691, In: Presented at the 3rd Joint Symposium On EOR, Tulsa, OK, April 4 – 7.

Hopke, S. W. , Lin, C. J. , 1974. Application of BWRS equation to absorber oil systems. In: Proceedings 53rd Annual Convention GPA, Denver, CO, pp. 63 – 71.

Katz, D. , 1983. Overview of phase behavior of oil and gas production. J. Petrol. Tech. (June), 1205 – 1214.

Katz, D. L. , Firoozabadi, A. , 1978. Predicting phase behavior of condensate/crude – oil systems using methane interaction coefficients. J. Petrol. Tech. (November), 1649 – 1655.

Kesler, M. G. , Lee, B. I. , 1976. Improve prediction of enthalpy of fractions. Hydrocarb. Process. (March), 153 – 158.

Lee, S. , et al. , 1979. Experimental and theoretical studies on the fluid properties required for simulation of thermal processes. Paper SPE 8393, In: Presented at the 54th Annual Technical Conference of the Society of Petroleum Engineers, Las Vegas, September: 23 – 26.

Lohrenz, J., Bray, B. G., Clark, C. R., 1964. Calculating viscosities of reservoir fluids from their compositions. J. Petrol. Tech. (October), 1171 – 1176.

Magoulas, S., Tassios, D., 1990. Predictions of phase behavior of HT – HP reservoir fluids. Paper SPE 37294, Society of Petroleum Engineers, Richardson, TX.

Matthews, T., Roland, C., Katz, D., 1942. High pressure gas measurement. In: Proceedings of the Natural Gas Association of America (NGAA).

Mehra, R. K., Heidemann, R., Aziz, K., 1980. Computation of multi – phase equilibrium for compositional simulators. Soc. Petrol. Eng. J. (February).

Miquel, J., Hernandez, J., Castells, F., 1992. A new method for petroleum fractions and crude oil characterization. SPE Reserv. Eng. 265 (May).

Montel, F., Gouel, P., 1984. A new lumping scheme of analytical data for composition studies. Paper SPE 13119, In: Presented at the 59th Annual Society of Petroleum Engineers Technical Conference, Houston, TX, September. 16 – 19.

Mudgal, P., 2014. (Master of engineering thesis) Dalghouse University, Halifax, Nova Scotia.

Nath, J., 1985. Acentric factor and the critical volumes for normal fluids. Ind. Eng. Chem. Fundam. 21 (3), 325 – 326.

Pedersen, K., Thomassen, P., Fredenslund, A., 1982. Phase equilibria and separation process. Report SEP 8207. Institute for Kemiteknik, Denmark Tekniske Hojskole, July.

Reid, R., Prausnitz, J. M., Sherwood, T., 1977. The Properties of Gases and Liquids, third ed. McGraw – Hill, New York. p. 21.

Riazi, M. R., Daubert, T. E., 1980. Simplify property predictions. Hydrocarb. Process. (March), 115 – 116.

Riazi, M. R., Daubert, T. E., 1987. Characterization parameters for petroleum fractions. Ind. Eng. Chem. Fundam. 26 (24), 755 – 759.

Robinson, D. B., Peng, D. Y., 1978. The characterization of the heptanes and heavier fractions. Research Report 28. GPA, Tulsa, OK.

Rowe, A. M., 1978. Internally consistent correlations for predicting phase compositions for use in reservoir compositional simulators. Paper SPE 7475, In: Presented at the 53rd Annual Society of Petroleum Engineers Fall Technical Conference and Exhibition.

Salerno, S., et al., 1985. Prediction of vapor pressures and saturated volumes. Fluid Phase Equilib. 27, 15 – 34.

Sancet, J., Heavy Faction Characterization. In: SPE 113025, 2007 SPE Annual Conference, November 11 – 14, Anaheim, CA 2007.

Schlijper, A. G., 1984. Simulation of compositional process: the use of pseudo – components in equation of state calculations. Paper SPE/DOE 12633, In: Presented at the SPE/DOE Fourth

Symposium on EOR, Tulsa, OK, April 15 – 18.

Silva, M. B. , Rodriguez, F. , 1992. Automatic fitting of equations of state for phase behavior matching. Paper SPE 23703, Society of Petroleum Engineers, Richardson, TX.

Sim, W. J. , Daubert, T. E. , 1980. Prediction of vapor – liquid equilibria of undefined mixtures. Ind. Eng. Chem. Process. Des. Dev. 19 (3) , 380 – 393.

Soreide, I. , 1989. Improved Phase Behavior Predictions of Petroleum Reservoir Fluids From a Cubic Equation of State. (Doctor of engineering dissertation). Norwegian Institute of Technology, Trondheim.

Standing, M. B. , 1977. Volumetric and Phase Behavior of Oil Field Hydrocarbon Systems. Society of Petroleum Engineers, Dallas, TX.

Takahashi, K. , et al. , 2002. Fluid characterization for gas injection study using equilibrium contact mixing. Paper SPE 78483, Society of Petroleum Engineers, Richardson, TX.

Twu, C. , 1984. An internally consistent correlation for predicting the critical properties and molecular weight of petroleum and coal – tar liquids. Fluid Phase Equilib. 16, 137.

Watansiri, S. , Owens, V. H. , Starling, K. E. , 1985. Correlations for estimating critical constants, acentric factor, and dipole moment for undefined coal – fluid fractions. Ind. Eng. Chem. Process. Des. Dev. 24, 294 – 296.

Watson, K. M. , Nelson, E. F. , Murphy, G. B. , 1935. Characterization of petroleum fractions. Ind. Eng. Chem. 27, 1460.

Whitson, C. , 1980. Characterizing hydrocarbon – plus fractions. Paper EUR 183, In: Presented at the European Offshore Petroleum Conference, London, October. 21 – 24.

Whitson, C. H. , 1983. Characterizing hydrocarbon – plus fractions. Soc. Petrol. Eng. J. 275 (August) , 683. AIME, 275.

Whitson, C. H. , 1984. Effect of physical properties estimation on equation – of – state predictions. Soc. Petrol. Eng. J. (December) , 685 – 696.

Whitson, C. H. , Brule, M. R. , 2000. Phase Behavior. Society of Petroleum Engineers, Richardson, TX.

Willman, B. , Teja, A. , 1987. Prediction of dew points of semicontinuous natural gas and petroleum mixtures. Ind. Eng. Chem. Res. 226 (5) , 948 – 952.

Winn, F. W. , 1957. Simplified nomographic presentation, characterization of petroleum fractions. Petroleum Refiner. 36 (2) , 157.

第 3 章　天然气性质

用压力 P、体积 V 和温度 T 来描述储层气体特征的定律已经存在多年。这些定律对于描述理想气体来说是相对简单的。本章回顾了这些定律以及如何修改它们来描述真实气体的性质，这些性质可能会明显偏离这些简单的规律。

气体是一种低黏度、低密度的均质流体，没有特定的体积，但可膨胀扩散并完全填满它所在的容器。一般来说，天然气是烃类气体和非烃类气体的混合物。天然气中常见的烃类气体有甲烷、乙烷、丙烷、丁烷、戊烷以及少量的己烷和己烷以上的重质组分。非烃类气体包括二氧化碳、硫化氢和氮气。

了解和掌握气体的压力 – 体积 – 温度之间的关系以及气体的其他物理和化学性质对于解决气藏工程中的问题至关重要。这些重要的物理和化学性质包括：

表观相对分子质量 M_a。

相对密度 γ_g。

压缩因子，也称为偏差系数 Z。

密度 ρ_g。

比容 v。

等温压缩系数 c_g。

地层体积系数 B_g。

膨胀系数 E_g。

黏度 μ_g。

气体的这些性质既可以通过实验室直接测定，也可以通过经验公式来计算。本章从压力和温度的角度重点回顾了描述天然气体积动态变化的规律，并介绍几种广泛应用于确定天然气物理性质的经验公式。

3.1　理想气体的性质

气体分子动力学理论假定气体是由大量的分子组成的。对于理想气体而言，这些分子的体积相对于气体所占的总体积而言可以忽略不计。同时，还假定这些分子之间没有吸引力或排斥力，分子间的碰撞都是绝对弹性的。

基于上述气体分子动力学理论，可以建立表示 n 摩尔气体的压力 P、体积 V 和温度 T 之间的相互关系的状态方程。对于理想气体而言，这种相互关系称为理想气体定律。其数学表达式如式 $(3-1)$ 所示：

$$PV = nRT \tag{3-1}$$

式中　P——绝对压力，psia；

V——体积，ft^3；

T——绝对温度，$°R$；

n——气体的摩尔数，$lb-mol$；

R——通用气体常量，在上述单位制下，其值为 $10.73psia \cdot ft^3/(lb-mol-°R)$。

气体的摩尔数 n 的定义是气体的质量 m 除以其相对分子质量 M，如式(3-2)所示：

$$n = \frac{m}{M} \tag{3-2}$$

将式(3-2)代入式(3-1)得到式(3-3)：

$$PV = \left(\frac{m}{M}\right)RT \tag{3-3}$$

式中　m——气体质量，lb；

M——气体的相对分子质量，$lb/lb-mol$。

根据气体密度的定义，重新整理式(3-3)后可计算任意压力和温度下的气体密度，得式(3-4)：

$$\rho_g = \frac{m}{V} = \frac{pM}{RT} \tag{3-4}$$

式中　ρ_g——气体密度，lb/ft^3。

例 3-1　将 $3lb$ 的正丁烷置于 $120°F$ 和 $60psia$ 的容器中。假设气体处于理想状态，计算该气体的体积。

解　根据表1-1确定正丁烷的相对分子质量为：

$$M = 58.123$$

根据式(3-3)求出气体体积为：

$$V = \left(\frac{m}{M}\right)\frac{RT}{P} = \frac{3}{58.123} \times \frac{10.73 \times (120+460)}{60} = 5.35ft^3$$

例 3-2　使用例3-1中的数据，计算正丁烷的密度。

解　应用式(3-4)求解密度为：

$$\rho_g = \frac{m}{V} = \frac{PM}{RT} = \frac{60 \times 58.123}{10.73 \times (120+460)} = 0.56lb/ft^3$$

因为天然气是烃类组分的混合物，所以石油工程师通常只对混合气体的物理性质感兴趣，而很少研究纯组分气体。但是可以根据混合物中单组分的物理性质，通过使用适当的混合规则确定混合物的物理和化学性质。

天然气的基本性质通常指表观相对分子质量、标准体积、密度、比容和相对密度等。这些性质的定义如下所示。

3.1.1　表观相对分子质量 M_a

它是天然气的主要性质之一，同时也是石油工程师感兴趣的性质之一。如果 y_i 表示气体混合物中第 i 组分的摩尔分数，则表观相对分子质量可以定义如式(3-5)所示：

$$M_a = \sum_{i=1}^{} y_i M_i \tag{3-5}$$

式中　M_a——气体混合物的表观相对分子质量，g/mol；

　　　M_i——气体混合物中组分 i 的相对分子质量，g/mol；

　　　y_i——气体混合物中组分 i 的摩尔分数，% 。

通常，天然气混合物的组成有三种表示方式，分别是摩尔分数、质量分数和体积分数。

特定组分 i 的摩尔分数 y_i 的定义是组分 i 的摩尔数 n_i 除以混合物中所有组分的总摩尔数 n：

$$y_i = \frac{n_i}{n} = \frac{n_i}{\sum_i n_i}$$

特定组分 i 的质量分数 w_i 的定义为组分 i 的质量 m_i 除以混合物的质量 m：

$$\omega_i = \frac{m_i}{m} = \frac{m_i}{\sum_i m_i}$$

同样地，特定组分 i 的体积分数 v_i 的定义是组分 i 的体积 V_i 除以混合物的体积 V：

$$v_i = \frac{V_i}{V} = \frac{V_i}{\sum_i V_i}$$

在许多工程计算中，摩尔分数与质量分数的换算十分方便。具体步骤如下：

(1)假设气体的总摩尔数为 1，即 $n=1$，根据摩尔分数的定义：

$$y_i = \frac{n_i}{n} = \frac{n_i}{1} = n_i$$

和摩尔数的定义式(3-2)得到：

$$m_i = n_i M_i = y_i M_i$$

(2)从上面两个表达式，可以得到由摩尔分数计算质量分数的表达式：

$$\omega_i = \frac{m_i}{m} = \frac{m_i}{\sum_i m_i} = \frac{y_i M_i}{\sum_i y_i M_i} = \frac{y_i M_i}{M_a}$$

(3)同样的，也可以得到由质量分数计算摩尔分数的表达式如下：

$$y_i = \frac{\omega_i / M_i}{\sum_i \omega_i / M_i}$$

3.1.2　标准体积 V_{sc}

在天然气工程中，通常将压力 14.7psia 和温度 60℉，称为标准条件。在标准条件下 1lb-mol 的气体占据的体积定义为标准体积。因此，将标准条件代入式(3-1)，并求解体积，即可得到标准体积如式(3-6)所示：

$$V_{sc} = \frac{(1)RT_{sc}}{P_{sc}} = \frac{1 \times 10.73 \times 520}{14.7} = 379.6\text{scf/lb-mol} \qquad (3-6)$$

式中　V_{sc}——标准体积，ft^3/lb-mol；

　　　T_{sc}——标准温度，°R；

　　　P_{sc}——标准压力，psia。

3.1.3 气体密度 ρ_g

将气体混合物的表观相对分子质量 M_a 代替式(3-4)中纯组分的相对分子质量 M 即可求得理想气体混合物的密度如式(3-7)所示：

$$\rho_g = \frac{PM_a}{RT} \qquad (3-7)$$

式中 ρ_g——气体混合物的密度，lb/ft^3；

M_a——气体混合物的表观相对分子质量。

3.1.4 气体比容 ν

气体比容的定义是单位质量的气体所占的体积。对于理想气体而言，可以通过式(3-3)计算气体的比容：

$$\nu = \frac{V}{m} = \frac{1}{\rho_g}$$

结合式(3-7)可得式(3-8)：

$$\nu = \frac{RT}{pM_a} \qquad (3-8)$$

式中 ν——气体的比容，ft^3/lb；

ρ_g——气体的密度，lb/ft^3。

3.1.5 相对密度 γ_g

气体的相对密度通常是指标准状况下天然气的密度与干燥空气密度的比值，如式(3-9)所示：

$$\gamma_g = \frac{\text{天然气密度}@14.7\text{psia 和}60°F}{\text{空气密度}@14.7\text{psia 和}60°F} = \frac{\rho_g}{\rho_{air}} \qquad (3-9)$$

假设气体混合物和空气均可由理想气体状态方程来描述，相对密度则可以表示为：

$$\gamma_g = \frac{\dfrac{P_{sc}M_a}{RT_{sc}}}{\dfrac{P_{sc}M_{air}}{RT_{sc}}}$$

或

$$\gamma_g = \frac{\dfrac{P_{sc}M_a}{RT_{sc}}}{\dfrac{P_{sc}M_{air}}{RT_{sc}}} = \frac{M_a}{M_{air}} = \frac{M_a}{28.96} \qquad (3-10)$$

式中 γ_g——天然气的相对密度，$60°F/60°F$；

ρ_{air}——干燥空气的密度；

M_{air}——空气的表观相对分子质量，$28.96g/mol$；

M_a——天然气表观相对分子质量；

P_{sc}——标准压力，psia；

T_{sc}——标准温度，°R。

例3-3 气井以每天1MMscf的速度生产天然气，气体的相对密度为0.65。油藏平均压力和温度分别是1500psi和100℉。计算以下几项：

(1)气体的相对分子质量。

(2)油藏条件下的气体密度。

(3)以lb/d为单位的气体流速。

解 重新整理式(3-10)，可求得气体的相对分子质量：

$$M_a = 28.96\gamma_g = 28.96 \times 0.65 = 18.82$$

应用式(3-7)计算气体的密度：

$$\rho_g = \frac{1500 \times 18.82}{10.73 \times 610} = 4.31 \text{lb/ft}^3$$

应用以下步骤计算流量：

步骤1，在标准状态下，任意1lb-mol的气体的体积均为379.4ft³（即标准体积为379.4scf/lb-mol），所以气井每天生产的气体的摩尔数 n 为：

$$n = \frac{1.1 \times 10^6}{379.4} = 2899 \text{lb-mol}$$

步骤2，根据式(3-2)计算每天生产的天然气的质量 m：

$$m = nM_a = 2899 \times 18.82 = 54559 \text{lb/d}$$

例3-4 气井生产的天然气的摩尔分数如表3-1：

表3-1 气井生产的天然气的摩尔分数

组 分	y_i	组 分	y_i
CO_2	0.05	C_2	0.03
C_1	0.90	C_3	0.02

假设天然气处于理想状态，计算天然气的以下几项数值：

(1)表观相对分子质量。

(2)相对密度。

(3)在压力为2000psia，温度为150℉时天然气的密度和比容。

解 根据混合气体各组分的相对分子质量 M_i 和摩尔分数 y_i，利用式(3-5)计算天然气的表观相对分子质量，计算结果如表3-2：

表3-2 计算的天然气表观相对分子质量

组 分	y_i	M_i	$y_i M_i$
CO_2	0.05	44.01	2.200
C_1	0.90	16.04	14.436
C_2	0.03	30.07	0.902
C_3	0.02	44.11	0.822
			$M_a = 18.42$

根据式(3-10)计算天然气的相对密度：

$$\gamma_g = M_a/28.96 = 18.42/28.96 = 0.636$$

应用式(3-7)求解天然气在压力为2000psia和温度为150℉时密度：

$$\rho_g = \frac{2000 \times 18.42}{10.73 \times 610} = 5.628 \text{lb/ft}^3$$

应用式(3-18)计算天然气的比容：

$$\nu = \frac{1}{\rho_g} = \frac{1}{5.628} = 0.178 \text{ft}^3/\text{lb}$$

3.2 真实气体的性质

当压力较低时，用理想气体状态方程计算真实气体的性质通常能满足一般工程计算精度的需要，此时压缩因子 Z 等于1。当压力较高时，如果仍使用理想气体的状态方程进行计算则可能导致高达500%的误差，而在大气压下计算的误差只有2%～3%。

一般而言，真实气体偏离理想气体状态的程度会随着压力和温度的增大而增大，而且随着气体组分的不同而不同。真实气体的性质与理想气体不同，主要原因在于理想气体规律的前提假设是分子的体积可忽略不计且分子之间不存在引力和斥力，而真实气体则不符合这种假设。

学者们建立了许多状态方程将真实气体的压力 – 体积 – 温度变量与实验数据联系起来。然而，为了更精确地表示压力 – 体积 – 温度之间的关系，必须在式(3-1)中引入一个修正因子——气体压缩因子(气体偏差系数或简称 Z 因子)，以表示气体偏离理想状态的程度。引入 Z 因子后的式(3-1)可表示如式(3-11)所示：

$$PV = ZnRT \tag{3-11}$$

式中 Z——气体压缩因子是无量纲量。

Z 表示的是在某一温度和压力下，同质量的真实气体的体积与同条件下理想气体的体积之比：

$$Z = \frac{V_{actual}}{V_{ideal}} = \frac{V}{(nRT)/P}$$

对不同组分的天然气的压缩因子的研究表明，当用拟对比压力 P_{pr} 和拟对比温度 T_{pr} 这两个无量纲量来表示压缩因子时，能够满足大多数工程计算对压缩因子精度的要求。这两个无量纲量可由式(3-12)和式(3-13)的表达式定义：

$$P_{pr} = \frac{P}{P_{pc}} \tag{3-12}$$

$$T_{pr} = \frac{T}{T_{pc}} \tag{3-13}$$

式中 P——系统压力，psia；

P_{pr}——拟对比压力，无量纲量；

T——系统温度，℉R；

T_{pr}——拟对比温度，无量纲量；

P_{pc}——拟临界压力；

T_{pc}——拟临界温度。

分别由式(3 - 14)和式(3 - 15)的表达式定义:

$$P_{pc} = \sum_{i=1} y_i p_{ci} \tag{3 - 14}$$

$$T_{pc} = \sum_{i=1} y_i T_{ci} \tag{3 - 15}$$

Matthews 等(1942)将 C_{7+} 组分的拟临界压力和拟临界温度与相对分子质量和相对密度用以下式子表示:

$$(P_c)_{C_{7+}} = 1188 - 431\log(M_{C_{7+}} - 61.1) + [2319 - 852\log(M_{C_{7+}} - 53.7)](\gamma_{C_{7+}} - 0.8)$$

$$(T_c)_{C_{7+}} = 608 + 364\log(M_{C_{7+}} - 71.2) + [2450\log(M_{C_{7+}}) - 3800]\log(\gamma_{C_{7+}})$$

应该指出的是,拟临界性质,即 P_{pc} 和 T_{pc},不能代表气体混合物的实际临界性质,但是他们可作为计算产出气体性质的关联参数。

基于拟对比性质的概念,Standing 和 Katz(1942)提出了一个广义的气体压缩因子图版,如图 3 - 1 所示。图 3 - 1 中表示的是低含硫气体的压缩因子随 P_{pr} 和 T_{pr} 变化的函数关系。此图版在石油和天然气工业中广为应用,且对含少量非烃气体的天然气同样适用。

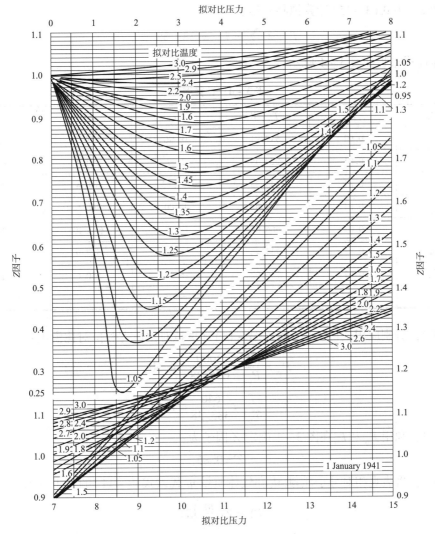

图 3 - 1　Standing 和 Katz 压缩因子图版

例 3 - 5 某气藏的天然气具有以下组成(表 3 - 3):

表 3 - 3 某气藏天然气组成

组　分	y_i	组　分	y_i
CO_2	0.02	C_3	0.03
N_2	0.01	$i - C_4$	0.03
C_1	0.85	$n - C_4$	0.02
C_2	0.04		

储层初始压力和温度分别为3000psia和180℉。计算在储层初始条件下的天然气的压缩因子。

解　步骤1，根据气体的组成，由式(3 - 14)确定拟临界压力：

$$P_{pc} = \sum y_i P_{ci} = 666.38 \text{psi}$$

步骤2，式(3 - 15)计算拟临界温度：

$$T_{pc} = \sum y_i T_{ci} = 383.38 °R$$

具体计算过程如表3 - 4所示。

表 3 - 4 计算过程

组　分	y_i	$T_{ci}/°R$	$y_i T_{ci}$	P_{ci}	$y_i P_{ci}$
CO_2	0.02	547.91	10.96	1071	21.42
N_2	0.01	227.49	2.27	493.1	4.93
C_1	0.85	343.33	291.83	666.4	566.44
C_2	0.04	549.92	22.00	706.5	28.26
C_3	0.03	666.06	19.98	616.40	18.48
$i - C_4$	0.03	734.46	22.03	527.9	15.84
$n - C_4$	0.02	756.62	15.31	550.6	11.01
			$T_{pc} = 383.38$		$P_{pc} = 666.38$

步骤3，分别应用式(3 - 12)和式(3 - 13)计算拟对比压力和拟对比温度：

$$P_{pr} = \frac{P}{P_{pc}} = \frac{3000}{666.38} = 4.50$$

$$T_{pr} = \frac{T}{T_{pc}} = \frac{640}{383.38} = 1.67$$

步骤4，利用P_{pr}和T_{pr}在图3 - 1确定Z因子为：

$$Z = 0.85$$

步骤5，将表观相对分子质量M_a和气体质量m代入式(3 - 11)的n中得到：

$$PV = Z\left(\frac{m}{M_a}\right)RT$$

因此，真实气体的比容和密度也可以分别表示如式(3 - 16)、式(3 - 17)所示：

$$\nu = \frac{V}{m} = \frac{ZRT}{PM_a} \tag{3-16}$$

$$\rho_g = \frac{1}{\nu} = \frac{PM_a}{ZRT} \tag{3-17}$$

式中 ν——比容，ft^3/lb；

ρ_g——密度，lb/ft^3。

例 3-6 利用例 3-5 中的数据，假设气体处于真实气体状态，计算在储层初始条件下气体的密度，并与理想气体状态下的计算结果进行比较。

解 步骤 1，根据天然气各组分的性质得到计算结果如表 3-5 所示：

表 3-5 计算结果

组 成	y_i	M_i	$y_i M_i$	$T_{ci}/°R$	$y_i T_{ci}$	P_{ci}	$y_i P_{ci}$
CO_2	0.02	44.01	0.88	547.91	10.96	1071	21.42
N_2	0.01	28.01	0.28	227.49	2.27	493.1	4.93
C_1	0.85	16.04	13.63	343.33	291.83	666.4	566.44
C_2	0.04	30.1	1.20	549.92	22.00	706.5	28.26
C_3	0.03	44.1	1.32	666.06	19.98	616.40	18.48
$i-C_4$	0.03	58.1	1.74	734.46	22.03	527.9	15.84
$n-C_4$	0.02	58.1	1.16	765.62	15.31	550.6	11.01
			$M_a = 20.23$		$T_{pc} = 383.38$		$p_{pc} = 666.38$

其中，由式(3-5)计算表观相对分子质量：

$$M_a = \sum y_i M_i = 20.23$$

步骤 2，由式(3-14)确定拟临界压力：

$$P_{pc} = \sum y_i P_{ci} = 666.38 psi$$

步骤 3，由式(3-15)计算拟临界温度：

$$T_{pc} = \sum y_i T_{ci} = 383.83 °R$$

步骤 4，分别应用公式(3-12)和式(3-13)计算拟对比压力和拟对比温度：

$$P_{pr} = \frac{P}{P_{pc}} = \frac{3000}{666.38} = 450$$

$$T_{pr} = \frac{T}{T_{pc}} = \frac{640}{383.38} = 1.67$$

步骤 5，根据 P_{pr} 和 T_{pr} 的计算值在图 3-1 中确定 Z 因子：

$$Z = 0.85$$

步骤 6，由式(3-17)计算真实气体的密度：

$$\rho_g = \frac{PM_a}{ZRT} = \frac{3000 \times 20.23}{0.85 \times 10.73 \times 640} = 10.4 lb/ft^3$$

步骤 7，假设气体处于理想气体状态，由式(3-7)计算气体密度：

$$\rho_g = \frac{3000 \times 20.23}{10.73 \times 640} = 8.84 lb/ft^3$$

上述实例的结果表明，与用真实气体状态方程预测的气体密度值相比，理想气体状态方程计算的气体密度的绝对误差为15%。

如果天然气的组分未知，可利用天然气的相对密度来估算拟临界性质 P_{pc} 和 T_{pc}。Brown 等(1948)提出了一种图解法用于在仅知气体相对密度时近似地估算气体的拟临界压力和拟临界温度。Standing(1977)提出用以下数学形式表示该图版。

对于干气：

$$T_{pc} = 168 + 325\,\gamma_g - 12.5\,\gamma_g^2 \qquad\qquad (3-18)$$

$$P_{pc} = 677 + 15.0\,\gamma_g - 37.5\,\gamma_g^2 \qquad\qquad (3-19)$$

对于湿气：

$$T_{pc} = 187 + 330\,\gamma_g - 71.5\,\gamma_g^2 \qquad\qquad (3-20)$$

$$P_{pc} = 706 - 51.7\,\gamma_g - 11.1\,\gamma_g^2 \qquad\qquad (3-21)$$

式中 T_{pc}——拟临界温度，°R；

  P_{pc}——拟临界压力，psia；

  γ_g——气体混合物的相对密度。

例 3 - 7 使用式(3-18)和式(3-19)，重新计算例3-5中气体的拟临界性质。

解 步骤1，计算气体的相对密度：

$$\gamma_g = \frac{M_a}{28.96} = \frac{20.23}{28.96} = 0.699$$

步骤2，应用式(3-18)和式(3-19)求解真实气体的拟临界性质：

$$T_{pc} = 168 + 325\,\gamma_g - 12.5\,\gamma_g^2 = 168 + 325 \times 0.699 - 12.5 \times 0.699^2 = 389.1°R$$

$$P_{pc} = 677 + 15.0\,\gamma_g - 37.5\,\gamma_g^2 = 677 + 15.0 \times 0.699 - 37.5 \times 0.699^2 = 669.2 psi$$

步骤3，计算拟对比压力 P_{pr} 和拟对比温度 T_{pr}：

$$P_{pr} = \frac{3000}{669.2} = 4.48$$

$$T_{pr} = \frac{640}{389.1} = 1.64$$

步骤4，根据拟对比压力 P_{pr} 和拟对比温度 T_{pr}，从图3-1中确定气体的压缩因子 Z：

$$Z = 0.824$$

步骤5，由式(3-17)计算密度：

$$\rho_g = \frac{PM_a}{ZRT} = \frac{3000 \times 20.23}{0.845 \times 10.73 \times 640} = 10.46 lb/ft^3$$

3.2.1 非烃组分对 Z 因子的影响

天然气通常含有除烃类组分之外的物质，例如 N_2、CO_2 和 H_2S。根据 H_2S 的含量，烃类气体可分为非酸气或酸气。非酸气或酸气都可能含有 N_2 或 CO_2，或两者兼有。如果烃类气体每 $100ft^3$ 含有 $0.0648g$ 的 H_2S，则可认为它是酸气。

前面介绍的经验公式适用于组分间化学性质差异不大的气体混合物，即仅含有少量的 N_2 和 CO_2。如果天然气中非烃组分的浓度较低，如低于 5%，一般不会严重影响压缩因子 Z 的准确性。如果天然气中含有较多的非烃组分，应用 Standing 和 Katz 图版计算压缩因子 Z 时，计算误差有可能高达 10%，因此必须对 Z 因子进行非烃组分的校正。

两种通过校正拟临界性质来校正非烃组分对 Z 因子的影响的方法是 Wichert – Aziz 方法和 Carr – Kobayashi – Burrows 方法。

1. Wichert – Aziz 方法

含有 H_2S 和/或 CO_2 的天然气与非酸气相比，其压缩因子通常表现出不同的性质。Wichert 和 Aziz(1972) 提出了一种简单易用的计算方法来解释这些不同之处。该方法基于 Standing – Katz 的压缩因子图版(图 3 – 1)，通过引入拟临界温度的校正因子 ε 来校正拟临界温度和拟临界压力。具体的表达式如式(3 – 22)、式(3 – 23)所示：

$$T'_{pc} = T_{pc} - \varepsilon \tag{3 – 22}$$

$$P'_{pc} = \frac{P_{pc}T'_{pc}}{T_{pc} + B(1 - B)\varepsilon} \tag{3 – 23}$$

式中　T_{pc}——拟临界温度，$°R$；

$\quad\quad P_{pc}$——拟临界压力，psia；

$\quad\quad T'_{pc}$——校正后的拟临界温度，$°R$；

$\quad\quad P'_{pc}$——校正后的拟临界压力，psia；

$\quad\quad B$——气体混合物中 H_2S 的摩尔分数；

$\quad\quad \varepsilon$——拟临界温度校正因子，是酸气中 CO_2 和 H_2S 浓度的函数。

ε 定义式如式(3 – 24)所示：

$$\varepsilon = 120(A^{0.9} - A^{1.6}) + 15(B^{0.5} - B^{4.0}) \tag{3 – 24}$$

其中，系数 A 是气体混合物中 H_2S 和 CO_2 的摩尔分数之和，即：

$$A = y_{H_2S} + y_{CO_2}$$

利用拟临界温度校正因子 ε 计算压缩因子的计算步骤归纳如下：

步骤 1，应用式(3 – 18)和式(3 – 19)或式(3 – 20)和式(3 – 21)计算气体混合物的拟临界性质。

步骤 2，根据式(3 – 24)计算温度校正因子 ε。

步骤 3，应用式(3 – 22)和式(3 – 23)计算校正后的 P'_{pc} 和 T'_{pc}。

步骤 4，根据式(3 – 11)和式(3 – 12)计算拟对比性质 P_{pr} 和 T_{pr}。

步骤 5，根据计算的拟对比压力 P_{pr} 和拟对比温度 T_{pr} 从图 3 – 1 中确定压缩因子 Z。

例3 – 8　酸性天然气的相对密度为 0.70。气体的组分分析表明，该气体含有 5% 的 CO_2 和 10% 的 H_2S。计算在 3500psia 和 160°F 时，该酸性天然气的密度。

解　步骤 1，从式(3 – 18)和式(3 – 19)计算气体未校正前酸性天然气的拟临界性质：

$$T_{pc} = 168 + 325\,\gamma_g - 12.5\,\gamma_g^2 = 168 + 325 \times 0.7 - 12.5 \times 0.7^2 = 389.38°R$$

$$P_{pc} = 677 + 15.0\,\gamma_g - 37.5\,\gamma_g^2 = 677 + 15 \times 0.7 - 37.5 \times 0.7^2 = 669.1psia$$

步骤 2，根据式(3 – 24)计算拟临界温度的校正因子：

$$\varepsilon = 120 \times (0.15^{0.9} - 0.15^{1.6}) + 15 \times (0.1^{0.5} - 0.1^{4.0}) = 20.735$$

步骤 3，应用式(3-22)计算校正后的拟临界温度：

$$T'_{\text{pc}} = 389.38 - 20.735 = 368.64$$

步骤 4，应用式(3-23)计算校正的拟临界压力：

$$P'_{\text{pc}} = \frac{669.1 \times 368.64}{389.38 + 0.1 \times (1 - 0.1) \times 20.635} = 630.44 \text{psia}$$

步骤 5，计算拟对比压力 P_{pr} 和拟对比温度 T_{pr}：

$$P_{\text{pr}} = \frac{3500}{360.44} = 5.55$$

$$T_{\text{pr}} = \frac{160 + 460}{368.64} = 1.68$$

步骤 6，根据拟对比性质在图 3-1 中确定 Z 因子：

$$Z = 0.89$$

步骤 7，根据式(3-10)计算气体的相对分子质量：

$$M_{\text{a}} = 28.96 \gamma_{\text{g}} = 28.96 \times 0.7 = 20.27$$

步骤 8，应用式(3-17)计算气体的密度：

$$\rho_{\text{g}} = \frac{PM_{\text{a}}}{ZRT} = \frac{3500 \times 20.27}{0.89 \times 10.73 \times 620} = 11.98 \text{lb/ft}^3$$

Whitson 和 Brule (2000)指出，当仅知道气体相对密度和非烃组分的含量(包括 N_2)时，建议采用以下步骤计算压缩因子：

(1)根据以下关系式计算气体混合物中碳氢化合物的相对密度 γ_{gHC} (即，不包括非烃组分)：

$$\gamma_{\text{gHC}} = \frac{28.96 \gamma_{\text{g}} - (y_{\text{N}_2} M_{\text{N}_2} + y_{\text{CO}_2} M_{\text{CO}_2} + y_{\text{H}_2\text{S}} M_{\text{H}_2\text{S}})}{28.96 \times (1 - y_{\text{N}_2} - y_{\text{CO}_2} - y_{\text{H}_2\text{S}})}$$

(2)使用计算的 γ_{gHC}，根据式(3-18)和式(3-19)确定拟临界性质：

$$(T_{\text{pc}})_{\text{HC}} = 168 + 325 \gamma_{\text{gHC}} - 12.5 \gamma_{\text{gHC}}^2$$

$$(P_{\text{pc}})_{\text{HC}} = 677 + 15.0 \gamma_{\text{gHC}} - 37.5 \gamma_{\text{gHC}}^2$$

(3)应用以下关系式校正 $(T_{\text{pc}})_{\text{HC}}$ 和 $(P_{\text{pc}})_{\text{HC}}$：

$$P_{\text{pc}} = (1 - y_{\text{N}_2} - y_{\text{CO}_2} - y_{\text{H}_2\text{S}})(P_{\text{pc}})_{\text{HC}} + y_{\text{N}_2}(P_{\text{c}})_{\text{N}_2} + y_{\text{CO}_2}(P_{\text{c}})_{\text{CO}_2} + y_{\text{H}_2\text{S}}(P_{\text{c}})_{\text{H}_2\text{S}}$$

$$T_{\text{pc}} = (1 - y_{\text{N}_2} - y_{\text{CO}_2} - y_{\text{H}_2\text{S}})(T_{\text{pc}})_{\text{HC}} + y_{\text{N}_2}(T_{\text{c}})_{\text{N}_2} + y_{\text{CO}_2}(T_{\text{c}})_{\text{CO}_2} + y_{\text{H}_2\text{S}}(T_{\text{c}})_{\text{H}_2\text{S}}$$

(4)使用(3)中计算的拟临界性质计算式(3-22)和式(3-23)的校正后的拟临界性质，然后应用 Wichert-Aziz 方法计算压缩因子。

2. Carr-Kobayashi-Burrows 方法

Carr、Kobayashi 和 Burrows (1954)提出了一种简化的方法来计算当气体混合物中存在非烃组分时的拟临界性质。这种方法即使在不知道天然气的组分时仍可使用。具体的计算步骤总结如下：

步骤 1，基于天然气的相对密度，应用式(3-18)式(3-19)计算气体混合物的拟临界温度和拟临界压力。

步骤 2，使用式(3 - 25)、式(3 - 26)两个表达式校正拟临界性质：

$$T'_{pc} = T_{pc} - 80 \, y_{CO_2} + 130 \, y_{H_2S} - 250 \, y_{N_2} \quad\quad (3-25)$$

$$P'_{pc} = P_{pc} + 440 \, y_{CO_2} + 600 \, y_{H_2S} - 170 \, y_{N_2} \quad\quad (3-26)$$

式中　T'_{pc}——校正后的拟临界温度，°R；

　　　T_{pc}——校正前的拟临界温度，°R；

　　　y_{CO_2}——CO_2 的摩尔分数；

　　　y_{H_2S}——H_2S 的摩尔分数；

　　　y_{N_2}——氮气的摩尔分数；

　　　P'_{pc}——校正后的拟临界压力，psia；

　　　P_{pc}——校正前的拟临界压力，psia。

步骤 3，使用校正后的拟临界温度和拟临界压力来计算拟对比性质。

步骤 4，根据拟对比性质，在图 3 - 1 中确定 Z 因子。

例 3 - 9　使用例 3 - 8 中的数据，采用 Carr – Kobayashi – Burrows 方法计算气体的密度。

解　步骤 1，根据式(3 - 18)和式(3 - 19)计算校正前气体的拟临界性质，分别得到：

$$T_{pc} = 168 + 325 \, \gamma_g - 12.5 \, \gamma_g^2 = 168 + 325 \times 0.7 - 12.5 \times 0.7^2 = 389.38°R$$

$$P_{pc} = 677 + 15.0 \, \gamma_g - 37.5 \, \gamma_g^2 = 677 + 15 \times 0.7 - 37.5 \times 0.7^2 = 669.1 \, psia$$

步骤 2，根据式(3 - 25)和式(3 - 26)确定校正后的拟临界性质：

$$T'_{pc} = 389.38 - 80 \times 0.05 + 130 \times 0.10 - 250 \times 0 = 398.38°R$$

$$P'_{pc} = 669.1 + 440 \times 0.05 + 600 \times 0.01 - 170 \times 0 = 751.1 \, psia$$

步骤 3，计算拟对比压力 P_{pr} 和拟对比温度 T_{pr}，分别得到：

$$P_{pr} = \frac{3500}{751.1} = 4.56$$

$$T_{pr} = \frac{620}{398.38} = 1.56$$

步骤 4，根据拟对比性质，在图 3 - 1 中确定气体压缩因子，即 Z 因子：

$$Z = 0.820$$

步骤 5，计算气体密度：

$$\rho_g = \frac{PM_a}{ZRT} = \frac{3500 \times 20.27}{0.82 \times 10.73 \times 620} = 13.0 \, lb/ft^3$$

值得注意的是，例 3 - 8 中计算得到的 Z 因子为 0.89。可见，这两种方法在计算 Z 因子时，存在一定的差别。

3.2.2　对高相对分子质量气体的校正

Standing – Katz 的 Z 因子图版(图 3 - 1)是根据二元混合物甲烷与丙烷，乙烷和丁烷以及天然气的数据绘制的，因此它涵盖的烃类组分范围很广泛。但是他们在绘制该图版时，气体混合物的相对分子质量都不超过 40。

Sutton(1985)利用实验室测量的气体组分和 Z 因子评价了 Standing – Katz 压缩因子图版的准确性。他认为该图版能满足一般工程问题的计算精度要求。然而，当气体混合物中

含有大量的 C_{7+} 组分时，用 Kay 混合规则，即式(3-13)和式(3-14)，计算 P_{pc} 和 T_{pc} 会导致在确定气体偏差因子 Z 时出现较大的误差。他认为 Kay 混合规则不应用于确定相对密度大于 0.75 的气体混合物的拟临界性质。

同时，Sutton 还指出如果采用 Stewart-Burkhard-Voo(1959)混合规则，以及新引入的与 C_{7+} 组分有关的经验校正系数(F_J、E_J 和 E_K)进行必要的校正后，可以最大限度地减少误差。以下步骤概述了 Sutton 提出的校正方法：

步骤1，分别根据式(3-27)、式(3-28)的关系式计算参数 J 和 K：

$$J = \frac{1}{3}\left[\sum_i y_i\left(\frac{T_{ci}}{P_{ci}}\right)\right] + \frac{2}{3}\left[\sum_i y_i\left(\frac{T_{ci}}{P_{ci}}\right)^{0.5}\right]^2 \tag{3-27}$$

$$K = \sum_i \frac{y_i T_{ci}}{\sqrt{P_{ci}}} \tag{3-28}$$

式中 J 和 K——Stewart-Burkhard-Voo 的相关参数，°R/psia；

y_i——气体混合物中组分 i 的摩尔分数。

步骤2，根据式(3-29)、式(3-30)、式(3-31)的表达式计算校正系数 F_J、E_J 和 E_K：

$$F_J = \frac{1}{3}\left[y\left(\frac{T_c}{P_c}\right) + \frac{2}{3}\left(y\sqrt{\frac{T_c}{P_c}}\right)\right]^2_{C_{7+}} \tag{3-29}$$

$$E_J = 0.6081F_J + 1.1325F_J^2 - 14.004F_J y_{C_{7+}}^2 \tag{3-30}$$

$$E_K = \left(\frac{T}{\sqrt{P_c}}\right)_{C_{7+}} - \left[0.3129 y_{C_{7+}} - 4.8156(y_{C_{7+}})^2 + 27.3751(y_{C_{7+}})^3\right] \tag{3-31}$$

式中 $y_{C_{7+}}$——C_{7+} 组分的摩尔分数；

$(T_c)_{C_{7+}}$——C_{7+} 的临界温度；

$(P_c)_{C_{7+}}$——C_{7+} 的临界压力。

步骤3，应用校正系数 E_J 和 E_K 校正参数 J 和 K：

$$J' = J - E_J \tag{3-32}$$

$$K' = K - E_K \tag{3-33}$$

式中 J, K——由式(3-27)式(3-28)计算得到；

E_J, E_K——由式(3-30)和式(3-31)计算得到。

步骤4，根据式(3-34)、式(3-35)的表达式分别计算校正后的拟临界温度和拟临界压力：

$$T'_{pc} = \frac{(K')^2}{J'} \tag{3-34}$$

$$P'_{pc} = \frac{T'_{pc}}{J'} \tag{3-35}$$

步骤5，基于校正后的拟临界温度和拟临界压力，并根据 Standing-Katz 图版确定压缩因子的常规步骤得到校正后的压缩因子。

Sutton 提出的用于计算含有高相对分子质量储层气体(即 $\gamma_g > 0.75$)的拟临界性质的混合规则，显著地提高了计算这类气体 Z 因子的准确性。

例 3 - 10 烃类气体的组成如表 3 - 6 所示：

表 3 - 6 烃类气体组成

组 分	y_i	组 分	y_i
C_1	0.83	$n - C_5$	0.02
C_2	0.06	C_6	0.01
C_3	0.03	C_{7+}	0.03
$n - C_4$	0.02		

C_{7+} 组分的相对分子质量和相对密度分别为 161 和 0.81。

(1) 使用 Sutton 方法，计算压力为 2000psi，温度为 150℉的气体密度。

(2) 不校正拟临界性质的情况下，重新计算气体密度。

解 步骤 1，使用 Sutton 方法计算气体密度：

通过 Riazi - Daubert 经验公式计算 C_{7+} 的临界性质[式(2 - 6)]：

$$\theta = a\,(M)^b\,\gamma^c\exp\left[d(M) + e\gamma + f(M)\gamma\right]$$

$$(T_c)_{C_{7+}} = 544.2 \times 161^{0.2998} \times 0.81^{1.0555}\exp^{(-1.3478 \times 10^{-4} \times 150 - 0.61641 \times 0.81)} = 1189°R$$

$$(P_c)_{C_{7+}} = 4.5203 \times 10^4 \times 161^{-0.8063} \times 0.81^{1.6015}\exp^{(-1.8078 \times 10^{-3} \times 150 - 0.3084 \times 0.81)} = 318.4psia$$

构建表 3 - 7：

表 3 - 7 数据表

组 分	y_i	M_i	T_{ci}	P_{ci}	y_iM_i	$y_i(T_{ci}/P_{ci})$	$y_i\sqrt{(T_c/P_c)_i}$	$y_i[T_c/\sqrt{P_c}]_i$
C_1	0.83	16.0	343.33	666.4	13.31	0.427	0.596	11.039
C_2	0.06	30.1	549.92	706.5	1.81	0.047	0.053	1.241
C_3	0.03	44.1	666.06	616.4	1.32	0.032	0.031	0.805
$n - C_4$	0.02	58.1	765.62	550.6	1.16	0.028	0.024	0.653
$n - C_5$	0.02	72.2	845.60	488.6	1.45	0.035	0.026	0.765
C_6	0.01	84.0	923.00	483.0	0.84	0.019	0.014	0.420
C_{7+}	0.03	161.0	1189.0	318.4	4.83	0.112	0.058	1.999
总和					24.72	0.700	0.802	16.922

使用表 3 - 7 中的值，根据式(3 - 27)和式(3 - 28)计算参数 J 和 K：

$$J = \frac{1}{3}\left[\sum_i y_i\left(\frac{T_{ci}}{P_{ci}}\right)\right] + \frac{2}{3}\left[\sum_i y_i\left(\frac{T_{ci}}{P_{ci}}\right)^{0.5}\right]^2 = \frac{1}{3} \times 0.700 + \frac{2}{3} \times 0.802^2 = 0.662$$

$$K = \sum_i \frac{y_iT_{ci}}{\sqrt{P_{ci}}} = 16.922$$

由于气体中存在 C_{7+} 组分，需通过应用式(3 - 29)～式(3 - 31)计算校正系数 F_J、E_J 和 E_K：

$$F_J = \frac{1}{3}\left[y\left(\frac{T_c}{P_c}\right) + \frac{2}{3}\left(y\sqrt{\frac{T_c}{P_c}}\right)\right]^2_{C_{7+}} = \frac{1}{3}\left(0.112 + \frac{2}{3}\times0.058\right)^2_{C_{7+}} = 0.0396$$

$$E_J = 0.6081F_J + 1.1325F_J^2 - 14.004F_Jy_{C_{7+}} + 64.434F_Jy_{C_{7+}}^2$$
$$= 0.6081\times0.04 + 1.1325\times0.04^2 - 14.004\times0.04\times0.03$$
$$+ 64.434\times0.04\times0.03^2 = 0.012$$

$$E_K = \left(\frac{T}{\sqrt{P_c}}\right)_{C_{7+}}(0.3129y_{C_{7+}} - 4.8156y_{C_{7+}}^2 + 27.3751\times0.03^3)$$
$$= 66.634(0.3129\times0.03 - 4.8156\times0.03^2 + 27.3751\times0.03^3)$$
$$= 0.386$$

由式(3-32)和式(3-33)计算参数 J' 和 K'：

$$J' = J - E_J = 0.662 - 0.012 = 0.650$$

$$K' = K - E_K = 16.922 - 0.386 = 16.536$$

根据式(3-34)和式(3-35)计算校正后的拟临界性质：

$$T'_{pc} = \frac{(K')^2}{J'} = \frac{16.536^2}{0.65} = 420.7$$

$$P'_{pc} = \frac{T'_{pc}}{J'} = \frac{420.7}{0.65} = 647.2$$

应用式(3-11)和式(3-12)计算气体的拟对比性质：

$$P_{pr} = \frac{2000}{647.2} = 3.09$$

$$T_{pr} = \frac{610}{420.7} = 1.45$$

根据图3-1确定 Z 因子，得到：

$$Z = 0.745$$

由式(3-17)计算气体密度：

$$\rho_g = \frac{PM_a}{ZRT} = \frac{2000\times24.73}{0.745\times10.73\times610} = 10.14\text{lb/ft}^3$$

步骤2，不校正拟临界性质的情况下，重新计算气体密度：

计算气体的相对密度：

$$\gamma_g = \frac{M_a}{28.96} = \frac{24.73}{28.96} = 0.854$$

应用式(3-18)和式(3-19)求解拟临界性质：

$$T_{pc} = 168 + 325\times0.84 - 12.5\times0.854^2 = 436.4°\text{R}$$

$$P_{pc} = 677 + 15\times0.854 - 37.5\times0.854^2 = 662.5\text{psia}$$

计算拟对比性质 P_{pr} 和 T_{pr}：

$$P_{pr} = \frac{2000}{662.5} = 3.02$$

$$T_{pr} = \frac{610}{436.4} = 1.40$$

根据图 3 − 1 确定 Z 因子得到：

$$Z = 0.710$$

由式(3 − 17)计算气体密度：

$$\rho_g = \frac{PM_a}{ZRT} = \frac{2000 \times 24.73}{0.710 \times 10.73 \times 610} = 10.64 lb/ft^3$$

因此可以得出结论，对于含有高相对分子质量组分的气体混合物，如果不校正混合物的拟临界性质，计算的气体密度会略大于校正过拟临界性质后计算的气体密度。

3.2.3 压缩因子的直接计算方法

经过 40 多年的发展，石油工业界仍然广泛采用 Standing − Katz 的 Z 因子图版来确定天然气的压缩因子。为了计算方便，迫切地需要对该图版进行简单的数学描述。目前，已有许多学者提出了严格的数学表达式来拟合 Standing − Katz 的 Z 因子图版。例如，Papay (1985)提出了一种显式的计算方法来计算气体的压缩因子。Papay 将 Z 因子与拟对比压力 P_{pr} 和拟对比温度 T_{pr} 进行相关联，得到以下关系式：

$$Z = 1 - \frac{3.53 P_{pr}}{10^{0.9813 T_{pr}}} + \frac{0.274 P_{pr}^2}{10^{0.8157 T_{pr}}}$$

例如，当 $P_{pr} = 3$ 和 $T_{pr} = 2$ 时，Z 因子的计算结果是：

$$Z = 1 - \frac{3.53 P_{pr}}{10^{0.9813 T_{pr}}} + \frac{0.274 P_{pr}^2}{10^{0.8157 T_{pr}}} = 1 - \frac{3.53 \times 3}{10^{0.9813 \times 2}} + \frac{0.274 \times 3^2}{10^{0.8157 \times 2}} = 0.9422$$

这个计算结果与从 Standing − Katz 图版确定的 0.954 非常接近。

目前，已有许多严格的数学表达式来精确地再现 Standing − Katz 的 Z 因子图版。但是，大多数的经验公式都旨在迭代地求解任一 P_{pr} 和 T_{pr} 处的气体压缩因子。例如 Sarem 方法 (1961)、Hankinson − Thomas − Phillips 方法(1969)、Hall − Varbongh 方法(1974)、Dranchuk − Purvis − Robinson 方法(1974)、Dranchuk − Abu − Kassem 方法(1975)、Granmer 方法 (1975)、Gopal 方法(1977)、LXF 方法(1989)。本节重点介绍以下三种经验方法：Hall − Yarborough 方法、Dranchuk − Abu − Kassem 方法和 Dranchuk − Purvis − Robinson 方法。

1. Hall − Yarborough 方法

基于 Starling − Carnahan(1972)的状态方程，Hall 和 Yarborough(1973)通过拟合 Standing − Katz 图版中的数据来确定相关系数，得到如式(3 − 36)所示形式的数学表达式：

$$Z = \left[\frac{0.06125 t P_{pr}}{Y}\right] \exp\left[-1.2\left(1 - t\right)^2\right] \qquad (3 - 36)$$

式中　P_{pr}——拟对比压力；

　　　t——拟对比温度的倒数，即 $1/T_{pr}$；

　　　Y——对比密度，可以根据下列方程迭代求解得到式(3 − 37)：

$$F(Y) = X_1 + \frac{Y + Y^2 + Y^3 - Y^4}{1 - Y} - (X_2)Y^2 + (X_3)Y^{X_4} = 0 \qquad (3 - 37)$$

其中，各个系数的计算公式如下：

$$X_1 = -0.06125P_{pr}texp\left[-1.2\left(1-t\right)^2\right]$$

$$X_2 = 14.76t - 9.76t^2 + 4.58t^3$$

$$X_3 = 90.7t - 242.2t^2 + 42.4t^3$$

$$X_4 = 2.18 + 2.82t$$

式(3-37)是一个非线性方程，可以通过使用 Newton - Raphson 迭代方法方便地求解出对比密度 Y。在任一拟对比压力 P_{pr} 和拟对比温度 T_{pr} 下，求解式(3-37)的计算过程如下：

步骤1，通过以下关系式对未知参数 Y^k 设置合理的初始值，其中 k 是迭代次数：

$$Y^k = 0.0125P_{pr}texp\left[-1.2\left(1-t\right)^2\right]$$

步骤2，将 Y^k 代入式(3-37)中，并计算该非线性函数 $F(Y)$。除非选择的初始值 Y 恰好是该方程的解，否则式(3-37)的 $F(Y)$ 不等于零。

步骤3，由以下表达式计算 Y 的迭代变量，即 Y^{k+1}：

$$Y^{k+1} = Y^k - \frac{f(Y^k)}{f'(Y^k)} \tag{3-38}$$

式中　$f'(Y^k)$——式(3-37)在 Y^k 处的导数。即：

$$f'(Y) = \frac{1 + 4Y + 4Y^2 - 4Y^3 + Y^4}{(1-Y)^4} - 2(X_2)Y + (X_3)(X_4)Y^{(X_4-1)} \tag{3-39}$$

步骤4，重复步骤2和步骤3，直到误差 $|Y^k - Y^{k+1}|$ 小于预设的允许误差，如 10^{-12}。

步骤5，然后将 Y 的准确估计值代入式(3-36)中计算压缩因子 Z。

Hall 和 Yarborough 指出，此方法不适用于拟对比温度 T_{pr} 小于 1 的情况。

2. Dranchuk - Abu - Kassem 方法

Dranchuk 和 Abu - Kassem(1975)基于 Benedict - Webb - Rubin 状态方程，引入了对比密度 ρ_r，来确定压缩因子 Z。对比密度 ρ_r 的定义是在特定压力和温度下的气体密度与该气体临界压力和临界温度下的气体密度之比，即：

$$\rho_r = \frac{\rho}{\rho_c} = \frac{PM_a/(ZRT)}{P_cM_a/(Z_cRT_c)} = \frac{p/(ZT)}{P_c/(Z_cT_c)}$$

临界气体压缩因子 Z_c 约为 0.27，因此气体的对比密度可简化为对比温度 T_r 和对比压力 P_r 的表达式，如式(3-40)所示：

$$\rho_r = \frac{0.27P_{pr}}{ZT_{pr}} \tag{3-40}$$

他们提出了以下具有 11 个系数的状态方程来计算气体的对比密度：

$$f(\rho_r) = R_1\rho_r - \frac{R_2}{\rho_r} + R_3\rho_r^2 - R_4\rho_r^5 + R_5(1 + A_{11}\rho_r^2)\rho_r^2\exp(-A_{11}\rho_r^2) + 1 = 0 \tag{3-41}$$

其中，系数 R_1 至 R_5 的定义式如下：

$$R_1 = A_1 + \frac{A_2}{T_{pr}} + \frac{A_3}{T_{pr}^3} + \frac{A_r}{T_{pr}^4} + \frac{A_t}{T_{pr}^5}$$

$$R_2 = \frac{0.27P_{pr}}{T_{pr}}$$

$$R_3 = A_6 + \frac{A_7}{T_{pr}} + \frac{A_8}{T_{pr}^2}$$

$$R_4 = A_9 \left(\frac{A_7}{T_{pr}} + \frac{A_8}{T_{pr}^2} \right)$$

$$R_5 = \frac{A_{10}}{T_{pr}^3}$$

他们使用非线性回归模型对 Standing – Katz 的 Z 因子图版上的 1500 个数据点进行拟合，由拟合出的方程确定系数 A_1 到 A_{11}，其值如下：

$A_1 = 0.3265$	$A_4 = 0.01569$	$A_7 = -0.7361$	$A_{10} = 0.6134$
$A_2 = -1.0700$	$A_5 = -0.05165$	$A_8 = 0.1844$	$A_{11} = 0.7210$
$A_3 = -0.5339$	$A_6 = 0.5475$	$A_9 = 0.1056$	

运用 Newton – Raphson 迭代方法求解方程(3 – 41)可计算出气体的对比密度ρ_r。具体的计算步骤如下：

步骤 1，对未知参数ρ_r^k设置初始值，其中 k 是迭代次数。ρ_r^k的初始值可通过以下关系式确定：

$$\rho_r = \frac{0.27 P_{pr}}{T_{pr}}$$

步骤 2，将ρ_r^k代入方程(3 – 41)中，并计算非线性函数 $f(\rho_r)$。除非所选的初值ρ_r^k恰好是该方程的解，否则方程(3 – 41)的 $f(\rho_r^k)$不等于零。

步骤 3，由以下表达式更新ρ_r的迭代变量，即ρ_r^{k+1}：

$$\rho_r^{k+1} = \rho_r^k - \frac{f(\rho_r^k)}{f'(\rho_r^k)}$$

式中 $f'(\rho_r)$——$f(\rho_r)$ 在ρ_r^k处的导数，表达式如下：

$$f'(\rho_r) = R_1 + \frac{R_2}{\rho_r^2} + 2 R_3 \gamma_r - 5 R_4 \rho_r^4 + 2 R_5 \rho_r \exp(-A_{11}\rho_r^2)$$

$$[(1 + 2 A_{11}\rho_r^3) - A_{11}\rho_r^2(1 + A_{11}\rho_r^2)]$$

步骤 4，重复步骤 2 和 3，直到误差 $|\rho_r^k - \rho_r^{k+1}|$ 小于预设的允许误差，如10^{-12}。

步骤 5，重新整理式(3 – 40)可以得到根据对比密度计算压缩因子的表达式，即：

$$Z = \frac{0.27 P_{pr}}{\rho_r T_{pr}}$$

这种方法计算的压缩因子与 Standing – Katz 的图版确定的压缩因子相比，平均绝对误差为 0.585% 。此方法的适用于范围是 $0.2 \leqslant P_{pr} < 30$，$1.0 < T_{pr} \leqslant 3.0$。

3. Dranchuk – Purvis – Robinson 方法

Dranchuk，Purvis 和 Robinson(1974)对 Benedict – Webb – Rubin 的 11 个参数的状态方程进行了简化，提出了一种计算压缩因子的数学方法。他们通过拟合 Standing – Katz 图版上的 1500 个数据点，得到了如式(3 – 42)所示的具有 8 个系数的状态方程：

$$1 + T_1 + T_2 \rho_r^2 + T_3 \rho_r^5 + [T_4 \rho_r^2 (1 + A_8 \rho_r^2) \exp(-A_8 \rho_r^2)] - \frac{T_5}{\rho_r} = 0 \qquad (3 - 42)$$

其中，

$$T_1 = A_1 + \frac{A_2}{T_{pr}} + \frac{A_3}{T_{pr}^3}$$

$$T_2 = A_4 + \frac{A_5}{T_{pr}}$$

$$T_3 = \frac{A_5 A_6}{T_{pr}}$$

$$T_4 = \frac{A_7}{T_{pr}^3}$$

$$T_5 = \frac{0.27 P_{pr}}{T_{pr}}$$

系数 A_1 至 A_8 的值分别是：

$A_1 = 0.31506237$ $A_5 = 0.31506237$

$A_2 = -1.0467099$ $A_6 = -1.0467099$

$A_3 = -0.57832720$ $A_7 = -0.57832720$

$A_4 = 0.53530771$ $A_8 = 0.53530771$

通过迭代求解方程(3-42)计算压缩因子 Z 的过程类似于 Dranchuk – Abu – Kassem 的求解过程。此方法的适用范围是：$1.05 \leqslant T_{pr} < 3.0$，$0.2 \leqslant P_{pr} \leqslant 30$。

3.3 天然气压缩系数

在进行油藏工程计算时，了解流体的压缩性如何根据压力和温度的变化而变化是必不可少的。液体的压缩系数非常小，因此通常被认为是常量。然而，气体的压缩系数较大，故不可假定为常数。

根据定义，气体的等温压缩系数是指每变化一个单位的压力时，单位体积的气体体积变化量，数学表达式如式(3-43)所示：

$$c_g = \frac{1}{V} \left(\frac{\partial V}{\partial P} \right)_T \tag{3-43}$$

式中 c_g——气体等温压缩系数，$1/\text{psi}$。

根据真实气体状态方程，可得到体积的表达式：

$$V = \frac{nRTZ}{P}$$

上式对压力进行求导得到：

$$\frac{\partial V}{\partial P} = nRT \left[\frac{1}{P} \left(\frac{\partial Z}{\partial P} \right) - \frac{Z}{P^2} \right]$$

将上式代入式(3-43)得到压缩系数 c_g 的广义定义式，如式(3-44)所示：

$$c_g = \frac{1}{P} - \frac{1}{Z} \left(\frac{\partial Z}{\partial P} \right)_T \tag{3-44}$$

对于理想气体而言，$Z = 1$ 且 $\left(\frac{\partial Z}{\partial P} \right)_T = 0$。因此，得到式(3-45)：

$$c_g = \frac{1}{P} \tag{3-45}$$

应该指出的是，式(3-45)可用于确定气体等温压缩系数的数量级。

用$(P_{pr}P_{pc})$替换P，可由拟对比压力和拟对比温度方便地将式(3-44)表示为：

$$c_g = \frac{1}{P_{pr}P_{pc}} - \frac{1}{Z}\left[\frac{\partial Z}{\partial(P_{pr}P_{pc})}\right]_{T_{pr}}$$

在上式的等号两边同时乘以P_{pc}可得：

$$c_{pr} = c_g P_{pc} = \frac{1}{P_{pr}} - \frac{1}{Z}\left(\frac{\partial Z}{\partial P_{pr}}\right)_{T_{pr}} \tag{3-46}$$

$$c_{pr} = c_g P_{pc} \tag{3-47}$$

式中　c_{pr}——气体等温拟对比压缩系数；

　　　c_g——天然气等温压缩系数，psi^{-1}；

　　　P_{pc}——拟临界压力，psi。

$\left(\dfrac{\partial Z}{\partial P_{pr}}\right)_{T_{pr}}$的值可由 Standing-Katz 的 Z 因子图版上T_{pr}处的斜率值来确定。

例3-11　烃类气体混合物的相对密度为0.72。分别计算2000psia和140℉时，

(1)理想气体状态；

(2)真实气体状态下气体等温压缩系数。

解　(1)假设气体处于理想气体状态，应用式(3-44)确定c_g：

$$c_g = \frac{1}{2000} = 500 \times 10^{-6} psi^{-1}$$

(2)假设气体处于真实气体状态，使用以下步骤计算气体等温压缩系数：

步骤1，应用式(3-17)和式(3-18)计算T_{pc}和P_{pc}：

$$T_{pc} = 168 + 325 \times 0.72 - 12.5 \times 0.72^2 = 395.5°R$$

$$P_{pc} = 677 + 15 \times 0.72 - 37.5 \times 0.72^2 = 668.4psia$$

步骤2，由式(3-11)和式(3-12)计算P_{pr}和T_{pr}：

$$P_{pr} = \frac{2000}{668.4} = 2.99$$

$$T_{pr} = \frac{600}{395.5} = 1.52$$

步骤3，根据图3-1确定Z因子可得：

$$Z = 0.78$$

步骤4，计算$T_{pr} = 1.52$时的斜率$(dZ/dP_{pr})_{T_{pr}} = 1.52$：

$$\left(\frac{\partial Z}{\partial P_{pr}}\right)_{T_{pr}} = -0.022$$

步骤5，应用式(3-46)求解c_{pr}：

$$c_{pr} = \frac{1}{2.99} - \frac{1}{0.78} \times -0.022 = 0.3627$$

步骤6，重新整理式(3-47)计算c_g得到：

$$c_g = \frac{c_{pr}}{P_{pc}} = \frac{0.327}{668.4} = 543 \times 10^{-6} \text{psi}^{-1}$$

Trube(1957a)和(1957b)以拟对比温度和拟对比压力为变量绘制了等温拟对比压缩系数的图版，如图3-2和图3-3所示。

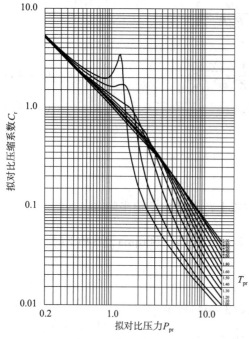

图3-2　Trube的天然气的拟对比压缩系数　　　　　图3-3　Trube的天然气的拟对比压缩系数

例3-12　使用Trube的等温拟对比压缩系数图版，重新求解例3-11。

解　步骤1，从图3-3中确定等温拟对比压缩系数c_{pr}可得：

$$c_{pr} = 0.36$$

步骤2，根据式(3-49)求解c_g得到：

$$c_g = \frac{0.36}{668.4} = 539 \times 10^{-6} \text{psi}^{-1}$$

由此可见，Trube提出的图版可以得到较为令人满意压缩系数。

Mattar，Brar和Aziz(1975)提出了一种计算气体等温压缩系数的解析方法。他们将c_{pr}表示为$\partial Z / \partial \rho_r$而不是$\partial Z / \partial P_{pr}$的函数。

将式(3-68)对P_{pr}求导得到式(3-48)：

$$\frac{\partial Z}{\partial P_{pr}} = \frac{0.27}{Z^2 T_{pr}} \left[\frac{(\partial Z / \partial \rho_r)_{T_{pr}}}{1 + \frac{\rho_r}{Z}(\partial Z / \partial \rho_r)_{T_{pr}}} \right] \qquad (3-48)$$

将式(3-48)代入式(3-46)得到拟对比压缩系数如式(3-49)所示：

$$c_{pr} = \frac{1}{P_r} - \frac{0.27}{Z^2 T_{pr}} \left[\frac{(\partial Z / \partial \rho_r)_{T_{pr}}}{1 + \frac{\rho_r}{Z}(\partial Z / \partial \rho_r)_{T_{pr}}} \right] \qquad (3-49)$$

式中 ρ_r——气体拟对比密度。

式(3-49)中出现的偏导数可通过对式(3-42)进行求导得到式(3-50):

$$\left(\frac{\partial Z}{\partial \rho_r}\right)_{T_{pr}} = T_1 + 2T_2\rho_r + 5T_3\rho_r^4 + 2T_4\rho_r(1 + A_8\rho_r^2 - A_8^2\rho_r^4)\exp(-A_8\rho_r^2) \qquad (3-50)$$

式中 系数 T_1 至 T_4 和 A_1 至 A_8 均已在式(3-42)中定义给出。

3.4 气体地层体积系数

气体体积系数是指一定量的气体在油气层条件(某一压力和温度)下测量的体积与其在地面标准状况下(60℉和14.7psia)测量的体积之比。具体表达式如式(3-51)所示:

$$B_g = \frac{V_{p,T}}{V_{sc}} \qquad (3-51)$$

式中 B_g——气体体积系数，ft^3/scf;

$V_{p,T}$——等量的天然气在油气层条件下的体积，ft^3;

V_{sc}——气体在标准状况下的体积。

根据真实气体的状态方程，即式(3-11)，将体积 V 代入式(3-51)得到:

$$B_g = \frac{\dfrac{ZnRT}{P}}{\dfrac{Z_{sc}nRT_{sc}}{P_{sc}}} = \frac{P_{sc}ZT}{T_{sc}P}$$

式中 Z_{sc}——标准状况下的 Z 因子，即 $Z=1.0$;

P_{sc}，T_{sc}——标准条件下的压力和温度。

假定标准条件是 $P_{sc}=14.7psia$ 和 $T_{sc}=520$，则上式可简化为式(3-52):

$$B_g = 0.02827\frac{ZT}{P} \qquad (3-52)$$

式中 B_g——气体的地层体积系数，ft^3/scf;

Z——气体的压缩因子;

T——温度，℉R。

在油田单位制中，气体的地层体积系数可表示为 bbl/scf，即:

$$B_g = 0.005035\frac{ZT}{P} \qquad (3-53)$$

3.5 气体膨胀系数

气体的地层体积系数的倒数称为气体的膨胀系数，用符号 E_g 表示:

$$E_g = \frac{1}{B_g} = \frac{T_{sc}}{P_{sc}}\left(\frac{P}{ZT}\right)$$

在上式中代入标准条件可将其简化为式(3-54):

$$E_g = 35.37\frac{P}{ZT}, \quad scf/ft^3 \qquad (3-54)$$

在油田单位制下，气体膨胀系数可表示为：

$$E_g = 198.6 \frac{P}{ZT}, \quad \text{scf/bbl} \tag{3-55}$$

例 3-13 在平均压力和温度分别为2000psia 和120℉的条件下，气井以每天15000 ft³的速度进行生产。气体混合物的相对密度为0.72，以 scf/d 为单位计算气体的流量。

解 步骤1，由式(3-17)和式(3-18)计算拟临界性质可得：

$$T_{pc} = 168 + 325 \times 0.72 - 12.5 \times 0.72^2 = 395.5°R$$

$$P_{pc} = 677 + 15 \times 0.72 - 37.5 \times 0.72^2 = 668.4 \text{psia}$$

步骤2，计算拟对比性质 P_{pr} 和 T_{pr}：

$$P_{pr} = \frac{P}{P_{pc}} = \frac{2000}{668.4} = 2.99$$

$$T_{pr} = \frac{T}{T_{pc}} = \frac{600}{395.5} = 1.52$$

步骤3，根据图3-1确定 Z 因子：

$$Z = 0.78$$

步骤4，从式(3-54)计算气体的膨胀系数：

$$E_g = 35.37 \frac{P}{ZT} = 35.37 \times \frac{2000}{0.78 \times 600} = 151.15 \text{scf/ft}^3$$

步骤5，将气体的流量(以 ft³/d 为单位)乘以气体膨胀系数 E_g 来计算以 scf/d 为单位的气体流量，得到：

$$\text{气体流量} = 151.15 \times 15000 = 2.267 \text{MMscf/d}$$

在许多工程计算中，以 B_g 或 E_g 表示气体密度也很方便。根据气体密度，气体体积系数和气体膨胀系数的定义：

$$\rho_g = \frac{M_a}{R}\left(\frac{P}{ZT}\right)$$

$$B_g = \frac{P_{sc}}{T_{sc}}\left(\frac{ZT}{P}\right)$$

$$E_g = \frac{T_{sc}}{P_{sc}}\left(\frac{P}{ZT}\right)$$

气体密度可由 B_g 或者 E_g 表示为：

$$\rho_g = \frac{P_{sc}M_a}{T_{sc}R}\left(\frac{1}{B_g}\right) = \frac{0.002635M_a}{B_g}$$

$$\rho_g = \frac{P_{sc}M_a}{T_{sc}R}(E_g) = 0.002635M_aE_g$$

3.6　气体黏度

流体黏度是衡量流体流动时流体内部摩擦力(阻力)的有效参数。如果流体的层间摩擦力很小，即黏度低，则剪切应力将导致一个较大的速度梯度。随着黏度增加，每个流体层在相邻层上会施加一个较大的摩擦阻力，并且降低速度梯度。

流体黏度的定义为单位面积上的剪切力与此处速度梯度的比值。黏度常用的单位包括泊、厘泊或微泊。1泊等于 $1dyn \cdot s/cm^2$。黏度单位之间的换算关系是：

$$1P = 100cP = 1 \times 10^6 \mu P = 6.72 \times 10^{-2} lb (质量)/(ft \cdot s) = 20.9 \times 10^{-3} lbf \cdot s/ft^2$$

气体黏度通常不需要在实验室中直接测量，因为它可以用经验公式进行精确的估算。与其他性质一样，天然气的黏度完全可由以下函数描述：

$$\mu_g = (P, \ T, \ y_i)$$

式中 μ_g——气体的黏度。

该函数简单地表明了黏度是压力、温度和气体组分的关系。许多广泛应用的气体黏度的经验公式都可被认为是对这个表达式的一种修正。

石油工业中广泛应用的两种方法是 Carr – Kobayashi – Burrows 方法和 Lee – Gonzalez – Eakin 方法。

3.6.1 Carr – Kobayashi – Burrows 方法

Carr 等(1954)提出了一种图解法用于描述气体黏度随温度、压力和气体相对密度的变化关系。利用该图版计算气体黏度的过程总结如下：

步骤1，根据相对密度或气体的组成计算拟临界压力，拟临界温度和相对分子质量。如果非烃组分(CO_2、N_2和H_2S)的浓度大于5%(摩尔)，则应对气体的拟临界性质进行相应的校正。

步骤2，根据一个大气压和给定温度，从图3-4中确定的气体黏度。如果气体混合物中存在非烃组分，应对黏度(由μ_1表示)进行校正。因为非烃组分倾向于增加气体的黏度。非烃组分对气体黏度的影响可以通过式(3-56)的关系式表示：

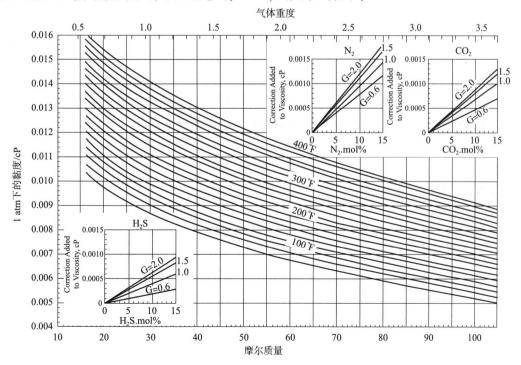

图3-4 Carr 的天然气的黏度关系图

$$\mu_1 = (\mu_1)_{\text{uncorrected}} + (\Delta\mu)_{N_2} + (\Delta\mu)_{CO_2} + (\Delta\mu)_{H_2S} \qquad (3-56)$$

式中　　μ_1——在1个大气压和储层温度下的校正后的气体黏度，cP；

$(\Delta\mu)_{N_2}$——由于存在N_2导致的黏度校正值；

$(\Delta\mu)_{CO_2}$——由于存在CO_2导致的黏度校正值；

$(\Delta\mu)_{H_2S}$——由于存在H_2S导致的黏度校正值；

$(\mu_1)_{\text{uncorrected}}$——修正前的气体黏度，cP。

步骤3，计算拟对比压力和拟对比温度。

步骤4，根据拟对比压力和拟对比温度，在图3-5中确定黏度比(μ_g/μ_1)。μ_g表示的是在所需条件下的气体黏度。

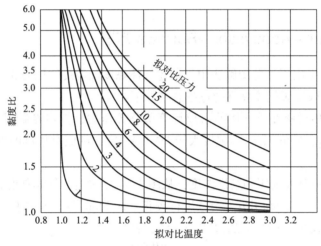

图3-5　Carr等的黏度比率

步骤5，通过将1个大气压和储层温度下的黏度μ_1乘以黏度比(μ_g/μ_1)可计算在所所需压力和温度下的气体黏度μ_g。

例3-14说明了如何使用Carr-Kobayashi-Burrows图版来计算气体的黏度。

例3-14 利用Carr-Kobayashi-Burrows图版，重新计算例3-13气体的黏度。

解　步骤1，计算气体的相对分子质量：

$$M_a = 0.72 \times 28.96 = 20.85$$

步骤2，从图3-4中确定1个大气压和储层温度120℉下的气体黏度，即：

$$\mu_1 = 0.0113$$

步骤3，计算P_{pr}和T_{pr}可得：

$$P_{pr} = 2.99$$
$$T_{pr} = 1.52$$

步骤4，根据图3-5确定黏度比：

$$\frac{\mu_g}{\mu_1} = 1.5$$

步骤5，计算天然气的黏度：

$$\mu_{\mathrm{g}} = \frac{\mu_{\mathrm{g}}}{\mu_1}(\mu_1) = 1.5 \times 0.0113 = 0.01695\mathrm{cP}$$

Standing(1977)提出了一种更为方便的数学表达式,用于计算在 1 个大气压和储层温度下的气体黏度μ_1。Standing 还给出了描述 N_2、CO_2 和 H_2S 对μ_1的影响的关系式如式(3-57)所示:

$$\mu_1 = (\mu_1)_{\mathrm{uncorrected}} + (\Delta\mu)_{\mathrm{N}_2} + (\Delta\mu)_{\mathrm{CO}_2} + (\Delta\mu)_{\mathrm{H}_2\mathrm{S}} \tag{3-57}$$

$$(\mu_1)_{\mathrm{uncorrected}} = 8.118 \times 10^{-3} - 6.15 \times 10^{-3}\log\gamma_{\mathrm{g}} + (1.709 \times 10^{-5}$$
$$- 2.062 \times 10^{-6}\gamma_{\mathrm{g}})(T-460) \tag{3-58}$$

$$(\Delta\mu)_{\mathrm{N}_2} = y_{\mathrm{N}_2}(8.48 \times 10^{-3}\log\gamma_{\mathrm{g}} + 9.59 \times 10^{-3}) \tag{3-59}$$

$$(\Delta\mu)_{\mathrm{CO}_2} = y_{\mathrm{CO}_2}(9.08 \times 10^{-3}\log\gamma_{\mathrm{g}} + 6.24 \times 10^{-3}) \tag{3-60}$$

$$(\Delta\mu)_{\mathrm{H}_2\mathrm{S}} = y_{\mathrm{H}_2\mathrm{S}}(8.49 \times 10^{-3}\log\gamma_{\mathrm{g}} + 3.73 \times 10^{-3}) \tag{3-61}$$

式中　　　　μ_1——1 个大气压和储层温度下的气体黏度,cP;

　　　　　　T——储层温度,°R;

　　　　　　γ_{g}——气体相对密度;

y_{N_2},y_{CO_2},$y_{\mathrm{H}_2\mathrm{S}}$——$N_2$、$CO_2$ 和 H_2S 的摩尔分数。

Dempsey(1965)通过以下关系式表示黏度比μ_{g}/μ_1:

$$\ln\left(T_{\mathrm{pc}}\frac{\mu_{\mathrm{g}}}{\mu_1}\right) = a_0 + a_1 P_{\mathrm{pr}} + a_2 P_{\mathrm{pr}}^2 + a_3 P_{\mathrm{pr}}^3 + T_{\mathrm{pr}}(a_1 + a_5 P_{\mathrm{pr}} + a_6 P_{\mathrm{pr}}^2 + a_7 P_{\mathrm{pr}}^3) + T_{\mathrm{pr}}^2(a_8$$
$$+ a_9 P_{\mathrm{pr}} + a_{10} P_{\mathrm{pr}}^2 + a_{11} P_{\mathrm{pr}}^3) + T_{\mathrm{pr}}^3(a_{12} + a_{13} P_{\mathrm{pr}} + a_{14} P_{\mathrm{pr}}^2 + a_{15} P_{\mathrm{pr}}^3)$$

式中　　　　T_{pr}——气体混合物的拟对比温度,°R;

　　　　　　P_{pr}——气体混合物的拟对比压力,psia;

a_0,$\cdots$,a_{17}——上式的系数,其值如下:

$a_0 = -2.46211820$　　　　　　　　　$a_8 = -7.93385648 \times 10^{-1}$

$a_1 = 2.970547414$　　　　　　　　　　$a_9 = 1.39643306$

$a_2 = -2.86264054 \times 10^{-1}$　　　　　$a_{10} = -1.49144925 \times 10^{-1}$

$a_3 = 8.05420522 \times 10^{-3}$　　　　　　$a_{11} = 4.41015512 \times 10^{-3}$

$a_4 = 2.80860949$　　　　　　　　　　$a_{12} = 8.39387178 \times 10^{-2}$

$a_5 = -3.49803305$　　　　　　　　　$a_{13} = -1.86408848 \times 10^{-1}$

$a_6 = 3.60373020 \times 10^{-1}$　　　　　　$a_{14} = 2.03367881 \times 10^{-2}$

$a_7 = -1.044324 \times 10^{-2}$　　　　　　$a_{15} = -6.09579263 \times 10^{-4}$

3.6.2　Lee – Gonzalez – Eakin 的方法

Lee 等(1966)提出了计算天然气黏度的半经验关系式。他们根据储层温度、气体密度和气体相对分子质量计算气体黏度、提出的关系式如式(3-62)所示:

$$\mu_{\mathrm{g}} = 10^{-4}K\exp\left[X\left(\frac{\rho_{\mathrm{g}}}{62.4}\right)^Y\right] \tag{3-62}$$

式中　ρ——储层压力和温度下的气体密度,lb/ft^3;

T——储层温度,°R;

M_a——气体混合物的表观相对分子质量。

系数 K、X、Y 分别由式(3-63)表示:

$$K = \frac{(9.4 + 0.02M_a) T^{1.5}}{209 + 19M_a + T} \quad (3-63)$$

$$X = 3.5 + \frac{986}{T} + 0.01M_a \quad (3-64)$$

$$Y = 2.4 - 0.2X \quad (3-65)$$

Lee-Gonzales-Eakin 方法可以预测气体的黏度,误差在 2.7% ~ 8.99%。但是对于相对密度较高的气体,此方法预测气体黏度不够准确,而且不适用于酸性气体。

例3-15 使用 Lee-Gonzales-Eakin 方法计算例3-14的气体黏度。

解 步骤1,根据式(3-17)计算气体的密度:

$$\rho_g = \frac{PM_a}{ZRT} = \frac{2000 \times 20.85}{10.73 \times 600 \times 0.78} = 8.3 \text{lb/ft}^3$$

步骤2,使用式(3-63)、式(3-64)和式(3-65)分别计算参数 K、X 和 Y:

$$K = \frac{(9.4 + 0.02M_a) T^{1.5}}{209 + 19M_a + T} = \frac{(9.4 + 0.02 \times 20.85) \times 600^{1.5}}{209 + 19 \times 20.85 + 600} = 119.72$$

$$X = 3.5 + \frac{986}{T} + 0.01M_a = 3.5 + \frac{986}{600} + 0.01 \times 20.85 = 5.35$$

$$Y = 2.4 - 0.2X = 2.4 - 0.2 \times 5.35 = 1.33$$

步骤3,根据式(3-62)计算气体黏度:

$$\mu_g = 10^{-4} K \exp\left[X\left(\frac{\rho_g}{62.4}\right)^Y\right] = 10^{-4} \times 119.72 \exp\left[5.35 \times \left(\frac{8.3}{62.4}\right)^{1.33}\right] = 0.0173 \text{cP}$$

3.7 湿气的相对密度

湿气的相对密度 γ_g 是指从每个分离器中分离出来的气体的相对密度的加权平均值。此加权平均方法基于分离器的气油比,计算式如式(3-66)所示:

$$\gamma_g = \frac{\sum_{i=1}^{n}(R_{sep})_i(\gamma_{sep})_i + R_{st}\gamma_{st}}{\sum_{i=1}^{n}(R_{sep})_i + R_{st}} \quad (3-66)$$

式中 n——分离器数量;

R_{sep}——分离器气油比,scf/STB;

γ_{sep}——分离器中气体的相对密度;

R_{st}——溶解气油比,scf/STB;

γ_{st}——地面气的相对密度。

对于在分离器条件下析出液体(凝析油)的湿气油藏,产出液通常在储层和油管中以单一的气相存在。为了确定油藏条件下产出液的相对密度,产出的气体和凝析物(液体)必须以正确的比例重新混合，以确定单相气体的平均相对密度。因此，假设：

γ_w——气井中气体的相对密度；

γ_o——凝析油的相对密度，$60°F/60°F$；

γ_g——由式(3-66)定义的气体平均相对密度；

M_o——地面凝析油的相对分子质量；

r_p——生产油气比(气油比的倒数，R_s)，STB/scf。

产出液的平均相对密度可由式(3-67)表示：

$$\gamma_w = \frac{\gamma_g + 4580 r_p \gamma_o}{1 + 133000 r_p (\gamma_o / M_o)} \qquad (3-67)$$

如果考虑气油比 R_s，式(3-67)可表示为式(3-68)：

$$\gamma_w = \frac{\gamma_g R_s + 4580 \gamma_o}{R_s + 133000 r_p \gamma_o / M_o} \qquad (3-68)$$

Standing(1974)提出用关系式来计算地面凝析油的相对分子质量，如式(3-69)所示：

$$M_o = \frac{6084}{API - 5.9} \qquad (3-69)$$

其中，API 是液体的 API 重度，可由下式表示：

$$API = \frac{141.5}{\gamma_o} - 131.5$$

Eilerts(1947)提出了用凝析气的标准 API 重度计算 γ_o / M_o 的值，如式(3-70)所示：

$$\gamma_o / M_o = 0.001892 + 7.35 \times 10^{-5} API - 4.52 \times 10^{-8} API^2 \qquad (3-70)$$

其中，式(3-70)仅适用于 $45°API < API$ 重度 $< 60°API$。

在凝析气藏和湿气气藏的计算中，可以方便地将产出的分离气表示为产出液的一部分。这个分数 f_g 可以用分离出的气体和液体的摩尔数来表示，如式(3-71)所示：

$$f_g = \frac{n_g}{n_t} = \frac{n_g}{n_g + n_l} \qquad (3-71)$$

式中　f_g——产出液中分离出的气体的比例；

n_g——分离出的气体的摩尔数；

n_l——分离出的液体的摩尔数；

n_t——产出液的总摩尔数。

对于以 scf/STB 为单位的总生产气油比 R_s，根据标准体积的定义式(3-6)，等效摩尔数可表示如式(3-72)所示：

$$n_g = R_s / 379.4 \qquad (3-72)$$

1 STB 的凝析油的摩尔数可由下式表示：

$$n_o = \frac{质量}{摩尔质量} = \frac{(体积)(密度)}{M_o}$$

或

$$n_o = \frac{1 \times 5.615 \times 62.4 \gamma_o}{M_o} = \frac{350.4 \gamma_o}{M_o} \qquad (3-73)$$

将式(3-72)和式(3-73)代入式(3-71)得到式(3-74)：

$$f_g = \frac{R_s}{R_s + 133000(\gamma_o / M_o)} \qquad (3-74)$$

气藏物质平衡方程假设气体在储层条件下的体积与在地面条件下的体积相同。当分离器中，气液分离后，累积液的体积必须转换成等效的气体体积V_{ep}，并在气藏物质平衡方程中添加到累积气的产量中。如果累积产液量为N_p（以 STB 为单位），则液体的摩尔数可由下式给出：

$$n_o = \frac{5.615 \times 62.4 \gamma_o N_p}{M_o} = \frac{350.4 \gamma_o N_p}{M_o}$$

通过应用理想气体的状态方程，在标准条件下可用液体的摩尔数表示等效的气体体积：

$$V_{ep} = \frac{n_o R T_{sc}}{P_{sc}} = \frac{350.4 \gamma_o N_p}{M_o} \times \frac{10.73 \times 520}{14.7}$$

简化上面的表达式得到：

$$V_{ep} = 133000 \frac{\gamma_o N_p}{M_o}$$

等效气体体积还可以用 scf/STB 表示：

$$V_{ep} = 133000 \frac{\gamma_o}{M_o} \qquad (3-75)$$

式中 V_{ep}——等效的气体体积，scf/STB；

   N_p——累积产液量，STB；

   γ_o——液体相对密度，60°F/60°F；

   M_o——液体的相对分子质量。

例 3-16 以下数据来自某湿气气藏（表 3-8）：

表 3-8 某湿气气藏数据

参 数	数 值	单 位
储层初始压力（P_i）	3200	psia
储层温度（T）	200	℉
平均孔隙度（Φ）	0.18	
平均含水饱和度	0.30	
凝析气的日产量（Q_o）	400	
凝析气的 API 重度	50°	
分离器气体的日产量（Q_{gsep}）	4.20	MMscf/d
分离器气体的相对密度（γ_{sep}）	0.65	
储罐气生产速度（Q_{gst}）	0.15	MMscf/d
储罐气相对密度（γ_{gst}）	1.05	

（1）计算每英亩·英尺（ac·ft）储层体积中石油（凝析油）和气体的原始储量。

（2）以 scf/d 为单位，计算日产量。

解 步骤 1，计算单位体积砂体中原油和天然气的原始储量：

由式(3-66)计算分离器中气体的相对密度:

$$\gamma_g = \frac{\sum\limits_{i=1}^{n=1}(R_{\text{sep}})_i(\gamma_{\text{sep}})_i + R_{\text{st}}\gamma_{\text{st}}}{\sum\limits_{i=1}^{n=1}(R_{\text{sep}})_i + R_{\text{st}}} = \frac{4.2 \times 0.65 + 0.15 \times 1.05}{4.2 + 0.15} = 0.664$$

计算液体的相对密度:

$$\gamma_o = \frac{141.5}{\text{API} + 131.5} = \frac{141.5}{50 + 131.5} = 0.780$$

由式(3-69)计算液体的相对分子质量:

$$M_o = \frac{6084}{\text{API} - 5.9} = \frac{6084}{50 - 5.9} = 138\text{lb}/(\text{lb} \cdot \text{mol})$$

计算生产气油比:

$$R_s = \frac{Q_g}{Q_o} = \frac{4.2 \times 10^6 + 0.15 \times 10^6}{400} = 10875\text{scf/STB}$$

根据式(3-68)计算产出液的相对密度:

$$\gamma_w = \frac{0.664 \times 10875 + 4580 \times 0.78}{10875 + 133000 \times 0.78/138} = 0.928$$

由式(3-20)和式(3-21)计算湿气的拟临界性质:

$$T_{\text{pc}} = 187 + 330 \times 0.928 - 71.5 \times 0.928^2 = 432°\text{R}$$

$$P_{\text{pc}} = 706 - 51.7 \times 0.928 - 11.1 \times 0.928^2 = 648\text{psi}$$

根据式(3-12)和式(3-13)计算拟对比性质:

$$P_{\text{pr}} = \frac{3200}{648} = 4.9$$

$$T_{\text{pr}} = \frac{200 + 460}{432} = 1.53$$

根据图 3-1 确定 Z 因子:

$$Z = 0.81$$

计算油藏条件下储层单位体积(每英亩·英尺)中含有的碳氢化合物的体积:

$$V_{\text{Hy}} = 43560(Ab)\phi(1 - S_{\text{wi}}), \text{ft}^3$$

$$V_{\text{Hy}} = 43560 \times 1 \times 0.18 \times (1 - 0.2) = 6273\text{ft}^3/(\text{ac} \cdot \text{ft})$$

应用真实气体的状态方程式(3-11),计算油藏条件下每英亩-英尺的总气体摩尔数:

$$n = \frac{PV}{ZRT} = \frac{3200 \times 6273}{0.81 \times 10.73 \times 600} = 3499\text{mol}/(\text{ac} \cdot \text{ft})$$

根据式(3-6)可知,1mol 气体的体积是 379.4 标准立方英尺。因此,每英亩-英尺气体的总质量是:

$$G = 379.4 \times 3499 = 1328\text{Mscf}/(\text{ac} \cdot \text{ft})$$

对于湿气气藏,产出液在分离器条件下将析出凝析油。

根据式(3-74)计算地面条件下产出液中分离出的气体的比例:

$$f_g = \frac{10875}{10875 + 133000 \times (0.78/138)} = 0.935$$

计算油气原始储量：

气体原始储量：$Gf_g = 1328 \times 0.935 = 1242 \text{Mscf}/(\text{ac} \cdot \text{ft})$

原油原始储量：$\dfrac{G}{R_s} = \dfrac{1328 \times 10^3}{10875} = 122 \text{STB}/(\text{ac} \cdot \text{ft})$

步骤2，计算日产量：

由式(3-75)计算等效的气体体积：

$$V_{ep} = 133000 \frac{\gamma_o}{M_o} = 133000 \times \left(\frac{0.78}{138} \right) = 752 \text{scf/STB}$$

计算气井的日产量：

$$Q_g = \text{Total}\,(Q_g)_{sep} + V_{ep}Q_o = (4.2 + 0.15) \times 10^6 + 752 \times 400 = 4.651 \text{MMscf/d}$$

习题

1. 假设气体处于理想状况，计算正丁烷在 200℉ 和 50psia 下的密度。假设气体处于真实气体状态，重新计算该密度。

2. 推导：

$$y_i = \frac{w_i / M_i}{\sum_i (w_i / M_i)}$$

3. 气体的摩尔组分和摩尔分数如下：

组　分	y_i	组　分	y_i
C_1	0.60	$n-C_4$	0.06
C_2	0.17	$n-C_5$	0.04
C_3	0.13		

计算：

(1)气体的摩尔分数。

(2)相对分子质量。

(3)假设气体处于理想气体状态，计算在 300psia 和 130℉ 时的相对密度的标准体积。

(4)假设气体处于真实气体状态，计算在 300psia 和 130℉ 时的密度。

(5)在 300psia 和 130℉ 时的气体黏度。

4. 理想气体混合物在 600psia 和 100℉ 时密度为 2.15lb/ft^3，计算气体混合物的相对分子质量。

5. 使用第3题中给出的气体组分，假设气体处于真实气体状态，计算：

(1)2500psia 和 160℉ 时的气体密度。

（2）2500psia 和 160℉时的比容。

（3）以 scf/ft³ 为单位的天然气地层体积系数。

（4）气体黏度。

6. 在当前储层压力和温度下，相对密度为 0.75 的天然气的实际测量的地层体积系数为 0.00529 ft³/scf，计算该气体的密度。

7. 天然气的组成如下：

组　分	y_i	组　分	y_i
C_1	0.80	$n-C_4$	0.03
C_2	0.07	$i-C_5$	0.02
C_3	0.03	$n-C_5$	0.01
$i-C_4$	0.04		

在储层条件 3500psia 和 200℉下，分别使用 Carr – KobayashiBurrows 方法和 Lee – Gonzales – Eakin 方法计算：

（1）气体等温压缩系数。

（2）气体黏度。

8. 给定以下气体组成：

组　分	y_i	组　分	y_i
CO_2	0.06	C_3	0.03
N_2	0.003	$n-C_4$	0.02
C_1	0.80	$n-C_5$	0.01
C_2	0.05		

储层压力和温度分别为 2500psia 和 175℉。

（1）分别使用 Wichert – Aziz 方法和 Carr – Kobayashi – Burrows 方法，考虑非烃组分的存在，计算气体的密度。

（2）计算气体等温压缩系数。

（3）分别采用 Carl – Kobayashi – Burrows 方法和 Lee – Gonzales – Eakin 方法计算气体黏度。

9. 高压容器体积为 0.33ft³，在 2500psia 和 130℉时充满气体，此时 Z 因子为 0.75。当从容器中释放出 43.6scf 的气体后，容器的压力下降到 1000psia，但温度保持不变。计算在 1000psia 和 130℉时，气体的偏差因子 Z。

10. 在当前储层压力和温度下，相对密度为 0.65 的油气混合物的密度为 9 磅/立方英尺。在 bbl/scf 中计算地层体积系数。

11. 气藏中气体的组成(摩尔分数)如下:

$C_1 = 89\%$

$C_2 = 7\%$

$C_3 = 4\%$

在现有油藏压力和温度(150℉)下,气体膨胀系数 E_g 是 210scf/ft³,计算气体的黏度。

12. 在压力为 2500psia,温度为 200℉ 的储罐中有 20ft³ 的乙烷,计算储罐中有多少磅乙烷?

13. 气井生产相对密度为 0.60 的干气,井底流动压力为 1200psi,温度为 140℉,气井的流量为 1.2MMft³/d,以 MMscf/d 为单位计算气体流量。

14. 湿气藏的数据如下:

初始储层压力:$P_i = 40000psia$

储层温度:$T = 150℉$

平均孔隙度:$\phi = 15\%$

平均含水饱和度:$S_{wi} = 25\%$

凝析液的日流量:$Q_o = 350STB/d$

凝析油的 API 重度:API = 52°

分离器中日产气量:$Q_{gsep} = 3.80 \ MMscf/d$

分离器中气体的相对密度:$\gamma_{sep} = 0.71$

储罐气量:$Q_{gst} = 0.21 \ MMscf/d$

储罐气的相对密度:$\gamma_{gst} = 1.02$

根据 1 英亩·英尺的砂体体积,计算:

(1)原油和天然气的原始地质储量。

(2)以 scf/d 为单位的气井日产气量。

参考文献

Brown, G. G., et al., 1948. Natural Gasoline and the Volatile Hydrocarbons. National Gas Association of America, Tulsa, OK.

Carr, N., Kobayashi, R., Burrows, D., 1954. Viscosity of hydrocarbon gases under pressure. Trans. AIME 201, 270 – 275.

Dempsey, J. R., 1965. Computer routine treats gas viscosity as a variable. Oil Gas J. 141 – 143.

Dranchuk, P. M., Abu – Kassem, J. H., 1975. Calculate of Z – factors for natural gases using equations – of – state. J. Can. Pet. Technol. 34 – 36.

Dranchuk, P. M., Purvis, R. A., Robinson, D. B., 1974. Computer Calculations of Natural Gas Compressibility Factors Using the Standing and Katz Correlation. Technical Series, no. IP 74 – 008. Institute of Petroleum, Alberta, Canada.

Eilerts, C. , 1947. The reservoir fluid, its composition and phase behavior. Oil Gas J. Hall, K. R. , Yarborough, L. , 1973. A new equation of state for Z – factor calculations. Oil Gas J. 82 – 92.

Hall, K. R. , Yarborough, L. , 1973. A new equation of state for Z – factor calculations. Oil Gas J. 82 – 92.

Lee, A. L. , Gonzalez, M. H. , Eakin, B. E. , 1966. The viscosity of natural gases. J. Petrol. Technol. 997 – 1000.

Mattar, L. G. , Brar, S. , Aziz, K. , 1975. Compressibility of natural gases. J. Can. Pet. Technol. 77 – 80.

Matthews, T. , Roland, C. , Katz, D. , 1942. High pressure gas measurement. Proc. Nat. Gas Assoc. AIME.

Papay, J. A. , 1985. Termelestechnologiai Parameterek Valtozasa a Gazlelepk Muvelese Soran. OGIL MUSZ, Tud, Kuzl. [Budapest], pp. 267 – 273.

Standing, M. , 1974. Petroleum Engineering Data Book. Norwegian Institute of Technology, Trondheim.

Standing, M. B. , 1977. Volumetric and Phase Behavior of Oil Field Hydrocarbon Systems. Society of Petroleum Engineers, Dallas. pp. 125 – 126.

Standing, M. B. , Katz, D. L. , 1942. Density of natural gases. Trans. AIME 146, 140 – 149.

Stewart, W. F. , Burkhard, S. F. , Voo, D. , 1959. Prediction of Pseudo – Critical Parameters for Mixtures. Paper Presented at the AIChE Meeting, Kansas City, MO.

Sutton, R. P. M. , 1985. Compressibility factors for high – molecular – weight reservoir gases. In: Paper SPE 14265, Presented at the 60th Annual Technical Conference and Exhibition of the Society of Petroleum Engineers, Las Vegas.

Trube, A. S. , 1957a. Compressibility of undersaturated hydrocarbon reservoir fluids. Trans. AIME 210, 341 – 344.

Trube, A. S. , 1957b. Compressibility of natural gases. Trans. AIME 210, 355 – 357.

Whitson, C. H. , Brule, M. R. , 2000. Phase Behavior. Society of Petroleum Engineers, Richardson, TX.

Wichert, E. , Aziz, K. , 1972. Calculation of Z's for sour gases. Hydrocarb. Process. 51 (5), 119 – 122.

第4章　原油的高压物性

石油(或原油)是一种复杂的混合物,主要由碳氢化合物组成,并含有硫、氮、氧和氦等次要组分。原油的物理性质和化学性质有很大的差异,主要取决于原油中各种碳氢化合物和微量组分的浓度。

准确地描述原油的物理性质,在应用科学和理论科学尤其是在解决油藏工程的问题上都具有十分重要的意义。在石油工程研究中,我们主要关注的原油的物理性质包括:

(1)原油密度。

(2)溶液气的相对密度。

(3)原油密度。

(4)溶解气油比。

(5)泡点压力。

(6)原油地层体积系数。

(7)未饱和原油的等温压缩系数。

(8)未饱和油的性质。

(9)总地层体积系数。

(10)原油黏度。

(11)界面张力。

大多数原油的物理性质是在实验室中通过对实际储层的流体样本进行实验确定的。在缺乏实验测量数据的情况下,石油工程师可以根据图版或者经验公式来确定原油的性质。

4.1　原油的 API 重度

原油密度的定义是在特定温度和压力下单位体积的质量,单位是 lb/ft^3。原油相对密度的定义是在某一温度和压力下原油密度与水密度之比。通常原油和水的密度均在 60°F 和大气压下测量,即:

$$\gamma_o = \frac{\rho_o}{\rho_\omega} \tag{4-1}$$

式中　γ_o——原油的相对密度;

　　　ρ_o——原油的密度,lb/ft^3;

　　　ρ_ω——水的密度,lb/ft^3。

注意,原油的相对密度是无量纲量,但通常以 60°F/60°F 单位来强调这两种密度都是在标准状况下测量的。在标准状况下,水的密度约为 $62.4lb/ft^3$。因此,式(4-1)可简化为：

$$\gamma_o = \frac{\rho_o}{62.4}, \ 60°F/60°F$$

虽然原油的密度和相对密度在石油工业中被广泛应用，但 API 重度(American Petroluem Institute – 美国石油学会)的应用更为广泛。原油 API 重度与相对密度之间的关系式是：

$$API = \frac{141.5}{\gamma_o} - 131.5 \tag{4-2}$$

重新排列上式，根据 API 重度计算原油密度可表述为：

$$\gamma_o = \frac{141.5}{131.5 + API}$$

原油 API 重度的范围通常从轻质油的 47°API 到稠油的 10°API。

例4－1 计算标准状况下密度为 $53lb/ft^3$ 的原油的相对密度和 API 重度。

解　根据式 (4－1) 计算相对密度：

$$\gamma_o = \frac{\rho_o}{\rho_\omega} = \frac{53}{62.4} = 0.849$$

根据式 (4－2) 计算 API 重度：

$$API = \frac{141.5}{\gamma_o} - 131.5 = \frac{141.5}{0.849} - 131.5 = 35.2°API$$

4.2　溶解气的相对密度

溶解气的相对密度 γ_g 是将每个分离器分离出来的气体的相对密度进行加权平均，即：

$$\gamma_g = \frac{\sum\limits_{i=1}^{n} (R_{sep})_i (\gamma_{sep})_i + R_{st}\gamma_{st}}{\sum\limits_{i=1}^{n} (R_{sep})_i + R_{st}} \tag{4-3}$$

式中　n——分离器的数量；

R_{sep}——分离器气油比，scf/STB；

γ_{sep}——分离器分离出来的气体的相对密度；

R_{st}——地面气油比，scf/STB；

γ_{st}——地面气的相对密度。

例4－2　表4－1 给出了各个分离器的气油比和分离出来的气体的相对密度的实验结果。计算分离出的气体的相对密度。

表4－1　实验结果

分离器	压力/psig	温度/°F	气油比/(scf/STB)	气体相对密度
初次分离	660	150	724	0.743
二次分离	75	110	202	0.956
储气罐	0	60	58	1.296

解　根据式(4-3)计算溶解气的相对密度：

$$\gamma_g = \frac{\sum_{i=1}^{n=2}(R_{sep})_i(\gamma_{sep})_i + R_{st}\gamma_{st}}{\sum_{i=1}^{n=2}(R_{sep})_i + R_{st}} = \frac{724 \times 0.743 + 202 \times 0.956 + 58 \times 1.296}{724 + 202 + 58} = 0.819$$

Ostermann 等(1987)提出了一种在溶解气油藏中表示气体相对密度随着储层压力 p(低于泡点压力 P_b)下降而上升的经验公式，具体表达式是：

$$\gamma_g = \gamma_{gi}\left\{1 + \frac{a\left[1 - (P/P_b)\right]^b}{(P/P_b)}\right\}$$

式中　a 和 b——泡点压力的函数。可分别由以下两个多项式给出：

$$a = 0.12087 - 0.06897P_b + 0.01461(P_b)^2$$

$$b = -1.04223 + 2.17073P_b - 0.68851(P_b)^2$$

式中　γ_g——压力为 P 时溶解气的相对密度；

γ_{gi}——溶解气在泡点压力 P_b 下的相对密度；

P_b——泡点压力，psia；

P——油藏压力，psia。

4.3　原油密度

原油密度的定义是原油在一定压力和温度下单位体积的质量，即质量/体积。密度通常用磅/立方英尺(lb/ft^3)来表示。轻质油的密度为 $30lb/ft^3$，而几乎没有溶解气的重质油的密度可达 $60lb/ft^3$。原油密度是最重要的物理性质之一，因为它很大程度上影响了原油体积的计算。在实验室中测量原油的密度是常规高压物性(PVT)实验的一部分。当原油密度无法在实验室测量时，可以利用经验公式得到储层压力和温度下的密度。多年来，专家和学者们提出了许多计算原油密度的经验公式。根据可用的实测数据，经验公式可分为以下两类：

(1)利用原油组分来确定特定压力和温度下原油的密度。

(2)以有限的 PVT 数据(如气体相对密度、原油相对密度和气油比)作为相关参数的经验公式。

4.3.1　基于原油组分的密度计算公式

最广泛应用的基于饱和原油的组成确定原油密度的计算方法包括：

(1)Standing - Katz(1942)方法。

(2)Alani - Kennedy(1960)方法。

1. Standing - Katz 方法

Standing 和 Katz(1942)通过对 15 个含有 60%(摩尔分数)甲烷的原油样品的组分和密度进行分析，提出了一种确定原油密度的图版。该图版的平均误差为 1.2%，最大误差为 4%。但是，此方法没有考虑有大量非烃组分存在的情况。

他们将原油密度表示为压力和温度的函数，关系式如式(4-4)所示：

$$\rho_{o} = \rho_{sc} + \Delta\rho_{p} - \Delta\rho_{T} \tag{4-4}$$

式中　ρ_{o}——在 p 和 T 处的原油密度，lb/ft^3；

ρ_{sc}——标准状况下的原油密度(含所有的溶解气)，即 14.7psia 和 60℉，lb/ft^3；

$\Delta\rho_{p}$——由原油的压缩性导致的密度修正值，lb/ft^3；

$\Delta\rho_{T}$——由原油的热膨胀性引起的密度修正值，lb/ft^3。

Standing - Katz 以图形的方式将标准状况下的液体密度 ρ_{sc} 与 C_{3+} 组分的密度 $\rho_{C_{3+}}$，整个系统中甲烷的质量百分比 $(m_{C_1})_{C_{1+}}$，以及 C_{2+} 组分中乙烷的质量百分比 $(m_{C_2})_{C_{2+}}$ 关联起来。Standing - Katz 图版如图 4 - 1 所示。他们基于 1lb - mol 的碳氢化合物，即 $n_t = 1$，提出了在指定压力和温度下计算液体密度的具体步骤：

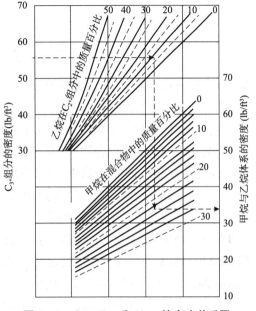

图 4 - 1　Standing 和 Katz 的密度关系图

步骤 1，应用下列关系式计算 1lb·mol 的碳氢化合物混合物的总质量和各组分的质量：

$$m_i = x_i M_i$$

$$m_t = \sum x_i M_i$$

式中　m_i——混合物中 i 组分的质量，$lb/(lb·mol)$；

x_i——混合物中 i 组分的摩尔分数；

M_i——i 组分的相对分子质量；

m_t——1lb·mol 混合物的总质量，$lb/(lb·mol)$。

步骤 2，计算甲烷在整个系统中的质量百分比和乙烷在 C_{2+} 组分中的质量百分比，如式(4-5)、式(4-6)所示：

$$(m_{C_1})_{C_{1+}} = \left(\frac{x_{C_1} M_{C_1}}{\sum_{i=1}^{n} x_i M_i}\right)100 = \left(\frac{m_{C_1}}{m_t}\right)100 \tag{4-5}$$

和

$$(m_{C_2})_{C_{2+}} = \left(\frac{x_{C_2} M_{C_2}}{m_{C_{2+}}}\right)100 = \left(\frac{m_{C_2}}{m_t - m_{C_1}}\right)100 \tag{4-6}$$

式中　$(m_{C_1})_{C_{1+}}$——整个系统中甲烷的质量百分比；

m_{C_1}——1lb·mol 混合物中甲烷的质量，就是 $x_{C_1} M_{C_1}$；

$(m_{C_2})_{C_{2+}}$——乙烷在 C_{2+} 组分中的质量百分比；

m_{C_2}——1lb·mol 混合物中乙烷的质量，即 $x_{C_2} M_{C_2}$；

M_{C_1}——甲烷相对分子质量；

M_{C_2}——乙烷相对分子质量。

步骤 3，计算标准状况下 C_{3+} 组分的密度，如式(4-7)、式(4-8)和式(4-9)所示：

$$\rho_{C_{3+}} = \frac{m_{C_{3+}}}{V_{C_{3+}}} = \frac{\sum_{i=C_3}^{n} x_i M_i}{\sum_{i=C_3}^{n} \frac{x_i M_i}{\rho_{oi}}} = \frac{m_t - m_{C_1} - m_{C_2}}{\sum_{i=C_3}^{n} \frac{x_i M_i}{\rho_{oi}}} \tag{4-7}$$

且

$$m_{C_{3+}} = \sum_{i=C_3} x_i M_i \tag{4-8}$$

$$V_{C_{3+}} = \sum_{i=C_3} V_i = \sum_{i=C_3} \frac{m_i}{\rho_{oi}} \tag{4-9}$$

式中　$\rho_{C_{3+}}$——C_{3+} 组分的密度，lb/ft^3；

　　　　$m_{C_{3+}}$——C_{3+} 组分的质量；

　　　　$V_{C_{3+}}$——C_{3+} 组分的体积，$ft^3/(lb \cdot mol)$；

　　　　V_i——$1lb \cdot mol$ 混合物中 i 组分的体积；

　　　　m_i——$1lb \cdot mol$ 混合物中 i 组分的质量，即 $x_i M_i$，$lb/(lb \cdot mol)$；

　　　　ρ_{oi}——i 组分在标准状况下的密度 lb/ft^3（纯组分的密度可查表 1-1，但是 C_{7+} 组分的密度必须通过测量）。

步骤 4，在图 4-1 左坐标上找到 $\rho_{C_{3+}}$ 值，并水平移动到表示 $(m_{C_2})_{C_{2+}}$ 的线，然后垂直于横坐标，在图 4-1 上找到表示 $(m_{C_1})_{C_{1+}}$ 的线，在图版的右侧读取标准状态下的原油密度。Standing(1977)用式(4-10)、式(4-11)的数学形式表示图形中各参数之间的关系：

$$\rho_{sc} = \rho_{C_{2+}} [1 - 0.012 (m_{C_1})_{C_{1+}} - 0.000158 (m_{C_1})^2_{C_{1+}}] + 0.0133 (m_{C_1})_{C_{1+}} + 0.0058 (m_{C_1})^2_{C_{2+}} \tag{4-10}$$

且

$$\rho_{C_{2+}} = \rho_{C_{3+}} [1 - 0.01386 (m_{C_2})_{C_{2+}} - 0.000082 (m_{C_2})^2_{C_{2+}}] + 0.379 (m_{C_2})_{C_{2+}} + 0.0042 (m_{C_2})^2_{C_{2+}} \tag{4-11}$$

式中　$\rho_{C_{2+}}$——C_{2+} 组分的密度。

步骤 5，通过读取图 4-2 中的附加压力修正系数 $\Delta\rho_p$，将标准状况下的密度修正为实际压力下的密度：

$$\rho_{p,60} = \rho_{sc} + \Delta\rho_p$$

其中，压力修正项 $\Delta\rho_p$ 可以用数学方法表示为：

$$\Delta\rho_p = (0.000167 + 0.016181 \times 10^{-0.0425\rho_{sc}})P - 10^{-8}$$
$$(0.299 + 263 \times 10^{-0.0603\rho_{sc}})P^2 \tag{4-12}$$

步骤 6，通过读取图 4-3 中的热膨胀校正系数 $\Delta\rho_T$，将 $60°F$ 和某一压力下的密度校正为实际温度下的密度：

$$\rho_o = \rho_{p,60} - \Delta\rho_T$$

热膨胀校正系数 $\Delta\rho_T$ 可以用数学方法表示：

$$\Delta\rho_T = (T - 520) \times [0.0133 + 152.4 (\rho_{sc} + \Delta\rho_p)^{-2.45}] - (T - 520)^2$$
$$[8.1 \times 10^{-6} - 0.0622 \times 10^{-0.0764(\rho_{sc} + \Delta\rho_p)}] \tag{4-13}$$

式中　T——系统温度，$°R$。

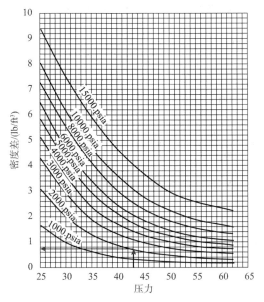

图 4 - 2　附加压力修正密度　　　　图 4 - 3　等温膨胀密度修正系数(PSA, 1987)

例 4 - 3　原油系统的组成如表 4 - 2:

表 4 - 2　原油系统的组成

组　分	x_i	组　分	x_i
C_1	0.45	C_5	0.01
C_2	0.05	C_6	0.01
C_3	0.05	C_{7+}	0.40
C_4	0.03		

如果 C_{7+} 组分的相对分子质量和相对密度分别为 215 和 0.87,使用 Standing - Katz 方法计算 4000psia 和 160℉下原油的密度。

解　表 4 - 3 显示了各个组分的计算结果。

表 4 - 3　各个组分的计算结果

组　分	x_i	M_i	$m_i = x_i M_i$	$\rho_{oi}/(\text{lb/ft}^3)$ [a]	$V_i = m_i/\rho_{oi}$
C_1	0.45	16.04	7.218		
C_2	0.05	30.07	1.5035		
C_3	0.05	44.09	2.2045	31.64	0.0697
C_4	0.03	58.12	1.7436	35.71	0.0488
C_5	0.01	72.15	0.7215	39.08	0.0185
C_6	0.01	86.17	0.8617	41.36	0.0208
C_{7+}	0.40	215.0	86.00	54.288 [b]	1.586
			$\sum = m_t = 100.253$		$\sum = V_{C_{3+}} = 1.7418$

注: [a] 来自表 1 - 1。

[b] $\rho_{C_{7+}} = 0.87 \times 62.4 = 54.288$。

步骤1，计算 C_1 在整个系统中的质量百分比和 C_2 在 C_{2+} 组分中的质量百分比：

$$(m_{C_1})_{C_{1+}} = \frac{x_{C_1}M_{C_1}}{\sum\limits_{i=1}^{n} x_i M_i} \times 100 = \frac{m_{C_1}}{m_t} \times 100$$

$$(m_{C_1})_{C_{1+}} = \frac{7.218}{100.253} \times 100 = 7.2\%$$

$$(m_{C_2})_{C_{2+}} = \frac{x_{C_2}M_{C_2}}{m_{C_{2+}}} \times 100 = \frac{m_{C_2}}{m_t - m_{C_1}} \times 100$$

$$(m_{C_2})_{C_{2+}} = \frac{1.5035}{100.253 - 7.218} \times 100 = 1.616\%$$

步骤2，计算 C_{3+} 组分的密度：

$$\rho_{C_{3+}} = \frac{m_{C_{3+}}}{V_{C_{3+}}} = \frac{m_t - m_{C_1} - m_{C_2}}{\sum\limits_{i=C_3}^{n} \frac{x_i M_i}{\rho_{oi}}} = \frac{100.253 - 7.218 - 1.5035}{1.7418} = 52.55 \text{lb/ft}^3$$

步骤3，根据图4-1确定标准状况下的原油密度，得到：

$$\rho_{sc} = 47.5 \text{lb/ft}^3$$

步骤4，根据图4-2得到压力校正系数：

$$\Delta\rho_p = 1.18 \text{lb/ft}^3$$

然后通过式(4-12)计算4000psia和60℉下的原油密度：

$$\rho_{p,60} = \rho_{sc} + \Delta\rho_p = 47.5 + 1.18 = 48.68 \text{lb/ft}^3$$

步骤5，根据图4-3，确定热膨胀校正系数：

$$\Delta\rho_T = 2.45 \text{lb/ft}^3$$

步骤6，在压力为4000psia和温度为160℉时的密度：

$$\rho_o = \rho_{p,60} - \Delta\rho_T = 48.68 - 2.45 = 46.23 \text{lb/ft}^3$$

2. Alani-Kennedy 方法

Alani 和 Kennedy(1960)提出了一个方程式来确定纯烃在较大的温度和压力范围内的摩尔液体体积 V_m。后来该方程推广应用到用 C_{7+} 表示重质组分的原油。Alani 和 Kennedy 方程在形式上与范德瓦尔斯方程相似，具体表达形式如式(4-14)所示：

$$V_m^3 - \left[\frac{RT}{P} + b\right]V_m^2 + \frac{aV_m}{P} - \frac{ab}{P} = 0 \tag{4-14}$$

式中　R——气体常数，10.73psia ft^3/(lb·mol)，℉；

　　　T——温度，℉；

　　　P——压力，psia；

　　　V_m——摩尔体积；

a, b——纯组分的常数。

Alani 和 Kennedy(1960)认为常数 a 和 b 是温度的函数：

$$a = Ke^{n/T} \tag{4-15}$$

$$b = mT + c \tag{4-16}$$

式中　K，n，m 和 c——混合物中每种纯组分的常数，见表 4 – 4。

该表不包括 C_{7+} 组分的常数 a 和 b。因此，Alani 和 Kennedy 提出了以下确定 C_{7+} 的 a 和 b 的公式：

$$\ln(a_{C_{7+}}) = 3.8405985 \times 10^{-3} M_{C_{7+}} - 9.5638281 \times 10^{-4} \left(\frac{M}{\gamma}\right)_{C_{7+}} + \frac{261.80818}{T}$$
$$+ 7.3104464 \times 10^{-6} M_{C_{7+}}^2 + 10.753517$$

$$b_{C_{7+}} = 0.03499274 M_{C_{7+}} - 7.2725403 \gamma_{C_{7+}} + 2.232395 \times 10^{-4} T$$
$$- 0.16322572 \left(\frac{M}{\gamma}\right)_{C_{7+}} + 6.2256545$$

式中　$M_{C_{7+}}$——C_{7+} 组分的相对分子质量；

　　　$\gamma_{C_{7+}}$——C_{7+} 组分的相对密度；

　$a_{C_{7+}}$，$b_{C_{7+}}$——C_{7+} 组分的常数；

　　　T——温度，$°R$。

表 4 – 4　Alani – Kennedy 方程式中的系数

组　分	温度/℉	K	n	$m \times 10^4$	c
C_1	70 – 300	9160.6413	61.893223	3.3162472	0.50874303
C_1	301 – 460	147.47333	3247.4533	– 14.072637	1.8326659
C_2	100 – 249	46709.573	– 404.48844	5.1520981	0.52239654
C_2	250 – 460	17495.343	34.163551	2.8201736	0.62309877
C_3		20247.757	190.24420	2.1586448	0.90832519
$i – C_4$		32204.420	131.63171	3.3862284	1.1013834
$n – C_4$		33016.212	146.15445	2.902157	1.1168144
$i – C_5$		37046.234	299.62630	2.1954785	1.4364289
$n – C_5$		37, 046.234	299.62630	2.1954785	1.4364289
$n – C_6$		52093.006	254.56097	3.6961858	1.5929406
H_2S^a		13200.00	0	17.900	0.3945
N_2^a		4300.00	2.293	4.490	0.3853
CO_2^a		8166.00	126.00	1.8180	0.3872

注：[a] 指非烃类组分的值来自 Lohrenz 等(1964)。

对于烃类混合物，a 和 b 值使用式(4 – 17)、式(4 – 18)的公式计算：

$$a_m = \sum_{i=1}^{C_{7+}} a_i x_i \qquad (4 – 17)$$

$$b_m = \sum_{i=1}^{C_{7+}} b_i x_i \qquad (4 – 18)$$

式中　a_i，b_i——指在现有温度下根据式(4 – 15)和式(4 – 16)计算的纯烃组分 i 的常数值；

　　　x_i——液相中组分 i 的摩尔分数。

然后，将值 a_m 和 b_m 代入式(4 – 14)计算摩尔体积 V_m。在目标压力和温度下原油密度

可由式(4-19)的关系式计算:

$$\rho_o = \frac{M_a}{V_m} \qquad\qquad (4-19)$$

式中 ρ_o——原油密度,lb/ft^3;

M_a——表观相对分子质量,即 $M_a = \sum x_i M_i$;

V_m——摩尔体积,$ft^3/(lb \cdot mol)$。

Alani – Kennedy 方法计算原油密度的步骤如下:

步骤1,根据式(4-15)和式(4-16)计算每个纯组分的常数 a 和 b。

步骤2,确定 C_{7+} 组分的参数 $a_{C_{7+}}$ 和 $b_{C_{7+}}$。

步骤3,根据式(4-17)和式(4-18)计算混合物的系数 a_m 和 b_m。

步骤4,通过求解式(4-14)的最小实根来计算摩尔体积 V_m。可以使用 Newton – Raphson 迭代方法求解该方程。在迭代过程中,假设 V_m 起始值为2,并求解式(4-14)得到:

$$f(V_m) = V_m^3 - \left(\frac{RT}{P} + b_m\right)V_m^2 + \frac{a_m V_m}{P} - \frac{a_m b_m}{P}$$

如果此函数的绝对值小于预设的允许误差,例如 10^{-10},则该 V_m 的假定值即为所需的摩尔体积。如果不是,则需使用新的假设值 $(V_m)_{new}$ 来计算 $f(V_m)$。可以利用以下表达式来计算 $(V_m)_{new}$:

$$(V_m)_{new} = (V_m)_{old} - \frac{f(V_m)_{old}}{f'(V_m)_{old}}$$

其中,导数 $f'(V_m)$ 由下式给出:

$$f'(V_m) = 3V_m^2 - 2\left(\frac{RT}{P} + b_m\right)V_m + \frac{a_m}{P}$$

步骤5,计算表观相对分子质量 M_a:

$$M_a = \sum x_i M_i$$

步骤6,确定原油密度:

$$\rho_o = \frac{M_a}{V_m}$$

例4-4 原油系统的组成如表4-5:

表4-5 原油系统组成

组 分	x_i	组 分	x_i
CO_2	0.0008	$n-C_4$	0.0420
N_2	0.0164	$i-C_5$	0.0191
C_1	0.2840	$n-C_5$	0.0191
C_2	0.0716	C_6	0.0405
C_3	0.1048	C_{7+}	0.3597
$i-C_4$	0.0420		

基于以下数据(表4-6):

表 4 - 6　数据表

M_{C_7+}	γ_{C_7+}	P/psi	$T/°\text{R}$
252	0.8424	1708.7	591

解　步骤 1，计算参数 a_{C_7+} 和 b_{C_7+}：

$$\ln(a_{C_7+}) = 3.8405985 \times 10^{-3} \times 252 - 9.5638281 \times 10^{-4} \times \left(\frac{252}{0.8424}\right)_{C_7+} + \frac{261.80818}{591}$$

$$+ 7.3104464 \times 10^{-6} \times 252^2 + 10.753517 = 12.34266$$

和

$$b_{C_7+} = 0.03499274 \times 252 - 7.2725403 \times 0.8424 + 2.232395 \times 10^{-4} \times 591$$

$$- 0.16322572 \times \frac{252}{0.8424} + 6.2256545 = 4.165811$$

步骤 2，计算混合物的参数 a_m 和 b_m：

$$a_m = \sum_{i=1}^{C_7+} a_i x_i = 99111.71$$

$$b_m = \sum_{i=1}^{C_7+} b_i x_i = 2.119383$$

步骤 3，迭代求解式(4 - 14)的摩尔体积：

$$V_m^3 - \left(\frac{10.73 \times 591}{1708.7} + 2.119383\right)V_m^2 + \frac{99111.71 V_m}{1708.7} - \frac{99111.71 \times 2.119383}{1708.7} = 0$$

$$V_m^3 - 5.83064 V_m^2 + 58.004 V_m - 122.933 = 0$$

得到：

$$V_m = 2.528417$$

步骤 4，确定该混合物的相对分子质量：

$$M_a = \sum x_i M_i = 113.5102$$

步骤 5，计算原油的密度：

$$\rho_o = \frac{M_a}{V_m} = \frac{113.5102}{2.528417} = 44.896\text{lb/ft}^3$$

4.3.2　基于有限 PVT 数据的密度计算方法

目前，学者们已经提出了若干种基于 PVT 数据计算组分未知的原油密度的经验公式。例如基于气体的相对密度、原油的相对密度和气体的溶解度等，估算储层压力和温度下的液体密度。本节重点介绍以下两种常用的方法：

（1）Katz 方法。

（2）Standing 方法。

1. Katz 方法

原油密度的定义是在指定温度和压力下单位体积的质量。因此，在标准状况下饱和原油（即溶液中含有气体）的密度可以通过以下关系式计算：

$$\rho_{sc} = \frac{地面脱气原油质量 + 溶解气质量}{地面脱气原油体积 + 溶解气导致的地面脱气原油体积增加量}$$

或

$$\rho_{sc} = \frac{m_o + m_g}{(V_o)_{sc} + (\Delta V_o)_{sc}}$$

式中　ρ_{sc}——标准状况下的原油密度，lb/ft^3；

　　$(V_o)_{sc}$——标准状况下的原油体积，ft^3/STB；

　　　m_o——每桶地面脱气原油的总质量，lb/STB；

　　　m_g——溶解气的质量，lb/STB；

　$(\Delta V_o)_{sc}$——由溶解气导致的地面脱气原油体积的增加量，ft^3/STB。

　　Katz（1942）提出如图 4 - 4 所示的步骤来计算标准状况下的密度。他引入溶解气的表观密度 ρ_{ga} 来计算由溶解气导致的原油体积的增加量 $(\Delta V_o)_{sc}$，表达式如下：

$$(\Delta V_o)_{sc} = \frac{m_g}{E_{ga}}$$

结合前面两个表达式得到：

$$\rho_{sc} = \frac{m_o + m_g}{(V_o)_{sc} + \dfrac{m_g}{\rho_{ga}}}$$

式中　ρ_{ga}—— Katz 引入的溶解气在标准状况下的表观密度。

　　Katz 将溶解气的表观密度与气体相对密度 γ_g、溶解气油比 R_s、地面脱气原油的相对密度 γ_o（或 API 重度）相关联，给出如图 4 - 5 所示的图版。此方法不需要知道原油的组成。

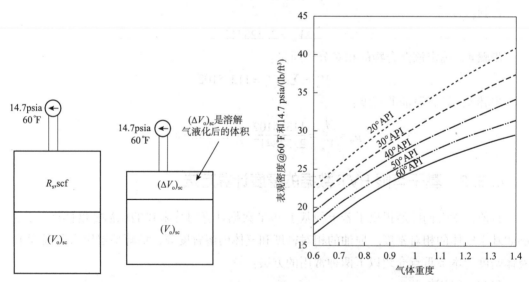

图 4 - 4　Katz 的标准状况下的密度模型示意图　　　图 4 - 5　天然气的表观密度（Katz，1942）

　　根据原油的 PVT 数据，溶解气的质量和地面脱气原油的质量可以分别通过以下关系式来确定：

$$m_g = \frac{R_s}{379.4} \times 28.96\gamma_g$$

$$m_o = 5.615 \times 62.4 \gamma_o$$

将以上两个式子代入 Katz 的公式得到：

$$\rho_{sc} = \frac{5.615 \times 62.4 \gamma_o + \dfrac{R_s}{379.4} \times 28.96 \gamma_g}{5.615 + \dfrac{R_s}{379.4} \times 28.96 \gamma_g / \rho_{ga}}$$

即

$$\rho_{sc} = \frac{350.376 \gamma_o + \dfrac{R_s \gamma_g}{13.1}}{5.615 + \dfrac{R_s \gamma_g}{13.1 \rho_{ga}}} \qquad (4-20)$$

Standing(1981)表明，由 Katz 图版表示的溶解气的表观密度可以近似表示为：

$$\rho_{ga} = 38.52 \times 10^{-0.00326API} + [94.75 - 33.93\log(API)]\log\gamma_g$$

可分别使用图 4-2 和图 4-3 计算 ρ_{sc} 的压力校正系数 $\Delta\rho_p$ 和热膨胀校正系数 $\Delta\rho_T$。

例 4-5　饱和原油的泡点压力为 4000psia，储层温度为 180℉，重度为 50°API，溶解气油比 R_s 为 650scf/STB，气体相对密度 γ_g 为 0.7。用 Katz 方法计算在指定压力和温度下的原油密度。

解　步骤 1，由图 4-5 确定溶解气的表观密度：

$$\rho_{ga} = 38.52 \times 10^{-0.00326API} + [94.75 - 33.93\log(API)]\log\gamma_g$$

$$\rho_{ga} = 38.52 \times 10^{-0.00326 \times 50I} + (94.75 - 33.93\log50)\log0.7 = 20.7 \text{lb/ft}^3$$

步骤 2，根据 API 重度与相对密度的转换关系[式(4.2)]计算地面脱气原油的相对密度：

$$\gamma_o = \frac{141.5}{API + 131.5} = \frac{141.5}{50 + 131.5} = 0.7796$$

步骤 3，应用式(4-20)计算标准状况下的液体密度：

$$\rho_{sc} = \frac{350.376 \gamma_o + \dfrac{R_s \gamma_g}{13.1}}{5.615 + \dfrac{R_s \gamma_g}{13.1 \rho_{ga}}} = \frac{350.376 \times 0.7796 + \dfrac{650 \times 0.7}{13.1}}{5.615 + \dfrac{650 \times 0.7}{13.1 \times 20.7}} = 42.12 \text{lb/ft}^3$$

步骤 4，根据图 4-2 确定压力为 4000psia 时的压力修正系数：

$$\Delta\rho_p = 1.55 \text{lb/ft}^3$$

步骤 5，将在标准状况下计算的原油密度校正为在油藏压力(4000psia)下的原油密度：

$$\rho_{p,60} = \rho_{sc} + \Delta\rho_p = 42.12 + 1.55 = 43.67 \text{lb/ft}^3$$

步骤 6，根据图 4-3 确定温度为 180℉的热膨胀校正系数：

$$\Delta\rho_T = 3.25 \text{lb/ft}^3$$

步骤 7，将油藏压力(4000psia)的原油密度校正为在油藏温度(180℉)下的原油密度：

$$\rho_o = \rho_{p,60} - \Delta\rho_T = 43.67 - 3.25 = 40.42 \text{lb/ft}^3$$

2. Standing 方法

Standing(1981)提出了一个经验公式来估算原油的体积系数。这个经验公式将原油的体积系数表示为溶解气油比 R_s、地面脱气原油相对密度 γ_o、溶解气相对密度 γ_g 和系统温度的函数。他将原油的体积系数的数学定义(在后面的部分中讨论)与 Standing 经验公式相结合,通过式(4-21)的表达式计算指定压力和温度下的原油密度:

$$\rho_o = \frac{62.4\gamma_o + 0.0136R_s\gamma_g}{0.972 + 0.000147\left[R_s\left(\dfrac{\gamma_g}{\gamma_o}\right)^{0.5} + 1.25(T - 460)\right]^{1.175}} \tag{4-21}$$

式中 T——系统温度,°R;

γ_o——地面脱气原油的相对密度,60°F/60°F;

γ_g——气体相对密度;

R_s——溶解气油比,scf/STB;

ρ_o——原油密度,lb/ft³。

例 4-6 使用 Standing 方法重新计算例 4-5 的密度。

解 根据式(4-21)计算油的密度:

$$\rho_o = \frac{62.4 \times 0.7796 + 0.0136 \times 650 \times 0.7}{0.972 + 0.000147\left[650 \times \left(\dfrac{0.7}{0.7796}\right)^{0.5} + 1.25 \times 180\right]^{1.175}} = 39.92\text{lb/ft}^3$$

Standing 方法的最大优点是它在已知溶解气油比的情况下计算指定温度和压力下的原油密度,因此不需要进行压力和温度的校正,即不需要估算 $\Delta\rho_p$ 和 $\Delta\rho_T$。

Ahmed(1988)提出了一种根据地面脱气原油的表观相对分子质量估算标准状况下的原油密度的方法。Ahmed 通过以下关系式计算原油与其溶解气的表观相对分子质量:

$$M_a = \frac{0.0763R_s\gamma_g M_{st} + 350.376\gamma_o M_{st}}{0.0026537R_s M_{st} + 350.376\gamma_o}$$

式中 M_a——原油的表观相对分子质量;

M_{st}——地面脱气原油的相对分子质量,或 C_{7+} 的相对分子质量;

γ_o——地面脱气原油的相对密度,或 C_{7+} 组分的相对密度,60°/60°。

然后,根据以下表达式确定标准状况下的原油密度:

$$\rho_{sc} = \frac{0.0763R_s\gamma_g + 350.376\gamma_o}{0.0026537R_s + \gamma_o\left(5.615 + \dfrac{199.71432}{M_{st}}\right)}$$

如果地面脱气原油的相对分子质量 M_{st} 未知,则可以通过以下等式估算标准状况下含有溶解气的原油的密度:

$$\rho_{sc} = \frac{0.0763R_s\gamma_g + 350.376\gamma_o}{0.0026537R_s + 2.4893\gamma_o + 3.491}$$

注意,Ahmed(1988)提出的这种方法需要根据图 4-2 和图 4-3 校正储层压力和温度的影响。

例 4-7 利用例 4-5 给出的数据,通过上述简化的公式计算原油密度。

解 步骤 1,计算标准状况下的原油密度:

$$\rho_{sc} = \frac{0.0763R_s\gamma_g + 350.376\gamma_o}{0.0026537R_s + 2.4893\gamma_o + 3.491}$$

$$\rho_{sc} = \frac{0.0763 \times 650 \times 0.7 + 350.46 \times 0.7796}{0.0027 \times 650 + 2.4893 \times 0.7796 + 3.491} = 42.8 \mathrm{lb/ft}^3$$

步骤 2，根据图 4 – 2 确定压力校正系数 $\Delta\rho_p$：

$$\Delta\rho_p = 1.5 \mathrm{lb/ft}^3$$

步骤 3，根据图 4 – 3 确定热膨胀校正系数 $\Delta\rho_T$：

$$\Delta\rho_T = 3.6 \mathrm{lb/ft}^3$$

步骤 4，计算在油藏压力 4000psia 和油藏温度 180℉下的原油密度 ρ_o：

$$\rho_o = \rho_{sc} + \Delta\rho_p - \Delta\rho_T = 42.8 + 1.5 - 3.6 = 40.7 \mathrm{lb/ft}^3$$

在任何指定压力和温度下，也可以根据实验测得的 PVT 数据严格计算原油的密度。式（4 – 22）表达式将原油密度 ρ_o 与溶解气油比 R_s、原油的相对密度 γ_o、气体的相对密度 γ_g 和原油的地层体积系数 B_o 相关联得到：

$$\rho_o = \frac{62.4\gamma_o + 0.0136 R_s \gamma_g}{B_o} \tag{4 – 22}$$

式中　γ_o——地面脱气原油的相对密度，60℉/60℉；

　　　R_s——溶解气油比，scf/STB；

　　　ρ_o——油藏压力和温度下的原油密度，lb/ft³。

4.4　溶解气油比

地层原油的溶解气油比 R_s 是一定量的地层原油在地面降压脱气（标准状况下）后，平均单位体积的脱气原油所分离出来的天然气的体积。它是压力、温度、原油 API 重度和气体相对密度的函数。

在恒定温度下，溶解气油比随压力的增加而增加，直至压力达到饱和压力。在饱和压力（泡点压力）下，所有的气体都溶解在原油中，溶解气油比达到最大值。在测量溶解气油比时，人们通常测量压力下降时从储层原油样品中析出的气体量，而不是测量压力升高时地面脱气原油溶解的气体量。

图 4 – 6 是典型的以压力为函数的溶解气油比曲线。当压力从油藏初始压力 p_i 降低到泡点压力 p_b 时，由于没有气体从原油中逸出，溶解气油比达到最大值 R_{sb} 并保持恒定，即 $R_s = R_{si} = R_{sb}$。当地层压力低于饱和压力时，随着压力下降，一部分气体从原油中逸出，溶解在原油中的气量减少，故 R_s 减小。当压力为 1 标准大气压（即 1atm）时，R_s 为 0。

在没有实验室测定的溶解气油比时，可以根据经验公式确定该性质。本节介绍了估算溶解气油比的五种常用经验公式：

（1）Standing 经验公式。

（2）Vasquez – Beggs 经验公式。

（3）Glaso 经验公式。

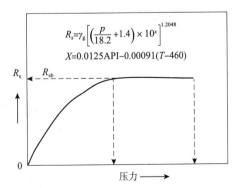

图 4 – 6　气体溶解度和压力的典型关系图

（4）Marhoun 经验公式。

（5）Petrosky – Farshad 经验公式。

4.4.1 Standing 经验公式

Standing(1947)对来自美国加利福尼亚州 22 种原油样品进行了实测，得到了 105 个数据点。他通过对这 105 个数据点进行回归分析，提出了一个图版来确定溶解气油比。Standing(1981)把溶解气油比作为压力、气体相对密度、API 重度和系统温度的函数，提出了更为便利的计算溶解气油比的数学表达式如式(4 - 23)所示：

$$R_{s} = \gamma_{g} \left[\left(\frac{P}{18.2} + 1.4 \right) 10^{x} \right]^{1.2048} \tag{4-23}$$

且

$$x = 0.0125 \text{API} - 0.00091(T - 460)$$

式中 R_s——溶解气油比，scf/STB；

　　T——温度，°R；

　　P——压力，psia；

　　γ_g——天然气相对密度；

　　API——原油重度，°API。

注意，Standing 经验公式仅在原油的泡点压力及泡点压力以下适用。

例4-8 表4-7显示了6种原油系统地面两级分离实验的高压物性实验结果。使用 Standing 经验公式，估算在泡点压力下的溶解气油比，并与实验室测量的溶解气油比进行比较，并计算绝对平均误差(AAE)。

表4-7 高压物性实验结果

油	油藏温度 T/℉	泡点压力 P_b/psig	溶解气油比 R_s/(scf/STB)	原油的地层体积系数 B_o/(bbl/STB)	原油密度 ρ_o/(lb/ft³)	$P > P_b$ 时原油的等温压缩系数 c_o/psi⁻¹	分离器压力 P_{sep}/psig	分离器温度 T_{sep}/℉	原油重度/°API	天然气相对密度 γ_g
1	250	2377	751	1.528	38.13	22.14×10^{-6} at 2689psi	150	60	47.1	0.851
2	220	2620	768	0.474	40.95	18.75×10^{-6} at 2810psi	100	75	40.7	0.855
3	260	2051	693	1.529	37.37	22.69×10^{-6} at 2526psi	100	72	48.6	0.911
4	237	2884	968	1.619	38.92	21.51×10^{-6} at 2942psi	60	120	40.5	0.898
5	218	3045	943	1.57	37.7	24.16×10^{-6} at 3273psi	200	60	44.2	0.781
6	180	4239	807	1.385	46.79	11.45×10^{-6} at 4370psi	85	173	27.3	0.848

解 应用式(4-23)计算溶解气油比：

$$R_{s} = \gamma_{g} \left[\left(\frac{p}{18.2} + 1.4 \right) 10^{x} \right]^{1.2048}$$

且

$$x = 0.0125 \text{API} - 0.00091(T - 460)$$

计算结果如表4-8所示。

表 4 – 8　计算结果

油	温度/℉	API 重度/°API	x	10^x	计算结果	测量值	误差/%
1	250	47.1	0.361	2.297	838	751	11.6
2	220	40.7	0.309	2.035	817	768	6.3
3	260	48.6	0.371	2.349	774	693	11.7
4	237	40.5	0.291	1.952	914	968	5.5
5	218	44.2	0.322	2.097	1012	943	7.3
6	180	27.3	0.177	1.505	998	807	23.7
						AAE	9.7

4.4.2　Vasquez – Beggs 经验公式

Vasquez 和 Beggs(1980)以 30°API 为分界限将 5008 个测定的溶解气油比数据分为两组分别进行回归分析，得到最佳的估算 R_s 的经验公式：

$$R_s = C_1 \gamma_{gs} p^{C_2} \exp\left[C_3 \left(\frac{\mathrm{API}}{T} \right) \right] \tag{4 - 24}$$

式(4 – 24)中的系数如表 4 – 9：

表 4 – 9　系数

系　数	≤30°API	>30°API
C_1	0.362	0.0178
C_2	1.0937	1.1870
C_3	25.7240	23.931

Vasquez 和 Beggs(1980)认为气体相对密度的大小取决于气体与原油分离的条件，于是他们在式(4 – 24)中使用在 100psig 的分离器压力下测得的气体相对密度。选择 100psig 作为参考压力是因为它代表分离器的一般条件。他们提出了式(4 – 25)将气体的相对密度 γ_g 校正到参考的分离器压力条件：

$$\gamma_{gs} = \gamma_g \left[1 + 5.912 \times 10^{-5} (\mathrm{API})(T_{sep} - 460) \log\left(\frac{P_{sep}}{114.7} \right) \right] \tag{4 - 25}$$

式中　P_{sep}——分离器的实际压力，psia；

　　　T_{sep}——分离器的实际温度，°R；

　　　γ_{gs}——分离器参考压力下的气体相对密度；

　　　γ_g——分离器实际条件(P_{sep} 和 T_{sep})下的气体相对密度。

Vasquez 和 Beggs(1980)基于两级分离器提出了计算气体相对密度的经验公式。其中，第一级分离器的压力为 100psig，第二级分离器的压力为储罐压力。如果分离器条件未知，在式(4 – 24)中则可使用未校正的气体相对密度。

Sutton 和 Farashad(1984)对该经验公式进行了独立的评估，结果表明该方法能够较好地预测溶解气油比，且平均绝对误差为 12.7%。

例 4 - 9 使用 Vasquez - Beggs 方法计算例 4 - 8 中的溶解气油比。

解 根据式(4 - 25)计算参考的分离器压力下的气体相对密度：

$$\gamma_{gs} = \gamma_g \left[1 + 5.912 \times 10^{-5} (\mathrm{API})(T_{sep} - 460) \log\left(\frac{P_{sep}}{114.7}\right) \right]$$

然后，根据式(4 - 24)计算溶解气油比：

$$R_s = C_1 \gamma_{gs} p^{C_2} \exp\left[C_3 \left(\frac{\mathrm{API}}{T}\right) \right]$$

与测量的溶解气油比相比，误差结果如表 4 - 10 所示：

表 4 - 10　误差结果

油	式(4 - 25)计算的 γ_{gs}	式(4 - 24)计算的 R_s	测量的 R_s	误差/%
1	0.8731	779	751	3.76
2	0.855	733	768	- 4.58
3	0.911	702	693	1.36
4	0.850	820	968	5.2
5	0.814	947	943	0.43
6	0.834	841	807	4.30
			AAE	4.9

4.4.3　Glaso 经验公式

Glaso(1980)通过研究 45 个北海油田的原油样本，提出了一种方法估算作为 API 重度、压力、温度和气体相对密度的函数的溶解气油比。Glaso 方法的平均误差为 1.28%，标准偏差为 6.98%。Glaso 经验公式的具体表达式是：

$$R_s = \gamma_g \left\{ \left[\frac{\mathrm{API}^{0.989}}{(T - 460)^{0.172}} \right] A \right\}^{1.2255} \tag{4 - 26}$$

其中，参数 A 与压力相关，由以下表达式定义：

$$A = 10^X$$

指数 X 由下式给出：

$$X = 2.8869 - (14.1811 - 3.3093 \log P)^{0.5}$$

例 4 - 10 使用 Glaso 经验公式重新计算例 4 - 8 的溶解气油比。

解 根据式(4 - 26)计算溶解气油比：

$$R_s = \gamma_g \left\{ \left(\frac{\mathrm{API}^{0.989}}{(T - 460)^{0.172}} \right) A \right\}^{1.2255}$$

计算结果如表 4 - 11 所示：

表 4 - 11　计算结果

油	p	X	A	计算的 R_s	测量的 R_s	误差/%
1	2377	1.155	14.286	737	751	-1.84
2	2620	1.196	15.687	714	768	-6.92
3	2051	1.095	12.450	686	693	-0.90
4	5884	1.237	17.243	843	968	-12.92
5	3045	1.260	18.210	868	943	-7.94
6	4239	1.413	25.883	842	807	4.34
					AEE	5.8

4.4.4　Marhoun 经验公式

Marhoun(1988)提出了一种基于溶解气油比等 PVT 性质，估算原油饱和压力的表达式。该方法源自中东原油样品的 160 个实测饱和压力数据。重新排列该表达式，得到计算溶解气油比的表达式：

$$R_s = (a\gamma_g^b\gamma_o^c\, T^d P)^e \tag{4-27}$$

式中　γ_g——气体相对密度；

γ_o——原油相对密度；

T——温度，°R；

系数 $a \sim e$ 的值如下：

$a = 185.843208$

$b = 1.877840$

$c = -3.1437$

$d = -1.32657$

$e = 1.39844$

例 4 - 11　使用 Marhoun 经验公式重新计算例 4 - 8。

解　根据式(4 - 27)计算结果如表 4 - 12 所示：

表 4 - 12　计算结果

油	$T/℉$	P	计算的 R_s	测量的 R_s	误差/%
1	250	2377	740	751	-1.43
2	220	2620	792	768	3.09
3	260	2051	729	693	5.21
4	237	2884	1041	968	7.55
5	218	3045	845	943	-10.37
6	180	4239	1186	807	47.03
				AAE	12.4

4.4.5 Petrosky – Farshad 经验公式

Petrosky 和 Farshad(1993)对 81 个墨西哥湾原油样品实验室测定的 PVT 数据进行非线性多元回归分析, 得到最佳的 R_s 拟合表达式:

$$R_s = \left[\left(\frac{P}{112.727} + 12.340 \right) \gamma_g^{0.8439} 10^x \right]^{-1.73184} \qquad (4-28)$$

且

$$x = 7.916 \times 10^{-4} (API)^{1.5410} - 4.561 \times 10^{-5} (T-460)^{1.3911}$$

式中 R_s——溶解气油比, scf/STB;

   T——温度, °R;

   P——压力, psia;

   γ_g——气体相对密度;

   API——原油重度, °API。

例 4 – 12 利用 Petrosky 和 Farshad 经验公式重新计算例 4 – 8。

解 根据式(4 – 28)得到计算结果如表 4 – 13 所示。

表 4 – 13　计算结果

油	API 重度/°API	T/℉	x	计算的 R_s	测量的 R_s	误差/%
1	47.1	250	0.2008	772	751	2.86
2	40.7	220	0.1566	726	768	− 5.46
3	48.6	260	0.2101	758	693	9.32
4	40.5	237	0.1579	875	968	− 9.57
5	44.2	218	0.1900	865	943	− 8.28
6	27.3	180	0.0667	900	807	11.57
					AAE	7.84

由物质平衡方程可知, 溶解气油比也可以由指定压力和温度下的实验测量 PVT 数据来计算。以下表达式将溶解气油比与原油密度、原油相对密度、气体相对密度和原油地层体积系数相关联:

$$R_s = \frac{B_o \rho_o - 62.4 \gamma_o}{0.0136 \gamma_g} \qquad (4-29)$$

式中 ρ_o——压力和温度下的原油密度, lb/ft³;

   B_o——地层体积系数, bbl/STB;

   γ_o——原油相对密度, 60°F/60°F;

   γ_g——气体相对密度。

McCain(1991)指出使用式(4 – 29)计算 R_s 的误差取决于式中所需的 PVT 数据的准确性, 应当用分离器和地面气相对密度的加权平均值来计算 γ_g。

例 4 – 13 利用式(4 – 29)重新计算例 4 – 8。

解 结果如表 4 – 14 所示:

表 4 - 14　计算结果

油	P_b	B_o/(bbl/STB)	ρ_o/(lb/fb³)	API 重度/°API	γ_o	γ_g	R_s	测量的 R_s	误差/%
1	2377	1.528	38.13	47.1	0.792	0.851	762	751	1.53
2	2620	1.474	40.95	40.7	0.822	0.855	781	768	1.73
3	2051	1.529	37.37	48.6	0.786	0.911	655	693	− 5.51
4	2884	1.619	38.92	40.5	0.823	0.898	956	968	− 1.23
5	3045	1.57	37.7	44.2	0.805	0.781	843	943	− 10.57
6	4239	1.385	46.79	27.3	0.891	0.848	798	807	− 1.13
								AAE	3.61

4.5　泡点压力

地层原油的泡点压力 P_b 的定义是油层温度下全部天然气溶解于原油中的最小压力，或在温度一定、压力降低的过程中从液相中分离出第一批气泡的压力，泡点压力即为饱和压力。

通常通过等组分膨胀实验测量原油的这一重要性质。PVT 容器保持在地层压力和温度条件下，关闭所有阀门，使原油样品封闭在 PVT 容器中。PVT 容器通过退泵降压，读出表压和 PVT 容器的体积（即油样体积）V_1，待充分平衡后，再次降压，依次测得各级压力 P_1，P_2，$\cdots$，P_5 下的油样体积 V_1，V_2，$\cdots$，V_5。测定过程为等组分分离，将脱气时得到的压力和温度做成曲线，再根据曲线的拐点（单相转为两相）即可求出系统的饱和压力。

在没有实验测量的泡点压力的情况下，工程师必须根据已有的生产数据来估算泡点压力。学者们已经提出了几种确定 P_b 的图版和经验公式。这些经验公式均假设泡点压力是溶解气油比、气体相对密度、原油的 API 和温度的函数，即：

$$P_b = f(R_s，\gamma_g，\text{API}，T)$$

常用的图版和经验公式包括：

（1）Standing 方法。

（2）Vasquez – Beggs 方法。

（3）Glaso 方法。

（4）Marhoun 方法。

（5）Petrosky – Farshad 方法。

4.5.1　Standing 经验公式

根据加利福尼亚州油田的 22 个原油样本的 105 个实测泡点压力，Standing（1947）提出了一个图版以确定原油的泡点压力。该方法中的相关参数有溶解气油比、气体相对密度、原油 API 相对密度和温度。该方法的平均误差为 4.8%。

Standing（1981）利用表达式表示该图版如式（4 – 30）、式（4 – 31）所示：

$$P_b = 18.2 \left[(R_s / \gamma_g)^{0.83} 10^a - 1.4 \right] \qquad (4-30)$$

且
$$a = 0.00091(T - 460) - 0.0125(\text{API}) \qquad (4-31)$$

式中 R_s——溶解气油比，scf/STB；

P_b——泡点压力，psia；

T——温度，°R。

如果含有非烃组分，则应谨慎使用 Standing 经验公式。

4.5.2 Lasater 经验公式

Lasater(1958)提出了一种不同的方法来估算泡点压力。该方法引入和使用了原油中溶解气的摩尔分数 y_{gas}，其定义式是：

$$y_{\text{gas}} = \frac{M_o R_s}{M_o R_s + 133000 \gamma_o}$$

式中 M_o——地面脱气原油的相对分子质量；

γ_o——原油相对密度，60°F/60°F。

如果相对分子质量未知，可以由 Cragoe(1997)提出的下式估算相对分子质量：

$$M_o = \frac{6084}{\text{API} - 5.9}$$

Lasater 提出的泡点压力计算公式是：

$$P_b = \left(\frac{T}{\gamma_g} \right) A$$

式中 T——温度，°R；

A——与溶解气的摩尔分数 y_{gas} 相关的函数。

Whitson 和 Brule(2000)提出了以下关系式来计算参数 A：

$$A = 0.83918 \times 10^{1.17664 y_{\text{gas}}} y_{\text{gas}}^{0.57246}，\quad 当 y_{\text{gas}} \leqslant 0.6$$

$$A = 0.83918 \times 10^{1.08000 y_{\text{gas}}} y_{\text{gas}}^{0.31109}，\quad 当 y_{\text{gas}} > 0.6$$

例 4-14 根据例 4-8 中给出的实验数据，使用 Standing 经验公式重新计算泡点压力（表 4-15）。

表 4-15 计算泡点压力

油	T/°F	P_b	R_s/ (scf/STB)	B_o	ρ_o/ (lb/ft³)	C_o	P_{sep}	T_{sep}	API 重度/ °API	ρ_o
1	250	2377	751	1.528	38.13	22.14×10^{-6} at 2689psi	150	60	47.1	0.851
2	220	2620	768	0.474	40.95	18.75×10^{-6} at 2810psi	100	75	40.7	0.855
3	260	2051	693	1.529	37.37	22.69×10^{-6} at 2526psi	100	72	48.6	0.911
4	237	2884	968	1.619	38.92	21.51×10^{-6} at 2942psi	60	120	40.5	0.898
5	218	3045	943	1.57	37.7	24.16×10^{-6} at 3273psi	200	60	44.2	0.781
6	180	4239	807	1.385	46.79	11.45×10^{-6} at 4370psi	85	173	27.3	0.848

解　根据式(4-30)和式(4-31)计算泡点压力,计算结果如表4-16所示:

表4-16　计算结果

油	API 重度/°API	γ_g	系数 a	P_b	测量的 P_b	误差/%
1	47.1	0.851	-0.3613	2181	2392	-8.8
2	40.7	0.855	-0.3086	2503	2635	-5.0
3	48.6	0.911	-0.3709	1883	2066	-8.8
4	40.5	0.898	-0.3115	2896	2899	-0.1
5	44.2	0.781	-0.3541	2884	3060	-5.7
6	27.3	0.848	-0.1775	3561	4254	-16.3
					AAE	7.40

McCain(1991)建议用分离器中气体的相对密度代替式(4-30)中的气体相对密度,即不包括储罐中的气体,这将提高式(4-30)的准确性。

例 4-15　使用例4-14的数据,并给出第一级分离器气体相对密度(表4-17),应用 Standing 经验公式估算泡点压力。

表4-17　第一级分离器气体相对密度

油	第一级分离器气体相对密度	油	第一级分离器气体相对密度
1	0.755	4	0.888
2	0.786	5	0.705
3	0.801	6	0.813

解　根据式(4-30)和式(4-31)计算泡点压力,计算结果如表4-18所示。

表4-18　计算结果

油	API 重度/°API	第一级分离器 γ_g	系数 a	预测的 P_b	测量的 P_b	误差/%
1	47.1	0.755	-0.3613	2411	2392	0.83
2	40.7	0.786	-0.3086	2686	2635	1.93
3	48.6	0.801	-0.3709	2098	2066	1.53
4	40.5	0.888	-0.3115	2923	2899	0.84
5	44.2	0.705	-0.3541	3143	3060	2.7
6	27.3	0.813	-0.1775	3689	4254	-3.27
					AAE	3.50

4.5.3　Vasquez-Beggs 经验公式

根据 Vasquez-Beggs 的溶解气油比经验公式[式(4-24)]求解泡点压力 P_b:

$$P_b = \left[\left(C_1 \frac{R_s}{\gamma_{gs}} \right) 10^a \right]^{C_2} \tag{4-32}$$

式中　指数 a 由下式计算：

$$a = C_3 \left(\frac{\text{API}}{T} \right)$$

式中　T——温度，°R。

式(4-32)的系数 C_1、C_2 和 C_3 值如表4-19所示：

表4-19　C_1、C_2 和 C_3 值

系　数	≤30°API	>30°API
C_1	27.624	56.18
C_2	10.914328	0.84246
C_3	-11.172	-10.393

分离器压力下的气体相对密度 γ_{gs} 可由式(4-25)计算：

$$\gamma_{gs} = \gamma_g \left[1 + 5.912 \times 10^{-5} (\text{API})(T_{sep} - 460) \log\left(\frac{P_{sep}}{114.7} \right) \right]$$

例4-16　应用式(4-32)重新计算例4-14。

解　根据式(4-32)计算泡点压力，计算结果如表4-20所示：

表4-20　计算泡点压力

油	T	R_s	API重度/°API	式(4-25)γ_{gs}	a	预测的 p_b	测量的 p_b	误差/%
1	250	751	47.1	0.873	-0.689	2319	2392	-3.07
2	220	768	40.7	0.855	-0.622	2741	2635	4.03
3	260	693	48.6	0.911	-0.702	2043	2066	-1.14
4	237	968	40.5	0.85	-0.625	3331	2899	14.91
5	218	943	44.2	0.814	-0.678	3049	3060	-0.36
6	180	807	27.3	0.834	-0.477	4093	4254	-3.78
							AAE	4.50

$$a = C_3 \left(\frac{\text{API}}{T} \right)$$

$$P_b = \left[\left(C_1 \frac{R_s}{\gamma_{gs}} \right) 10^a \right]^{C_2}$$

4.5.4　Glaso 经验公式

Glaso(1980)使用了45个来自北海油田的原油样品建立了估算泡点压力的经验公式，具体的表达式是：

$$\log P_b = 1.7669 + 1.7447 \log A - 0.30218 (\log A)^2 \tag{4-33}$$

式中的参数 A 由式(4-34)的表达式计算：

$$A = \left(\frac{R_s}{\gamma_g} \right)^{0.816} \frac{(T - 460)^{0.172}}{(\text{API})^{0.989}} \tag{4-34}$$

式中　R_s——溶解气油比，scf/STB；

　　　T——温度，°R；

　　　γ_g——所有地面气体的平均相对密度。

对于挥发性原油，Glaso 提出将式(4-34)中温度的指数从 0.172 略微变化到 0.130，得到：

$$A = \left(\frac{R_s}{\gamma_g}\right)^{0.816} \frac{(T-460)^{0.1302}}{(API)^{0.989}}$$

例 4-17 使用 Glaso 经验公式计算例 4-14。

解　根据式(4-33)和式(4-34)计算泡点压力，计算结果如表 4-21 所示。

表 4-21　计算结果

油	$T/°F$	R_s	API	A	预测的 P_b	测量的 P_b	误差/%
1	250	751	47.1	14.51	2431	2392	1.62
2	220	768	40.7	16.63	2797	2635	6.14
3	260	693	48.6	12.54	2083	2066	0.82
4	237	968	40.5	19.3	3240	2899	11.75
5	218	943	44.2	19.48	3269	3060	6.83
6	180	807	27.3	25	4125	4254	-3.04
						AAE	5.03

$$A = \left(\frac{R_s}{\gamma_g}\right)^{0.816} \frac{(T-460)^{0.172}}{(API)^{0.989}}$$

$$\log P_b = 1.7669 + 1.7447 \log A - 0.30218(\log A)^2$$

4.5.5　Marhoun 经验公式

Marhoun(1988)根据来自中东油田的 69 个原油样本的 160 个 PVT 分析实验数据，建立了估算泡点压力 P_b 经验公式。他们将泡点压力表示为溶解气油比、温度、原油相对密度和气体相对密度的函数。具体表达式是：

$$P_b = a\, R_s^b\, \gamma_g^c\, \gamma_o^d\, T^e \tag{4-35}$$

式中　T——温度，°R；

　　　R_s——溶解气油比，scf/STB；

　　　γ_o——原油相对密度；

　　　γ_g——气体相对密度；

系数 $a \sim e$ 的值如下：

$a = 5.38088 \times 10^{-3}$

$b = 0.715082$

$c = -1.87784$

$d = 3.1437$

$e = 1.32657$

由以上表达式预测的泡点压力与实验测得的泡点压力的平均绝对误差为 3.66% 。

例 4 – 18 使用式(4 – 35)重新计算例 4 – 14。

解 根据式(4 – 35)计算,计算结果如表 4 – 22 所示:

表 4 – 22　计算结果

油	预测的 P_b	测量的 P_b	平均误差/%
1	2417	2392	1.03
2	2578	2635	– 2.16
3	1992	2066	3.57
4	2752	2899	– 5.07
5	3309	3060	8.14
6	3229	4254	– 24.09
		AAE	7.30

$P_b = 0.00538033 a R_s^{0.715082} \gamma_g^{-1.87784} \gamma_o^{3.1437} T^{1.32657}$

4.5.6　Petrosky – Farshad 经验公式

重新排列 Petrosky 和 Farshad 的溶解气油比经验公式[式(4 – 28)],得到求解泡点压力的表达式:

$$P_b = \left(\frac{112.727 R_s^{0.577421}}{\gamma_g^{0.8439} 10^x} \right) - 1391.051 \tag{4 – 36}$$

其中,参数 x 的定义式是

$$x = 7.916 \times 10^{-4} (\text{API})^{1.5410} - 4.561 \times 10^{-5} (T - 460)^{1.3911}$$

式中　R_s——溶解气油比,scf/STB;

　　　T——温度,°R;

　　　P_b——压力,psia;

　　　γ_g——气体的相对密度;

　　API——原油重度,°API。

Petrosky – Farshad 经验公式估算泡点压力的平均绝对误差是 3.28% 。

例 4 – 19 使用 Petrosky – Farshad 经验公式重新计算例 4 – 14 的泡点压力。

解 根据式(4 – 36)计算,计算结果如表 4 – 23 所示。

表 4 – 23　计算结果

油	$T/°F$	R_s	API 重度/°API	x	P_b	测量的 P_b	误差/%
1	250	751	47.1	0.2008	2331	2392	– 2.55
2	220	768	40.7	0.1566	2768	2635	5.04
3	260	693	48.6	0.2101	1893	2066	– 8.39

油	$T/^\circ\text{F}$	R_s	API 重度/$^\circ$API	x	P_b	测量的 P_b	误差/%
4	237	968	40.5	0.1579	3156	2899	8.86
5	218	943	44.2	0.19	3288	3060	7.44
6	180	807	27.3	0.0667	3908	4254	−8.13
						AAE	6.74

$$x = 7.916 \times 10^{-4} (\text{API})^{1.5410} - 4.561 \times 10^{-5} (T-460)^{1.3911}$$

$$P_b = \left(\frac{112.727 R_s^{0.577421}}{\gamma_g^{0.8439} 10^x} \right) - 1391.051$$

4.6 原油的地层体积系数

原油的地层体积系数 B_o 指的是原油在油藏温度和压力下的体积(加上溶液中的气体)与标准状态下脱气后原油体积的比值。显然，B_o 总是大于或等于1。原油体积系数的数学表达式是：

$$B_o = \frac{(V_o)_{p,T}}{(V_o)_{sc}} \qquad (4-37)$$

式中　B_o——原油的地层体积系数，bbl/STB；

$(V_o)_{p,T}$——在油藏压力和温度下的原油体积，bbl；

$(V_o)_{sc}$——在标准状态下测量的原油体积，STB。

图 4-7 显示了典型的未饱和原油($P_i > P_b$)的地层体积系数曲线，它是压力的函数。当压力从初始压力 P_i 下降到泡点压力时，原油的膨胀导致其体积系数增加。当压力降至泡点压力 P_b 时，原油的体积膨胀到最大，此时原油的体积系数达到最大值 B_{ob}。当压力继续降低到 P_b 以下时，随着溶解气的释放，原油体积系数 B_o 将减小。当压力降至1个大气压，温度降至60°F时，B_o 值等于1。

大多数计算 B_o 的经验公式都符合以下广义关系：

$$B_o = f(R_s, \gamma_g, \gamma_o, T)$$

本节重点介绍六种估算原油的地层体积系数的方法：

(1) Standing 经验公式。

(2) Vasquez – Beggs 经验公式。

(3) Glaso 经验公式。

(4) Marhoun 经验公式。

(5) Petrosky – Farshad 经验公式。

(6) 物质平衡方法。

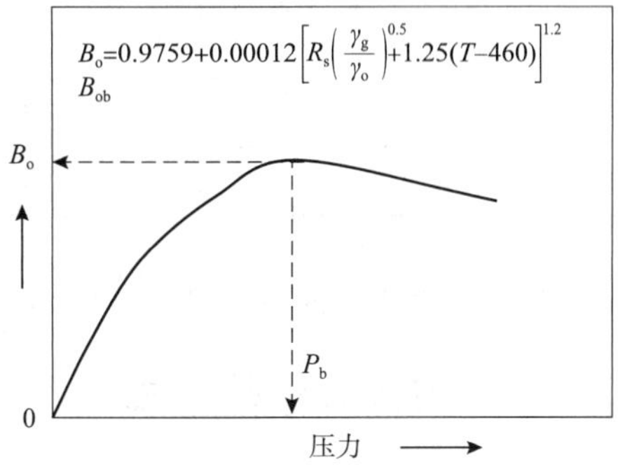

注意，所有的经验公式都可用于等于或低于泡点压力的任何压力。

图 4-7　原油储层体积系数与压力的典型关系图

4.6.1 Standing 经验公式

Standing(1947)基于22个原油样本的105个实验数据点提出了估算原油地层体积系数的图版。该图版以溶解气油比、气体相对密度、原油相对密度和储层温度作为相关参数，其平均误差为1.2%。

Standing(1981)提出如式(4-38)所示的更为方便的数学形式来计算原油的地层体积系数：

$$B_o = 0.9759 + 0.000120 \left[R_s \left(\frac{\gamma_g}{\gamma_o} \right)^{0.5} + 1.25(T - 460) \right]^{1.2} \tag{4-38}$$

式中　T——温度，°R；

　　　γ_o——原油的相对密度，60°F/60°F；

　　　γ_g——气体的相对密度。

4.6.2 Vasquez 和 Beggs 经验公式

Vasquez 和 Beggs(1980)提出了一种基于 R_o、γ_o、γ_g 和 T 估算原油的地层体积系数的方法。他们利用在6000次不同压力下测量的 B_o 进行回归分析，得到了最佳的估算 B_o 的公式：

$$B_o = 1.0 + C_1 R_s + (T - 520) \left(\frac{API}{\gamma_{gs}} \right) [C_2 + C_3 R_s] \tag{4-39}$$

式中　R_s——溶解气油比，scf/STB；

　　　T——温度，°R；

　　　γ_{gs}——由式(4-25)定义的气体相对密度。

$$\gamma_{gs} = \gamma_g \left[1 + 5.912 \times 10^{-5} (API)(T_{sep} - 460) \log \left(\frac{p_{sep}}{114.7} \right) \right]$$

式(4-39)中的系数 C_1、C_2 和 C_3 值如表4-24：

表4-24　C_1、C_2和C_3值

系　数	≤30°API	>30°API
C_1	4.677×10^{-4}	4.670×10^{-4}
C_2	1.751×10^{-5}	1.100×10^{-5}
C_3	-1.811×10^{-8}	1.337×10^{-9}

Vasquez-Beggs 经验公式的平均误差为4.7%。

4.6.3 Glaso 经验公式

Glaso(1980)提出了计算原油体积系数的表达式，如式(4-40)所示：

$$B_o = 1.0 + 10^A \tag{4-40}$$

式中 参数 A 可表示为：

$$A = -6.58511 + 2.91329\log B_{ob}^{*} - 0.27683\ (\log B_{ob}^{*})^{2} \qquad (4-41)$$

B_{ob}^{*} 由式 $(4-42)$ 定义：

$$B_{ob}^{*} = R_s\left(\frac{\gamma_g}{\gamma_o}\right)^{0.526} + 0.968(T-460) \qquad (4-42)$$

式中 T——温度，$°R$；

　　γ_o——原油的相对密度，$60°F/60°F$。

该方法基于 45 个油样的 PVT 数据研究，平均误差为 -0.43%，标准偏差为 2.18%。

Sutton 和 Farshad(1984)认为，与 Standing 和 Vasquez - Beggs 经验公式相比，Glaso 经验方法的准确性更高。一般而言，Glaso 方法低估原油体积系数，Standing 方法通常高估原油体积系数，而 Vasquez - Beggs 方法通常过高地估算原油体积系数。

4.6.4　Marhoun 经验公式

Marhoun(1988)对来自中东油田 69 个原油样品的 160 个实验数据进行非线性多元回归分析，提出了一种确定原油体积系数的方法。他把原油体积系数作为溶解气油比、原油相对密度、气体相对密度和温度的函数，建立了式 $(4-43)$ 的经验公式：

$$B_o = 0.497069 + 0.000862963T + 0.00182594F + 0.00000318099F^2 \qquad (4-43)$$

参数 F 的定义式是：

$$F = R_s^a\ \gamma_g^b\ \gamma_o^c \qquad (4-44)$$

式中 T——温度，$°R$；

　　系数 a、b 和 c 的值如下：

$a = 0.742390$

$b = 0.323294$

$c = -1.202040$

4.6.5　Petrosky 和 Farshad 经验公式

Petrosky 和 Farshad(1993)提出了一个类似于 Standing 经验公式的方法来估算原油的地层体积系数。但是他们引入了三个额外的参数以提高 Standing 经验公式的准确性。

他们使用非线性回归方法拟合了墨西哥湾油田原油样品实测的 B_o 数据，得到了最佳的表达式，如式 $(4-45)$ 所示：

$$B_o = 1.0113 + 7.2046 \times 10^{-5}A \qquad (4-45)$$

参数 A 的定义式是：

$$A = \left[R_s^{0.3738}\left(\frac{\gamma_g^{0.2914}}{\gamma_o^{0.6265}}\right) + 0.24626\ (T-460)^{0.5371}\right]^{3.0936}$$

式中 T——温度，$°R$；

　　γ_o——原油相对密度，$60°F/60°F$。

4.6.6 物质平衡方法

根据 B_o 的定义[式(4-37)]:

$$B_o = \frac{(V_o)_{p,T}}{(V_o)_{sc}}$$

在压力 P 和温度 T 下,原油的体积 $(V_o)_{p,T}$ 可以用碳氢化合物的总质量除以该压力和温度下的密度来代替,即:

$$B_o = \frac{\dfrac{m_t}{\rho_o}}{(V_o)_{sc}}$$

如果碳氢化合物的总质量等于地面脱气原油的质量加上溶解气的质量:

$$m_t = m_o + m_g$$

则

$$B_o = \frac{m_o + m_g}{\rho_o(V_o)_{sc}}$$

气体的质量可由地面脱气原油的溶解气油比 R_s 和溶解气的相对密度来表述:

$$m_g = \frac{R_s}{379.4} \times 28.96\gamma_g$$

式中 m_g——溶解气的质量,lb/STB。

每桶油的质量可由原油的相对密度计算得到,关系式如下:

$$m_o = 5.615 \times 62.4\gamma_o$$

替换 m_o 和 m_g 得到:

$$B_o = \frac{5.615 \times 62.4\gamma_o + \dfrac{R_s}{379.4} \times 28.96\gamma_g}{5.615\rho_o}$$

或

$$B_o = \frac{62.4\gamma_o + 0.0136R_s\gamma_g}{\rho_o} \qquad (4-46)$$

式中 ρ_o——指定压力和温度下的原油密度,lb/ft^3。

使用式(4-46)计算 B_o 的误差取决于输入变量(R_s、γ_g 和 γ_o)的精度和计算原油密度 ρ_o 的方法。

例4-20 表4-25显示了6种原油样品的实测PVT数据。使用本节中6种不同的经验公式分别计算泡点压力下原油的地层体积系数,将计算结果与实测值进行比较,并计算绝对平均误差。

表4-25 6种原油样品的实测PVT数据

油	$T/°F$	P_b	R_s	B_o	ρ_o	C_o	P_{sep}	T_{sep}	API	γ_g
1	250	2377	751	1.528	38.13	22.14×10^{-6} @ 2689psi	150	60	47.1	0.851
2	220	2620	768	1.474	40.95	18.75×10^{-6} @ 2810psi	100	75	40.7	0.855

油	$T/°F$	P_b	R_s	B_o	ρ_o	C_o	P_{sep}	T_{sep}	API	γ_g
3	260	2051	693	0.529	37.37	22.69×10^{-6} @ 2526psi	100	72	48.6	0.911
4	237	2884	968	1.619	38.92	21.51×10^{-6} @ 2942psi	60	120	40.5	0.898
5	218	3065	943	0.57	37.7	24.16×10^{-6} @ 3273psi	200	60	44.2	0.781
6	180	4239	807	0.385	46.79	11.65×10^{-6} @ 4370psi	85	173	27.3	0.848

解

方法 1，Standing 经验公式：

$$B_o = 0.9759 + 0.000120 \left[R_s \left(\frac{\gamma_g}{\gamma_o} \right)^{0.5} + 1.25(T - 460) \right]^{1.2}$$

方法 2，Vasquez – Beggs 经验公式：

$$B_o = 1.0 + C_1 R_s + (T - 520) \left(\frac{\text{API}}{\gamma_{gs}} \right) [C_2 + C_3 R_s]$$

方法 3，Glaso 经验公式：

$$B_o = 1.0 + 10^A$$

方法 4，Marhoun 经验公式：

$$B_o = 0.497069 + 0.000862963T + 0.00182594F + 0.00000318099F^2$$

方法 5，Petrosky – Farshad 经验公式：

$$B_o = 1.0113 + 7.2046 \times 10^{-5} A$$

方法 6，物质平衡方法：

$$B_o = \frac{62.4\gamma_o + 0.0136R_s\gamma_g}{\rho_o}$$

应用这 6 种经验公式计算 B_o 的结果列于表 4 – 26 中。

表 4 – 26 B_o 的计算结果

油	B_o	方 法					
		1	2	3	4	5	6
1	1.528	1.506	1.474	1.473	1.516	1.552	1.525
2	1.474	1.487	1.45	1.459	1.477	1.508	1.47
3	1.529	1.495	1.451	1.461	1.511	1.556	1.542
4	1.619	1.618	1.542	1.589	1.575	1.632	1.623
5	1.57	1.571	1.546	1.541	1.554	1.584	1.599
6	1.385	1.461	1.389	1.438	1.414	1.433	1.387
平均误差/%	—	1.7	2.8	2.8	1.3	1.8	0.6

Al – Shammasi(1999)使用神经网络方法得到了一种估算 B_o 的经验公式：

$$B_o = 1 + [5.53 \times 10^{-7}(T - 520)R_s] + 0.000181\left(\frac{R_s}{\gamma_o}\right) + 0.000449(T - 520)/\gamma_o + 0.000206R_s\gamma_g/\gamma_o$$

式中 T——温度，°R。

该方法的平均绝对误差为 1.81%。

4.7 原油的等温压缩系数

原油的等温压缩系数是指在等温条件下，原油体积随压力变化的变化率。因此，除压力之外的所有变量都是恒定的，包括温度。在数学上，等温压缩系数 c 由以下表达式定义：

$$c = -\frac{1}{V}\left(\frac{\partial V}{\partial P}\right)_T$$

在解决许多油藏工程问题时需要用到等温压缩系数，包括流体瞬时流动问题。它也是确定未饱和原油物理性质所必需的重要参数。

对于原油系统，根据油藏压力可将原油的等温压缩系数 c_o 分为以下两种类型：

(1)在储层压力大于或等于泡点压力($P \geqslant P_b$)时，原油以单相存在，所有的溶解气仍在溶液中。在泡点压力以上，原油的等温压缩系数，反映了原油的膨胀性或压缩性随压力变化的情况。此时，原油的压缩系数被称为未饱和原油等温压缩系数。

(2)在泡点压力以下，溶解气随着储层压力的降低而被释放，或者随着压力的增加而再次溶解在原油中。在确定等温压缩系数时，必须考虑由于溶解气油比的改变而导致的油量的变化。此时，原油的压缩系数被称为饱和原油等温压缩系数。

4.7.1 未饱和原油的等温压缩系数

通常，未饱和原油的等温压缩系数可通过开展实验室 PVT 分析来确定。将原油样品置于储层温度和略大于泡点压力的压力下，此时储层的流体以单相液体的形式存在。随着压力下降，原油的体积发生膨胀，记录该体积并将其绘制为压力的函数。如果得到了原油的压力－体积图，则可以通过图形确定体积 V 和相应的斜率$(\partial V/\partial P)_T$来计算任何压力下的瞬时压缩系数 c_o。

当储层压力高于泡点压力，原油的等温压缩系数可定义为以下任意一种等价表达式：

$$c_o = -\frac{1}{V}\left(\frac{\partial V}{\partial P}\right)_T$$

$$c_o = -\frac{1}{B_o}\left(\frac{\partial B_o}{\partial P}\right)_T \tag{4-47}$$

$$c_o = -\frac{1}{\rho_o}\left(\frac{\partial \rho_o}{\partial P}\right)_T$$

式中　C_o——原油的等温压缩系数，psi^{-1}；

$\left(\dfrac{\partial V}{\partial p}\right)_T$——在等温压力－体积曲线的压力 P 处的斜率；

ρ_o——原油的密度，lb/ft^3；

B_o——原油的体积系数，bbl/STB。

这三个等式的等价推导过程将在后文中论述。

Craft 和 Hawkins(1959)引入了累积或平均等温压缩系数的概念来定义从油藏初始压力到油藏当前压力的压缩系数。他们利用物质平衡方法来估算平均等温压缩系数，具体表达式如下：

$$\overline{c_o} = \frac{V\int_P^{P_i} c_o \mathrm{d}P}{V(P_i - P)} = \frac{V - V_i}{V(P_i - P)}$$

其中，下标 i 表示初始条件。相应地，平均等温压缩系数也可以用 B_o 和 ρ_o 的形式来表示：

$$\overline{c_o} = \frac{B_o - B_{oi}}{B_o(P_i - P)}$$

$$\overline{c_o} = \frac{\rho_{oi} - \rho_o}{\rho_o(P_i - P)}$$

目前，用在高于泡点压力的压力下估算原油等温压缩系数的 4 种常用方法包括：

（1）Trube 经验公式。

（2）Standing 经验公式。

（3）Vasquez – Beggs 经验公式。

（4）Petrosky – Farshad 经验公式。

1. Trube 经验公式

Trube（1957）提出了由以下关系式定义未饱和原油的等温拟对比压缩系数 c_r 的概念：

$$c_r = c_o P_{pc} \tag{4-48}$$

Trube（1957）以图形的方式将此性质与拟对比压力 P_{pr} 和拟对比温度和 T_{pr} 相联系，结果如图 4 – 8 所示。此外，Trube（1957）还提供了另外两个图版（图 4 – 9 和图 4 – 10）来估算原油的拟临界性质。该方法的计算步骤总结如下：

步骤 1，根据测量的井底压力和压力梯度数据，由以下表达式计算未饱和原油的平均密度：

$$(\rho_o)_T = \frac{\mathrm{d}P/\mathrm{d}h}{0.433}$$

式中　$(\rho_o)_T$——储层压力和温度下的原油密度，g/cm^3；

$\mathrm{d}P/\mathrm{d}h$——从增压实验中获得的压力梯度。

步骤 2，使用式（4 – 49）的等式将步骤 1 中计算得到的未饱和原油的密度校正为在 60℉时的密度：

$$(\rho_o)_{60} = (\rho_o)_T = 0.00046(T - 520) \tag{4-49}$$

式中　$(\rho_o)_{60}$——将未饱和原油密度校正为在 60℉后的密度，g/cm^3；

T——储层温度，℉。

步骤 3，确定储层温度下原油的泡点压力 P_b。如果泡点压力未知，可以利用 Standing（1981）方法估算泡点压力［式（4 – 30）］，即：

$$P_b = 18.2\left\{\left(\frac{R_s}{\gamma_g}\right)^{0.83}\left[\frac{10^{0.00091(T-460)}}{10^{0.0125°API}}\right] - 1.4\right\}$$

步骤 4，使用 Standing 和 Kata（1942）提出的校正公式，将在储层温度下计算的泡点压力 P_b 校正为在 60℉时的泡点压力。校正公式如式（4 – 50）所示：

$$(P_b)_{60} = \frac{1.134 P_b}{10^{0.00091(T-460)}} \tag{4-50}$$

式中 $(P_b)_{60}$——在温度为60℉时的泡点压力，psi；

P_b——储层温度下的泡点压力，psia；

T——储层温度，℉R。

步骤5，在图4-9中，根据$(P_b)_{60}$和$(\rho_o)_{60}$的值，确定原油的拟临界温度T_{pc}。

步骤6，在图4-10中，根据T_{pc}值，确定原油的拟临界压力P_{pc}。

步骤7，根据以下关系式计算拟对比压力P_{pr}和拟对比温度T_{pr}：

$$T_{pr} = \frac{T}{T_{pc}}$$

$$P_{pr} = \frac{P}{P_{pc}}$$

步骤8，在图4-8中，以T_{pr}和P_{pr}的值确定c_r。

步骤9，重新排列式（4-48），得到以下计算c_o的关系式：

$$c_o = \frac{c_r}{P_{pc}}$$

尽管Trube（1957）在论文中提供的例子显示该方法的计算值和测量值之间的平均绝对误差仅为7.9%，但他没有给出建立该经验公式的数据，也没有评价该方法的准确性。以下示例很好地说明了Trube（1957）经验公式的准确性。

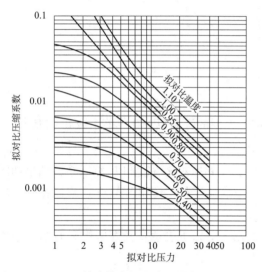

图4-8　Trube的未饱和原油的拟对比压缩系数曲线

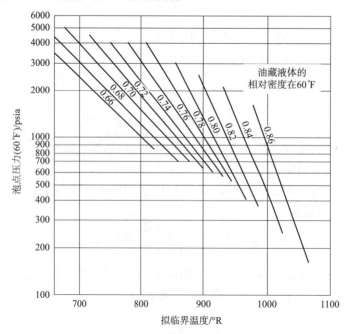

图4-9　Trube的拟温度曲线

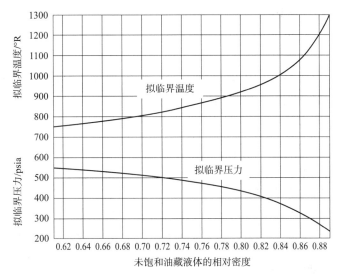

图 4 – 10　Trube 的拟临界性质曲线

例 4 – 21　基于以下数据，

原油的相对密度 = 45°

溶解气油比 = 600scf/STB

溶解气的相对密度 = 0.8

储层温度 = 212 ℉

储层压力 = 2000psia

在储层压力 2000psia 和储层温度 212 ℉下，储层的压力梯度是 0.032psi/ft。分别估算在压力为 2000psia、3000psia 和 4000psia 时的 C_o。

解　步骤 1，确定 $(\rho_o)_T$：

$$(\rho_o)_T = \frac{\mathrm{d}P/\mathrm{d}h}{0.433} = \frac{0.32}{0.433} = 0.739 \text{g/cm}^3$$

步骤 2，使用式（4 – 49）将计算的原油相对密度校正为 60 ℉时的密度：

$$(\rho_o)_{60} = (\rho_o)_T + 0.00046(T - 520) = 0.739 + 0.00046 \times 152 = 0.8089$$

步骤 3，根据 Standing 估算泡点压力的经验公式［式（4 – 40）］估算泡点压力得到：

$$P_b = 18.2\left[\left(\frac{R_S}{\gamma_g}\right)^{0.83}\left(\frac{10^{0.00091(T-460)}}{10^{0.0125°\text{API}}}\right) - 1.4\right] = 18.2\left[\left(\frac{600}{0.8}\right)^{0.83}\left(\frac{10^{0.00091(T-212)}}{10^{0.0125 \times 45}}\right) - 1.4\right] = 1866\text{psia}$$

步骤 4，应用式（4 – 50）将 P_b 校正到 60 ℉的泡点压力：

$$(P_b)_{60} = \frac{1.134 p_b}{10^{0.00091(T-460)}} = \frac{1.134 \times 1866}{10^{0.00091 \times 212}} = 1357.1\text{psia}$$

步骤 5，根据图 4 – 9，确定原油的拟临界温度 T_{pc}：

$$T_{pc} = 840°\text{R}$$

步骤 6，在图 4 – 10 中，根据 T_{pc} 确定原油的拟临界压力 P_{pc}：

$$P_{pc} = 500\text{psia}$$

步骤7，计算拟对比温度：

$$T_{pr} = \frac{672}{840} = 0.8$$

步骤8，分别计算不同压力下的拟对比压力 P_{pr}、拟对比等温压缩系数 c_r 和相应的等温压缩系数，计算结果如表4-27所示。

表4-27 计算结果

P	$P_{pr} = P/500$	c_r	c_o
2000	4	0.0125	25.0
3000	6	0.0089	17.8
4000	8	0.0065	13.0

2. Vasquez - Beggs 经验公式

Vasquez 和 Beggs(1980)利用线性回归模型拟合了4036个实验数据，得到了原油的等温压缩系数 c_o 与 R_{sb}、T、API、γ_g 和 P 的关系式如式(4-51)所示：

$$c_o = \frac{-1433 + 5\,R_{sb} + 17.2(T-460) - 1180\gamma_g + 12.61°API}{10^5 P} \tag{4-51}$$

式中 T——温度，$°R$；

  P——高于泡点压力的压力，psia；

  R_{sb}——泡点压力时的溶解气油比；

  γ_g——由式(4-3)定义的气体相对密度。

3. Petrosky - Farshad 经验公式

Petrosky 和 Farshad(1993)提出了确定未饱和原油等温压缩系数的经验公式：

$$c_o = 1.705 \times 10^{-7} R_{sb}^{0.69357} \gamma_g^{0.1885}\ API^{0.3272}\ (T-460)^{0.6729} P^{-0.5906} \tag{4-52}$$

式中 T——温度，$°R$；

  R_{sb}——在泡点压力时的溶解气油比，scf/STB。

4. Standing 经验公式

Standing(1974)提出了一种图版来确定未饱和原油的压缩系数。后来，Whitson 和 Brule 用式(4-53)表示此图版：

$$c_o = 10^{-6}\exp\left[\frac{\rho_{ob} + 0.004347(P-P_b) - 79.1}{0.0007141(P-P_b) - 12.938}\right] \tag{4-53}$$

式中 ρ_{ob}——泡点压力下的原油密度，lb/ft^3；

  P_b——泡点压力，psia；

  c_o——原油的等温压缩系数，$psia^{-1}$。

例4-22 利用例4-20中的实验数据，使用 Vasquez - Beggs、Petrosky - Farshad 和 Standing 经验公式估算未饱和原油的等温压缩系数。为方便起见，表4-28给出了例4-20中的数据。

表 4 - 28　实验数据

油	T	P_b	R_s	B_o	ρ_o	$c_o(p > p_b)$	P_{sep}	T_{sep}	API	γ_g
1	250	2377	751	1.528	38.13	22.14×10^{-6} at 2689psi	150	60	47.1	0.851
2	220	2620	768	1.474	40.95	18.75×10^{-6} at 2810psi	100	75	40.7	0.855
3	260	2051	693	0.529	37.37	22.69×10^{-6} at 2526psi	100	72	48.6	0.911
4	237	2884	968	1.619	38.92	21.51×10^{-6} at 2942psi	60	120	40.5	0.898
5	218	3065	943	0.57	37.7	24.16×10^{-6} at 3273psi	200	60	44.2	0.781
6	180	4239	807	0.385	46.79	11.65×10^{-6} at 4370psi	85	173	27.3	0.848

解　分别使用 Vasquez - Beggs 经验公式：

$$c_o = \frac{-1433 + 5R_{sb} + 17.2(T - 460) - 1180\gamma_{gs} + 12.61°\text{API}}{10^5 P}$$

Petrosky - Farshad 经验公式：

$$c_o = 1.705 \times 10^{-7} R_{sb}^{0.69357} \gamma_g^{0.1885} \text{API}^{0.3272} (T - 460)^{0.6729} P^{-0.5906}$$

Standing 经验公式：

$$c_o = 10^{-6} \exp\left(\frac{\rho_{ob} + 0.004347(p - p_b) - 79.1}{0.0007141(p - p_b) - 12.938}\right)$$

得到的计算结果如表 4 - 29 所示：

表 4 - 29　计算结果

油	压力/psi	测量 c_o/10^{-6}psi	Standing/10^{-6}psi	Vasquez - Beggs/10^{-6}psi	Petrosky - Farshad/10^{-6}psi
1	2689	22.14	22.54	22.88	22.24
2	2810	18.75	18.46	20.16	19.27
3	2526	22.6	23.3	23.78	22.92
4	2942	21.51	22.11	22.31	21.78
5	3273	24.16	23.72	20.16	20.39
6	4370	11.45	11.84	11.54	11.77
		AAE	2.00%	6.18%	4.05%

4.7.2　饱和原油的等温压缩系数

当压力低于泡点压力时，溶解气的释放会造成原油的收缩，或者由于压力下降会导致原油发生膨胀。因此，在确定饱和原油的等温压缩系数时，必须考虑由于溶解气油比的改变而导致的油量的变化。在泡点压力以下，c_o 的定义式如式(4 - 54)所示：

$$c_o = \frac{-1}{B_o} \frac{\partial B_o}{\partial P} + \frac{B_g}{B_o} \frac{\partial R_s}{\partial P} \tag{4-54}$$

式中　B_g——气体的体积系数，bbl/scf。

Standing 估算 R_s 的经验公式 [式(4 - 23)] 和估算 B_o 的经验公式 [式(4 - 38)] 可以对压力 P 求导，分别得到以下关系式：

$$\frac{\partial R_s}{\partial P} = \frac{R_s}{0.83P + 21.75}$$

$$\frac{\partial B_o}{\partial P} = \left(\frac{0.00014R_s}{0.83p + 21.75}\right)\left(\frac{\gamma_g}{\gamma_o}\right)^{0.5}\left[R_s\left(\frac{\gamma_g}{\gamma_o}\right)^{0.5} + 1.25(T - 460)\right]^{0.2}$$

将这两个表达式代入式(4 - 54)得到关系式，如式(4 - 55)所示：

$$c_o = \frac{-R_s}{B_o(0.83P + 21.75)}\left\{0.000144\sqrt{\frac{\gamma_g}{\gamma_o}}\left[R_s\sqrt{\frac{\gamma_g}{\gamma_o}} + 1.25(T - 460)\right]^{0.2} - B_g\right\} \quad (4-55)$$

式中 P——压力，psia；

T——温度，°R；

B_g——压力下的气体体积系数，bbl/scf；

B_o——原油的体积系数；

R_s——溶解气油比，scf/STB；

γ_o——原油的相对密度；

γ_g——气体的相对密度。

McCain 等(1988)将原油的压缩系数与压力 P，原油 API 重度，泡点压力时的溶解气油比 R_{sb} 和温度 T 相关联得到关系式，如式(4 - 56)所示：

$$c_o = \exp A \quad (4-56)$$

其中，参数 A 由式(4 - 57)的表达式给出：

$$A = -7.633 - 1.497\ln p + 1.115\ln T + 0.533\ln(API) + 0.184\ln R_{sb} \quad (4-57)$$

Mccain 等(1988)指出，如果泡点压力已知，可以显著地提高式(4 - 56)的精度。因此，他们将泡点压力 P_b 作为式(4 - 57)的一个参数来提高 A 的精度，得到关系式如式(4 - 58)所示：

$$A = -7.573 - 1.45\ln P - 0.383\ln P_b + 1.402\ln T + 0.256\ln(API) + 0.449\ln R_{sb}$$

$$(4-58)$$

例 4 - 23 在 1650psi 和 250℉下，原油具有以下 PVT 性质：

API = 47.1°API

$P_b = 2377$psi

$\gamma_g = 0.851$

$\gamma_{gs} = 0.873$

$R_{sb} = 751$scf/STB

$B_{ob} = 1.528$ bbl/STB

在 1650psig 下实测的 PVT 数据如下：

$B_o = 1.393$ bbl/STB

$R_s = 515$scf/STB

$B_g = 0.001936$ bbl/scf

$c_o = 324.8 \times 10^{-6}$psi^{-1}

分别使用式(4 - 55)和 McCain 经验公式估算饱和原油的等温压缩系数。

解　应用式(4-58)计算参数 A 得到：

$$A = -7.573 - 1.45\ln 1665 - 0.383\ln 2392 + 1.402\ln 710 + 0.256\ln 47.1 + 0.449\ln 451$$

$$= -8.1445$$

使用式(4-56)计算原油的等温压缩系数 c_o 得到：

$$c_o = \exp A = \exp(-8.1445) = 290.3 \times 10^{-6} \text{psi}^{-1}$$

应用式(4-55)计算原油的等温压缩系数 c_o，得到：

$$c_o = \frac{-R_s}{B_o(0.83p + 21.75)}\left\{0.000144\sqrt{\frac{\gamma_g}{\gamma_o}}\left[R_s\sqrt{\frac{\gamma_g}{\gamma_o}} + 1.25(T - 460)\right]^{0.2} - B_g\right\}$$

$$c_o = \frac{-515}{1.393 \times 0.83 \times 1665 + 21.75}\left[0.000144 \times \sqrt{\frac{0.815}{0.792}} \times \left(515 \times \sqrt{\frac{0.815}{0.792}} + 1.25 \times 250\right)^{0.2} - 0.001936\right]$$

$$c_o = 358 \times 10^{-6}\text{psi}^{-1}$$

注意，当利用经验公式或者向外插值的方法建立烃类系统饱和压力以下的 PVT 性质关系时，需要确保 PVT 性质具有一致性。压力增加导致的原油体积的增加量必须小于由于气体的溶解导致的原油体积的减少量，是 PVT 性质一致性的基本原则。由式(4-54)表示的原油的等温压缩系数 c_o 必须是正值，即

$$-\frac{1}{B_o}\frac{\partial B_o}{\partial P} + \frac{B_g}{B_o}\frac{\partial R_s}{\partial P} > 0$$

因此，可以得到以上 PVT 性质一致性检验的基本原则，即：

$$\frac{\partial B_o}{\partial P} < B_g\frac{\partial R_s}{\partial P}$$

可以在 PVT 数据的表格中进行 PVT 性质的一致性检验。错误的 PVT 性质通常容易发生在压力较高处，此时气体的体积因子 B_g 相对较小。

4.8　未饱和油的性质

图4-11 显示了溶解气油比 R_s、原油体积系数 B_o 和原油密度 ρ_o 随压力变化的关系。如前所述，溶解气油比 R_s 测量的是气体在指定温度下随着压力的增加气体溶解在油中的趋势。在压力达到泡点压力之前，R_s 随压力增加而增大，并且随着气体不断地溶解在原油中，原油的体积发生了膨胀，从而导致其体积系数增大，密度和黏度降低，如图4-11所示。当压力高于泡点压力 P_b，溶解气油比达到其最大值 R_{sb}（在泡点压力下的溶解气油比），并保持恒定，而原油的体积系数 B_o 在减小，原油密度 ρ_o 在增大。这是因为当压力高于泡点压力 P_b 时，在等温增压过程中原油的体积 $(V_o)_{p,T}$ 在减小。根据 B_o 和 ρ_o 的数学定义：

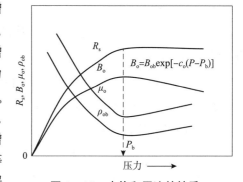

图4-11　未饱和原油的性质

$$B_o = \frac{(V_o)_{p,T}}{(V_o)_{sc}}$$

$$\rho_o = \frac{质量}{(V_o)_{p,T}}$$

由以上两个表达式可知，原油体积$(V_o)_{p,T}$的减小将导致原油体积系数B_o减小，原油密度ρ_o增大。

当压力高于泡点压力，原油体积的变化幅度是其等温压缩系数c_o的函数。考虑到原油的收缩对其体积系数和密度的影响，首先使用前面描述的某一方法计算泡点压力下的B_{bo}和ρ_{ob}，然后将其校正到油藏压力P下。

4.8.1　未饱和油的储层体积系数

由式(4-47)定义的等温压缩系数可等价为：

$$c_o = \frac{-1}{V_o} \frac{\partial V_o}{\partial P}$$

用原油的体积系数B_o等效地给出等温压缩系数的定义式：

$$c_o = \frac{-1}{V_o/(V_o)_{sc}} \frac{\partial [V_o/(V_o)_{sc}]}{\partial P} = \frac{-1}{B_o} \frac{\partial B_o}{\partial P} \tag{4-59}$$

重新排列式(4-59)，并两边同时积分得到：

$$\int_{P_b}^{P} -c_o dP = \int_{B_{ob}}^{B_o} \frac{1}{B_o} dB_o \tag{4-60}$$

采用算术平均压力计算c_o，并对上式的右边项进行积分得到：

$$B_o = B_{ob} \exp[-c_o(P - P_b)] \tag{4-61}$$

式中　B_o——压力p下原油的体积系数，bbl/STB；

　　　B_{ob}——泡点压力下的原油的体积系数，bbl/STB；

　　　P——压力，psia；

　　　P_b——泡点压力，psia。

用 Vasquez-Beggs 的表达式(4-60)代替式(4-51)中的等温压缩系数c_o，并进行积分得到：

$$B_o = B_{ob} \exp\left[-A\ln\left(\frac{P}{P_b}\right)\right] \tag{4-62}$$

其中，参数A可由下式表示：

$$A = 10^{-5}[-1433 + 5R_{sb} + 17.2(T - 460) - 1180\gamma_{gs} + 12.61 API]$$

类似地，用 Petrosky-Farshad 表达式[式(4-52)]替换式(4-60)中的等温压缩系数c_o，并进行积分得到：

$$B_o = B_{ob} \exp[-A(p^{0.4094} - p_b^{0.4094})] \tag{4-63}$$

参数A的定义式是：

$$A = 4.1646 \times 10^{-7} R_{sb}^{0.69357} \gamma_g^{0.1885} (API)^{0.3272} (T - 460)^{0.6729} \tag{4-64}$$

式中　T——温度,°R;

p——压力, psia;

R_{sb}——泡点压力时的溶解气油比。

例 4-24　基于例 4-23 中给出的 PVT 数据,分别使用式(4-62)和式(4-64)计算 5000psig 下的原油体积系数,并与实测的 B_o(1.457bbl/STB)相比较。

解　(1)使用式(4-62)进行计算。

步骤 1,计算参数 A 得到:

$$A = 10^{-5} \times [-1433 + 5R_{sb} + 17.2(T-460) - 1180\gamma_{gs} + 12.61\text{API}]$$

$$A = 10^{-5} \times (-1433 + 5 \times 751 + 17.2 \times 250 - 1180 \times 0.873 + 12.61 \times 47.1) = 0.061858$$

步骤 2,应用式(4-62)计算地层油的体积系数:

$$B_o = B_{ob}\exp\left[-A\ln\left(\frac{P}{P_b}\right)\right]$$

$$B_o = 1.528\exp\left[-0.061858\ln\left(\frac{5015}{2392}\right)\right] = 1.459\text{bbl/STB}$$

(2)使用式(4-64)进行计算。

步骤 1,使用式(4-64)计算参数 A 得到:

$$A = 4.1646 \times 10^{-7} R_{sb}^{0.69357}\gamma_g^{0.1885}(\text{API})^{0.3272}(T-460)^{0.6729}$$

$$A = 4.1646 \times 10^{-7} \times 751^{0.69357} \times 0.851^{0.1885} \times 47.1^{0.3272} \times 250^{0.6729} = 0.005778$$

步骤 2,应用式(4-63)计算 B_o:

$$B_o = B_{ob}\exp\left[-A(P^{0.4094} - P_b^{0.4094})\right]$$

$$B_o = 1.528\exp\left[-0.005778(5015^{0.4094} - 2392^{0.4096})\right] = 1.453\text{bbl/STB}$$

这两种方法计算得到的原油的体积系数 B_o 值与实测值非常接近。

4.8.2　未饱和油的原油密度

在任一指定的压力和温度下,体积 V_o 可表示为:

$$V_o = \frac{m}{\rho_o}$$

对密度求导可得:

$$\left(\frac{\partial V_o}{\partial P}\right)_T = \frac{-m}{\rho_o^2}\frac{\partial\rho_o}{\partial P}$$

将这两个关系代入式(4-47)得到:

$$c_o = \frac{-1}{V_o}\frac{\partial V_o}{\partial P} = \frac{-1}{(m/\rho_o)}\left(\frac{-m}{\rho_o^2}\frac{\partial\rho_o}{\partial P}\right)$$

因此,用密度表示 c_o:

$$c_o = \frac{-1}{\rho_o}\frac{\partial\rho_o}{\partial P}$$

重新整理上式，并两边同时积分得到：

$$\int_{P_b}^{P} -c_o dP = \int_{P_b}^{P} \frac{d\rho_o}{\rho_o}$$

$$c_o(P - P_b) = \ln\left(\frac{\rho_o}{\rho_{ob}}\right)$$

当压力高于泡点压力时，计算原油密度：

$$\rho_o = \rho_{ob} \exp[c_o(P - P_b)] \tag{4-65}$$

式中　ρ_o——压力为 P 时的原油密度，lb/ft^3；

ρ_{ob}——泡点压力时的原油密度，lb/ft^3；

c_o——平均压力下的等温压缩系数，psi^{-1}。

Vasquez – Beggs 和 Petrosky – Farshad 的原油压缩系数的表达式可以代入式(4-65)中，得到以下表达式。

Vasquez – Beggs 压缩系数 c_o 的表达式：

$$\rho_o = \rho_{ob} \exp\left[A\ln\left(\frac{P}{P_b}\right)\right] \tag{4-66}$$

其中：

$$A = 10^{-5}[-1433 + 5R_{sb} + 17.2(T - 460) - 1180\gamma_{gs} + 12.61°API]$$

Petrosky – Farshad 压缩系数 c_o 的表达式：

$$\rho_o = \rho_{ob} \exp[A(P^{0.4094} - P_b^{0.4094})] \tag{4-67}$$

其中，参数 A 由式(4-64)给出：

$$A = 4.1646 \times 10^{-7} R_{sb}^{0.69357} \gamma_g^{0.1885} (API)^{0.3272} (T - 460)^{0.6729}$$

4.9　总体积系数

为了描述油气系统在泡点压力下压力与体积的关系，可以方便地将这种关系用以压力为函数的总体积系数来表示。地层总体积系数 B_t 的定义是油藏压力低于饱和压力时，在给定压力下地层油和其析出气体总体积(即两相体积)与地面脱气原油体积的比例。由于天然烃类系统只会是单相或者两相，因此地层总体积系数也称地层两相体积系数。

数学上，B_t 的定义是：

$$B_t = \frac{(V_o)_{p,T} + (V_g)_{p,T}}{(V_o)_{sc}} \tag{4-68}$$

式中　B_t——地层总体积系数 bbl/STB；

$(V_o)_{p,T}$——在 P 和 T 处地层油的体积，bbl；

$(V_g)_{p,T}$——在 P 和 T 处析出气体的体积，bbl；

$(V_o)_{sc}$——在标准条件下(脱气)原油的体积，STB。

当储层压力大于或等于泡点压力 P_b 时，储层中不存在游离气，即 $(V_g)_{p,T} = 0$。因此式 (4 – 68) 可表示为：

$$B_t = \frac{(V_o)_{p,T} + 0}{(V_o)_{sc}} = \frac{(V_o)_{p,T}}{(V_o)_{sc}} = B_o$$

图 4 – 12 显示了未饱和原油的 B_t 和 B_o 与压力的函数关系曲线。B_t 和 B_o 在高于或等于泡点压力的压力下相等，因为在此压力下仅存在油相。当压力低于泡点压力，B_t 和 B_o 的差异是由在标准状况下原油中析出的溶解气的体积导致的。

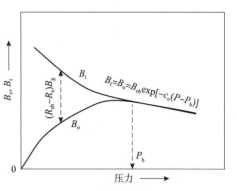

图 4 – 12　B_o 和 B_t 与压力的关系图

在泡点压力 P_b 和储层温度 T 下将原油样品放置在 PVT 容器中，如图 4 – 13 所示。假设油样的体积足以在标准条件下生产一桶地面脱气原油。假设 R_{sb} 代表 P_b 处气体的溶解度。通过将压力降低到 P，油样中释放出一部分溶解气并占据容器一定的体积。R_s 和 B_o 分别代表在压力 P 处的溶解气油比和原油的体积系数。显然，$(R_{sb} - R_s)$ 表示在每桶地面脱气原油中测量的游离气的体积。在油藏条件下游离气的体积是：

$$(V_g)_{p,T} = (R_{sb} - R_s)B_g$$

式中　$(V_g)_{p,T}$——在 P 和 T 下的游离气的体积，bbl/STB；

　　　B_g——气体的体积系数，bbl/scf。

油藏条件下剩余油的体积是：

$$(V)_{p,T} = B_o$$

根据两相体积系数的定义：

$$B_t = B_o + (R_{sb} - R_s)B_g \tag{4 – 69}$$

式中　R_{sb}——泡点压力下气体的溶解度，scf/STB；

　　　R_s——指定压力下气体的溶解度，scf/STB；

　　　B_o——指定压力下原油的地层体积系数，bbl/STB；

　　　B_g——气体的地层体积系数，bbl/scf。

从如图 4 – 13 所示的实验室流程中注意到，在压力下降的过程中并没有从 PVT 容器中除去气体或油，即烃类混合物的总组成没有变化。因此，这是一个由组分恒定的实验确定的性质。通过式 (4 – 69) 估算 B_t 的准确性在很大程度上取决于式中用到的其他 PVT 参数的准确性，如 B_o、R_{sb}、R_s 和 B_g。

在没有实验数据的情况下，可以使用以下几种经验公式来估算总体积系数 B_t：

(1) Standing 经验公式。

(2) Glaso 经验公式。

(3) Marhoun 经验公式。

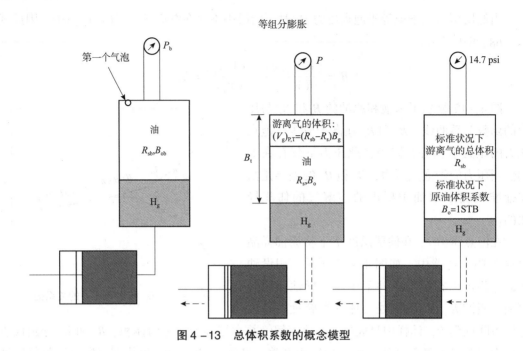

图 4-13　总体积系数的概念模型

4.9.1　Standing 经验公式

Standing(1947)使用 387 个实验数据提出了用于预测总体积系数的图版。该图版的平均误差为 5%。该经验公式使用以下参数来估算总体积系数：

(1)压力 P。

(2)指定压力 P 下的溶解气油比 R_s。

(3)溶解气相对密度 γ_g。

(4)原油相对密度 γ_o，60℉/60℉。

(5)储层温度 T。

基于这些参数，Standing 提出了经验公式如式(4-70)所示：

$$\log(A^*) = \log\left[R_s \frac{(T-460)^{0.5}(\gamma_o)^C}{(\gamma_g)^{0.3}}\right] - \left(10.1 - \frac{96.8}{6.604 + \log p}\right) \tag{4-70}$$

其中，指数 C 的定义式是：

$$C = (2.9)10^{-0.00027R_s} \tag{4-71}$$

Whitson 和 Brule(2000)通过式(4-72)表示了 Standing 的图版：

$$\log(B_t) = -5.223 - \frac{47.4}{\log(A^*) - 12.22} \tag{4-72}$$

4.9.2　Glaso 经验公式

Glaso(1980)将北海油田的 45 个原油样品的实验数据用于回归分析，提出了估算 B_t 的经验公式。Glaso 修改了 Standing 提出的式(4-70)中的参数 A^*，估算 B_t 的表达式是：

$$\log B_t = 0.080135 + 0.47257 \log A^* + 0.17351 \left(\log A^* \right)^2 \tag{4-73}$$

Glaso(1980)将参数 A^* 表示为压力的函数：

$$A^* = \left[\frac{R_s \left(T - 460 \right)^{0.5} \left(\gamma_o \right)^C}{\left(\gamma_g \right)^{0.3}} \right] p^{-1.1089} \tag{4-74}$$

式中，指数 C 仍由式(4-71)估算。Glaso(1980)指出，该方法计算地层的总体积系数时，标准偏差为 6.54%。

4.9.3　Marhoun 经验公式

基于 1556 个实验室确定的总体积系数，Marhoun(1988)使用非线性多元回归方法得到了估算 B_t 的数学表达式，具体形式如式(4-75)所示：

$$B_t = 0.314693 + 0.106253 \times 10^{-4} F + 0.18883 \times 10^{-10} F^2 \tag{4-75}$$

参数 F 可表示为：

$$F = R_s^a \gamma_g^b \gamma_o^c T^d p^e$$

式中　T——温度,°R；

系数 $a \sim e$ 的值如下：

$a = 0.644516$

$b = -1.079340$

$c = 0.724874$

$d = 2.006210$

$e = -0.761910$

Marhoun 经验公式的平均绝对误差为 4.11%，标准偏差为 4.94%。

例 4-25　基于以下 PVT 数据，

$P_b = 2744 \mathrm{psia}$

$T = 600 °\mathrm{R}$

$\gamma_g = 0.6744$

$R_s = 444 \mathrm{scf/STB}$

$R_{sb} = 603 \mathrm{scf/STB}$

$\gamma_o = 0.843\ 60°/60°$

$P = 2000 \mathrm{psia}$

$B_o = 1.1752\ \mathrm{bbl/STB}$

分别使用式(4-69)，Standing 经验公式、Glasco 经验公式和 Marhoun 经验公式计算在 2000psia 下的 B_t。

解　(1)使用式(4-69)求解。

步骤 1，应用式(3-18)和式(3-19)，根据气体的相对密度计算溶解气的 T_{pc} 和 p_{pc} 得到：

$$T_{pc} = 168 + 325 \gamma_g - 12.5 \left(\gamma_g \right)^2$$

$$T_{pc} = 168 + 325 \times 0.6744 - 12.5 \times 0.6744^2 = 381.49 °\mathrm{R}$$

$$P_{pc} = 677 + 5\gamma_g - 37.5 \ (\gamma_g)^2 = 670.06 \text{psia}$$

步骤2，计算P_{pr}和T_{pr}：

$$P_{pr} = \frac{P}{P_{pc}} = \frac{2000}{670.00} = 2.986$$

$$T_{pr} = \frac{T}{T_{pc}} = \frac{600}{381.49} = 1.57$$

步骤3，根据图3-1确定气体的压缩系数：

$$Z = 0.81$$

步骤4，根据式(3-54)计算B_g：

$$B_g = 0.005035 \frac{0.81 \times 600}{2000} = 0.001225 \text{bbl/scf}$$

步骤5，应用式(4-69)估算B_t得到：

$$B_t = B_o + (R_{sb} - R_s) B_g = 1.1752.0001225 \times (603 - 444) = 1.195 \text{bbl/STB}$$

(2)使用 Standing 经验公式求解。

分别应用式(4-71)和式(4-70)计算相关参数C和A^*：

$$C = 2.9 \times 10^{-0.00027 R_s} = 2.9 \times 10^{-0.00027 \times 444} = 2.20$$

$$\log(A^*) = \log\left[R_s \frac{(T-460)^{0.5} (\gamma_o)^C}{(\gamma_g)^{0.3}} \right] - \left(10.1 - \frac{96.8}{6.604 + \log P} \right)$$

$$= \log\left(444 \times \frac{140^{0.5} \times 0.843^{2.2}}{0.6744^{0.3}} \right) - \left(10.1 - \frac{96.8}{6.604 + \log 2000} \right) = 3.281$$

根据式(4-72)估算B_t：

$$\log B_t = -5.223 - \frac{47.4}{\log(A^*) - 12.22} = -5.223 - \frac{47.4}{3.281 - 12.22} = 0.0792$$

得到：

$$B_t = 10^{0.0792} = 1.200 \text{bbl/STB}$$

(3)使用 Glaso 经验公式求解。

步骤1，由式(4-71)确定系数C：

$$C = 2.9 \times 10^{-0.00027 \times 444} = 2.2$$

步骤2，从式(4-74)计算相关参数A^*：

$$A^* = \left[\frac{R_s (T-460)^{0.5} (\gamma_o)^C}{(\gamma_g)^{0.3}} \right] P^{-1.1089}$$

$$A^* = \left(\frac{444 \times 140^{0.5} \times 0.843^{2.2}}{0.6744^{0.3}} \right) \times 2000^{-1.1089} = 0.8873$$

步骤3，应用式(4-73)求解B_t得到：

$$\log B_t = 0.080135 + 0.47257 \log A^* + 0.17351 (\log A^*)^2$$

$$\log B_t = 0.080135 + 0.47257 \log 0.8873 + 0.17351 (\log 0.8873)^2 = 0.0561$$

得到：

$$B_t = 10^{0.0561} = 1.138$$

(4)利用 Marhoun 经验公式求解。

步骤1，根据式(4−75)计算参数 F：

$$F = R_s^a \gamma_g^b \gamma_o^c T^d P^e$$

$$F = 444^{0.644516} \times 0.6744^{-1.0734} \times 0.843^{0.724874} \times 600^{2.00621} \times 2000^{-0.76191} = 78590.6789$$

步骤2，根据式(4−75)求解 B_t：

$$B_t = 0.314693 + 0.106253 \times 10^{-4} F + 0.18883 \times 10^{-10} F^2$$

$$B_t = 0.314693 + 0.106253 \times 10^{-4} \times 78590.6789 + 0.18883 \times 10^{-10} \times 78590.6789^2$$

$$B_t = 1.2664 \text{bbl/STB}$$

4.10 原油黏度

原油黏度是指原油在流动时所引起的内部摩擦阻力，它是控制原油在多孔介质中流动的重要物理性质。原油黏度变化较大，一般在 0.1cP 到 100cP 之间，黏度较大的原油俗称稠油。一般来说，黏度大的原油密度也较大。合理而精确地计算原油黏度难度最大。

原油黏度的大小取决于温度、压力、原油相对密度、气体相对密度、溶解气油比及其组分组成。在实际应用中，应尽可能地通过在油藏温度和压力下的实验室测量来确定原油黏度。在标准的 PVT 分析报告中通常会包括原油黏度。如果没有这样的实验室数据，工程师可能会参考经验公式。这些经验公式的复杂性和准确性通常不同，根据原油的实验数据，可以分为以下两种类型：①基于其他 PVT 性质的经验公式，例如 API 或 R_s。②基于原油的化学组成的经验公式。根据压力、原油黏度可分为以下三种类型：

①脱气原油黏度 μ_{od}，是指在大气压和系统温度下无气体的溶液中的原油黏度。

②饱和原油黏度 μ_{ob}，是指在任何小于或等于泡点压力的压力下原油的黏度。

③未饱和原油黏度 μ_o，是指在高于泡点压力的压力下原油的黏度。

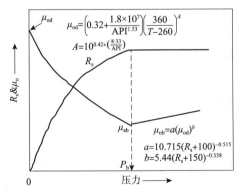

图4−14 原油黏度与 p 和 R_s 的关系

图4−14 概念性地说明了三种原油黏度的定义。在大气压和储层温度下，原油中没有溶解的气体（即 $R_s = 0$），因此原油黏度值最大为 μ_{od}。随着压力增加，溶解气油比相应地增加，导致原油黏度降低。任何 $\leqslant P_b$ 压力下的原油黏度被认为是此压力下的饱和原油黏度。当压力达到泡点压力时，溶液中析出的气体量达到最大值 R_{sb}，原油黏度达到最小值 μ_{ob}。随着压力增加超过 P_b，由于原油的压缩性，未饱和原油的黏度 μ_o 随压力增加。

预测这三类原油黏度均遵循以下类似的三个步骤：

步骤1，计算在指定油藏温度和大气压下脱气原油的黏度 μ_{od}，$R_s = 0$。

步骤2，根据 P 处的溶解气油比将脱气原油黏度校正到指定的储层压力（$P \leqslant P_b$）。

步骤3，对于高于泡点压力的压力，进一步校正 μ_{ob} 以考虑高于泡点压力时原油压缩性的影响。

4.10.1 基于 PVT 数据计算黏度

1. 脱气原油黏度

估算脱气原油黏度的公式包括：

①Beal 经验公式。

②Beggs - Robinson 经验公式。

③Glaso 经验公式。

(1)Beal 经验公式。

基于 753 个 100℉以上的脱气原油黏度值，Beal(1946)提出了脱气原油黏度随温度和原油的 API 相对密度变化的图版。Standing(1981)用如式(4-76)所示的数学关系式表达了该图版：

$$\mu_{od} = 0.32 + \frac{18 \times 10^7}{API^{4.53}} \left(\frac{360}{T - 260} \right)^A \qquad (4-76)$$

式中　μ_{od}——在 14.7psia 和储层温度下测定的脱气原油黏度，cP；

　　　T——温度，℉。

参数 A 的定义如下：

$$A = 10^{0.42 + \frac{8.33}{API}}$$

(2)Beggs - Robinson 经验公式。

Beggs 和 Robinson(1975)基于 460 个脱气原油黏度测量值提出了如式(4-77)所示的表达式来确定脱气原油黏度值：

$$\mu_{od} = 10^{A(T-460)^{-1.163}} - 1.0 \qquad (4-77)$$

式中　T——温度，℉；

　　　A——原油 API 相对密度的函数，其定义式是：

$$A = 10^{3.0324 - 0.02023} API$$

该经验公式的平均误差为 -0.64%，标准偏差为 13.53%。然而，Sutton 和 Farshad(1984)测试该公式认为其误差为 114.3%。

(3)Glaso 经验公式。

Glaso(1980)根据 26 种原油样品的实验测量结果，提出了计算脱气原油黏度的数学关系式，如式(4-78)所示：

$$\mu_{od} = (3.141 \times 10^{10})(T - 460)^{-3.444} [\log(API)]^A \qquad (4-78)$$

式中　T——温度，℉；

系数 A 由下式给出：

$$A = 10.313 [\log(T - 460)] - 36.447$$

该表达式在系统温度的范围为 50~300℉，原油 API 重度的范围为 20°API~48°API 内适用。Sutton 和 Farashad(1984)认为 Glaso 经验公式比前两种方法更为准确。

2. 计算饱和原油黏度的方法

估算饱和原油黏度的方法主要有 Chew - Connally 经验公式和 Beggs - Robinson 经验公式。

（1）Chew – Connally 经验公式。

Chew 和 Connally（1959）对 457 个原油样本进行拟合分析提出了确定由于溶解气油比的降低导致的脱气原油黏度变化的图版。Standing（1981）用数学形式描述了该图版，得到关系式，如式（4 – 79）所示：

$$\mu_{ob} = 10^a (\mu_{od})^b \qquad (4-79)$$

其中，$a \sim e$ 系数的表达式如下：

$$a = R_s [2.2(10^{-7})R_s - 7.4(10^{-4})]$$
$$b = 0.68(10)^c + 0.25(10)^d + 0.062(10)^e$$
$$c = -0.0000862R_s$$
$$d = -0.0011R_s$$
$$e = -0.00374R_s$$

式中　μ_{ob}——泡点压力下的原油黏度，cP；

　　　μ_{od}——在 14.7psia 和储层温度下的脱气原油黏度，cP。

式（4 – 79）的实验数据的参数变化范围是：

①压力：132 ~ 5645psia。

②温度：72 ~ 292℉。

③溶解气油比：51 ~ 3544scf/STB。

④脱气原油黏度：0.377 ~ 50cP。

（2）Beggs – Robinson 经验公式。

通过拟合 2073 个实验室测定的饱和原油黏度数据，Beggs 和 Robinson（1975）提出了估算的数学表达式以估算饱和原油黏度，如式（4 – 80）所示：

$$\mu_{od} = a (\mu_{od})^b \qquad (4-80)$$

其中，参数 a 和 b 分别是：

$$a = 10.715 (R_s + 100)^{-0.515}$$
$$b = 5.44 (R_s + 150)^{-0.338}$$

该经验公式的误差为 – 1.83%，标准偏差为 27.25%。Beggs – Robinson 经验公式的参数范围分别是：

①压力：132 ~ 5265psia。

②温度：70 ~ 295℉。

③API 重度：16 ~ 58°API。

④溶解气油比：20 ~ 2070scf/STB。

（3）Abu – Khamsim 和 Al – Marhoun 经验公式。

Abu – Khamsim 和 Al – Marhoun（1991）的观察表明饱和原油黏度 μ_{ob} 与饱和原油密度 ρ_{ob} 相关。关系式是：

$$\ln \mu_{ob} = 8.484462 \rho_{ob}^4 - 2.652294 \qquad (4-81)$$

式中　ρ_{ob}——饱和原油密度，g/cm³，即 $\rho_{ob}/62.4$。

3. 计算未饱和原油黏度的方法

首先计算泡点压力时的原油黏度，然后通过校正此黏度来估算高于泡点压力时原油的黏度。在高于饱和压力的压力下估算原油黏度的三种常用方法如下：

①Beal 经验公式。

②Khan 经验公式。

③Vasquez – Beggs 经验公式。

（1）Beal 经验公式。

基于 52 个实验室测定的黏度值，Beal（1946）提出了未饱和原油黏度随压力变化的图版。Standing（1981）通过曲线拟合得到该图版的表达式：

$$\mu_o = \mu_{ob} + 0.001(P - P_b)(0.024\mu_{ob}^{1.6} + 0.038\mu_{ob}^{0.56}) \tag{4-82}$$

式中　μ_o——高于饱和压力的压力 P 下未饱和原油的黏度；

　　　μ_{ob}——泡点压力下原油的黏度，cP。

Beal 经验公式的平均误差为 2.7%。

（2）Khan 经验公式。

从沙特阿拉伯原油系统的 1500 个实验室测定的黏度数据，Khan 等（1987）提出以下经验公式来估算未饱和原油的黏度。此方法的平均相对误差为 2%。

$$\mu_o = \mu_{ob}\exp[9.6 \times 10^{-6} \times (P - P_b)] \tag{4-83}$$

（3）Vasquez – Beggs 经验公式。

Vasquez 和 Beggs（1980）基于 3593 个实验数据点，提出了一个简单的数学表达式来估算未饱和原油的黏度，其平均误差为 -7.54%。具体表达式如式（4-84）所示：

$$\mu_o = \mu_{ob}\left(\frac{P}{P_b}\right)^m \tag{4-84}$$

其中，参数 m 和 A 分别是：

$$m = 2.6P^{1.187}10^A$$

$$A = -3.9 \times 10^{-5}P - 5$$

用于式（4-83）经验公式的参数范围如下：

①压力：141～9151psia。

②溶解气油比：9.3～2199scf/STB。

③黏度：0.117～148cP。

④气体相对密度：0.511～1.351。

⑤API 重度：15.3～59.5°API。

该经验公式的平均误差是 -7.54%。

例 4-26　根据例 4-22 中给出的实验室高压物性数据和表 4-30 中的黏度数据，使用本章中的所有计算原油黏度的方法，分别计算 μ_{od}、μ_{ob} 和未饱和原油的黏度。

表 4 – 30 实验室数据

油	T	P_b	R_s	B_o	ρ_o	C_o 当 $p > p_b$	P_{sep}	T_{sep}	API	γ_g
1	250	2377	751	1.528	38.13	22.14×10^{-6} at 2689	150	60	47.1	0.851
2	220	2620	768	1.474	40.95	18.75×10^{-6} at 2810	100	75	40.7	0.855
3	260	2051	693	0.529	37.37	22.69×10^{-6} at 2526	100	72	48.6	0.911
4	237	2884	968	1.619	38.92	21.51×10^{-6} at 2942	60	120	40.5	0.898
5	218	3065	943	0.57	37.7	24.16×10^{-6} at 3273	200	60	44.2	0.781
6	180	4239	807	0.385	46.79	11.65×10^{-6} at 4370	85	173	27.3	0.848

	死油 (μ_{od})@T	饱和原油 (μ_{ob})/cP	未饱和原油/μ_{ob}@p
1	0.765@250℉	0.224	0.281@5000psi
2	1.286@220℉	0.373	0.450@5000psi
3	0.686@260℉	0.221	0.292@5000psi
4	1.014@237℉	0.377	0.414@6000psi
5	1.009@218℉	0.305	0.394@6000psi
6	4.166@180℉	0.950	1.008@5000psi

解 (1)计算脱气原油黏度。

根据式(4 – 76)、式(4 – 77)和式(4 – 78)计算原油黏度,计算结果如表 4 – 31 所示:

表 4 – 31 原油黏度计算结果

油	测得的 μ_{od}	Beal	Beggs – Robinson	Glaso
1	0.765	0.322	0.568	0.417
2	1.286	0.638	1.020	0.775
3	0.686	0.275	0.493	0.363
4	1.014	0.545	0.917	0.714
5	1.009	0.512	0.829	0.598
6	4.166	4.425	4.246	4.536
	AAE	44.90%	17.32%	35.26%

(2)计算饱和原油黏度。

根据式(4 – 79)、式(4 – 80)和式(4 – 81)计算饱和原油黏度,计算结果如表 4 – 32 所示:

表 4 – 32 饱和原油黏度计算结果

油	测量的 ρ_{od}	测量的 μ_o	Chew – Connally	Beggs – Robinson	Abu Khamsin – Al Marhoun
1	0.6111	0.224	0.313*	0.287*	0.230
2	0.6563	0.373	0.426	0.377	0.340
3	0.5989	0.221	0.308	0.279	0.210
4	0.6237	0.377	0.311	0.297	0.255
5	0.6042	0.305	0.316	0.300	0.218
6	0.7498	0.95	0.842	0.689	1.030
		AAE	21%	17%	14%

注:* 由测量的 μ_{od} 计算得到。

（3）计算未饱和原油黏度。

根据式（4-82）、式（4-83）和式（4-84）计算未饱和原油黏度，计算结果如表4-33所示：

表4-33　未饱和原油黏度计算结果

油	测量的μ_o	Beal	Khan	Vasquez-Beggs
1	0.281	0.273*	0.289	0.303*
2	0.450	0.437	0.463	0.485
3	0.292	0.275	0.300	0.318
4	0.414	0.434	0.426	0.472
5	0.396	0.373	0.407	0.417
6	1.008	0.945	1.036	1.016
	AAE	3.80%	3.04%	7.50%

注：*由测量的μ_{ob}计算得到。

4.10.2　根据组分计算黏度

黏度是原油的压力、温度和组分的函数。通常，这种关系可以由以下函数表示：

$$\mu_o = f(P, T, x_1, \cdots, x_n)$$

在注入可混相气体的组分油藏数值模拟中，基于状态方程计算得到的储层气体和原油的组分模型用于预测储层烃类系统的体积变化。为了真实和准确地描述组分的物质平衡，需要根据其组分计算流体的黏度。

根据组分计算原油黏度的两个广泛应用的经验公式分别是：

①Lohrenz-Bray-Clark 经验公式。

②Little-Kennedy 经验公式。

（1）Lohrenz-Bray-Clark 经验公式。

Lohrenz，Bray 和 Clark（1964）（LBC）提出了一种根据原油的组成确定饱和原油的黏度的经验公式。该公式得到了石油工程师的高度认可和应用，其具体表达式是：

$$\mu_{ob} = \mu_o + \frac{[a_1 + a_2\rho_r + a_3\rho_r^2 + a_4\rho_r^3 + a_5\rho_r^4]^4 - 0.0001}{\xi_m} \tag{4-85}$$

其中，系数$a_1 \sim a_5$的值如下：

$a_1 = 0.1023$

$a_2 = 0.023364$

$a_3 = 0.058533$

$a_4 = -0.040758$

$a_5 = 0.0093324$

此外，混合物黏度ξ_m、原油黏度μ_o和对比密度ρ_r的定义式分别是：

$$\xi_m = \frac{5.4402 \, (T_{pc})^{1/6}}{\sqrt{M_a} \, (P_{pc})^{2/3}} \tag{4-86}$$

$$\mu_{\mathrm{o}} = \frac{\sum\limits_{i=1}^{n} (x_i \mu_i \sqrt{M_i})}{\sum\limits_{i=1}^{n} (x_i \sqrt{M_i})} \tag{4-87}$$

$$\rho_{\mathrm{r}} = \frac{\left(\sum\limits_{\substack{i=1 \\ i \notin \mathrm{C}_{7+}}}^{n} [(x_i M_i V_{ci}) + x_{\mathrm{C}_{7+}} V_{\mathrm{C}_{7+}}] \right) \rho_{\mathrm{o}}}{M_{\mathrm{a}}} \tag{4-88}$$

式中　μ_{o}——原油黏度，cP；

　　μ_i——组分 i 的黏度，cP；

　　T_{pc}——原油的拟临界温度，°R；

　　P_{pc}——原油的拟临界压力，psia；

　　M_{a}——混合物的表观相对分子质量；

　　ρ_{o}——在当前系统条件下原油的密度，lb/ft³；

　　x_i——组分 i 的摩尔分数；

　　M_i——组分 i 的相对分子质量；

　　V_{ci}——组分 i 的临界体积，ft³/lb；

　　$x_{\mathrm{C}_{7+}}$——C_{7+} 的摩尔分数；

　　$V_{\mathrm{C}_{7+}}$——C_{7+} 的临界体积，ft³/(lb·mol)；

　　n——混合物中组分的数量。

原油黏度 μ_{o} 基本上代表储层温度和大气压下的原油黏度。混合物中单个组分的黏度 μ_i 由式(4-89)、式(4-90)计算：

当 $T_{\mathrm{ri}} \leqslant 1.5$：$\mu_i = \dfrac{34 \times 10^{-5} (T_{\mathrm{ri}})^{0.94}}{\xi_i}$ $\tag{4-89}$

当 $T_{\mathrm{ri}} > 1.5$：$\mu_i = \dfrac{17.78 \times 10^{-5} (4.58 T_{\mathrm{ri}} - 1.67)^{0.625}}{\xi_i}$ $\tag{4-90}$

式中　T_{ri}——组分 i 的对比温度，T/T_{ri}；

　　ξ_i——组分 i 的黏度，定义式如式(4-91)所示：

$$\xi_i = \frac{5.4402 (T_{ci})^{1/6}}{\sqrt{M_i} (P_{ci})^{2/3}} \tag{4-91}$$

注意，在应用式(4-87)时，组分 n 的黏度 C_{7+} 必须通过前面的脱气原油黏度的计算方法来估算。

Lohrenz 等(1964)提出了计算 $V_{\mathrm{C}_{7+}}$ 的表达式：

$$V_{\mathrm{C}_{7+}} = a_1 + a_2 M_{\mathrm{C}_{7+}} + a_3 \gamma_{\mathrm{C}_{7+}} + a_4 M_{\mathrm{C}_{7+}} \gamma_{\mathrm{C}_{7+}} \tag{4-92}$$

式中　$M_{\mathrm{C}_{7+}}$——C_{7+} 的相对分子质量；

　　$\gamma_{\mathrm{C}_{7+}}$——C_{7+} 的相对密度；

参数 $a_1 \sim a_4$ 分别是：

$a_1 = 21.572$

$a_2 = 0.015122$

$$a_3 = -27.656$$

$$a_4 = 0.070615$$

Lohrenz 等(1964)经验公式对原油密度和 C_{7+} 的临界体积极为敏感。当实验室测定的黏度数据可用时，通常通过调整式(4-85)中的系数 $a_1 \sim a_5$ 的值和 C_{7+} 的临界体积，将计算值与实验数据进行拟合。

（2）Little - Kennedy 经验公式。

Little 和 Kennedy(1968)通过研究 828 种不同原油系统的 3349 个黏度测量值，提出了一个预测饱和原油黏度的经验公式。该公式在形式上与范德瓦尔斯状态方程类似。具体表达式如式(4-93)所示：

$$\mu_{ob}^3 - \left(b_m + \frac{P}{T}\right)\mu_{ob}^2 + \left(\frac{a_m}{T}\right)\mu_{ob} - \left(\frac{a_m b_m}{T}\right) = 0 \qquad (4-93)$$

式中　μ_{ob}——饱和原油的黏度，cP；

　　　P——系统压力，psia；

　　　T——系统温度，°R；

Little 和 Kennedy(1968)提出了以下关系式来计算参数 a_m 和 b_m：

$$a_m = \exp\ (A) \qquad (4-94)$$

$$b_m = \exp\ (B) \qquad (4-95)$$

其中，参数 A 和 B 的定义式是：

$$A = A_0 + \frac{A_1}{T} + A_2 M_{C_{7+}} + \frac{A_3 M_{C_{7+}}}{\gamma_{C_{7+}}} + \frac{A_4 \rho_o}{T} + \frac{A_5 \rho_0^2}{T^2} + A_6 M_a + A_7 M_a^3 + A_8 M_a \rho_o$$
$$+ A_9 (M_a \rho_o)^3 + A_{10} E_0^2 \qquad (4-96)$$

$$B = B_0 + \frac{B_1}{T} + \frac{B_2}{T^4} + B_3 \gamma_{C_{7+}}^3 + B_4 \gamma_{C_{7+}}^4 + \frac{B_5 M_{C_{7+}}^4}{\gamma_{C_{7+}}^4} + \frac{B_6 \rho_0^4}{T^4} + B_7 M_a + B_8 M_a \rho_o$$
$$+ B_9 (M_a \rho_o)^4 + B_{10} \rho_0^3 + B_{11} \rho_0^4 \qquad (4-97)$$

式中　$M_{C_{7+}}$——C_{7+} 的相对分子质量；

　　　$\gamma_{C_{7+}}$——C_{7+} 的相对密度；

　　　ρ_o——饱和原油的密度，lb/ft³；

　　　T——温度，°R；

　　　M_a——原油的表观相对分子质量。

式(4-96)和式(4-97)的系数 $A_0 \sim A_{10}$ 和 $B_0 \sim B_{11}$ 值如下：

$A_0 = 21.918581$	$B_0 = -2.6941621$
$A_1 = -16815.621$	$B_1 = 3757.4919$
$A_2 = 0.0233159830$	$B_2 = -0.31409829 \times 10^{12}$
$A_3 = -0.0192189510$	$B_3 = -33.744827$
$A_4 = 479.783669$	$B_4 = 31.333913$
$A_5 = -719.808848$	$B_5 = 0.24400196 \times 10^{-10}$
$A_6 = -0.0968584490$	$B_6 = 4.632634$

$A_7 = 0.5432455400 \times 10^{-6}$　　　　$B_7 = -0.0370221950$

$A_8 = 0.0021040196$　　　　　　　　$B_8 = 0.0011348044$

$A_9 = -0.4332274341 \times 10^{-11}$　　　$B_9 = -0.0547665355 \times 10^{-15}$

$A_{10} = -0.0081362043$　　　　　　　$B_{10} = 0.0893548761 \times 10^{-3}$

　　　　　　　　　　　　　　　　　　$B_{11} = -2.0501808400 \times 10^{-6}$

　　通过计算式(4 - 93)的最小实根，可以得到特定压力和温度下的饱和原油的黏度，或者可以使用如 Newton - Raphson 方法的迭代技术来求解该方程。

4.11　界面张力

　　界面张力可以看成是作用在单位长度液体界面上的收缩力。该力是由气相中的分子力和液相中的分子力之间的差异以及界面处的这些力的不平衡引起的。界面张力通常可以在实验室中测定，其单位是达因/厘米(dyn/cm)。

　　Sugden(1924)提出了一种关系式，将纯液体的界面张力与其自身的蒸气相关联。他所提出的方程式的参数包括纯组分的相对分子质量 M、两相的密度和新引入的与温度无关的参数 P_{ch}。该关系的数学表达式如式(4 - 98)所示：

$$\sigma = \left[\frac{P_{ch}(\rho_1 - \rho_v)}{M} \right]^4 \qquad (4 - 98)$$

式中　σ——界面张力；

　　　P_{ch}——与温度无关的参数，称为等张比容。

　　等张比容是纯化合物的无量纲常数特征参数，通过在式(4 - 98)上使用实验测量的界面张力和密度来求解 P_{ch}。如 Weinaug 和 Katz(1943)给出了纯物质的等张比容(表4 - 34)。

表 4 - 34　纯物质的等张比容

组　分	等张比容	组　分	等张比容
CO_2	49.0	$n - C_4$	189.9
N_2	41.0	$i - C_5$	225.0
C_1	77.0	$n - C_5$	231.5
C_2	108.0	$n - C_6$	271.0
C_3	150.3	$n - C_7$	312.5
$i - C_4$	181.5	$n - C_8$	351.5

　　Fanchi(1985)将等张比容与相对分子质量用简单的线性方程式联系起来。该线性方程仅适用于重于甲烷的组分。Fanchi 的线性方程式具体形式如式(4 - 99)所示：

$$(P_{ch})_i = 69.9 + 2.3M_i \qquad (4 - 99)$$

式中　M_i——组分 i 的相对分子质量；

　　　$(P_{ch})_i$——组分 i 的等张比容。

　　Firoozabadi 等(1988)提出了一种关系式用于近似地计算 $C_1 \sim C_6$ 和 C_{7+} 纯烃组分的等张比容：

$$(P_{ch})_i = 11.4 + 3.23 M_i - 0.0022 M_i^2$$

Katz 和 Saltman(1939)提出了以下表达式来估算 C_{7+} 组分的等张比容:

$$(P_{ch})_{C_{7+}} = 25.2 + 2.86 M_{C_{7+}}$$

对于复杂的烃类混合物, Katz 等(1943)在 Sugden 经验公式(4-98)的基础上, 引入了两相的相对分子质量, 得到了计算复杂烃类混合物的界面张力的表达式如式(4-100)所示:

$$\sigma^{1/4} = \sum_{i=1}^{n} \left[(P_{ch})_i (Ax_i - By_i) \right] \tag{4-100}$$

参数 A 和 B 的定义式是

$$A = \frac{\rho_o}{62.4 M_0}$$

$$B = \frac{\rho_g}{62.4 M_g}$$

式中　ρ_o——原油密度, lb/ft^3;

　　　M_0——原油的相对表观相对分子质量;

　　　ρ_g——气相密度, lb/ft^3;

　　　M_g——气相的相对表观相对分子质量;

　　　x_i——原油中组分 i 的摩尔分数;

　　　y_i——气相中组分 i 的摩尔分数;

　　　n——系统中组分的数量。

界面张力在 72dyn/cm(水气界面)到 20～30dyn/cm(油水界面)之间变化。Whitson 和 Brule(2000)提出以下表达式来拟合 Ramey(1973)的估算油水界面张力的图版:

$$\sigma_{\omega-b} = 20 + 0.57692(\rho_\omega - \rho_b)$$

式中　$\sigma_{\omega-b}$——油水界面张力, dyn/cm;

　　　ρ_ω——水的密度, lb/ft^3;

　　　ρ_b——原油密度, lb/ft^3。

例 4-27　表 4-35 是原油的组分组成, 储层压力和温度分别为 4000psia 和 160°F。

表 4-35　原油的组分

组　分	x_i	y_i	组　分	x_i	y_i
C_1	0.45	0.77	$n-C_5$	0.01	0.02
C_2	0.05	0.08	C_6	0.01	0.02
C_3	0.05	0.06	C_{7+}	0.40	0.01
$n-C_4$	0.03	0.04			

其他可用的 PVT 数据包括:

原油密度 $\rho_\omega = 46.23 \text{lb/ft}^3$

气体密度 $\rho_g = 18.21 \text{lb/ft}^3$

C_{7+} 的相对分子质量 $= 215$

计算界面张力。

解 步骤 1，计算原油和气的表观相对分子质量：

$$M_0 = \sum x_i M_i = 100.253$$

$$M_g = \sum y_i M_i = 24.99$$

步骤 2，计算系数 A 和 B：

$$A = \frac{\rho_o}{62.4 M_0} = \frac{46.23}{62.4 \times 100.253} = 0.00739$$

$$B = \frac{\rho_g}{62.4 M_g} = \frac{18.21}{62.6 \times 24.99} = 0.01168$$

步骤 3，由式(4-99)计算 C_{7+} 的等张比容：

$$(P_{ch})_i = 69.9 + 2.3 M_i = 69.9 + 2.3 \times 215 = 564.4$$

步骤 4，得到如下表所示的计算结果(表 4-36)：

表 4-36　计算结果

组　分	P_{ch}	$Ax_i = 0.00739 x_i$	$By_i = 0.01169 y_i$	$P_{ch} = (Ax_i + By_i)$
C_1	77	0.00333	0.009	-0.4361
C_2	108	0.00037	0.00093	-0.0605
C_3	150.3	0.00037	0.0007	-0.0497
$n-C_4$	189.9	0.00022	0.00047	-0.0475
$n-C_5$	231.5	0.00007	0.00023	-0.0370
C_6	271	0.000074	0.00023	-0.0423
C_{7+}	564.4	0.00296	0.000117	1.6046
				$\Sigma = 0.9315$

步骤 5，根据式(4-100)计算界面张力：

$$\sigma^{1/4} = \sum_{i=1}^{n} \left[(P_{ch})_i (Ax_i - By_i) \right] = 0.9315$$

$$\sigma = 0.9315^4 = 0.753 \text{dyn/cm}$$

4.12　计算墨西哥湾原油高压物性的经验公式

Dindoruk 和 Christman(2004)基于来自墨西哥湾(GOM)原油系统 100 多份 PVT 报告的数据，提出了一系列计算其高压物性的经验公式。这些高压物性包括：

①泡点压力。

②泡点压力下的溶解气油比(GOR)。

③泡点压力下原油的体积系数(FVF)。

④不饱和原油的等温压缩系数。

⑤脱气原油黏度。

⑥饱和原油的黏度。

⑦不饱和原油的黏度。

Dindoruk 和 Christman(2004)建议，可以针对其他盆地和区域或某些类别的油藏进行相应的校正。这些经验公式主要采用以下单位：

①温度 T, °R。

②压力 P, psia。

③储层体积系数 B_o, bbl/STB。

④溶解气油比 R_s, scf/STB。

⑤黏度 μ_o, cP。

Dindoruk 和 Christman(2004)提出的计算泡点压力的公式是：

$$p_b = a_8 \left(\frac{R_s^{a_9}}{\gamma_g^{a_{10}}} 10^A + a_{11} \right)$$

其中，参数 A 由下式给出

$$A = \frac{a_1 T^{a_2} + a_3 \mathrm{API}^{a_4}}{\left(a_5 + \dfrac{2 R_s^{a_6}}{\gamma_g^{a_7}} \right)^2}$$

其他相关系数 $a_1 \sim a_{11}$ 的值分别是：

$a_1 = 1.42828(10^{-10})$

$a_2 = 2.844591797$

$a_3 = -6.74896(10^{-4})$

$a_4 = 1.225226436$

$a_5 = 0.033383304$

$a_6 = -0.272945957$

$a_7 = -0.084226069$

$a_8 = 1.869979257$

$a_9 = 1.221486524$

$a_{10} = 1.370508349$

$a_{11} = 0.011688308$

计算溶解气油比 R_{sb} 的公式是：

$$R_{sb} = \left[\left(\frac{P_b}{a_8} + a_9 \right) \gamma_g^{a_{10}} 10^A \right]^{a_{11}}$$

其中，参数 A 可由下式计算：

$$A = \frac{a_1 \mathrm{API}^{a_2} + a_3 T^{a_4}}{\left(a_5 + \dfrac{2 \mathrm{API}^{a_6}}{P_b^{a_7}} \right)^2}$$

其他系数 $a_1 \sim a_{11}$ 的值分别是：

$a_1 = 4.86996(10^{-6})$

$a_2 = 5.730982539$

$a_3 = 9.92510(10^{-3})$

$a_4 = 1.776179364$

$a_5 = 44.25002680$

$a_6 = 2.702889206$

$a_7 = 0.744335673$

$a_8 = 3.359754970$

$a_9 = 28.10133245$

$a_{10} = 1.579050160$

$a_{11} = 0.928131344$

在泡点压力下，原油的体积系数可由下式计算：

$$B_{ob} = a_{11} + a_{12}A + a_{13}A^2 + a_{14}(T-60)\frac{API}{\gamma_g}$$

其中，参数 A 的计算式是：

$$A = \frac{\left[\dfrac{R_s^{a_1}\gamma_g^{a_2}}{\gamma_0^{a_3}} + a_4(T-60)^{a_5} + a_6 R_s\right]^{a_7}}{\left[a_8 + \dfrac{2R_s^{a_9}}{\gamma_g^{a_{10}}}(T-60)\right]^2}$$

其他相关的系数 $a_1 \sim a_{14}$ 的值分别是：

$a_1 = 2.510755 \times 10^0$

$a_2 = -4.852538 \times 10^0$

$a_3 = 1.183500 \times 10^1$

$a_4 = 1.365428 \times 10^5$

$a_5 = 2.252880 \times 10^0$

$a_6 = 1.007190 \times 10^1$

$a_7 = 4.450849 \times 10^{-1}$

$a_8 = 5.352624 \times 10^0$

$a_9 = -6.308052 \times 10^{-1}$

$a_{10} = 9.000749 \times 10^{-1}$

$a_{11} = 9.871766 \times 10^{-7}$

$a_{12} = 7.865146 \times 10^{-4}$

$a_{13} = 2.689173 \times 10^{-6}$

$a_{14} = 1.100001 \times 10^{-5}$

当压力高于泡点压力时，他们提出了以下表达式来计算未饱和原油的等温压缩系数：

$$c_o = (a_{11} + a_{12}A + a_{13}A^2) \times 10^{-6}$$

其中，参数 A 可由下式给出：

$$A = \frac{\left[\dfrac{R_s^{a_1}\gamma_g^{a_2}}{\gamma_0^{a_3}} + a_4(T-60)^{a_5} + a_6 R_s\right]^{a_7}}{\left[a_8 + \dfrac{2R_s^{a_9}}{\gamma_g^{a_{10}}}(T-60)\right]^2}$$

其他相关的系数 $a_1 \sim a_{13}$ 的值分别是:

$a_1 = 0.980922372$

$a_2 = 0.021003077$

$a_3 = 0.338486128$

$a_4 = 20.00006368$

$a_5 = 0.300001059$

$a_6 = -0.876813622$

$a_7 = 1.759732076$

$a_8 = 2.749114986$

$a_9 = -1.713572145$

$a_{10} = 9.999932841$

$a_{11} = 4.487462368$

$a_{12} = 0.005197040$

$a_{13} = 0.000012580$

通常，储层温度下的脱气原油黏度 μ_{ob} 可由储层温度 T 和原油 API 相对密度来表示。Dindoruk 和 Christman 引入了两个额外的参数，泡点压力 P_b 和泡点压力下的溶解气油比 R_{sb}。他们提出的经验公式具有以下形式:

$$\mu_{ob} = \frac{a_3 T^{a_4} (\log API)^A}{a_5 p_b^{a_6} + a_7 R_{sb}^{a_8}}$$

其中，参数 A 的定义式是:

$$A = a_1 \log T + a_2$$

其他相关系数 $a_1 \sim a_8$ 的值分别是:

$a_1 = 14.505357625$

$a_2 = -44.868655416$

$a_3 = 9.36579 \times 10^{-9}$

$a_4 = -4.194017808$

$a_5 = -3.1461171 \times 10^{-9}$

$a_6 = 1.517652716$

$a_7 = 0.010433654$

$a_8 = -0.000776880$

饱和原油黏度可由下式计算:

$$\mu_{ob} = A(\mu_{od})B$$

其中，参数 A 和 B 可分别由下式给出:

$$A = \frac{a_1}{\exp(a_2 R_s)} + \frac{a_3 R_s^{a_4}}{\exp(a_5 R_s)}$$

$$B = \frac{a_6}{\exp(a_7 R_s)} + \frac{a_8 R_s^{a_9}}{\exp(a_{10} R_s)}$$

其他相关系数 $a_1 \sim a_{10}$ 的值分别是：

$a_1 = 1.0$

$a_2 = 4.740729 \times 10^{-4}$

$a_3 = -1.023451 \times 10^{-2}$

$a_4 = 6.600358 \times 10^{-1}$

$a_5 = 1.075080 \times 10^{-3}$

$a_6 = 1.0$

$a_7 = -2.191172 \times 10^{-5}$

$a_8 = -1.660981 \times 10^{-2}$

$a_9 = 4.233179 \times 10^{-1}$

$a_{10} = -2.273945 \times 10^{-4}$

未饱和原油黏度可由下式计算：

$$\mu_o = \mu_{ob} + a_6(P - P_b) \times 10^4$$

其中，参数 A 由下式给出：

$$A = a_1 + a_2 \log \mu_{ob} + a_3 \log(R_s) + a_4 \mu_{ob} \log(R_s) + a_5(P - P_b)$$

其他相关系数 $a_1 \sim a_6$ 的值分别是：

$a_1 = 0.776644115$

$a_2 = 0.987658646$

$a_3 = -0.190564677$

$a_4 = 0.009147711$

$a_5 = -0.0000191111$

$a_6 = 0.000063340$

4.13　地层水的性质

与烃类一样，地层水的性质取决于水的压力、温度和组成。在某些情况下，地层水的压缩性对于未饱和油藏的生产有重大的影响。地层水在地层中长期与岩石和原油接触，常含有相对较多的金属盐类，如钾盐、钠盐、钙盐、镁盐等，尤其以钾盐和钠盐最多，故称为盐水。地层水中含盐量的多少通常用矿化度来表示。地层水的 NaCl 浓度通常很高，范围为 $10000 \sim 300000$ ppm，而海水的 NaCl 浓度仅约为 30000ppm。Hass(1976)指出，水中 NaCl 的浓度是有限的，可由下式估算：

$$(C_{sw})_{max} = 262.18 + 72.0T + 1.06T^2$$

式中　$(C_{sw})_{max}$——水中 NaCl 的最大浓度，ppm；

T——温度，℃。

除了以质量的 ppm(百万分比浓度)计量水的盐度之外，还可以以质量分数 ω_s 或以体积的 ppm，C_{sv} 来表示。单位之间的转换公式是：

$$C_{sv} = \frac{\rho_\omega C_{sw}}{62.4}$$

$$C_{sw} = 10^6 w_s$$

式中 ρ_ω ——标准条件下盐水的密度，lb/ft^3。

ρ_ω 可由 Rowe 和 Chou(1970) 的经验公式估算：

$$\rho_\omega = \frac{1}{0.01604 - 0.011401 w_s + 0.0041755 w_s^2}$$

气体在水中的溶解度通常小于 30scf/STB。但盐的浓度会显著地影响地层水的性质。因此，估算水的高压物性的方法通常基于储层压力 P、储层温度 T 和盐度 C_{sw}。

4.13.1　地层水体积系数

Hewlett 和 Packard(1982) 提出的地层水体积系数的计算公式如式(4 – 101)所示：

$$B_w = A_1 + A_2 p + A_3 p^2 \tag{4 – 101}$$

式中 T ——温度，$°R$；

系数 $A_1 \sim A_3$ 由以下表达式给出：

$$A_i = a_1 + a_2(T - 460) + a_3(T - 460)^2$$

式(4 – 101)中其他相关系数 $a_1 \sim a_3$ 由表 4 – 37 给出。

表 4 – 37　$a_1 \sim a_3$

A_i	a_1	a_2	a_3
无气水			
A_1	0.9947	5.8×10^{-6}	1.02×10^{-6}
A_2	-4.228×10^{-6}	1.8376×10^{-8}	-6.77×10^{-11}
A_3	1.3×10^{-10}	-1.3855×10^{-12}	4.285×10^{-15}
气饱和水			
A_1	0.9911	6.35×10^{-5}	8.5×10^{-7}
A_2	-1.093×10^{-6}	-3.497×10^{-9}	4.57×10^{-12}
A_3	-5.0×10^{-11}	-6.429×10^{-13}	-1.43×10^{-15}

McCain 等(1988)提出了以下表达式计算 B_w：

$$B_w = (1 + \Delta V_{wt})(1 + \Delta V_{wp})$$

且

$$\Delta V_{wt} = -0.01 + 1.33391 \times 10^{-6} T + 5.50654 \times 10^{-7} T^2$$

$$\Delta V_{wp} = PT(-1.95301 \times 10^{-9} - 1.72834 \times 10^{-13} P) -$$
$$P(3.58922 \times 10^{-7} + 2.25341 \times 10^{-10} P)$$

式中 T ——温度，$°F$；

P ——压力，psi。

虽然 McCain 等(1988)的经验公式未考虑水的盐度，但是 McCain 等(1988)观察到盐度变化对 ΔV_{wt} 和 ΔV_{wp} 造成的影响。

4.13.2　水的黏度

水的黏度是压力、温度和盐度的函数。Ahmed(2014)综合考虑压力和温度的影响，提出了纯水(盐度为 0)在 1atm 和指定温度 T_F 下的黏度计算公式：

$$\mu_{w,1atm}^{pure} = 30.865\ T_F^{-0.76352} + \frac{0.079}{T_F^2} - 0.2349$$

考虑到盐度对水的黏度的影响，作者提出了以下公式：

$$\mu_{w,1atm}^{brine} = \frac{51678474.4\ \mu_{w,1atm}^{pure}}{517818.4 - w_s} - 0.2349w_s$$

式中　$\mu_{w,1atm}^{pure}$——纯水的黏度，cP；

$\quad\quad\ \mu_{w,1atm}^{brine}$——卤水的黏度，cP；

$\quad\quad\ w_s$——NaCl 的浓度，ppm。

根据以下公式计算压力 P 下水的黏度：

$$\mu_w = \mu_{w,1atm}^{brine} \exp(0.000055p) \tag{4-102}$$

和

$$\mu_{wD} = A + B/T_F$$

其中，

$$A = 4.518 \times 10^2 + 9.313 \times 10^{-7} Y - 3.93 \times 10^{-12} Y^2$$

$$B = 70.634 + 9.576\ 10^{-10} Y^2$$

式中　μ_w——P 和 T 下水的黏度，cP；

$\quad\ \mu_{w,1atm}$——P 为 14.7，油藏温度(℉)下水的黏度，cP；

$\quad\quad\ \mu_{wD}$——脱气水的黏度，cP；

$\quad\quad\ P$——某一特定压力，psia；

$\quad\quad\ T_F$——某一特定温度，℉。

Brill 和 Beggs(1973)提出了一个简单的方程式计算水的黏度，它仅考虑了温度效应：

$$\mu_w = \exp\left(1.003 - 1.479 \times 10^{-2} T + 1.982 \times 10^{-5} T^2\right) \tag{4-103}$$

式中　T——温度，℉；

$\quad\quad\ \mu_w$——在 P 和 T 处的盐水黏度，cP。

McCain 等(1988)提出了以下估算常压和储层温度下的水的黏度：

$$\mu_{w1} = AT^B$$

系数 A 和 B 的定义式是：

$$A = 109.574 - 0.0840564w_s + 0.313314\ (w_s)^2 + 0.00872213\ (w_s)^3$$

$$B = -1.12166 + 0.0263951w_s - 0.000679461\ (w_s)^2 - 0.0000547119\ (w_s)^3$$

$$+ 1.55586 \times 10^{-6}\ (w_s)^4$$

式中　T——温度，℉；

$\quad\quad\ \mu_{w1}$——在 1atm 和储层温度下水的黏度，cP；

$\quad\quad\ w_s$——水的盐度，固体的质量百分比。

McCain 等（1988）提出以下关系式将常压下的水黏度 μ_{w1} 校正到指定压力 P 下：

$$\frac{\mu_w}{\mu_{w1}} = 0.9994 + 0.0000450295P + 3.1062 \times 10^{-9}P^2$$

4.13.3 水的溶解气油比

纯盐水中的溶解气油比 $(R_{sw})_{pure}$，以 scf/STB 为单位，可由式（4-104）的经验公式估算：

$$(R_{sw})_{pure} = A + BP + CP^2 \qquad (4-104)$$

式中 P——压力，psi；

T——温度，℉。

系数 $A \sim C$ 的值如下：

$$A = 2.12 + 3.45 \times 10^{-3}T - 3.59 \times 10^{-5}T^2$$

$$B = 0.0107 - 5.26 \times 10^{-5}T + 1.48 \times 10^{-7}T^2$$

$$C = 8.75 \times 10^{-7} + 3.9 \times 10^{-9}T - 1.02 \times 10^{-11}T^2$$

考虑到水的盐度，McKetta 和 Wehe（1962）进行了以下修正：

$$R_{sw} = D(R_{sw})_{pure}$$

其中，系数 D 的定义式是：

$$D = 10^{-0.0840655T - 0.285854}$$

4.13.4 水的等温压缩系数

Brill 和 Beggs（1973）提出了式（4-105）的关系式来估算水的等温压缩系数：

$$c_w = (C_1 + C_2T + C_3T^2) \times 10^{-6} \qquad (4-105)$$

系数 $C_1 \sim C_3$ 的定义式如下：

$C_1 = 3.8546 - 0.000134P$

$C_2 = -0.01052 + 4.77 \times 10^{-7}P$

$C_3 = 3.9267 \times 10^{-5} - 8.8 \times 10^{-10}P$

式中 T——温度，℉；

P——压力，psia；

c_w——水的等温压缩系数，psi^{-1}。

McCain（1991）提出了以下水的等温压缩系数的近似计算公式：

$$c_w = \frac{1}{7.033P + 541.55C_{sw} - 537.0T + 403300}$$

式中 C_{sw}——水的盐度，mg/L；

T——温度，℉。

4.14　储层流体的实验室分析

对储层流体的高压物性和相平衡状态进行准确的实验室研究，对于描述该流体性质以及通过实验室测试来评价储层流体及其在不同压力下的体积特征是十分必要的。所需的数据量的大小决定了实验室测试的次数。然而，为了成功地进行 PVT 分析，所取的流体样品需要代表储层中的原始烃类。在钻探探井后，必须立即收集用于实验室 PVT 分析的流体，以正确地表征原始烃类。取样技术取决于储层。

本节重点讨论了油井准备和流体取样方法，回顾了 PVT 实验室测试和正确使用 PVT 报告中包含的信息，并描述了几种常规和特殊的实验室测试的详细信息。

4.14.1　油井准备和流体取样

获取具有代表性的储层流体样品，可以提高实验室测量的储层流体 PVT 性质的准确性。适当的流体取样方法对于保障数据的准确性至关重要。获得具有代表性的流体样品的前提是合理的油井准备。

1. 油井准备

适当的油井准备对于从储层中获取代表性的样品至关重要。最好是在油井能顺利生产且可以进行可靠的地面测量时以最低流速进行取样。理想的情况是在油井准备期间，井底流压保持最小的压降，并且生产气液比在数天内保持恒定（在 2% 左右）。渗透性差的储层需要更长的取样周期。油井偏离恒定产气/液比越远，样品越不具有代表性。

建议在准备地下取样时采用以下步骤。在收集流体样品之前，必须依据以下准则和步骤：

（1）允许测试井生产足够长的时间，以去除钻井液、酸和其他增产措施残留的物质。

（2）清洁期过后，应将流速降至清洁期流速的一半。

（3）应允许油井以降低的流速流动至少 24h。但是，对于致密地层或稠油，降低流速生产的时间必须延长至 48h 或更长，以稳定所监测的各种参数。

（4）应控制压力下降并保持较低压力，以确保井底压力不低于饱和压力。

（5）在流量降低期间，应严密监控油井，以确定井口压力、产量和气油比何时达到稳定。

2. 流体取样

成功取样的主要目标是获得具有代表性的流体样品以估算和评价流体的 PVT 性质。为了正确定义储层流体的类型并进行适当的流体研究，必须在储层压力下降到储层流体的饱和压力以下之前进行储层流体样品的收集。因此，至关重要的是，在发现油气之后立即收集储层流体样品，并且取样前唯一的生产是为了清洗油井和去除井底污染。成功取样的关键步骤包括：

①避免油藏中出现两相流，即井底压力低于饱和压力。

②尽量减少钻井液和完井液导致的流体污染。

③获得足够多的流体。

④保持样品的完整性。

应该指出的是，对储层流体类型的定义、研究的总体质量以及基于该研究的后续计算，都不会比在现场取样过程中收集的原始流体样品的质量更好。共有三种基本的取样方法：

①地下(井底)取样。

②地面(分离器)取样。

③井口取样。

大多数油井通常从井口、分离器和储罐中进行地面取样，有时需要在地面管道中进行取样。

本书不全面回顾获取这些不同类型的流体样品的设备和技术。若对取样步骤感兴趣，可参考专门从事取样工作的设备供应商和服务公司的信息。例如，斯伦贝谢(Schlumberger)、哈利伯顿(Haliburton)、贝克休斯(Baker Hughes)等。但是，简要回顾最常见的取样技术有助于建立基本原理，本节稍后将对此进行讨论。

(1)地下取样。

地下取样时，将取样器(例如斯伦贝谢重复地层测试 RFT 或模块化动态测试工具 MDT)放置到目标储层的顶部后，以液压方式或来自地面的电子信号打开取样室。原油在恒定压力下以非常低的流量流入取样室，以避免释放溶解气。然后，用活塞密封取样室，并将取样工具带回地面。

用地下取样技术对饱和油藏进行取样时需要特别注意。因为当井底流压低于泡点压力时，无法保证样品的有效性。通常，通过循环或重复取样的方式采集多个样品。通过测量地面温度下的泡点压力检查样品的一致性。泡点压力相差小于2%的样品是可靠的，可以将其送到实验室进行 PVT 分析。为了获得井底样品，需要减少流量的时间，通常持续2~4天，以便在取样前去除钻井液污染物和泥浆滤液。在减少流量之后，关闭油井使其达到静压力。根据渗透率，关井时间可能持续一天至一周以上。建议使用以下步骤和准则：

①建议对所有油层进行井底取样，并可能在凝析气藏中获得成功。

②至少应收集三次大约 $600cm^3$ 的流体样品，以确保至少一个样品有效。

③对于大量产水的凝析气藏或油藏，通常不建议进行地下取样。

④封闭式油井的油管中存在较大的水柱，会阻碍在适当深度取样，并且会导致无法收集具有代表性的地下流体样品。

⑤应该进行静压梯度测试，以确定油管中的油水界面和气油界面。不应将取样器放置到油水界面以下取样。

⑥如果井底是两相流，则必须收集地面样品。

应该指出的是，即使在没有产水的井中，井眼也经常含水。封闭井的油管老化可能会阻碍取样，并且无法获得适当深度的代表性样品。因此，应该根据静压梯度确定油井的油气界面和油水界面，压力梯度通常可达到静水压力梯度，如图 4-15 所示。

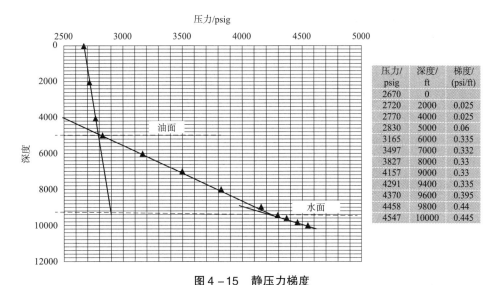

图 4 – 15　静压力梯度

压力/psig	深度/ft	梯度/(psi/ft)
2670	0	
2720	2000	0.025
2770	4000	0.025
2830	5000	0.06
3165	6000	0.335
3497	7000	0.332
3827	8000	0.33
4157	9000	0.33
4291	9400	0.335
4370	9600	0.395
4458	9800	0.44
4547	10000	0.445

（2）分离器取样。

在分离器中重组的样品通常是唯一可用的代表性样品。在这些情况下，准确测量烃类气体和液体产量的比例以及分离条件的稳定性至关重要，因为实验室测试将基于与油田实际的烃类产量相同的比例重新组合流体的组分。

因此，需要对所有分离器的流量进行准确的测量，否则无法在实验室中模拟原始油藏流体。地表取样包括了流过地面分离器的气体样品和液体样品，如图 4 – 16 所示，并以适当的比例重新混合两种流体，以使重组后的样品代表整个储层流体。分离器的压力和温度在油井准备阶段应尽可能保持恒定，这有助于保持流速的恒定，从而观测烃类气/液比。

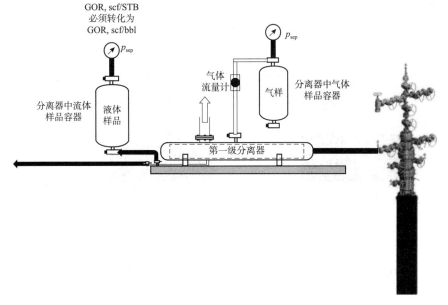

图 4 – 16　分离器样品

石油和天然气样品必须取自同一分离器，记录它们的压力、温度和流量，以计算重组的比例。石油和天然气样品分别送到实验室，在进行 PVT 分析之前将它们重新组合。重新组合的分离器样品需要清楚地了解气体溶解度 R_s 和 GOR 之间的关系。通常，地面 GOR 定义为瞬时气体流量与原油流量的比值，或者：

$$GOR = \frac{总气体流量}{油流量} = \frac{释放的溶解气流量 + 游离气流量}{原油流量}$$

$$GOR = \frac{Q_o R_s + Q_g}{Q_o} = R_s + \frac{Q_g}{Q_o}$$

达西公式给出了天然气和原油流量的计算公式：

$$Q_o = \frac{0.00708 h k k_{rog}(p_e - p_{wf})}{\mu_o B_o \ln\left(\dfrac{r_e}{r_w}\right)}$$

$$Q_g = \frac{0.00708 h k k_{rg}(p_e - p_{wf})}{\mu_g B_g \ln\left(\dfrac{r_e}{r_w}\right)}$$

因此，瞬时 GOR 可以表示为：

$$GOR = R_s + \frac{k_{rg}\mu_o B_o}{k_{rog}\mu_g B_g}$$

以上数学关系式描述的 GOR 和气体溶解度 R_s 之间的关系表明，无论是地面样品还是井底样品，如果可以成为代表性样品，则需要：

①该井以稳定的 GOR 进行生产，即 GOR 为常数。

②储层压力和 p_{wf} 均大于等于 p_b，油藏处于单相流，即

$$\frac{k_{rg}\mu_o B_o}{k_{rog}\mu_g B_g} = 0$$

上述等式满足单相流所需的条件，因此可以满足代表性样品的条件。图 4 - 17 和图 4 - 18说明了代表性样品和非代表性样品之间的影响和差异。

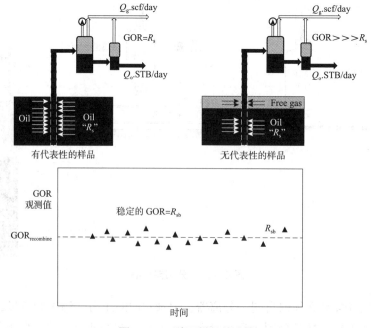

图 4 - 17　地面样品的分类

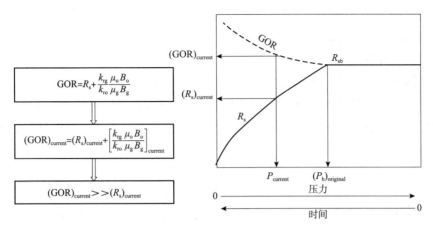

图 4 - 18　低于 P_b 的 GOR 重组样品的影响

取样技术的质量检验标准是，在分离器温度下重组样品的泡点压力应等于分离器压力。

地面取样和重组的优点包括：

①可以收集大量的天然气和原油。

②比较容易获得地面样品。

③在取样前的几个小时内就可以达到稳定条件。

④地面取样的成本大大低于井底取样。

⑤井底取样的要求也适用于地面取样，如果 p_{wf} 低于 p_b，则很可能会有过量的气体进入井筒，这时即使良好的地面取样技术也无法获得真正的储层流体样品。

⑥在取样期间几乎不需要中断生产(尽管也需要在取样之前进行油井准备)。

分离器收缩系数 S。将已知体积的分离器油在分离器条件下闪蒸到标况条件下，可得到以 STB/bbl 表示的分离器收缩系数。在数学意义上，分离器的收缩系数定义为标况条件下的油量与分离器条件下的油量之比：

$$S = \frac{\text{标况条件下的油量}}{\text{分离器条件下的油量}}, \text{STB/bbl}$$

然后使用该收缩因子将已知的生产 GOR(以 scf/STB 为单位)转换为分离器 GOR(以 scf/bbl 为单位)。基于分离器 GOR，分离器流体在 PVT 容器中重组后进行组分分析和流体分析。

$$\text{GOR}_{scf/bbl} = S_{STB/bbl} \text{GOR}_{scf/STB}$$

分离器油气样品的质量检验。应该指出的是，当气体样品的打开压力和液体样品的泡点压力与报告中分离器压力相近时，表明报告中的分离器条件合理而正确，样品可用于重组和进一步的 PVT 分析。另一方面，如果液体样品的泡点压力显著低于第一级分离器压力或低于分离器气体样品的打开压力，则可能表示：

①气缸泄漏。

②分离器的液体样品是从第二级分离器中收集的，而气体样品是从压力较高的第一级分离器中收集的。

在上述两种情况下，分离器的样品不能用于重组。另外，至关重要的是，到达实验室后，必须检查每个分离器的完整性。对气体和液体样品的质量检验包括以下内容：

①分离器气体样品。

每个气体样品容器的打开压力。应检查所有气体样品的打开压力以验证样品的完整性。气体样品容器的打开压力应接近于油田分离器的压力。然后，将具有这种压力的气缸加热到略高于油田分离器的温度。如果气缸打开温度T_{open}与分离器温度T_{sep}不同，则气缸打开压力应接近：

$$P_{open} = P_{sep}\left(\frac{T_{open}}{T_{sep}}\right)\left(\frac{Z_{sep}}{Z_{open}}\right)$$

如果打开压力远低于分离器压力，则很可能发生了泄漏，因此不应将样品用于PVT分析。

气体样品的准备。在对气体样品进行组分分析之前，对样品进行调节并将温度保持在略高于取样温度至少24h。间断性地旋转气缸使气缸内的液体蒸发。如果调节后仍存在液体，则可能是在分离器取样过程中残留有重质烃携带的水。

分离器温度下存在凝析液。选择不包含凝析液的气体样品来进行重组和储层流体研究。

空气含量测定。对打开压力最高且不含液体的气体样品进行空气成分分析。如果空气含量小于0.2%，则该样品可以进行重组和储层流体研究。

②分离器液体样品。

泡点压力。通过测量环境温度下的饱和压力来确定分离器液体样品的有效性。所有样品应有相近的饱和压力，并应与油田分离器压力进行比较。选定的液体样品温度应加热到略高于储层温度，以确保所有蜡和树脂都溶解在溶液中。

水的存在和数量。一旦测量了每个分离器液体样品容器的打开压力，便可稍微打开底部瓶阀以检查是否有水。如果发现有水，则将其排干并测量其体积。从容器中回收的水将用于进行水分析，从而确定其来源。

注：质量检验。

①如果气体样品的打开压力和液体样品的泡点压力与油田报告的分离器压力相近，则表明所报告的分离器是合理正确的，并且可以将样品用于重组和进一步的PVT分析。如表4-38所示，通常选择高压样品进行重组。

表4-38 用于重组的样品选择

实验室收到的样品				
分离器气体				
容器编号	取样条件		实验室打开条件	
	压力/psig	温度/℉	压力/psig	温度/℉
1357[a]	1050	90	1045	90
3571	1050	90	1043	90

实验室收到的样品				
分离器液体				
容器编号	取样条件		实验室泡点压力	
	压力/psig	温度/℉	压力/psig	温度/℉
2468[a]	1050	90	937	70
4682	1050	90	929	9070

注：[a] 选择较高压力的样品进行组分分析和重组。

②有时质量检查结果表明已收集了第一级分离器气体，而分离器液体样品是从二级分离器中收集的。在这种情况下，分离器气体样品将在接近第一级分离器的压力下打开，而液体样品的泡点压力将明显低于第一级分离器压力。在任何情况下，都不应使用这种分离器样品来进行样品重组。

（3）井口取样。

井口取样涉及从井口本身或从输油管线或节流阀的上游收集地面流体样品，前提是流体仍处于单相状态。井口取样仅限于干气、气油比极低（即重质油）和高度不饱和的储层流体的生产井。对于干气的井口取样可以在分离器中进行气体取样，而对于其他或未知流体的井口取样可以在分离器中进行液体取样。井口取样的适用情况和原则如下：

①适用于干气或高度不饱和的流体井。

②这种方法可以避免井底取样的费用。

③由于通常无法确定流体的状态，应采取备用地面样品，如出现井口有两相流的情况。

④所有设备和液体样本容器必须与最大井口压力兼容。

⑤对于未饱和原油，至少要取两次大约 $600cm^3$ 的流体样品。

⑥对于高度不饱和的凝析油或富气流体，可以使用标准的 20L 气瓶。

4.14.2　当 $P < P_b$ 时地面样品重组程序

对于衰竭储层（即 $P < P_b$），从当前地面样品确定原始或当前地层油组分会带来特殊的问题。如图 4-19 所示，当储层或井底压力低于泡点压力时，GOR 会大于 R_s 和 R_{sb}。可以使用以下步骤来估算当前或原始的地层油组分：

①将分离器的气体和液体样品以等于分离器测试 GOR 的比例放置在 PVT 容器中。应该指出，当前（测试）GOR > R_s。

②将 PVT 容器加热到储层温度，并增加压力溶解气体，以达到重组样品的泡点，即 $(P_b)_{重组} \gg (P_b)_{原始}$。

③将 PVT 容器中的压力缓慢降低到当前储层压力 $P_{当前}$ 和/或原始泡点压力 P_b，然后将样品在该压力下保持约 6h。

④在所需的储层压力下达到完全平衡后，去除多余的气体，从而得到代表原始饱和压力 $(P_b)_{原始}$ 或当前压力 $P_{当前}$ 下饱和液体的组分。

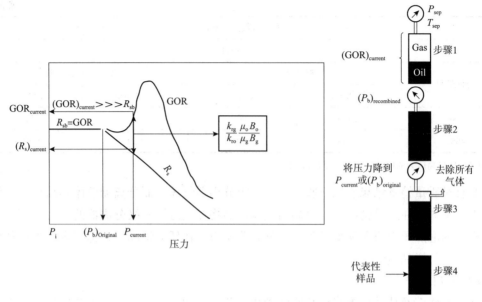

图 4 - 19 当 $P < P_b$ 时地面样品重组的图示

Fevang 和 Whitson(1994)提出了一种替代方法来估算衰竭油藏中的原始原油组分。该方法概括为以下步骤：

①将分离器气体和液体样品以等于分离器测试 GOR 的比例放置在 PVT 样品容器中。

②将 PVT 容器加热到储层温度，并在当前平均储层压力 $P_{当前}$ 下达到平衡。

③达到完全平衡后，在恒压下将所有气体转移到另一容器中，将油相留在 PVT 容器中。

④将转移的气体重新逐步注入 PVT 容器中。每次注入后，都要测量泡点压力，并一直持续到达到所需的泡点压力为止。该混合物的组分被认为是近似原始泡点压力下的组分。

4.14.3 代表性样品和非代表性样品

流体样品通常可以分为以下三种类型：

①代表性样品。

②非代表性样品。

③原始代表性样品。

代表性样品的定义是指从储层中获得的任何样品，其测量的组分和 PVT 性质描述了原始不饱和或饱和的烃类系统。否则，该样品为非代表性样品。根据 Fevang 和 Whitson(1994)的定义，原始代表性样品是一种特殊情况，该样品代表特定深度的储层流体的原始组分(或某个深度区间的平均组分)。

是否使用或接受烃类样品(无论是代表性样品还是非代表性样品)的 PVT 实验数据，完全取决于油藏数值模拟的模型类型，其中最常用的模型是黑油模型和组分模型。

1. **黑油模型**

黑油模型假设可以用两个组分充分描述烃类流体：(拟)油组分和(拟)气体组分。黑油模型的主要假设是，所有烃类流体的组分在模拟的过程中保持恒定，并且所有流体的 PVT 性质均取决于油藏压力。两种组分之间的质量转移(即气体的溶解和释放)均由气体溶解度 R_s 描述。黑油模型可以通过一组 PVT 表格数据(即B_o，R_s，μ_o 等)充分描述油气两相的变化。这些 PVT 性质必须从饱和压力已知的代表性烃类样品实验室测试中获得。黑油模型在模拟不同开发方案下的储层产能时，包括储层自然衰竭、二次采油以及其他开发方案，使用简单的插值方式获得随压力变化的 PVT 数据。然而，当黑油模型模拟贫气/CO_2 的气驱，组分由于挥发而发生变化或凝析气藏等情况时，模拟效果较差。

当使用黑油模型或物质平衡方法计算采收率时，泡点压力准确性的影响很大。图 4 - 20 显示了使用泡点压力为 2620psig 的代表性样品与泡点压力为 2220psig 的非代表样品进行物质平衡计算时得到的采收率的对比结果。图 4 - 20 说明了饱和压力对采收率的影响。当比较使用两个样品的 PVT 性质计算的累积产油量时，影响显而易见。当油藏压力接近非代表性样品的泡点压力时(2220psig)，累积产油量为 1.7MMSTB，而代表性样品的累积产油量为 3.05MMSTB。

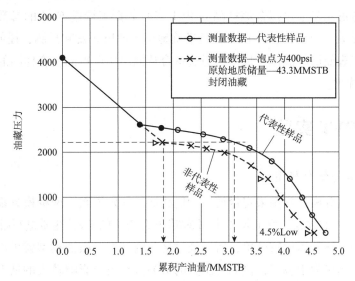

图 4 - 20 使用代表性和非代表性的油样进行采油

2. 组分模型

在组分影响很大的情况下，只能通过基于状态方程(例如三次方 EOS)的组分模拟器得到可靠的模拟结果，例如：

①油气藏类型，例如凝析气藏。

②烃类系统类型，例如挥发油。

③油气田目前和未来的开发方式，例如混相气驱。

与黑油模型不同，组分模型不需要 PVT 数据表，只需要对选择的状态方程(EOS)进行参数的优化。例如 Peng - Robinson 的状态方程(EOS)。通过拟合各种实验室数据进行参数的优化(将在第 5 章中进行详细介绍)。组分模型可以模拟很多黑油模型无法描述的由于组分发生变化导致相态发生变化的情况，如：

（1）低于饱和压力时油藏的天然开采。

（2）气顶气与油的混合。

（3）混相或不混相的注气。

（4）明显的组分梯度。

（5）凝析气系统。

（6）由于窜流和流体混合引起的组分变化。

（7）其他。

要准确模拟以上各种流体情况和考虑目前储层流体的组分变化，需要对代表性和非代表性的烃类样品进行特殊的实验室测试。例如，从储层中收集的两个原油样品为非代表性，因为：

①第一个样品是在饱和压力以下收集的。

②第二个样品被气顶中的气体"污染"了。

不建议未进行PVT分析就舍弃这两个样品。因为这些样品代表了油气藏的天然开采过程，所以也应考虑用来通过拟合该样品的PVT实验数据来调整EOS的参数。这与样本是否具有代表性无关。为了将组分EOS模型准确地用于油田开发和预测，任何储层样品都应自动视为可以代表储层的流体。最终，通过拟合从储层中取得的所有样品的PVT测量值进行EOS参数的优化。

4.15 PVT 实验

1. 黑油模型与组分模型

黑油模型和组分模型常用来定量模拟和优化油田开发方案。两种模型都需要大量描述储层流体性质的PVT数据。黑油模型通过对随压力变化的PVT性质进行插值的方式计算流体性质。因为流体性质比较简单，所以经过简单的计算，黑油模型就可以得到流体的性质。组分模型采用热力学模型，例如三次方的EOS。在组分影响较大的情况下，例如储层中的流体组分发生明显变化和/或注入流体与储层中的流体有很大不同时，最好选择组分模型。因为在这种情况下，只能通过组分模型获得可靠的模拟结果。组分模型比较复杂，需要优化EOS参数来拟合油气相的PVT性质。下面简要地概述了这两种方法的适用范围和对PVT数据的要求。

（1）黑油模型。

黑油模型通过插值的方式得到随压力变化的PVT性质。黑油模型用两个组分的PVT性质来描述烃类流体，包括地表油和地表气体。该模型使用实验室测量的PVT数据来描述每种储层流体随压力和温度的变化。通过进行一系列的实验室测试得到这些所需的PVT数据。该模型需要的PVT数据包括：

油、气和水的地层体积系数（B_o、B_g和B_w）。

气体在油和水中的溶解度（R_s和R_{sw}）。

油、气和水的黏度（μ_o、μ_g和μ_w）。

溶解油气比(r_S)，如果储层气体中不含凝析液(溶液油气比为$r_S \sim 0$)。

然而，黑油模型无法提供与相平衡计算相关的流体体积变化，黑油模型不考虑烃类组分随着储层压力的下降而产生的变化。因此，如果在生产过程中储层流体的组成变化不明显时，可以使用黑油模型。

(2)组分模型。

如果在储层衰竭和开发过程中组分变化明显时，应使用组分模型。复杂的相态变化和与组分相关的性质对预测油田的采收率和产量至关重要。组分模型采用热力学模型，例如三次方的状态方程(EOS)。EOS 能够准确地描述所有类型的油藏开发中的烃类混合物的流体热力学性质和体积，包括：

凝析气藏。

挥发性油藏。

混相气驱油藏。

EOS 需要详细地知道混合物的摩尔组成以及所有组分的临界性质和偏心因子。然而，储层流体包含数百种组分，以致基于热力学的 EOS 模型无法适当地评估烃类流体的性质。因此，需要进行大量的实验室测试以研究储层烃类样品的体积变化，并使用实验室测量结果来校准/调整热力学 EOS 模型。这些实验室测试是在储层流体的样本上进行的，从而确定储层流体的：

组分。

随压力和温度变化的体积变化规律。

物理性质，例如密度和黏度。

2. PVT 测试

PVT 测试在 PVT 容器中进行，旨在研究和量化储层流体的相态和性质，以用于数值模型或物质平衡的计算。常规实验室测试是一种衰竭实验。该实验逐步连续降低施加在烃类样品上的压力。无论采用哪种模拟方法，所有类型的储层流体都需要进行 PVT 研究，包括：

①凝析气系统。

②原油。

③临界流体。

简单的现场常规测试可识别储层流体类型和其他数据，具体包括以下测试：

①原油 API 重度。

②分离器 GOR。

③套管口压力。

④分离器运作条件。

⑤H_2S 含量。

⑥水分析。

通常对烃类流体样品进行两种类型的实验室测试：

(1)常规实验室测试，表征储层烃类流体性质的常规实验室测试包括：

①碳氢化合物的组分分析。

②等组分膨胀实验。

③差异分离实验。

④分离器实验。

⑤等容衰竭实验。

（2）特殊实验室测试，针对特定的应用进行特殊的实验。如果要进行混相气驱或气体循环注入开采，可开展以下实验：

①细管测试。

②注气膨胀实验。

③多次正向接触实验。

④多次向后接触实验。

⑤流动安全保障测试。

4.15.1　常规实验室 PVT 实验

4.15.1.1　储层流体的组分分析

确定储层流体样品的组分是一项重要的实验。组分分析是指测量储层流体样品中烃类和其他组分的分布。石油及其产品的组分数以万计。它们的相对分子质量从甲烷（相对分子质量为16）到非常大的未定义组分（相对分子质量上千）。碳氢混合物的组分多，而且浓度变化大，导致碳氢混合物的组分分析非常复杂。现代色谱技术可用于进行样品组分分析确定样品的组分。气相色谱法（GC）是分离和鉴定烃类混合物组分的常用技术。

如图 4 – 21 所示的气相色谱法（GC）常用来分析无须分解即可蒸发的烃类混合物的组分。少量烃类混合物样品通过注射器注入 GC 的加热端。将加热端的温度设置为高于组分的沸点，从而样品在端口处蒸发。气体流经该端口，并将样品的气态组分排入毛细管柱。在该管柱内，样品发生组分分离。管柱内填充有固定物，该填充物能在一定时间后吸附和释放各种组分。以不同的速度释放各种组分，从而将各组分分开。由于不同的组分会在不

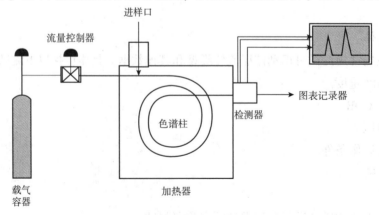

图 4 – 21　GC 主要组件的示意图

同的时间从色谱柱中流出，因此可以通过色谱柱出口处用于监测色谱柱的出口流体的检测器进行识别，从而确定每种组分到达出口的时间和数量。检测器将信号发送到图表记录器，并且记录下出现的峰值。每个峰值对应于一个不同的组分，这些峰值下的面积可用于量化每个组分的摩尔分数。为了用摩尔分数量化组成，可通过对已知浓度的样品进行 GC 分析获得校准曲线(面积与浓度的关系曲线)。

随着计算流体性质的状态方程的发展，在对储层流体进行组分分析时，至少要分离出 C_{20+} 以下的组分。

表 4 - 39 显示了 Big Butte 油田由地面分离器得到的油气样品的色谱组成分析。需要进行组分重组得到代表储层的流体。在对分离出来的油气分别进行组分分析之后，分离器气体和分离器液体在生产气油比(GOR)为 1597scf/bbl 的 PVT 容器中进行物理重组。重组的储层流体样品在 218℉时泡点压力为 3870psia。

表 4 - 39　储层流体重组样品的烃类分析

组　分	分离器油气的组成(重组的条件: 1597scf 分离器气体/bbl 分离器液体)						
	分离器气体/%	分离器液体/%	分离器液体/%	摩尔质量	相对密度(水=1)	储层流体/%	储层流体/%
N_2	0.096	0.016	0004	28.01	0.809	0.067	0.037
CO_2	1.376	0.53	0.228	44.01	0.818	1.066	0.923
H_2S	0	0	0	34.08	0.801	0	0
C_1	77.234	14.666	2.297	16.04	0.3	54.289	17.133
C_2	14.157	11.076	3.254	30.07	0.356	13.027	7.706
C_3	4.58	9.218	3.968	44.1	0.507	6.281	5.448
$i-C_4$	0.74	2.702	1.533	58.12	0.563	1.459	1.669
$n-C_4$	1.036	5.103	2.896	58.12	0.584	2.528	2.89
$i-C_5$	0.281	2.998	2.111	72.15	0.624	1.277	1.813
$n-C_5$	0.223	3.631	2.558	72.15	0.631	1.473	2.091
C_6	0.155	5.538	4.659	86.18	0.664	2.129	3.609
C_7	0.074	6.109	5.67	95.05	0.71	2.287	4.276
C_8	0.037	7.419	7.747	106.95	0.74	2.744	5.773
C_9	0.009	5.413	6.276	118.76	0.773	1.991	4.651
C_{10}	0.002	4.022	5.266	134.14	0.779	1.476	3.89
C_{11}		2.922	4.193	147	0.79	1.071	3.098
C_{12}		2.257	3.548	161	0.801	0.828	2.622
C_{13}		2.187	3.736	175	0.812	0.802	2.761
C_{14}		1.859	3.448	190	0.823	0.682	2.548
C_{15}		1.631	3.279	206	0.833	0.598	2.423
C_{16}		1.282	2.779	222	0.84	0.47	2.054
C_{17}		1.183	2.737	237	0.848	0.434	2.023
C_{18}		1.066	2.613	251	0.853	0.391	1.931

分离器油气的组成(重组的条件：1597scf 分离器气体/bbl 分离器液体)							
组 分	分离器气体/%	分离器液体/%	分离器液体/%	摩尔质量	相对密度（水＝1）	储层流体/%	储层流体/%
C_{19}		0.983	2.523	263	08.58	0.36	1.864
C_{20}		0.755	2.026	275	0.863	0.277	1.497
C_{21}		0.645	1.832	291	0.868	0.237	1.354
C_{22}		0.592	1.764	305	0.873	0.217	1.304
C_{23}		0.503	1.563	318	0.878	0.185	1.155
C_{24}		0.434	1.401	331	0.882	0.159	1.036
C_{25}		0.453	1.526	345	0.886	0.166	1.128
C_{26}		0.312	1.092	359	0.89	0.114	0.807
C_{27}		0.296	1.079	374	0.894	0.108	0.798
C_{28}		0.26	0.983	388	0.897	0.095	0.727
C_{29}		0.223	0.875	402	0.9	0.082	0.647
C_{30+}		1.717	8.54	509.6	0.922	0.63	6.311
合计	100	100	100			100	100
相对分子质量	20.95	102.44				50.80	
密度/(lb/ft³)		43.0248					

组 分	储层流体的组分分组			
	%	%	MW	SG
合计	100	100	50.83	0.557
C_{7+}	16.404	56.682	175.65	0.816
C_{10+}	9.382	41.981	227.46	0.846
C_{20+}	2.27	16.763	375.43	0.895
C_{30+}	0.63	6.311	509.6	0.922

1. 实验室组分分析的质量检验

与其他 PVT 实验相比，获得准确的流体组分是最重要的实验。这是由于在所有后续的 PVT 实验之前都需要先确定碳氢化合物样品的组分。在进行其他类型的实验之前，工程师应确保代表性的或重组的烃类样品的质量和可靠性。应该指出的是，应用状态方程得到的结果的准确性与实验室确定的原始烃类组分的准确性相关。应当对测量的烃类组分进行以下四项主要的质量检验：

①平衡比 K 值的趋势。

②霍夫曼图。

③总体组分的物质平衡一致性检验。

④GOR 的物质平衡一致性检验。

(1)平衡比的趋势。

如第 5 章中详细论述的，烃类混合物中给定组分的平衡比K_i定义为气相中该组分的摩

尔分数 y_i 与液相中该该组分的摩尔分数 x_i 之比。数学上，该关系表示为：

$$K_i = \frac{y_i}{x_i}$$

式中　K_i ——组分 i 的平衡比；

　　　y_i ——气相中 i 的摩尔分数；

　　　x_i ——液相中 i 的摩尔分数。

K 值衡量组分（如组分 i）向气相的逸出趋势。它本质上是一种在压力和温度下测量组分挥发性的性质。这种趋势表明，在多组分系统中，组分的 K_i 值应遵循其 K 值随其标准沸点的升高而降低的趋势，即：

$$K_{N_2} > K_{C_1} > K_{CO_2} > K_{C_2} > K_{H_2S} > K_{C_3} > K_{i-C_4} > K_{n-C_4} > K_{i-C_5} > K_{n-C_5} > \cdots$$

为了应用上述 K 值标准来检查表 4 - 3 中列出的实验室混合气体和液体样品，计算每种组分的平衡比（表 4 - 40）。如图 4 - 22 所示计算结果表明实验室报告的组分具有一致性。

表 4 - 40　每种组分的平衡比

组　分	分离器液体 x_i/%	分离器气体 y_i/%	$K_i = \dfrac{y_i}{x_i}$
N_2	0.016	0.096	6.0000000
C_1	14.666	77.234	5.2661939
CO_2	0.53	1.376	2.5962264
C_2	11.076	14.157	1.2781690
C_3	9.218	4.58	0.4968540
$i - C_4$	2.702	0.74	0.2738712
$n - C_4$	5.103	1.036	0.2030178
$i - C_5$	2.998	0.281	0.0937292
$n - C_5$	3.631	0.223	0.0614156
C_6	5.538	0.155	0.0279884
C_7	6.109	0.074	0.0121133
C_8	7.419	0.037	0.0049872
C_9	5.413	0.009	0.0016627

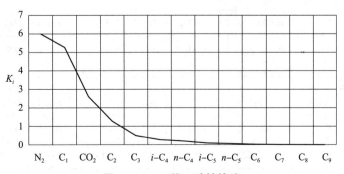

图 4 - 22　K 值一致性检验

（2）霍夫曼图。

霍夫曼图是评估重组样品的一致性的标准技术。霍夫曼图通过绘制 $\log(K_i P_{sep})$ 或 $\log(K_i)$ 与组分特征因子 F_i（由以下关系式定义）而成。

$$F_i = \log\left(\frac{P_{ci}}{14.7}\right)\frac{\dfrac{1}{T_{bi}} - \dfrac{1}{T_{sep}}}{\dfrac{1}{T_{bi}} - \dfrac{1}{T_{ci}}}$$

式中　P_{sep}——分离器压力，psia；

　　　T_{sep}——分离器温度，°R；

　　　P_{ci}——组分 i 的临界压力，psia；

　　　T_{ci}——组分 i 的临界温度，°R；

　　　T_{bi}——组分 i 的沸点，°R。

当在直角坐标系上针对每个组分绘制 $\log(K_i P_{sep})$ 与 F_i 时，所得的图应为轻烃组分的近似直线，特别是 $C_1 \sim C_6$ 组分。但是，在描述重烃组分时会出现向下的弯曲。得到的直线表明，液体和蒸气样品在分离器条件下处于平衡状态，液体和蒸气组分的测量没有误差（表 4 – 41）。

通常，霍夫曼图（Hoffman 图）不考虑重组分（例如正庚烷 C_{7+}），因为重组分的组成无法准确地测量。除非是非烃组分（特别是氮组分），否则通常将它们从霍夫曼图中排除。为了进一步对表 4 – 3 中列出的实验室重组物进行质量检验，将组分的 K 值绘制于霍夫曼图。图 4 – 23 表明实验室测量值的一致性。

表 4 – 41　计算结果

分离器压力：625psia；分离器温度：104℉

组　分	分离器液体/%	分离器气体/%	$K_i = \dfrac{y_i}{x_i}$	$\log(K \cdot P)$	$T_b/$°R	$T_c/$°R	$P_c/$psia	b	$b(1/T_b - 1/T)$
C_1	14.666	77.234	5.2661939	3.517377	200.95	343.01	667	803.8875	2.574268643
C_2	11.076	14.157	1.2781690	2.902468	332.21	549.74	707.8	1412.635	1.7460969
C_3	9.218	4.58	0.4968540	2.492109	415.94	665.59	615	1798.201	1.133056126
$i - C_4$	2.702	0.74	0.2738712	2.233426	470.45	734.08	527.9	2037.314	0.716190528
$n - C_4$	5.103	1.036	0.2030178	2.103414	490.75	765.18	548.8	2151.155	0.567065255
$i - C_5$	2.998	0.281	0.0937292	1.767755	541.76	828.63	490.4	2383.685	0.171024903
$n - C_5$	3.631	0.223	0.0614156	1.584159	556.56	845.37	488.1	2478.166	0.056164664
C_6	5.538	0.155	0.0279884	1.242859	615.37	911.47	439.5	2795.253	- 0.416629931
C_7	6.109	0.074	0.0121133	0.879142	668.74	970.57	397.4	3079.198	- 0.858290198
C_8	7.419	0.037	0.0049872	0.493736	717.84	1023.17	361.1	3344.396	- 1.274280291
C_9	5.413	0.009	0.0016627	0.016684	763.07	1070.47	330.7	3592.934	- 1.665655175

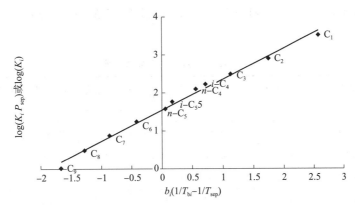

图 4-23　Hoffman 图一致性检验

（3）总组分的物质平衡一致性检验。

利用由下式定义的组分摩尔平衡标准进行组分的一致性检验：

$$z_i n_t = x_i n_l + y_i n_v$$

式中　z_i——整个烃类混合物中组分 i 的摩尔分数；

　　　x_i——液相中组分 i 的摩尔分数；

　　　y_i——气相中组分 i 的摩尔分数；

　　　n_t——烃类混合物的总摩尔数，lb·mol；

　　　n_l——液相的总摩尔数；

　　　n_v——气相的总摩尔数；

　　　$z_i n_t$——系统中组分 i 的总摩尔数；

　　　$x_i n_l$——液相中组分 i 的总摩尔数；

　　　$y_i n_v$——气相中组分 i 的总摩尔数。

如果根据分离器的气油比 GOR（scf/bbl）将实验室报告的总组分 z_i 进行重新组合，则可使用物质平衡来检验实验室重组样品的总组分 z_i。可通过以下数学表达式来进行质量检验：

$$z_i = \frac{2130.331 \rho_o x_i + M_l(\text{GOR}) y_i}{2130.331 \rho_o + M_l(\text{GOR})}$$

式中　M_l——分离器液相样品的相对分子质量；

　　　ρ_o——在分离器压力和温度下的分离器液相样品的密度，lb/ft³；

　　　GOR——重组样品的气油比，scf/bbl；

　　　x_i——分离器液相样品中组分 i 的摩尔分数；

　　　y_i——分离器气相样品中组分 i 的摩尔分数。

表 4-3 中列出的实验室气体和液体样品的总气油比为 1597scf/bbl。在分离器压力和温度下，分离器液体样品的相对分子质量 M_l 为 102.44，液体密度 ρ_o 为 43.0248lb/ft³。为了评价表 4-41 中组分分析的质量，应用摩尔物质平衡法得到：

$$z_i = \frac{2130.331 \rho_o x_i + M_l(\text{GOR}) y_i}{2130.331 \rho_o + M_l(\text{GOR})}$$

$$z_i = \frac{2130.331 \times 43.0248 x_i + 102.44 \times 1597 y_i}{2130.331 \times 43.0248 + 102.44 \times 1597}$$

应用上述关系来评价表 4 - 41 中给出的重组组分的质量，结果与表 4 - 42 中所示的实验室数据非常吻合。

表 4 - 42 物质平衡法质量检查

组 分	分离器气体/%	分离器液体/%	分离器液体/%	摩尔质量	相对密度（水 = 1）	储层流体/%	储层流体/%	计算 z_i
N_2	0.096	0.016	0004	28.01	0.809	0.067	0.037	0.000664
CO_2	1.376	0.53	0.228	44.01	0.818	1.066	0.923	0.010631
C_1	77.234	14.666	2.297	16.04	0.3	54.289	17.133	0.540952
C_2	14.157	11.076	3.254	30.07	0.356	13.027	7.706	0.130176
C_3	4.58	9.218	3.968	44.1	0.507	6.281	5.448	0.062952
$i - C_4$	0.74	2.702	1.533	58.12	0.563	1.459	1.669	0.014656
$n - C_4$	1.036	5.103	2.896	58.12	0.584	2.528	2.89	0.0254
$i - C_5$	0.281	2.998	2.111	72.15	0.624	1.277	1.813	0.012858
$n - C_5$	0.223	3.631	2.558	72.15	0.631	1.473	2.091	0.014833
C_6	0.155	5.538	4.659	86.18	0.664	2.129	3.609	0.021457
C_7	0.074	6.109	5.67	95.05	0.71	2.287	4.276	0.023059
C_8	0.037	7.419	7.747	106.95	0.74	2.744	5.773	0.02767
C_9	0.009	5.413	6.276	118.76	0.773	1.991	4.651	0.020075
C_{10}	0.002	4.022	5.266	134.14	0.779	1.476	3.895	0.014887
C_{11}		2.922	4.193	147	0.79	1.071	3.098	0.010806
C_{12}		2.257	3.548	161	0.801	0.828	2.622	0.008347
C_{13}		2.187	3.736	175	0.812	0.802	2.761	0.008088
C_{14}		1.859	3.448	190	0.823	0.682	2.548	0.006875
C_{15}		1.631	3.279	206	0.833	0.598	2.423	0.006032
C_{16}		1.282	2.779	222	0.84	0.47	2.054	0.004741
C_{17}		1.183	2.737	237	0.848	0.434	2.023	0.004375
C_{18}		1.066	2.613	251	0.853	0.391	1.931	0.004375
C_{19}		0.983	2.523	263	08.58	0.36	1.864	0.003635
C_{20}		0.755	2.026	275	0.863	0.277	1.497	0.002792
C_{21}		0.645	1.832	291	0.868	0.237	1.354	0.002385
C_{22}		0.592	1.764	305	0.873	0.217	1.304	0.002189
C_{23}		0.503	1.563	318	0.878	0.185	1.155	0.00186
C_{24}		0.434	1.401	331	0.882	0.159	1.036	0.001605
C_{25}		0.453	1.526	345	0.886	0.166	1.128	0.001675
C_{26}		0.312	1.092	359	0.89	0.114	0.807	0.001154
C_{27}		0.296	1.079	374	0.894	0.108	0.798	0.001095

续表

组　分	分离器气体/%	分离器液体/%	分离器液体/%	摩尔质量	相对密度（水 = 1）	储层流体/%	储层流体/%	计算z_i
C_{28}		0.26	0.983	388	0.897	0.095	0.727	0.000962
C_{29}		0.223	0.875	402	0.9	0.082	0.647	0.000825
C_{30+}		1.717	8.54	509.6	0.922	0.63	6.311	0.00635
总	100	100	100			100	100	
相对分子质量	20.95	102.44				50.83		
密度/（lb/ft³）		43.0248						

（4）GOR 的物质平衡一致性检验。

除了应用组分物质平衡（MB）法来评价气液重组样品的质量之外，还可以通过在组分物质平衡中求解n_1/n_v是方法评价实验室测得的 GOR 的质量。

$$z_i n_t = x_i n_1 + y_i n_v$$

$$\frac{y_i}{z_i} = \frac{n_t}{n_v} - \frac{n_1}{n_v}\left(\frac{x_i}{z_i}\right)$$

上述组分物质平衡公式表明，将y_i/z_i与x_i/z_i作图会得到一条直线，其斜率值为n_1/n_v。然后，可以根据以下表达式计算 GOR：

$$GOR = \frac{2130.331\,(\rho_o)_{P_{sep},T_{sep}}}{(MW)_{Liquid}(n_1/n_v)}; \quad scf/bbl$$

注意，上式中斜率n_1/n_v的值必须为正。图 4 - 24 显示了由表 4 - 39 中实验室气体和液体样品绘制的y_i/z_i与x_i/z_i的直线。图中该线的斜率为 - 0.57797，将其转换为 GOR 得到：

$$GOR = \frac{2130.331\,(\rho_o)_{P_{sep},T_{sep}}}{(MW)_{Liquid}(n_1/n_v)}$$

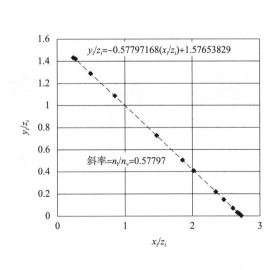

组　分	x_i/z_i	y_i/z_i
N_2	0.23881	1.43284
CO_2	0.49719	1.29081
C_1	0.27015	1.42265
C_2	0.85023	1.08674
C_3	1.46760	0.72918
$i-C_4$	1.85195	0.50720
$n-C_4$	2.01859	0.40981
$i-C_5$	2.34769	0.22005
$n-C_5$	2.46504	0.15139
C_6	2.60122	0.07280
C_7	2.67118	0.03236
C_8	2.70372	0.01348
C_9	2.71873	0.00452

图 4 - 24　重组 GOR 的一致性检验

$$GOR = \frac{2130.331 \times 43.0248}{102.44 \times 0.57797} = 1548 scf/bbl$$

计算得到的 GOR 值比实验测量值(1597scf/bbl)约小3%。误差略高于预期,通常预期误差约为1%。但是,考虑到该样品其他三个质量评估结果良好,因此可以认为实验室重组得到的 GOR 是合理的。

4.15.1.2 等组分膨胀实验(CCE)

通常需要对所有类型的储层流体进行 CCE 实验,以更好地理解这些烃类系统的压力/体积关系。CCE 实验也可以称为压力/体积关系实验、恒定质量膨胀实验、闪蒸分离实验、闪蒸气化实验或闪蒸膨胀实验。在原油系统上进行的 CCE 实验的目的是确定:

①饱和压力。

②相对体积 V_{rel}。

③高于 P_b 的等温压缩系数 c_o。

④等于或高于 P_b 的原油密度 ρ_o。

⑤常规的 Y 函数。

⑥扩展的 Y 函数 Y_{EXT}。

⑦高于 P_b 的原油地层体积系数 B_o。

⑧低于 P_b 的两相地层系数 B_t。

将碳氢化合物流体样品置于可视的 PVT 容器中。在实验过程中保持储层温度恒定。为确保碳氢化合物样品以单相存在,将样品压力加压至远高于初始储层压力。通过从 PVT 容器中去除汞的方式达到等温降压,并测量和记录每个压力下的烃类体积 V_t。同时进行连续降压和总流体体积 V_t 的测量,即在整个实验过程中都不从 PVT 容器中去除气体或液体。CCE 实验的示意图如图 4-25 所示。当压力接近饱和压力时,由于单相原油的膨胀作用,总体积会继续增加。

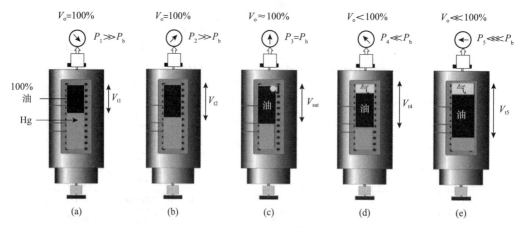

图 4-25 等组分膨胀实验

达到泡点压力标志着溶液气体的出现和开始释放。通过观察和压力-体积曲线上的不连续点来识别饱和压力值。如图 4-25 所示,饱和压力和相应的体积分别表示为 P_{sat} 和

V_{sat}。将饱和压力下的体积作为参考体积 V_{sat}，测量的总体积 V_t 是压力的函数。该体积与参考体积的比值称为相对体积，可由式(4-106)的等式表示：

$$V_{rel} = \frac{V_t}{V_{sat}} \qquad (4-106)$$

式中　V_{rel}——相对体积；

　　　V_t——烃类的总体积；

　　　V_{sat}——饱和压力下的体积。

表 4-43 列出了某个原油系统的等组分膨胀实验的结果。该系统的泡点压力在 247℉ 时为 1930psi。此外，表格数据还包括：

①相对体积。

②等于或高于泡点压力的原油密度。

③平均的单相压缩系数，即 $P \geqslant P_b$ 时的 c_o。

④Y 函数。

表 4-43　等组分膨胀实验数据(247℉下的压力/体积关系)

压力/psig	相对体积	Y 函数	密度/(g/cm³)
6500	0.9371		0.6919
6000	0.9422		0.6882
5500	0.9475		0.6843
5000	0.9532		0.6802
4500	0.9592		0.6760
4000	0.9657		0.6714
3500	0.9728		0.6665
3000	0.9805		0.6613
2500	0.989		0.6556
2400	0.9909		0.6544
2300	0.9927		0.6532
2200	0.9947		0.6519
2100	0.9966		0.6506
2000	0.9987		0.6492
$P_b > 1936$	1.0000		0.6484
1930	1.0014		
1928	1.0018		
1923	1.003		
1918	1.0042		
1911	1.0058		
1878	1.0139		
1808	1.0324		

压力/psig	相对体积	Y 函数	密度/(g/cm³)
1709	1.0625	2.108	
1600	1.1018	2.044	
1467	1.0611	1.965	
1313	1.2504	1.874	
1161	1.3694	1.784	
1035	1.502	1.71	
782	1.9283	1.56	
600	2.496	1.453	
437	3.4464	1.356	

压力范围/psig	单相压缩系数/psi⁻¹
6500 ~ 6000	10.73×10^{-6}
6000 ~ 5500	11.31×10^{-6}
5500 ~ 5000	11.96×10^{-6}
5000 ~ 4500	12.70×10^{-6}
4500 ~ 4000	13.57×10^{-6}
4000 ~ 3500	14.61×10^{-6}
3500 ~ 3000	15.86×10^{-6}
3000 ~ 2500	17.43×10^{-6}
2500 ~ 2000	19.47×10^{-6}
2000 ~ 1936	20.79×10^{-6}

饱和压力 $(P_{sat}) = 1936$ psig

$$V_{rel} = \frac{V_t}{V_{sat}}$$

$$\rho = \frac{\rho_{sat}}{V_{rel}}$$

$$(c_o)_{average} = \frac{-1}{\dfrac{(V_{rel})_1 + (V_{rel})_2}{2}} \frac{(V_{rel})_1 - (V_{rel})_2}{P_1 - P_2}$$

$$Y = \frac{P_{sat} - P}{P(V_{rel} - 1)}$$

将由 CCE 测得的体积用相对体积表示，并绘制其与压力的函数。图 4－26 清楚地显示了系统从单相到两相的过渡。斜率变化处的压力代表泡点压力，如图 4－26 所示。

流体从单相到两相变化时引起压缩系数的变化导致斜率发生变化，即：

①在单一液相区中，液体的压缩系数相对较小，从而导致压力急剧下降，而液体体积几乎没有增加。

压力	相对体积
6500	0.9371
6000	0.9422
5500	0.9475
5000	0.9532
4500	0.9592
4000	0.9657
3500	0.9728
3000	0.9805
2500	0.989
2400	0.9909
2300	0.9927
2200	0.9947
2100	0.9966
2000	0.9987
1936	1
1930	1.0014
1928	1.0018
1923	1.003
1918	1.0042
1911	1.0058
1878	1.0139
1808	1.0324
1709	1.0625
1600	1.1018
1467	1.0611
1313	1.2504
1161	1.3694
1035	1.502
782	1.9283
600	2.496
437	3.4464

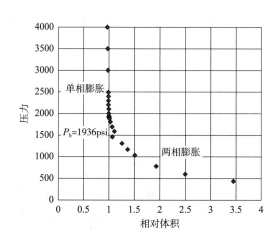

图 4 - 26 CCE 实验中的压力 - 体积关系

②当压力接近泡点压力并释放出游离气时，释放出的气体具有较高的压缩性，从而导致压力下降变缓。因此，压力曲线的斜率在单相和两相区域之间会出现拐点。

对于轻质油或挥发油，这两个区域的斜率难以区分。压力/体积呈连续曲线，没有明显的不连续或体积变化规律突变，因此无法得到准确的泡点压力和相应的体积 V_{sat} 测量值。本质上，确定泡点的最佳方法是通过视觉观察形成第一个气泡的压力。如本章稍后所述，V_{sat} 是一个重要的性质，它影响所有其他 PVT 性质的准确性，因此必须进行准确的估算。

由 CCE 实验求解原油密度。如表 4 - 43 所示的实验数据，饱和压力下的原油密度为 0.6484g/cm³。密度直接由流体样品的质量 m 和体积 V 的测量值确定。对于饱和压力下的流体密度 ρ_{sat}，可由下式计算得到：

$$\rho_{sat} = \frac{m}{V_{sat}}$$

高于泡点压力时，可以通过使用任何压力下记录的相对体积来计算原油密度，从而得到：

$$\rho = \frac{(m/V_{sat})}{(V_{P,T}/V_{sat})} = \frac{\rho_{sat}}{V_{rel}} \qquad (4-107)$$

式中　ρ——高于饱和压力的任何压力下的密度；

　　ρ_{sat}——饱和压力下密度；

　　V_{rel}——目标压力下的相对体积；

　　$V_{P,T}$——压力 P 和储层温度下的体积。

例 4-28 根据表 4-5 中的实验数据，验证 4000psi 和 6500psi 下的原油密度。

解　应用式(4-107)计算得到：

在 4000psi 时：

$$\rho_o = \frac{\rho_{sat}}{V_{rel}} = \frac{0.6484}{0.9657} = 1.6714 g/cm^3$$

在 6500psi 时：

$$\rho_o = \frac{\rho_{sat}}{V_{rel}} = \frac{0.6484}{0.9371} = 0.6919 g/cm^3$$

由 CCE 实验求解等温压缩系数。将任何物质的瞬时等温压缩系数定义为在恒定温度下每单位体积下压力的体积变化率。在数学上，物质的等温压缩率 c 由以下表达式定义：

$$c = -\frac{1}{V}\left(\frac{\partial V}{\partial P}\right)_T$$

将以上表达式用于原油瞬时等温压缩系数得到：

$$c_o = -\frac{1}{V}\left(\frac{\partial V}{\partial P}\right)_T$$

同样可以用相对体积来表示：

$$c_o = \frac{-1}{(V/V_{sat})}\frac{\partial(V/V_{sat})}{\partial P}$$

或者：

$$c_o = \frac{-1}{V_{rel}}\frac{\partial V_{rel}}{\partial P} \qquad (4-108)$$

通常，将泡点压力以上的相对体积数据绘制为压力的函数，如图 4-27 所示。为了计算任何压力 P 下的瞬时 c_o，必须在所需压力下对 $(\partial V_{rel}/\partial P)$ 近似求导。图 4-27 所示的压力/体积曲线可以用以下多项式表示：

$$V_{rel} = -1.4701 \times 10^{-13}P^3 + 2.95895 \times 10^{-9}P^2 - 30.124 \times 10^{-6}P + 1.048212$$

$$\partial V_{rel}/\partial P = -1.4701 \times 10^{-13} \times 3P^2 + 2.95895 \times 10^{-9} \times 2P - 30.124 \times 10^{-6}$$

例 4-29 使用图 4-27，估算 4500psi 时的 c_o。

解　①4500psi 时的相对体积：

$$V_{rel} = 0.9592$$

②计算导数得到：

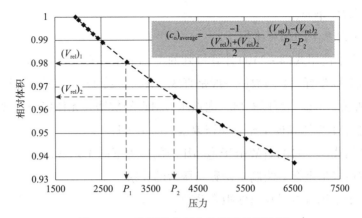

图 4 - 27　高于泡点压力的相对体积数据

$$\frac{\partial V_{rel}}{\partial P} = -1.4701 \times 10^{-13} \times 3 \times 4500^2 + 2.95895 \times 10^{-9} \times 2 \times 45000 - 30.124 \times 10^{-6}$$

$$= -12.424 \times 10^{-6}$$

应用式(4-108)得到：

$$c_o = \frac{-1}{V_{rel}} \frac{\partial V_{rel}}{\partial P} = \left(\frac{-1}{0.9592}\right)(-12.424 \times 10^{-6}) = 12.935 \times 10^{-6}\,psi^{-1}$$

如表 4 - 5 所示，实验室的等温压缩系数是在压力范围内的平均压缩系数。这些值是通过计算指定压力区间的相对体积变化，并应用以下表达式确定的：

$$(c_o)_{average} = \frac{-1}{\dfrac{(V_{rel})_1 + (V_{rel})_2}{2}} \frac{(V_{rel})_1 - (V_{rel})_2}{P_1 - P_2} \tag{4-109}$$

式中　下标 1 和 2——在较低和较高压力范围内的相应值。

例 4 - 30　使用表 4 - 5 中针对 Big Butte 原油系统测得的相对体积数据，计算 2500 ~ 2000psi 压力范围内的平均原油压缩系数。

解　应用式(4-109)得到：

$$(c_o)_{average} = \frac{-1}{\dfrac{(V_{rel})_1 + (V_{rel})_2}{2}} \frac{(V_{rel})_1 - (V_{rel})_2}{P_1 - P_2}$$

$$(c_o)_{average} = \frac{-1}{\dfrac{0.9890 + 0.9987}{2}} \frac{0.9890 - 0.9987}{2500 - 2000} = 19.52 \times 10^{-6}\,psi^{-1}$$

传统 Y 函数。计算得到的相对体积通常需要进行平滑处理，以校正在低于饱和压力及更低压力下测量烃类总体积时产生的实验室误差。通常用一个称为 Y 函数的无量纲压缩函数来平滑相对体积。在饱和压力以下（即 $P < P_b$），Y 函数的数学形式是：

$$Y = \frac{P_{sat} - P}{P(V_{rel} - 1)} \tag{4-110}$$

式中　P_{sat}——饱和压力，psia；

P——压力，psia；

V_{rel}——压力 P 下的相对体积。

表 4-5 列出了使用式(4-110)计算得到的 Y 函数值。在直角坐标系上，若以压力为横坐标，Y 函数为纵坐标，Y 函数值一般是直线。图 4-28 显示了某一原油系统的 Y 函数与压力的关系曲线。由该图可以看出，泡点压力附近的数据并无任何明显规律。

以下步骤总结了平滑和校正相对体积数据的简单过程：

步骤 1，使用式(4-110)计算低于饱和压力的压力下的 Y 函数值。

步骤 2，在笛卡尔坐标下绘制 Y 函数与压力的关系。

步骤 3，确定 Y 函数的最佳直线拟合系数：

$$Y = a + bP \qquad (4-111)$$

式中 a，b——直线的截距和斜率。

步骤 4，通过以下表达式重新计算低于饱和压力的压力下的相对体积：

$$V_{rel} = 1 + \frac{P_{sat} - P}{P(a + bP)} \qquad (4-112)$$

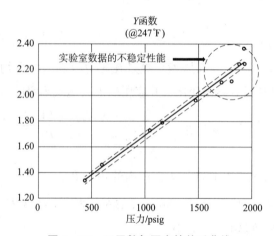

图 4-28　Y 函数与压力的关系曲线

例 **4-31** Y 函数的最佳的直线拟合结果如下：

$$Y = a + bP$$

其中：

$$a = 1.0981$$

$$b = 0.000591$$

对表 4-5 中记录的相对体积数据进行平滑处理。请注意，实验室推荐的泡点压力可能大于实验报告的值。

解　应用式(4-112)得到：

$$V_{rel} = 1 + \frac{P_{sat} - P}{P(a + bP)} = 1 + \frac{1950.7 - P}{P(1.0981 + 0.000591P)}$$

注意，压力以 psia 表示，计算结果如表 4-44 所示：

表 4 - 44　计算结果

压力/psia	测量的 V_{rel}	平滑的 V_{rel}	压力/psia	测量的 V_{rel}	平滑的 V_{rel}
1950. 7	—	—	1614. 7	1. 1018	1. 1028
1944. 7	—	1. 0014	1481. 7	1. 1611	1. 1626
1942. 7	—	1. 0018	1327. 7	1. 2504	1. 2532
1937. 7	—	1. 0030	1175. 7	1. 3696	1. 3741
1932. 7	—	1. 0042	1049. 7	1. 5020	1. 5091
1925. 7	—	1. 0058	796. 7	1. 9283	1. 9458
1892. 7	—	1. 0139	614. 7	2. 4960	2. 5328
1822. 7	—	1. 0324	451. 7	3. 4464	3. 5290
1723. 7	1. 0625	1. 0630			

如以上示例所示，在饱和压力附近以及在较低压力下 CCE 实验数据误差较大。通过观察出现第一滴液体或第一批气泡的方式来确定饱和压力 P_{sat} 是一项烦琐而艰巨的任务，尤其是在对挥发油和凝析气系统进行 CCE 实验时。饱和压力错误的测量将导致错误的参考体积 V_{sat}，从而影响相对体积值的准确性。如本章稍后所述，需要正确的相对体积才能得到原油系统的 PVT 性质，包括：

①高于 P_b 的原油地层体积系数 B_o。

②两相地层体积系数 B_t。

③油的等温压缩系数 c_o。

④扩展 Y 函数。

Hosein 等(2014)引入了扩展 Y 函数。该函数将在 CCE 实验中最高压力下测量的初始体积 V_i 代替了传统 Y 函数中的 V_{sat}。使用 V_i 作为参考体积将消除估算 V_{sat} 的烦琐过程，尤其是在对挥发油和凝析气系统进行 PVT 实验室研究时。Hosein 等提出的方法具有将 V_i 用作参考体积的优点，因此 Y 函数的计算可以扩展到饱和压力以上。也就是说，扩大了仅在饱和压力以下才可使用的 Y 函数的适用性。应用该方法将得到两条直线(高于和低于饱和压力)，可以通过两条线的交点清楚地识别出饱和压力，从而无须通过观察第一个气泡或液滴的方式便可以确定饱和压力。扩展的相对体积 $(V_{rel})_{EXT}$ 可以通过以下关系表示：

$$(V_{rel})_{EXT} = \frac{V_t}{V_i}$$

为了区分传统 Y 函数和扩展 Y 函数，Hosein 等将扩张 Y 函数称为 Y_{EXT} 函数，以表明其适用于饱和压力以上。式(4 - 112a)给出了 Y_{EXT} 函数：

$$Y_{EXT} = \log\left(\frac{P_i - P}{P_i(V_t/V_i - 1)}\right) = \log\left\{\frac{P_i - P}{P_i[(V_{rel})_{EXT} - 1]}\right\} \qquad (4 - 112a)$$

Ahmed(2015)建议，除了应用上述表达式外，P_i 还可以替换为 P，并将函数称为 Y_{EXTp}：

$$Y_{EXTp} = \log\left\{\frac{P_i - P}{P[(V_{rel})_{EXT} - 1]}\right\} \qquad (4 - 112b)$$

为了清楚地识别饱和压力 P_{sat} 和相应的饱和体积 V_{sat}，应共同绘制以上两个表达式。Ahmed(2015)提出了以下步骤来分析 CCE 实验室数据：

（1）将实验室相对体积 V_{rel} 转换为 $(V_{rel})_{EXT}$，将每个 V_{rel} 除以相对体积 $(V_i/V_{sat})_{P_{max}}$，该相对体积对应于 CCE 实验中最高压力 P_{max} 下的相对体积，即：

$$(V_{rel})_{EXT} = \frac{(V_t/V_{sat})}{(V_i/V_{sat})_{P_{max}}} = \frac{V_t}{V_i}$$

（2）使用式（4-112a）和式（4-112b）计算每个压力下的扩展 Y 函数值，即：

$$Y_{EXT} = \log\left\{\frac{P_i - P}{P_i\left[(V_{rel})_{EXT} - 1\right]}\right\}$$

$$Y_{EXTp} = \log\left\{\frac{P_i - P}{P\left[(V_{rel})_{EXT} - 1\right]}\right\}$$

（3）在同一笛卡尔（常规）坐标系上，将步骤1和步骤2的结果绘制成压力的函数，即 Y_{EXT}、Y_{EXTp} 和 $(V_{rel})_{EXT}$ 与压力的关系。

（4）两条扩展 Y 函数的曲线可以清楚地确认实验报告中的饱和压力或正确识别合理的饱和压力 P_{sat}。

（5）从 $(V_{rel})_{EXT}$ 和压力的关系曲线中，确定饱和压力下的相对体积值，并将该值定义为 $(V_{psat})_{EXT}$，它表示的是正确的 V_{sat}/V_i 比值。

（6）在饱和压力以下绘制扩展 Y 函数 Y_{EXT} 数据的最佳直线拟合，并确定最佳拟合的系数得到：

$$Y_{EXT} = a + bP$$

（7）通过以下表达式重新计算低于饱和压力的所有压力下的值，使扩展的相对体积 $(V_{rel})_{EXT}$ 数据平滑：

$$(V_{rel})_{EXT} = 1 + \frac{P_i - P}{P_i(10^{a+bP})}$$

（8）低于饱和压力的平滑后的相对体积 V_{rel} 数据可以通过以下表达式表述为压力的函数：

$$V_{rel} = \frac{(V_{rel})_{EXT}}{(V_{P_{sat}})_{EXT}}$$

通过重新计算例 4-31 进一步阐明以上方法。

例 4-32 应用扩展 Y 函数方法对表 4-43 记录的相对体积数据进行平滑处理，并验证报告中的饱和压力 1936psi。请注意，实验室报告建议的泡点压力可能大于报告的值。

解 扩展 Y 函数的应用步骤如下：

①将实验室相对体积 V_{rel} 转换为 $(V_{rel})_{EXT}$（表 4-45），将每个 V_{rel} 除以 CCE 实验中最高压力 P_{max} 下的相对体积 $(V_i/V_{sat})_{P_{max}}$，即：

$$(V_{rel})_{EXT} = \frac{(V_t/V_{sat})}{(V_i/V_{sat})_{P_{max}}} = \frac{V_t}{V_i}$$

表 4-45 相对体积 V_{rel} 转化为 $(V_{rel})_{EXT}$

压力/psi	V_{rel}	$(V_{rel})_{EXT}$	压力/psi	V_{rel}	$(V_{rel})_{EXT}$
6500	0.9371	1	1928	1.0018	1.069043
6000	0.9422	1.005442	1923	1.003	1.070323

压力/psi	V_{rel}	$(V_{rel})_{EXT}$	压力/psi	V_{rel}	$(V_{rel})_{EXT}$
5500	0.9475	1.0111098	1918	1.0042	1.071604
5000	0.9532	1.017181	1911	1.0058	1.073311
4500	0.9592	1.023583	1878	1.0139	1.081955
4000	0.9657	1.03052	1808	1.0324	1.101697
3500	0.9728	1.038096	1709	1.0625	1.133817
3000	0.9805	1.046313	1600	1.1018	1.175755
2500	0.989	1.055384	1467	1.0611	1.132323
2400	0.9909	1.057411	1313	1.2504	1.334329
2300	0.9927	1.059332	1161	1.3694	1.461317
2200	0.9947	1.061466	1035	1.502	1.602817
2100	0.9966	1.063494	782	1.9283	2.057731
2000	0.9987	1.065735	600	2.496	2.663536
1936	1	1.067122	437	3.4464	3.677729
1930	1.0014	1.068616			

②使用式(4 - 112a)和式(4 - 112b)计算每个压力下的扩展 Y 函数值得到(表 4 - 46):

$$Y_{EXT} = \log\left\{\frac{P_i - P}{P_i\left[(V_{rel})_{EXT} - 1\right]}\right\}$$

$$Y_{EXTp} = \log\left\{\frac{P_i - P}{P\left[(V_{rel})_{EXT} - 1\right]}\right\}$$

表 4 - 46　计算扩展 Y 函数值

压力/psi	$(V_{rel})_{EXT}$	Y_{EXT}	Y_{EXTp}
6500	1		
6000	1.005442	1.150272	1.185035
5500	1.0111098	1.141839	1.21439
5000	1.017181	1.128138	1.242081
4500	1.023583	1.11551	1.275211
4000	1.03052	1.100447	1.3113
3500	1.038096	1.083326	1.352171
3000	1.046313	1.065451	1.401243
2500	1.055384	1.045765	1.460739
2400	1.057411	1.040874	1.473576
2300	1.059332	1.037047	1.488233
2200	1.061466	1.031919	1.502409
2100	1.063494	1.027808	1.518502

续表

压力/psi	$(V_{rel})_{EXT}$	Y_{EXT}	Y_{EXTp}
2000	1.065735	1.022504	1.534388
1936	1.067122	1.019568	1.545576
1930	1.068616	1.010578	1.537934
1928	1.069043	1.008075	1.535881
1923	1.070323	1.000568	1.529502
1918	1.071604	0.993205	1.52327
1911	1.073311	0.983634	1.515287
1878	1.081955	0.938341	1.477559
1808	1.101697	0.851138	1.406853
1709	1.133817	0.741001	1.321173
1600	1.175755	0.632375	1.241168
1467	1.132323	0.767278	1.413761
1313	1.334329	0.377828	1.072477
1161	1.461317	0.250547	0.998628
1035	1.602817	0.144491	0.942464
782	2.057731	− 0.08004	0.839662
600	2.663536	− 0.26309	0.771668
437	3.677729	− 0.45799	0.714439

③在同一笛卡尔(常规)坐标系上，将步骤1和步骤2的结果绘制成压力的函数，即 Y_{EXT}、Y_{EXTp} 和 $(V_{rel})_{EXT}$ 与压力的关系，如图4-29所示：

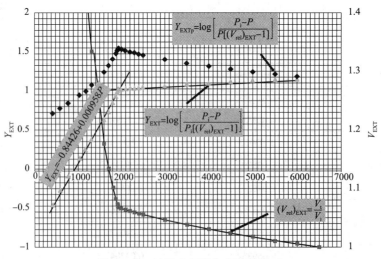

图4-29　扩展 Y 函数与压力的关系

④两条扩展 Y 函数的曲线显示饱和压力为1950psia，而报告的饱和压力为1936psi。

⑤从$(V_{rel})_{EXT}$和压力的关系曲线中，得到修正后的饱和压力下的相对体积值$(V_{p_{sat}})_{EXT} \approx 1.066261$。注意，实验室报告的饱和压力1936psia下的$(V_{rel})_{EXT}$为1.067122。

⑥在饱和压力以下绘制扩展Y函数Y_{EXT}数据的最佳直线拟合，并确定最佳的拟合系数a和b，得到：

$$Y_{EXT} = a + bP = -0.84426 + 0.000958P$$

⑦通过以下表达式重新计算低于饱和压力的所有压力下扩展的相对体积$(V_{rel})_{EXT}$（表4-47），从而得到平滑的相对体积数据：

$$(V_{rel})_{EXT} = 1 + \frac{P_i - P}{P_i(10^{a+bP})} = 1 + \frac{6500 - P}{6500(10^{-0.84426+0.000958P})}$$

表4-47 计算扩展的相对体积$(V_{rel})_{EXT}$

压力/psi	平滑的$(V_{rel})_{EXT}$	压力/psi	平滑的$(V_{rel})_{EXT}$
1950	1.066261	1709	1.118727
1936	1.068549	1600	1.154434
1930	1.069554	1467	1.21271
1928	1.069892	1313	1.307899
1923	1.070745	1161	1.443168
1918	1.071607	1035	1.598972
1911	1.072833	782	2.095052
1878	1.078896	600	2.688102
1808	1.093463	437	3.485354

⑧通过以下表达式计算饱和压力以下平滑的相对体积V_{rel}得到（表4-48）：

$$V_{rel} = \frac{(V_{rel})_{EXT}}{(V_{p_{sat}})_{EXT}} = \frac{(V_{rel})_{EXT}}{1.066261}$$

表4-48 计算平滑的相对体积V_{rel}

压力/psi	$(V_{rel})_{EXT}$	平滑的V_{rel}	压力/psi	$(V_{rel})_{EXT}$	平滑的V_{rel}
6500	1	0.937857	1930	1.069554	1.003088
6000	1.005442	0.942961	1928	1.069892	1.003406
5500	1.011098	0.948265	1923	1.070745	1.004205
5000	1.017181	0.95397	1918	1.071607	1.005014
4500	1.023583	0.959975	1911	1.072833	1.006163
4000	1.03052	0.96648	1878	1.078896	1.011849
3500	1.038096	0.973586	1808	1.093463	1.025512
3000	1.046313	0.981292	1709	1.118727	1.049206
2500	1.055384	0.989799	1600	1.154434	1.082694
2400	1.057411	0.9917	1467	1.21271	1.137348

续表

压力/psi	$(V_{rel})_{EXT}$	平滑的 V_{rel}	压力/psi	$(V_{rel})_{EXT}$	平滑的 V_{rel}
2300	1.059332	0.993502	1313	1.307899	1.226622
2200	1.061466	0.995503	1161	1.443168	1.353485
2100	1.063494	0.997405	1035	1.598972	1.499607
2000	1.065735	0.999506	782	2.095052	1.964859
1950	1.066261	1	600	2.688102	2.521054
1936	1.068549	1.002146	437	3.485354	3.268762

在1936psi下测得的实验室密度0.6484g/cm³应校正到新饱和压力1950psi下，可由下式计算：

$$(\rho_{sat})_{1950psi} = \left[\frac{(V_{rel})_{EXT@1936psi}}{(V_{rel})_{EXT@1950psi}}\right]\rho_{sat@1936psi} = \frac{1.07122}{1.066261} \times 0.6468 = 0.65142\,g/cm^3$$

在高于1950psi的压力下，通过下式计算密度(表4-49)：

$$\rho = \frac{\rho_{sat}}{V_{rel}}$$

表4-49 密度计算结果

压力/psi	$(V_{rel})_{EXT}$	V_{rel}	密度/(g/cm³)
6500	1	0.937857	0.694579
6000	1.005442	0.942961	0.690819
5500	1.011098	0.948265	0.686955
5000	1.017181	0.95397	0.682847
4500	1.023583	0.959975	0.678576
4000	1.03052	0.96648	0.674009
3500	1.038096	0.973586	0.669089
3000	1.046313	0.981292	0.663835
2500	1.055384	0.989799	0.658129
2400	1.057411	0.9917	0.656868
2300	1.059332	0.993502	0.655676
2200	1.061466	0.995503	0.654358
2100	1.063494	0.997405	0.653111
2000	1.065735	0.999506	0.651737
1950	1.066261	1	0.651416

4.15.1.3 差异分离实验

差异分离(DL)实验是针对原油样品进行的最常见实验室测试。DL实验的步骤总结如下，并如图4-30所示。

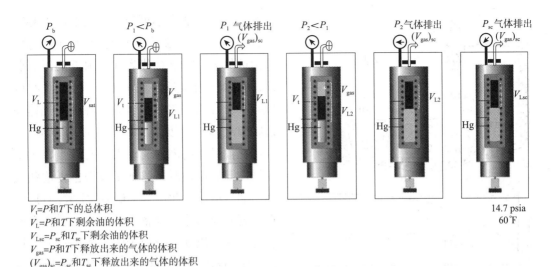

$V_t = P$ 和 T 下的总体积
$V_L = P$ 和 T 下剩余油的体积
$V_{Lsc} = P_{sc}$ 和 T_{sc} 下剩余油的体积
$V_{gas} = P$ 和 T 下释放出来的气体的体积
$(V_{gas})_{sc} = P_{sc}$ 和 T_{sc} 释放出来的气体的体积

图 4 - 30　恒定温度 T 下的差异分离实验

①将原油样品在其泡点压力和储层温度下置于可视化的 PVT 容器中。

②将容器压力以 10 ~ 15 的压力步长从饱和压力逐步降低到大气压。

③让每个压力阶段释放的气体与 PVT 容器中剩余的油达到平衡。

④在每个压力水平下测量并记录两相的体积(即剩余油体积 V_l 和释放的气体体积 V_{gas})。

⑤然后,将释放出的气体以恒定的压力移除到气体计量装置(例如量气表),并将测得的体积校正到标准体积,定为 $(V_{gas})_{sc}$。

⑥在恒定的储层温度下重复上述衰竭过程,直到压力达到接近大气压。在最后阶段,先在最后一个容器条件下测量残留油的体积,然后将其校正至标准条件(即 14.7psia 和 60℉),并定为 V_{Lsc}。

以下术语用于描述在 DL 实验中与每个压力衰竭阶段碳氢化合物的体积测量值:

其中,P——容器压力;

T——容器温度;

V_t——P 和 T 下游离气和剩余油的总体积;

V_l——P 和 T 下剩余油体积;

V_{Lsc}——标准条件 P_{sc} 和 T_{sc} 下剩余油体积;

V_{gas}——P 和 T 下游离气体积;

$(V_{gas})_{sc}$——标准条件 P_{sc} 和 T_{sc} 游离气体积。

注意,在每个衰竭阶段,剩余的油会逐渐富含较重的组分,因此会不断地发生组分变化。另外,上述 DL 实验的特征是烃类系统的组分各不相同。而整个系统组成在 CCE 实验中是保持不变的。DL 和 CCE 实验的组合数据足以模拟储层中发生的分离过程。图 4 - 31 描述了油藏衰竭和生产井周围的压力曲线。在区域 A 中,储层压力 P_r 大于泡点压力 P_b,在此未饱和油藏中仅地层油可流动(可能通过膨胀)到区域 B。在区域 B 中,储层压力略低于泡点压力,此时溶液开始释放气体。但是,由于气体饱和度 S_g 低于临界气体饱和度 S_{gc},

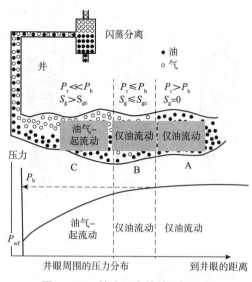

图 4 - 31　储油层中的储层相分布

因此气体留在油中不可流动，这类似于 CCE 的分离过程。可通过闪蒸实验（CCE 实验）模拟区域 B。区域 C 代表井筒附近的压力曲线，其中压力接近井底流动压力 P_{wf}。在区域 C 中，压力下降较快，导致释放的气体超过临界气体饱和度 S_{gc}，因此气体可以流动。气体比油具有更高的流动性，所以当释放出的气体开始流动时，留下了最初包裹这些气体的油。可见，此过程类似于 DL 实验的过程。在油管和地面分离设备中，气体和油在平衡状态下同时流动，类似于闪蒸膨胀过程。通常，将闪蒸实验和 DL 实验结合起来模拟和研究储层流体的流动。

从 DL 实验获得的实验数据包括：

①差异分离油的储层体积系数（FVF），B_{od}。

②差异分离气体溶解度，R_{sd}。

③气体储层体积系数（FVF），B_g，ft^3/scf。

④气体压缩系数，Z。

⑤总储层体积系数（FVF），B_{td}。

⑥释放气体的组分。

⑦气体相对密度。

⑧以压力为参数的剩余油的密度函数。

（1）差异分离油的储层体积系数 B_{od}。

差异分离油的储层体积系数将测量的油相体积 V_1 除以剩余油的体积 V_{Lsc} 来计算不同压力下原油体积系数 B_{od}（通常称为相对原油体积系数）：

$$B_{od} = \frac{V_1}{V_{Lsc}} \tag{4-113}$$

例 4 -33　在 180℉下对原油样品进行 DL 实验。样品的泡点压力为 3565psig。将残余（剩余）油相体积校正到标准条件下（14.7psia 和 60℉），得到 60cm³。以下测量数据是通过差异膨胀（DE）实验获得的（表 4 -50）：

表 4 -50　测量数据

压力/psig	总体积/cm³	液体体积/cm³	游离气体积/scf
3565	99.29514779	99.29514779	0
3000	105.1180611	92.66229773	0.086792948
2400	100.8688861	87.02573049	0.07660421
1800	98.43652432	82.03645568	0.067170194
1200	100.8219751	77.70667102	0.061887145

压力/psig	总体积/cm³	液体体积/cm³	游离气体积/scf
600	118.801706	73.45739134	0.059245621
200	168.9280437	70.05558226	0.043396474
0	63.85313132	63.85313132	0.061509785

注：粗体数字表示沸点压力。

使用上面报告的 DE 测量数据，计算油相的储层体积系数 B_{od}，即相对原油体积系数。

解

应用式(4-113)计算 B_{od}(表 4-51)：

$$B_{od} = \frac{V_1}{V_{Lsc}} = \frac{V_1}{60}$$

表 4-51　B_{od} 计算结果

压力/psig	总体积/cm³	液体体积/cm³	游离气体积/scf	B_{od}/(bbl/STB)
3565	99.29514779	99.29514779	0	1.6549
3000	105.1180611	92.66229773	0.086792948	1.7520
2400	100.8688861	87.02573049	0.07660421	1.6811
1800	98.43652432	82.03645568	0.067170194	1.6406
1200	100.8219751	77.70667102	0.061887145	1.6804
600	118.801706	73.45739134	0.059245621	1.9800
200	168.9280437	70.05558226	0.043396474	2.8155
0	63.85313132	63.85313132	0.061509785	1.0642
0psia, 60℉		60		1.0000

注：粗体数字表示沸点压力。

(2)差异分离气的溶解度 R_{sd}。

任一压力下的气体溶解度(即气油比 R_{sd})的定义是每单位储罐体积的校正后的残余油中溶解的气体的体积。在数学上，将指定压力下溶液中剩余(溶解)气体的体积除以残余油的体积来计算差异分离气的溶解度 R_{sd}。

例 4-34 使用例 4-33 中的 DE 测量数据，计算气体溶解度 R_{sd}。

解　步骤1，将校正后的剩余油体积(以 cm³ 为单位)转换为地面脱气原油体积：

$$地面脱气原油体积 = \frac{60}{30.48^3 \times 5.615} = 0.000377 STB$$

步骤2，计算溶解气的总体积：

$$溶解气体的总体积 = 0.456606 scf$$

步骤3，将每个压力下的溶解气的体积除以地面脱气原油体积 0.000377 计算 R_{sd} 得到(表 4-52)：

表4-52　R_{sd}计算结果

压力/psig	总体积/cm³	液体体积/cm³	游离气体积/scf	溶解度(气体)体积/scf	R_{sd}/(scf/STB)
3565	99.29514779	99.29514779	0	0.4566	1210
3000	105.1180611	92.66229773	0.086792948	0.3698	980
2400	100.8688861	87.02573049	0.07660421	0.2932	777
1800	98.43652432	82.03645568	0.067170194	0.2260	599
1200	100.8219751	77.70667102	0.061887145	0.1642	435
600	118.801706	73.45739134	0.059245621	0.1049	278
200	168.9280437	70.05558226	0.043396474	0.0615	163
0	63.85313132	63.85313132	0.061509785	0.0000	0
0psia, 60℉		60	sum = 0.456606		

注：粗体数字表示沸点压力。

(3)气体储层体积系数B_g。

气体FVF是在特定压力和温度下n摩尔气体所占体积$(V_{gas})_{P,T}$与标准条件下相同摩尔数(即n摩尔)气体所占体积$(V_{gas})_{sc}$之比。数学定义式是：

$$B_g = \frac{(V_{gas})_{P,T}}{(V_{gas})_{sc}}, \ \text{ft}^3/\text{scf} \tag{4-114}$$

例4-35 使用例4-33中的DE实验数据，计算气体的FVF。

解 以计算3000psig下的B_g为例：

步骤1，3000psig下的游离气体的体积=液体总体积：

$$(V_{gas})_{3000,180} = (105.1180611 - 92.66229773)/30.48^3 = 0.00044\text{ft}^3$$

步骤2，应用以下气体性质的定义计算在3000psig和180℉下的B_g得到：

$$B_g = 0.00044/0.086792948 = 0.005068\text{ft}^3/\text{scf}$$

步骤3，B_g的计算结果如下(表4-53)：

表4-53　B_g计算结果

压力/psig	总体积/cm³	液体体积/cm³	移除的气体体积/scf	游离气体积/ft³	B_g/(ft³/scf)
3565	99.29514779	99.29514779	0	无游离气	
3000	105.1180611	92.66229773	0.086792948	0.00044	0.005068
2400	100.8688861	87.02573049	0.07660421	0.00049	0.006382
1800	98.43652432	82.03645568	0.067170194	0.00058	0.008622
1200	100.8219751	77.70667102	0.061887145	0.00082	0.01319
600	118.801706	73.45739134	0.059245621	0.00160	0.027028
200	168.9280437	70.05558226	0.043396474	0.00349	0.080459
0	63.85313132	63.85313132	0.061509785		
0psia, 60℉		60	总 = 0.456606scf		

注：粗体数字表示沸点压力。

(4)气体偏差因子Z。

借助任一压力下的游离气的体积和该气体在标准条件下的体积，可以通过应用以下两种气体的状态方程来计算气体的偏差因子：

$$P\left(V_{\text{gas}}\right)_{\text{P,T}} = ZnRT$$

得到：

$$n = P\left(V_{\text{gas}}\right)_{\text{P,T}}/ZRT$$

$$P_{\text{sc}}\left(V_{\text{gas}}\right)_{\text{sc}} = Z_{\text{sc}}nRT_{\text{sc}}$$

得到：

$$n = P_{\text{sc}}\left(V_{\text{gas}}\right)_{\text{sc}}/Z_{\text{sc}}RT_{\text{sc}}$$

其中，$Z_{\text{sc}} = 1$；

　　$T_{\text{sc}} = 520°\text{R}$；

　　$T = 640°\text{R}$；

　　$P_{\text{sc}} = 14.7\text{psia}$

将以上两个表达式联立并求解 Z 得到：

$$Z = \frac{P\left(V_{\text{gas}}\right)_{\text{P,T}}}{T}\frac{T_{\text{sc}}}{P_{\text{sc}}\left(V_{\text{gas}}\right)_{\text{sc}}}$$

例 4-36　使用例 4-33 中的 DE 测量数据，计算气体 FVF。

解　以计算 3000psig 下 Z 因子为例：

$$Z = \frac{P\left(V_{\text{gas}}\right)_{\text{P,T}}}{T}\frac{T_{\text{sc}}}{P_{\text{sc}}\left(V_{\text{gas}}\right)_{\text{sc}}}$$

$$Z = \frac{(3000+14.7)\times0.00044}{180+460}\frac{520}{14.7\times0.08679} = 0.8445$$

Z 随压力变化计算结果如表 4-54 所示：

表 4-54　Z 因子计算结果

压力/psig	总体积/cm³	液体体积/cm³	移除的气体体积/scf	游离气体积/ft³	Z
3565	99.29514779	99.29514779	0	无游离气	
3000	105.1180611	92.66229773	0.086792948	0.00044	0.844483
2400	100.8688861	87.02573049	0.07660421	0.00049	0.85174
1800	98.43652432	82.03645568	0.067170194	0.00058	0.864839
1200	100.8219751	77.70667102	0.061887145	0.00082	0.885583
600	118.801706	73.45739134	0.059245621	0.00160	0.918313
200	168.9280437	70.05558226	0.043396474	0.00349	0.954804
0	63.85313132	63.85313132	0.061509785		
0psia, 60℉		60	总 = 0.456606scf		

注：粗体数字表示沸点压力。

（5）DE 实验中的总储层体积系数，B_{td}。

DE 实验中的两相（总）FVF 是通过其性质的定义确定的，即数学表达式（4-69）。

$$B_{\text{td}} = B_{\text{od}} + (R_{\text{sdb}} - R_{\text{sd}})B_{\text{g}} \tag{4-115}$$

式中　R_{sdb}——泡点压力下的气体溶解度，scf/STB；

　　　R_{sd}——任一压力下的气体溶解度，scf/STB；

B_{od}——任一压力下油相的 FVF;

B_g——气体的 FVF, bbl/scf。

例 4 – 37 使用例 4 – 33 至例 4 – 35 的解计算总 FVF。

解 应用式(4 – 115)计算B_{td}:

$$B_{td} = B_{od} + (R_{sdb} - R_{sd}) B_g$$

$$B_{td} = B_{od} + (1210 - R_{sd}) B_g$$

注意, B_g 必须用 bbl/scf 表示, 其中, $1 \text{bbl} = 5.615 \text{ft}^3$。

例如, 在 3000psig 下(表 4 – 55):

$$B_{td} = 1.544 + (1210 - 980)(0.005077/5.615) = 1.752 \text{bbl/STB}$$

表 4 – 55 B_{td} 计算结果

压力/psig	R_{sd}/(scf/STB)	B_{od}/(bbl/STB)	B_g/(ft³/scf)	B_{td}/(bbl/STB)
3565	**1210**	**1.655**		1.655
3000	980	1.544	0.00507	1.752
2400	777	1.450	0.00638	1.943
1800	599	1.367	0.00862	2.306
1200	435	1.295	0.01319	3.116
600	278	1.224	0.02703	5.711
200	163	1.168	0.08046	16.170
0	0	1.064		

注:粗体数字表示沸点压力。

表 4 – 56 显示了 Montana 的 Big Butte 油田原油样品的 DL 实验结果。原油的体积系数和差异分离气体溶解度分别如图 4 – 32 和图 4 – 33 所示。该实验表明泡点压力处的差异分离气体溶解度和体积系数分别为 933scf/STB 和 1.730bbl/STB。分别由 R_{sdb} 和 B_{odb} 表示:

$$R_{sdb} = 933 \text{scf/STB}$$

$$B_{odb} = 1.730 \text{bbl/STB}$$

表 4 – 56 的第 4 列显示了根据下式计算差异分离实验的体积系数 B_{td}:

$$B_{td} = B_{od} + (R_{sdb} - R_{sd}) B_g$$

表 4 – 56 差异分离数据(247℉时)

压力/psig	R_{sd}[a]	B_{od}[b]	B_{td}[c]	ρ/(g/cm³)	Z	B_g[d]	增量 γ_g
1	2	3	4	5	6	7	8
$P_b > 1936$	933	1.73	1.73	0.6484			
1700	841	1.679	1.846	0.6577	0.864	0.01009	0.885
1500	766	1.639	1.982	0.665	0.869	0.01149	0.894
1300	693	1.6	2.171	0.672	0.876	0.01334	0.901
1100	622	1.563	2.444	0.679	0.885	0.01591	0.909
900	551	1.525	2.862	0.6863	0.898	0.01965	0.927

续表

压力/psig	R_{sd} [a]	B_{od} [b]	B_{td} [c]	$\rho/(g/cm^3)$	Z	B_g [d]	增量 γ_g
1	2	3	4	5	6	7	8
700	479	1.486	3.557	0.6944	0.913	0.02559	0.966
500	400	1.44	4.881	0.7039	0.932	0.03626	1.051
300	309	1.382	8.138	0.7161	0.955	0.06075	1.23
185	242	1.335	13.302	0.7256	0.97	0.09727	1.423
120	195	1.298	20.439	0.7328	0.979	0.14562	1.593
0	0	1.099		0.7745			2.375

注：在 60℉ = 1.000。

　　在 60℉时残余油的重度为 34.6°API。

　　在 60℉时残余油的密度为 0.8511g/cm³。

[a] 残余油溶解气油比，在 14.73psia 和 60℉残余油释放的气体体积除以在 60℉下残余油的体，scf/STB。

[b] 残余油储层体积系数，指定的压力和温度下的残余油体积除以 60℉时的残余油体积，bbl/STB。

[c] 总储层体积系数，指定的压力和温度下残余油及其释放气的体积除以 60℉的残余油的体积，bbl/STB。

[d] 气体储层体积系数，指定的压力和温度下气体体积除以 14.73psia 和 60℉下气体体积，cf/scf。

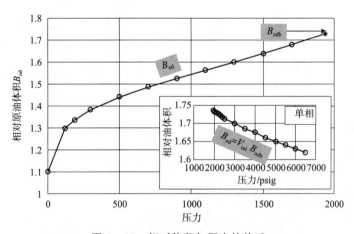

图 4-32　相对体积与压力的关系

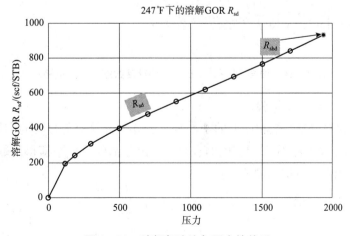

图 4-33　溶解气油比与压力的关系

第6列中的气体偏差因子 Z 表示在特定压力下释放(除去)的溶解气体的 Z 系数。这些值是根据测量的气体体积计算得到的:

$$Z = \frac{P \, (V_{gas})_{P,T}}{T} \frac{T_{sc}}{P_{sc} (V_{gas})_{sc}}$$

表 4-56 的第 7 列是气体的储层体积系数 B_g,它也可以根据 Z 系数应用式(3-52)来确定,即:

$$B_g = \left(\frac{P_{sc}}{T_{sc}}\right) \frac{ZT}{P}$$

(6)DE 数据的质量检查。

①DE 和 CCE 实验的原油密度。

DL 实验的饱和油的密度(即 $P < P_b$)和 CCE 实验的不饱和密度应呈现出从饱和状态到不饱和状态的平稳过渡,如图 4-34 所示。饱和压力附近的密度值急剧增加或呈不稳定状态,表明存在流动安全问题,例如沥青质的沉淀。

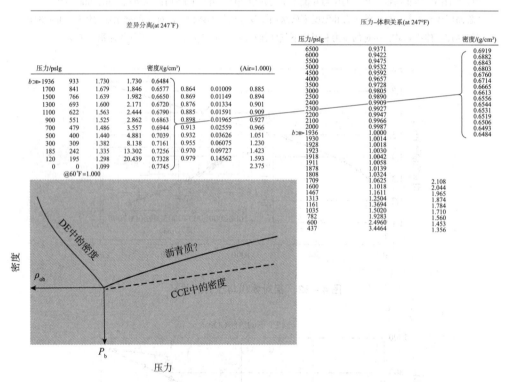

图 4-34　根据 DE 和 CCE 的原油密度数据进行质量检验

②饱和原油密度的质量检验。

任何分离实验都应进行饱和原油的密度计算,并将计算值与报告的实验值进行比较,误差应不超过 1%;否则,应考虑实验的有效性。由原油的物质平衡得出数学表达式如式(4-116)所示,用于计算饱和油密度:

$$\rho_{odb} = \frac{1}{B_{odb}}\left\{\frac{141.5}{131.5 + {}^\circ API_{RO}} + 1.483 \times 10^{-5} p_{sc} \sum_{i=1}^{n} \{\gamma_{gi+1}[(R_{sd})_i - (R_{sd})_{i+1}]\}\right\}$$

$$(4-116)$$

式中 ρ_{odb}——DE 实验中 P_b 下的油密度，g/cm³；

  °API_{RO}——DE 实验中残余油 API 重度；

  B_{odb}——DE 实验中 P_b 下的油 FVF，bbl/STB；

  R_{sd}——DE 实验中气体溶解度，scf/STB；

  p_{sc}——标准压力(例 14.7psia)。

例 4 - 38 使用表 4 - 57 中的 DE 测试数据，验证饱和油密度。

表 4 - 57 例 4 - 38 的 DE 实验数据

在 182℉下的差异分离							
物理性质							
i	压力/psia	B_o	R_s	Z	B_g	相对密度	密度/(g/cm³)
1	3009	1.602	1050				0.6699
2	2610	1.55	924	0.777	0.00538	0.7559	0.6789
3	2012	1.475	737	0.779	0.00699	0.7376	0.6929
4	1408	1.4	547	0.802	0.01026	0.7274	0.7083
5	807	1.324	359	0.855	0.01891	0.7448	0.7265
6	310	1.242	195	0.929	0.05206	0.8649	0.7487
7	15	1.063	0	1		1.9116	0.7994

注：(1)在 STP 下残余油的重度为 34.9°API。

  (2)粗体数字代表沸点压力。

应用式(4 - 116)计算饱和密度：

$$\rho_{odb} = \frac{1}{B_{odb}}\left\{\frac{141.5}{131.5 + °API_{RO}} + 1.483 \times 10^{-5} P_{sc} \sum_{i=1}^{n}\left(\gamma_{gi+1}\left[(R_{sd})_i - (R_{sd})_{i+1}\right]\right)\right\}$$

$$\rho_{odb} = \frac{1}{1.602}\left\{\frac{141.5}{131.5 + 34.9}\right.$$

$$+ 1.483 \times 10^{-5} \times 14.7 \times [0.7559 \times (1050 - 924) + 0.7376 \times (924 - 737)$$

$$+ 0.7272 \times (737 - 547) + 0.7448 \times (547 - 359) + 0.8649 \times (359 - 195)$$

$$+ 1.9116 \times (195 - 0)]\}$$

$$= 0.6704 \text{g/cm}^3$$

绝对误差为 0.02% ，表明数据可靠。

③DE 和 CCE 实验的总 FVF 的质量检验。

可以计算作为压力函数的两相储层体积系数 B_t，并将其与 DE 实验得到的图形进行比较，以检查这些实验的有效性。CCE 实验中在饱和压力以下的两相 FVF 可以根据以下表达式进行计算：

$$(B_t)_{CCE} = B_{odb} V_{rel} \tag{4 - 117}$$

在同一图上绘制 $(B_t)_{CCE}$ 和 B_{td} 作为压力的函数，用于评估两个实验的有效性。如果两条曲线重叠，则表明 CCE 和 DE 实验有效。

例 4 - 39 使用表 4 - 58 中列出的 DE 和 CCE 数据对总 FVF 进行质量检查。

表 4 – 58   例 4 – 38 的 DE 实验数据

DE 实验数据					CCE 实验数据						
P	R_{sd}	B_{od}	B_{td}	密度	Z	B_g	相对密度	压力/ psia	相对体积	密度/ (g/cm^3)	B_t
3565	**1210**	**1.655**	**1.655**	**0.6397**							
3000	980	1.544	1.752	0.6614	0.843	0.00507	0.741	6500	0.9677	0.6611	1.6014
2400	777	1.450	1.943	0.6823	0.850	0.00638	0.720	6475	0.9679	0.6609	1.60172
1800	599	1.367	2.306	0.7035	0.863	0.00862	0.710	6023	0.9714	0.6585	1.60767
1200	435	1.295	3.116	0.7231	0.884	0.01319	0.712	5524	0.9759	0.6555	1.61505
600	278	1.224	5.713	0.7437	0.916	0.02703	0.757	5019	0.9810	0.6521	1.62349
200	163	1.168	16.180	0.7610	0.953	0.08046	0.876	4528	0.9866	0.6484	1.6328
0	0	1.064		0.7794			1.662	4027	0.9931	0.6441	1.64358
0	0	1.064		0.7794			1.661	**3722**	**0.9976**	**0.6413**	**1.65091**
								3669	0.9984	0.6407	1.65223
								3626	0.9990	0.6403	1.65333
								3604	0.9994	0.6401	1.6539
								3585	0.9997	0.6399	1.6544
								3565	**1.0000**	**0.6397**	**1.65492**
								3559	1.0005		1.6557
								3540	1.0019		1.65811
								3519	1.0036		1.6609
								3480	1.0068		1.66623
								3445	1.0098		1.67116
								3356	1.0179		1.68453
								3197	1.0341		1.71132
								2938	1.0664		1.76487
								2556	1.1328		1.87462
								2078	1.2656		2.09449
								1554	1.5353		2.54087
								1151	1.9425		3.21465
								876	2.4526		4.05887
								709	2.9633		4.90396
								565	3.6454		6.0328

注：粗体数字代表沸点压力。

解　使用 CCE 实验数据，应用式(4 – 117)计算 B_t：

$$(B_t)_{CCE} = B_{odb} V_{rel}$$

$$(B_t)_{CCE} = 1.655 V_{rel}$$

通过绘制 $(B_t)_{CCE}$ 和 $(B_t)_{DE}$ 与压力的关系曲线来验证两个实验，如图 4-35 所示。

图 4-35 显示了一个很好的拟合结果，表明实验室数据合理有效。

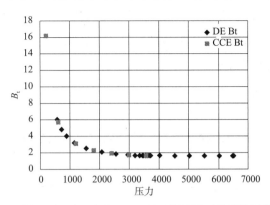

图 4-35　例 4-39 中 DE 和 CCE 实验数据得到的总地层体积系数

4.15.1.4　分离器实验

图 4-32 和图 4-33 所示的与压力的曲线，类似于油相储层体积系数 B_o 和溶解气的溶解度 R_s 曲线，导致它们在计算中经常被误用。DL 实验模拟了原油的性质和储层中溶解气的释放过程，然而，在物质平衡方程和油藏工程的计算中，需要地面分离设备中产出液的性质，而不是 DE 实验的性质。DE 实验的 R_{sd} 和 B_{od} 值是以油藏残余油的体积作为参考体积，而油相储层体积系数 B_o 和气体溶解度 R_s 是以分离器储罐条件下残余油的体积作为参考体积。如图 4-36 所示，必须包括流体流经地面设备的生产过程来生成油藏工程计算所需的 PVT 性质。

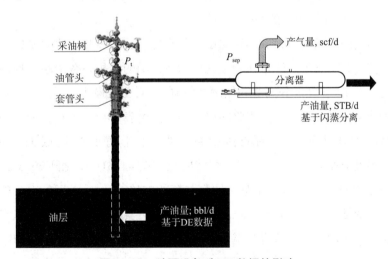

图 4-36　地面设备对 DE 数据的影响

分离器实验可用来确定当流体通过一个(或多个)分离器然后进入储罐时储层流体体积变化的规律。这种体积变化很大程度上受地面分离装置的压力和温度条件的影响。因此，进行分离器实验的主要目的是提供确定最佳地面分离条件所必需的基本实验室信息，从而最大化地面脱气原油的产量。实验室闪蒸分离设备旨在模拟现场分离装置，通常在高达2000psig 的压力和40~250℉的温度下工作。分离器实验通过计算与分离器压力和温度相关的 FVF 和 GOR 的变化来确定油田的最佳分离条件。此外，它还可以提供：

①每级分离释放的气体体积。

②每级分离释放的气体的组分和相对密度。

③地面脱气原油的组分和相对密度。

将闪蒸分离实验的结果与差异分离实验的结果适当地组合后，可计算石油工程所需的PVT 参数(B_o、R_s 和 B_t)。

分离器实验要求在饱和压力和油藏温度条件下将流体样品放置于 PVT 容器中，测量样品的体积 V_{sat}，然后流体样品通过多级实验室分离器闪蒸排出，通常为一级至三级。将每一级的压力和温度设定为能代表需要的或实际的地面分离条件，排出每级分离出来的气体，并在标准条件下测量其密度和体积。测量最后一级的剩余油体积(代表储罐条件)并记录为$(V_o)_{st}$。最后，这些实验测量的数据可用于确定泡点压力下的原油体积系数和溶解气油比，定义式如式(4-118)、式(4-119)所示：

$$B_{ofb} = \frac{V_{sat}}{(V_o)_{st}} \qquad (4-118)$$

$$R_{sfb} = \frac{(V_g)_{sc}}{(V_o)_{st}} \qquad (4-119)$$

式中　B_{ofb}——通过闪蒸测定的泡点压力下原油的 FVF，bbl/STB；

　　　R_{sfb}——通过闪蒸测定的泡点压力下溶解气油比，scf/STB；

　　$(V_g)_{sc}$——分离过程中产生的气体的总体积，scf。

在一系列不同的分离器压力和固定温度下重复此实验室步骤，建议做四次这样的分离实验来确定最佳的分离压力。通常认为在此压力下，油的体积系数最小，地面脱气原油的相对密度最大，逸出气体(即分离气和储罐气体)的相对密度最小。

表4-59 给出了一个两级分离实验的典型例子。由表4-59 可知，最佳的分离压力为100psia，因为在此压力下地层油的体积系数最小。注意，当地层油的体积系数从1.474bbl/STB 变化到1.495bbl/STB，溶解气油比从768scf/STB 变化到795scf/STB。表4-56 还表明，原油 PVT 数据的取值依赖于地面分离的方法。表4-60 给出了 Big Butte 油田原油分离器实验的结果。在如表4-56 所示的差异分离实验的结果中，在泡点压力下，溶液气油比为933scf/STB，而分离器实验测量得到的溶解气油比为646scf/STB。如图4-37和图4-38 所示，这一显著的差异是因为这两个实验在泡点压力下获得剩余油和地面脱气原油的过程不同。差异分离实验是在油藏温度下多次进行闪蒸分离获得剩余油，而分离器实验是在低压、低温条件下进行一级或两级闪蒸分离获得剩余油。因此，这两个实验分离释放出的气体量和最后得到的液体量不同。再次指出，式(4-118)所表示的地层油体积

系数的定义是油层压力和温度下的油相体积除以经过地面分离器得到的地面脱气原油体积。

表4-59 分离器实验

分离器压力/psig	温度/℉	GOR[a]，R_{sfb}	°API@ 60℉	FVF[b]，B_{ofb}
50	75	737	40.5	1.481
0	75	41		
总		778		
100	75	676	40.7	1.474
0	75	92		
总		768		
200	75	602	40.4	1.483
0	75	178		
总		780		
300	75	549	40.1	1.495
0	75	246		
总		795		

注：[a]GOR 是指在 17.65psia 和 60℉下气体体积与 60℉下地面脱气原油的比值，cf/STB。

[b]FVF 是指在 2.620psig 和 220℉下饱和油的体积与 60℉下地面脱气原油的体积之比，bbl/STB。

表4-60 分离器实验数据/分离器闪蒸分析

闪蒸条件		气油比		地面脱气原罐在 60℉ 下相对密度，°API	储层体积系数	分离器体积系数	闪蒸气相对密度（空气 =1）	油相密度
P/psig	T/℉	scf/bbl	scf/STB					
1936	247							0.6484
28	130	593	632			1.066	1.132 *	0.7823
0	80	13	13	38.8	1.527	1.01	* *	0.822
		R_{sfb} →		R_{sfb} =646		B_{ofb}		

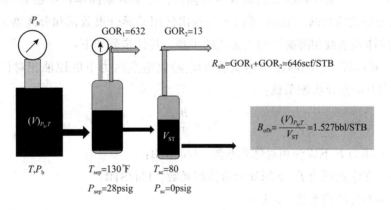

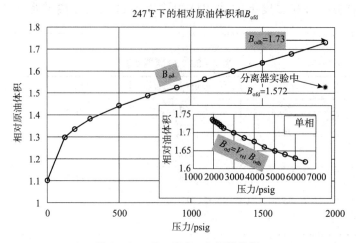

图 4 –37　B_{odb} 和 B_{ofb} 之间的比较

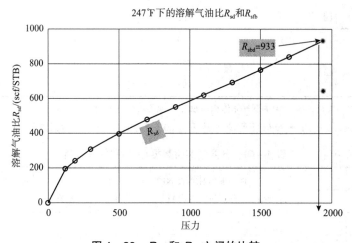

图 4 –38　R_{sbd} 和 R_{sfb} 之间的比较

（1）根据分离器条件校正 DE 数据。

为了进行物质平衡计算和黑油油藏数值模拟，必须有原油体积系数 B_o 和溶解气油比 R_s 随储层压力变化的数据。Amyx 等（1960）提出使用差异分离数据和分离器实验数据来计算原油的储层体积系数和溶解气油比曲线的步骤。具体步骤如下：

步骤1，通过将每个原油相对体积系数 B_{od} 除以泡点压力下的原油相对体积系数 B_{odb}，计算不同压力下的差异收缩系数：

$$S_{od} = \frac{B_{od}}{B_{odb}} \tag{4 –120}$$

式中　B_{od}——压力 P 下原油相对体积系数，bbl/STB；

　　　B_{odb}——在泡点压力 P_b 下原油相对体积系数，bbl/STB；

　　　S_{od}——差异收缩系数，bbl/bbl。

差异收缩系数在泡点压力 P_b 下为1，在泡点压力 P_b 以下小于1。

步骤2，通过将泡点压力下的分离器（闪蒸）原油体积系数 B_{ofb} 乘以差异收缩系数 S_{od} 来校正不同油藏压力下原油的相对体积系数。其数学关系表达式如式(4-121)所示：

$$B_o = B_{ofb} \frac{B_{od}}{B_{odb}} = B_{ofb} S_{od} \tag{4-121}$$

式中　B_o——原油体积系数，bbl/STB；

　　　B_{ofb}——分离器实验中泡点压力下的原油体积系数，bbl/STB；

　　　S_{od}——差异收缩系数，bbl/bbl。

步骤3，将由等组分膨胀实验中获得的相对原油体积 V_{rel} 乘以 B_{ofb}，计算高于泡点压力的原油体积系数：

$$B_o = V_{rel} B_{ofb} \tag{4-122}$$

式中　B_o——高于泡点压力的原油体积系数，bbl/STB；

　　　V_{rel}——原油相对体积，bbl/bbl。

步骤4，校正差异分离实验的溶解气油比 R_{sd}，得到所需的溶解气油比 R_s：

$$R_s = R_{sfb} - (R_{sdb} - R_{sd}) \frac{B_{ofb}}{B_{odb}} \tag{4-123}$$

式中　R_s——溶解气油比，scf/STB；

　　　R_{sfb}——由分离器实验得到的泡点压力下的溶液气油比，scf/STB；

　　　R_{sdb}——通过差异分离实验测量得到的泡点压力下的溶解气油比，scf/STB；

　　　R_{sd}——通过差异分离实验测得的不同压力下的溶解气油比，scf/STB。

应该指出通常在低压下，由式(4-121)计算的 B_o 小于1，而由式(4-123)计算的 R_s 为负。计算的 B_o 和 R_s 的压力曲线在大气压下必须手动设置为 $B_o=0$ 和 $R_s=0$。

McCain(2002)提出了以下简单的表达式来修正差异分离实验的溶解气油比 R_{sd}，得到所需的溶解气油比 R_s：

$$R_s = R_{sd} \frac{R_{sfb}}{R_{sdb}}$$

步骤5，将泡点压力以下的原油相对体积 V_{rel} 乘以泡点压力下的原油地层体积系数 B_{ofb}，得到两相(总)地层体积系数 B_t：

$$B_t = B_{ofb} V_{rel} \tag{4-124}$$

式中　B_t——两相总地层体积系数，bbl/STB；

　　　V_{rel}——泡点压力以下的原油相对体积，bbl/bbl。

B_t 的近似值还可以通过差异分离实验得到，用 B_{ofb} 乘以相对总体积 B_{td}：

$$B_t = B_{td} B_{ofb} / B_{odb} \tag{4-125}$$

例4-40　表4-43、表4-56和表4-60分别给出了 Big Butte 原油的 CCE 实验，DL 实验和分离器实验。计算4000psi 和1100psi 时的原油储层体积系数，1100psi 时的气体溶解度以及1300psi 时的两相原油储层体积系数。

解　步骤1，从表4-9和表4-10中确定 B_{odb}、R_{sdb}、B_{ofb} 和 R_{sfb} 分别为：

$$B_{odb} = 1.730 \text{bbl/STB}$$

$$R_{sdb} = 933 \text{scf/STB}$$

$$B_{ofb} = 1.527 \text{bbl/STB}$$

$$R_{sfb} = 646 \text{scf/STB}$$

步骤2，应用式(4-122)计算4000psi压力下的B_o：

$$B_o = V_{rel}B_{ofb} = 0.9657 \times 1.57 = 1.4746 \text{bbl/STB}$$

步骤3，应用式(4-120)和式(4-121)计算1100psi压力下的B_o：

$$S_{od} = \frac{B_{od}}{B_{odb}} = \frac{1.563}{1.730} = 0.9035$$

并且

$$B_o = B_{ofb}S_{od} = 0.9035 \times 1.527 = 1.379 \text{bbl/STB}$$

步骤4，使用式(4-123)计算1100psi压力下的溶解气油比：

$$R_s = R_{sfb} - (R_{sdb} - R_{sd})\frac{B_{ofb}}{B_{odb}} = 646 - (933 - 622) \times \frac{1.527}{1.730} = 371 \text{scf/STB}$$

注意，使用McCain提出的方法进行校正得到：

$$R_s = R_{sd}\frac{R_{sfb}}{R_{sdb}} = 622 \times \frac{646}{933} = 431 \text{scf/STB}$$

步骤5，根据表4-5的压力-体积曲线（即等组分数据），得到在压力1300psi下原油的相对体积为1.2579bbl/bbl。利用式(4-124)计算B_t得到：

$$B_t = B_{ofb}V_{rel} = 1.527 \times 1.2579 = 1.921 \text{bbl/STB}$$

相应地，用式(4-125)得到：

$$B_t = B_{td}B_{ofb}/B_{odb} = 2.171 \times 1.527/1.73 = 1.916 \text{bbl/STB}$$

表4-61给出了Big Butte原油系统校正后完整的差异分离数据。图4-39和图4-40分别对比了校正前后的R_s和B_o。注意，气体的体积系数，原油密度或黏度数据无须校正。

Dodson等(1953)提出了获取原油PVT数据的最佳实验室步骤，该方法称为Dodson方法或组合分离实验。实验步骤总结如下，并如图4-41所示：

①在储层温度和起泡点压力下，将大量原油样品放入PVT容器中。

②取出少量原油进行分离器实验，并得到B_{ofb}和R_{sfb}。

③将压力降低至饱和压力以下，在恒定压力下去除逸出的气体，并确定其组分和性质。

④再次从剩余油中抽出少量油样泵送至分离器中，在此降低的压力条件下获得B_o和R_s以及其他性质。

⑤在几个逐渐降低的储层压力下重复上述过程，直到获得B_o和R_s与储层压力的完整曲线。

因为Dodson实验较为昂贵，所以工业界一般很少使用。

（2）分离器实验数据的质量检查。

根据分离器实验数据计算得到的饱和油密度，应与实验室报告的数据进行比较。报告的和计算的饱和油密度之间的误差不应超过1%，否则应考虑实验的有效性。由原油的物质平衡得到以下计算饱和油密度的数学表达式：

$$\rho_{ob} = \frac{1}{B_{ofb}}\left\{\frac{141.5}{131.5 + °API_{ST}} + 1.483 \times 10^{-5}P_{sc}\sum_{sep=1}^{n}\left[\gamma_g(GOR)_{sep}\right]\right\}$$

式中　ρ_{ob}——原油密度，g/cm^3；

API_{ST}——储油罐 API 重度；

B_{ofb}——分离器实验中 P_b 下的原油 FVF，bbl/STB；

$(GOR)_{sep}$——分离器 GOR，scf/STB；

γ_g——每级分离器下释放出的气体相对密度。

表 4 – 61　差异分离数据校正至分离器条件下

压力/psig	R_s[a]	B_o[b]	气体 FVF[c]	原油密度/(g/cm^3)	油气黏度比
6500	646	1.431		0.6919	
6000	646	1.439		0.6882	
5500	646	1.447		0.6843	
5000	646	1.456		0.6803	
4500	646	1.465		0.676	
4000	646	1.475		0.6714	
3500	646	1.486		0.6665	
3000	646	1.497		0.6613	
2500	646	1.51		0.6556	
2100	646	1.513		0.6544	
2300	646	1.516		0.6531	
2200	646	1.519		0.6519	
2100	646	1.522		0.6506	
2000	646	1.525		0.6493	
$P_b > 1936$	646	1.527		0.6484	
1700	564	1.482	0.01009	0.6577	19
1500	498	1.446	0.01149	0.665	21.3
1300	434	1.412	0.01334	0.672	23.8
1100	371	1.379	0.01591	0.679	26.6
900	309	1.346	0.01965	0.6863	29.8
700	244	1.311	0.02559	0.6944	33.7
500	175	1.271	0.03626	0.7039	38.6
300	95	1.22	0.06075	0.7161	46
185	36	1.178	0.09727	0.7256	52.8
120		1.146	0.14562	0.7328	58.4
0				0.7745	

注：分离器条件：

第一级：130℉和 28psig。

储罐：80℉和 0psig。

[a] 14.73psia 和 60℉下每立方英尺气体体积与 60℉下每桶地面脱气原油的体积之比，scf/STB。

[b] 在指定压力和温度下每桶油的体积与 60℉下每桶地面脱气原油的体积之比，bbl/STB。

[c] 在指定的压力和温度下每立方英尺的气体与 14.73psia 和 60°下每立方英尺的气体体积之比，cf/scf。

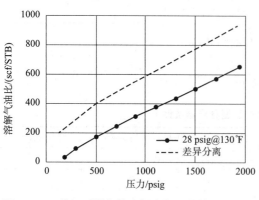

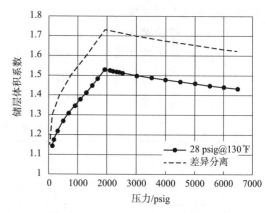

图4-39 校正后的气体溶解度与压力的关系曲线　　图4-40 校正后的储层体积系数与压力的关系曲线

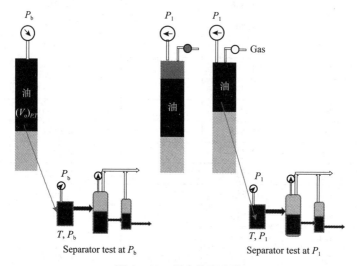

图4-41 组合分离实验

例4-41 表4-62是井底原油样品的分离器实验结果。该实验使用了三级分离器和储罐分离设备。实验表明，在3009psi的泡点压力和182℉下，饱和油密度为0.669g/cm³。其他测量结果包括：

$$B_{ofb} = 1.465 \text{bbl/STB}$$

$$R_{sfb} = 839 \text{scf/STB}$$

在储罐条件下的残余油相对密度和API重度分别为0.8313°API和38.72°API，验证饱和油密度。

表4-62 分离器实验数据

级	压力/psi	温度/℉	R_s/(scf/STB)	B_o	气体相对密度	ρ_o/(g/cm³)
	3009	182	839	1.465		0.669
1	796	134	587	1.226	0.757	0.7206
2	317	80	114	1.139	0.76	0.7587
3	65	80	104	1.082	0.997	0.7781
储罐	15	60	34	1	1.395	0.8313

解 根据以下表达式计算饱和油密度：

$$\rho_{ob} = \frac{1}{B_{ofb}} \left\{ \frac{141.5}{131.5 + {}^{\circ}API_{ST}} + 1.483 \times 10^{-5} P_{sc} \sum_{sep=1}^{n} \left[\gamma_g (GOR)_{sep} \right] \right\}$$

得到：

$$\rho_{ob} = \frac{1}{1.465} \left[\frac{141.5}{131.5 + 38.72} + 1.483 \times 10^{-5} \times 14.7 \times (587 \times 0.757 \right.$$

$$\left. + 114 \times 0.76 + 104 \times 0.997 + 34 \times 1.395) \right] = 0.669$$

计算的密度与实验室报告的密度值完全吻合，表明实验室获得的饱和油密度合理而有效。

4.15.2 储层流体数据的校正

对于部分衰竭油藏或初始处于泡点压力的油田，很难得到代表油藏原始状态的地层原油样品。而且，从油井收集流体样品时，获得的样品的饱和压力可能低于或高于储层实际的饱和压力。在这些情况下，有必要校正或调整实验室 PVT 测量的数据，以反映实际的饱和压力，包括：

（1）等组分膨胀实验数据（CCE）。

（2）差异分离实验数据（DE）。

（3）原油黏度实验数据。

（4）分离器实验数据。

1. 校正 CCE 实验数据

对低于"旧"饱和压力的每个点计算 Y 函数，校正步骤总结如下：

步骤 1：

（1）如式（4-110）所示，使用旧饱和压力计算每个点的 Y 函数值：

$$Y = \frac{P_{sat}^{old} - P}{P(V_{rel} - 1)}$$

（2）在笛卡尔坐标系上绘制 Y 函数与压力的值，并画出最佳拟合直线。注意，饱和压力附近的点可能是错误的，不可使用。

（3）计算直线拟合方程的系数 a 和 b：

$$Y = a + bP$$

（4）通过应用式（4-112），将新饱和压力和 c 步骤中的系数 a 和 b 重新计算相对体积 V_{rel}：

$$V_{rel} = 1 + \frac{P_{sat}^{new} - P}{P(a + bP)} \tag{4-126}$$

步骤 2：

按照以下步骤确定高于新饱和压力的点：

（1）绘制旧饱和压力之上的旧相对体积与压力的关系曲线，如果是一条直线，则进行曲线拟合得到最佳拟合直线，并确定直线 S 的斜率。注意，斜率是负值，即 S < 0。

（2）绘制一条平行于上一步的平滑曲线或直线，该曲线或直线穿过点（$V_{rel}=1$，P_{sat}^{new}）。

（3）从线上读取高于新饱和压力的相对体积值，如果是一条直线，则由下式计算目标压力 P 下的相对体积：

$$V_{rel} = 1 - S(P_{sat}^{new} - P) \qquad (4-127)$$

式中　　S——直线的斜率；

　　　　P——任一压力。

例 4-42　Big Butte 原油的压力-体积关系见表 4-43。实验表明该原油在 247℉时的泡点压力为 1930psig。此原油系统的 Y 函数可由以下线性方程表示：

$$Y = 1.0981 + 0.000591P$$

在泡点压力以上，相对体积与压力呈直线关系，且斜率 S 为 -0.0000138。该油田的地面生产数据和试井表明：实际的泡点压力约为 2500psig。请使用新的饱和压力重建压力-体积关系。

解　分别使用式（4-126）和式（4-127）得到表 4-63 中的结果。

$$V_{rel} = 1 + \frac{P_{sat}^{new} - P}{P(a+bP)} = 1 + \frac{2500-P}{P(1.0981+0.000591P)}$$

$$V_{rel} = 1 - S(P_{sat}^{new} - P) = 1 - (-0.0000138) \times (2500-P)$$

表 4-63　V_{rel} 计算结果

压力/psig	旧的 V_{rel}	新的 V_{rel}	
6500	0.9371	0.9448	式（4-127）
6000	0.9422	0.9517	式（4-127）
5000	0.9532	0.9655	式（4-127）
4000	0.9657	0.9793	式（4-127）
3000	0.9805	0.9931	式（4-127）
$P_b^{new}=2500$	**0.9890**	**1.000**	
2000	0.9987	1.1096	式（4-126）
$P_b^{new}=1936$	**1.0000**	**1.1299**	式（4-126）
1911	1.0058	1.1384	式（4-126）
1808	1.0324	1.1767	式（4-126）
1600	1.1018	1.1018	式（4-126）
600	2.496	2.496	式（4-126）
437	3.4404	3.4404	式（4-126）

注：粗体数字表示沸点压力。

2. 校正 DL 实验数据

（1）相对体积 B_{od}。

为了计算新泡点压力 P_b^{new}，必须对实验室测量的相对原油体积 B_{od} 数据进行校正。校正步骤总结如下：

步骤 1，在笛卡尔坐标系中绘制 B_{od} 数据与压力的关系曲线。

步骤 2，在泡点压力 P_b 的 30% 到 90% 的范围内做最佳拟合直线。

步骤 3，将最佳拟合直线延伸至新的泡点压力，如图 4-42 所示。

步骤 4，将原始曲线末端的曲率（在 P_b^{old} 处为 ΔB_{ol}）移至 P_b^{new}，即将 ΔB_{ol} 置于 P_b^{new} 处的上方或下方。

步骤 5，在低于原始曲线处任选一压力差 ΔP，将相应的曲率 ΔB_{ol} 移至压力 $(P_b^{new} - \Delta P)$ 处。

步骤 6，重复此过程，从原始曲线与直线相交处绘制一条曲线把新的 B_{od} 连接起来，在交点以下的点不需要改变。

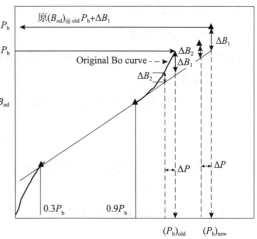

图 4-42　调整 B_{od} 曲线以反映新的泡点压力

（2）溶解气油比。

溶解气油比 R_{sd} 的校正过程与原油的相对体积的校正过程相同。

（3）原油黏度。

通过以下步骤可以将原油黏度外推至新的更高的泡点压力。

步骤 1，将原油黏度的倒数定义为流度，即 $1/\mu_o$，计算低于原始饱和压力的每个点的流度。

步骤 2，在笛卡尔坐标系上绘制流度与压力的关系（见图 4-43）。

步骤 3，绘制流度 - 压力的最佳拟合直线，并将其延伸到新的饱和压力 P_b^{old}。

步骤 4，从直线上读取高于 P_b^{old} 的原油黏度值。

按照以下步骤获得新泡点压力 P_b^{new} 以上压力的原油黏度：

步骤 1，在笛卡尔坐标上绘制旧饱和压力以上所有点的黏度值，如图 4-44 所示，然后做最佳拟合直线，即 A 线。

步骤 2，过 P_b^{new} 点绘制一条平行于 A 线的直线（B 线）。

步骤 3，高于新饱和压力的黏度可从 B 线上直接读取。

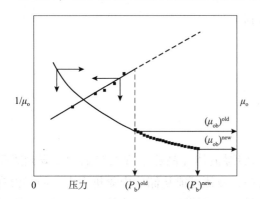

图 4-43　将原油黏度外推至新的饱和压力 P_b

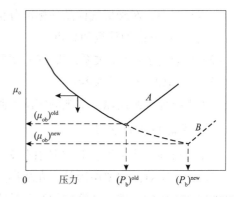

图 4-44　在新饱和压力 P_b 以上外推原油黏度

3. 校正分离器实验数据

(1)溶解气油比及重度。

溶解气油比和地面脱气原油 API 不需要校正。

(2)分离器气油比。

新泡点压力下的溶解气油比$R_{\text{sfb}}^{\text{new}}$与$R_{\text{sdb}}$同比例变化，即：

$$R_{\text{sfb}}^{\text{new}} = R_{\text{sfb}}^{\text{old}} \frac{R_{\text{sdb}}^{\text{new}}}{R_{\text{sdb}}^{\text{old}}} \tag{4-128}$$

然后，分离器气油比是新的(校正的)溶解气油比$R_{\text{sfb}}^{\text{new}}$与未校正的溶解气油比的差。

(3)地层体积系数。

新泡点压力下的原油体积系数B_{ofb}与差异分离原油地层体积系数同比例变化：

$$B_{\text{ofb}}^{\text{new}} = B_{\text{ofb}}^{\text{old}} \frac{B_{\text{odb}}^{\text{new}}}{B_{\text{odb}}^{\text{old}}} \tag{4-129}$$

例 4-43 表 4-56 和表 4-60 分别给出了 Big Butte 原油系统的差异分离实验和分离器实验的结果。实验结果表明实际的泡点压力为 2000psi。应用前面所述的B_{od}和R_{sd}的校正步骤，得到了在新泡点 2000psi 下：

$$B_{\text{odb}}^{\text{new}} = 2.013 \text{bbl/STB}$$

$$R_{\text{sdb}}^{\text{new}} = 1134 \text{scf/STB}$$

使用表 4-60 给出的分离器实验数据，计算新泡点压力下的溶解气油比和地层体积系数。

解 溶解气油比可由式(4-128)计算得到：

$$R_{\text{sfb}}^{\text{new}} = R_{\text{sfb}}^{\text{old}} \frac{R_{\text{sdb}}^{\text{new}}}{R_{\text{sdb}}^{\text{old}}} = 646 \times \frac{1134}{933} = 785 \text{scf/STB}$$

因此，分离器的 GOR = 785 - 13 = 772scf/STB

应用式(4-129)计算原油地层体积系数：

$$B_{\text{ofb}}^{\text{new}} = B_{\text{ofb}}^{\text{old}} \frac{B_{\text{odb}}^{\text{new}}}{B_{\text{odb}}^{\text{old}}} = 1.527 \times \frac{2.013}{1.730} = 1.777 \text{bbl/STB}$$

4.15.3 凝析气系统实验室分析

在实验室中，对凝析气样品的标准分析包括：

(1)分离器样品的重组和分析。

(2)测量压力-体积关系，即 CCE 实验。

(3)等容衰竭(CVD)实验。

接下来将详细阐述以上常规的实验室测试。

1. 分离器样品的重组

对于凝析油气藏来说，获得具有代表性的储层流体样品比常规的黑油油藏要困难得多。造成这一困难的主要原因是，在取样过程中，液体可能从储层中凝析出来，如果没有恢复液体和气体的比例，计算出的组分是错误的。由于可能存在组分的错误和可采集到的样品体积有限，在凝析气藏中很少采用地下取样，而往往采用地面分离器取样技术，并且只有在长期稳定的流动周期之后才能进行取样。在稳定流动期间，准确测量地面分离器中液体和气体的体积，然后按这些比例重新组合流体样品。分离器中样品的烃类组分也可通过色谱法、低温分馏法或两者的结合来测定。

表 4－64 是某油田分离器气液样品的烃组分分析结果。在 640psia 和 100℉ 的分离器条件下，将样品与 GOR 为 7407scf/bbl 的分离器液体重组，分离器液体的密度为 0.683g/cm³ 或 42.62lb/ft³。实验室重组数据表明，流体含 72.624% 的甲烷和 5.35%（摩尔百分比）的 C_{7+} 的组分。

表 4－64 储层流体组分

组　分	分离器气体/%	分离器液体摩尔百分比/%	分离器液体质量百分比/%	摩尔质量	相对密度（水＝1）	储层流体/%
N_2	0.063	0.002	0.001	28.01	0.809	0.055
CO_2	1.154	0.470	0.242	44.01	0.818	1.069
H_2S	0.000	0.000	0.000	34.08	0.801	0.000
C_1	80.655	16.006	3.002	16.04	0.300	72.624
C_2	11.141	8.871	3.118	30.07	0.356	10.859
C_3	3.935	7.900	4.073	44.10	0.507	4.428
$i－C_4$	0.941	3.501	2.379	58.12	0.563	1.259
$n－C_4$	1.087	5.491	3.731	58.12	0.584	1.634
$i－C_5$	0.385	4.330	3.652	72.15	0.624	0.875
$n－C_5$	0.234	4.112	3.468	72.15	0.631	0.716
C_6	0.191	7.754	7.812	86.18	0.664	1.130
C_7	0.090	7.754	9.272	95.90	0.706	1.105
C_8	0.074	9.629	12.057	107.07	0.738	1.261
C_9	0.040	5.953	8.325	119.51	0.766	0.775
C_{10}	0.010	4.110	6.445	134.17	0.779	0.519
C_{11}		2.824	4.854	147.00	0.790	0.351
C_{12}		2.053	3.864	161.00	0.801	0.255
C_{13}		1.819	3.722	175.00	0.812	0.226
C_{14}		1.417	3.148	190.00	0.823	0.176
C_{15}		1.120	2.698	206.00	0.833	0.139
C_{16}		0.833	2.161	222.00	0.840	0.103
C_{17}		0.713	1.976	237.00	0.848	0.089
C_{18}		0.576	1.691	251.00	0.853	0.072
C_{19}		0.484	1.489	263.00	0.858	0.060

组 分	分离器气体/%	分离器液体摩尔百分比/%	分离器液体质量百分比/%	摩尔质量	相对密度（水 =1）	储层流体/%
C_{20}		0.339	1.091	275.00	0.863	0.042
C_{21}		0.280	0.951	291.00	0.868	0.035
C_{22}		0.239	0.854	305.00	0.873	0.030
C_{23}		0.186	0.691	318.00	0.878	0.023
C_{24}		0.147	0.569	331.00	0.882	0.018
C_{25}		0.128	0.518	345.00	0.886	0.016
C_{26}		0.096	0.401	359.00	0.890	0.012
C_{27}		0.075	0.329	374.00	0.894	0.009
C_{28}		0.060	0.271	388.00	0.897	0.007
C_{29}		0.047	0.219	402.00	0.900	0.006
C_{30+}		0.171	0.929	465.22	0.914	0.021
总	100.00	100.00	100.00			100.00
相对分子质量	20.56	85.54				28.64

拟组分	储层流体的组分				
	%	%	MW	SG	T_b
总流体	100.000	100.000	28.64		N/A
C_{7+}	5.350	26.113	139.76	0.781	N/A
C_{10+}	2.210	14.464	187.45	0.822	N/A
C_{20+}	0.220	2.531	330.17	0.882	1232
C_{30+}	0.021	0.345	465.22	0.914	1410

（1）重组样品的 GOR 一致性测试。

如前所述，对实验室报告的 GOR 需要进行简单的质量检查。通过以下组分的物质平衡关系可以确定 n_L/n_v。

$$\frac{y_i}{z_i} = \frac{n_t}{n_v} - \frac{n_L}{n_v}\frac{x_i}{z_i}$$

上式表明将 y_i/z_i 与 x_i/z_i 进行作图会得到一条直线，其斜率为 $-n_L/n_v$。然后可以根据以下表达式计算 GOR：

$$GOR = \frac{2130.331\,(\rho_o)_{P_{sep},T_{sep}}}{(MW)_{Liquid}\,(n_L/n_v)}, \quad scf/bbl$$

图 4 -45 显示了使用表 4 -64 中的实验室气体和液体样品绘制 y_i/z_i 与 x_i/z_i 所得到的直线。该直线的斜率为 -0.1421，将其转换为 GOR 得到：

$$GOR = \frac{2130.331\,(\rho_o)_{P_{sep},T_{sep}}}{(MW)_{Liquid}\,(n_L/n_v)}$$

$$GOR = \frac{2130.331 \times 43.62}{85.54 \times 0.1421} = 7467 \text{scf/bbl}$$

该计算值与报告的 $GOR = 7407 \text{scf/bbl}$ 绝对误差为 0.8% ，这表明可以接受该结果。

绘制分离器样品的霍夫曼图可以评估重组流体样品的一致性。使用表 4 − 64 中的数据，如图 4 − 46 所示的霍夫曼图表明实验室测量数据具有良好的一致性。

组　分	分离器气体 y_i/%	分离器液体 x_i/%	储层流体 z_i/%	x_i/z_i	y_i/z_i
N_2	0.063	0.002	0.055	0.03636	1.14545
C_1	1.154	0.470	1.069	0.43966	1.07951
CO_2	80.655	16.006	72.624	0.22040	1.11058
C_2	11.141	8.871	10.859	0.81693	1.02597
C_3	3.935	7.900	4.428	1.78410	0.88866
$i - C_4$	0.941	3.501	1.259	2.78078	0.74742
$n - C_4$	1.087	5.491	1.634	3.36047	0.66524
$i - C_5$	0.385	4.330	0.875	4.94857	0.44000
$n - C_5$	0.234	4.112	0.716	5.74302	0.32682
C_6	0.191	7.754	1.130	6.86195	0.16903
C_7	0.090	8.264	1.105	7.47873	0.08145
C_8	0.074	9.629	1.261	7.63600	0.05868
C_9	0.040	5.953	0.775	7.68129	0.05161
C_{10}	0.010	4.110	0.519	7.91908	0.01927
C_{11}		2.824	0.351		
C_{12}		2.053	0.255		
C_{13}		1.819	0.226		
相对分子质量	34.13	85.54			
密度/(g/cm³)			0.683		

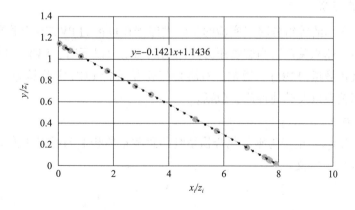

图 4 −45　重组样品的 GOR 一致性检验

分离器压力：640psia；分离器温度：100℉

组　分	分离器液体/mol%	分离器气体/mol%	$K_i = \dfrac{y_i}{x_i}$	$\log(K \cdot P)$	$T_b/$ °R	$T_c/$ °R	$P_c/$ psia	b	$b(1/T_b - 1/T)$
C_1	16.006	80.655	5.039	3.509	200.95	343.01	667.0	803.9	3.2694
C_2	8.871	11.141	1.256	2.905	332.21	549.74	707.8	1412.6	2.9676
C_3	7.900	3.935	0.498	2.503	415.94	665.59	615.0	1798.2	2.6880
$i-C_4$	3.501	0.941	0.269	2.236	470.45	734.08	527.9	2037.3	2.4779
$n-C_4$	5.491	1.087	0.198	2.103	490.75	765.18	548.8	2151.2	2.4272
$i-C_5$	4.330	0.385	0.089	1.755	541.76	828.63	490.4	2383.7	2.2323
$n-C_5$	4.112	0.234	0.057	1.561	556.56	845.37	488.1	2478.2	2.1991
C_6	7.754	0.191	0.025	1.198	615.37	911.47	439.5	2795.3	2.0005
C_7	8.264	0.090	0.011	0.843	668.74	970.57	397.4	3079.2	1.8044
C_8	9.629	0.074	0.008	0.692	717.84	1023.17	361.1	3344.4	1.6177
C_9	5.953	0.040	0.007	0.634	763.07	1070.47	330.7	3592.9	1.4412

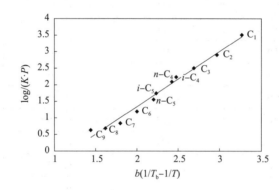

图4-46　凝析气系统的 Hoffman 图一致性检验

2. 等组分膨胀实验

如图4-47所示的等组分膨胀实验的步骤类似于在可视的 PVT 容器里测量储层温度下储层流体的压力-体积关系。当容器压力降低到饱和压力以下时，PVT 容器可以观察到冷凝过程并测量凝析液量(LDO)。通常，对凝析气样品进行 CCE 实验是为了提供凝析气系统的压力-体积关系以及其他性质，包括：

(1)露点压力 P_d。

(2)相对体积 V_{rel}，定义为碳氢化合物系统的总测量体积 V_t 与露点压力下体积 V_{sat} 之比。此性质由式(4-106)定义：

$$V_{rel} = \frac{V_t}{V_{sat}}$$

(3)在露点压力以下的每个压力下的液体体积 V_1，可以表示为两种不同的无量纲形式。第一种形式以 V_{sat} 为参考体积，另一种形式以 V_t 为参考体积，分别表示为：

$$(\text{LDO})_{V_{\text{sat}}}^{\text{CCE}} = \frac{V_{\text{l}}}{V_{\text{sat}}} \tag{4-130}$$

$$(\text{LDO})_{V_{\text{t}}}^{\text{CCE}} = \frac{V_{\text{l}}}{V_{\text{t}}} \tag{4-131}$$

需要指出的是，以上两个表达式通过相对体积得到如下关系式：

$$(\text{LDO})_{V_{\text{sat}}}^{\text{CCE}} = V_{\text{rel}} (\text{LDO})_{V_{\text{t}}}^{\text{CCE}} \tag{4-132}$$

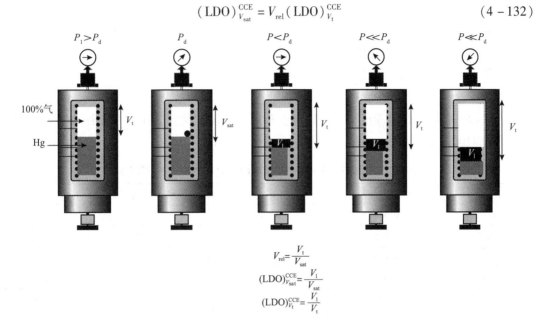

$$V_{\text{rel}} = \frac{V_{\text{t}}}{V_{\text{sat}}}$$

$$(\text{LDO})_{V_{\text{sat}}}^{\text{CCE}} = \frac{V_{\text{l}}}{V_{\text{sat}}}$$

$$(\text{LDO})_{V_{\text{t}}}^{\text{CCE}} = \frac{V_{\text{l}}}{V_{\text{t}}}$$

图 4 - 47　等组分膨胀 (CCE) 实验的示意图

(4) 凝析气体 CCE 实验中的相对体积不适用于计算传统 Y 函数。但是，可以使用两种形式的扩展 Y 函数以及相对体积来验证报告的露点压力。这两个扩展的 Y 函数由式 (4 - 112a) 、式 (4 - 112b) 给出：

$$Y_{\text{EXT}} = \log \left\{ \frac{P_{\text{i}} - P}{P_{\text{i}} [(V_{\text{rel}})_{\text{EXT}} - 1]} \right\}$$

$$Y_{\text{EXTp}} = \log \left\{ \frac{P_{\text{i}} - P}{P [(V_{\text{rel}})_{\text{EXT}} - 1]} \right\}$$

其中：

$$(V_{\text{rel}})_{\text{EXT}} = \frac{V_{\text{rel}}}{(V_{\text{rel}})_{P_{\text{max}}}}$$

(5) 根据体积、质量和摩尔数，使用以下基本关系式计算露点压力下的气体压缩系数和气体密度：

$$Z_{\text{d}} = \frac{P_{\text{d}} V_{\text{sat}}}{nRT}$$

$$\rho_{\text{d}} = \frac{m}{V_{\text{sat}}} = \frac{P_{\text{d}} M_{\text{a}}}{Z_{\text{d}} RT}$$

在高于饱和压力的压力下，Z 系数和气体密度可通过以下公式计算：

$$Z = Z_d \left(\frac{P}{P_d} \right) (V_{rel})$$

$$\rho = \frac{\rho_d}{V_{sat}}$$

式中 Z_d——露点压力 P_d 下的气体压缩系数；

P_d——露点压力，psia；

m——样品质量；

M_a——气体样品的表观摩尔质量；

P——压力，psia。

注意，以上关系仅当 $P \geqslant P_d$ 时有效。

表4-65 显示了如何确定某油田的露点和压力-体积关系。报告中系统在320℉时露点压力为4100psi。

表4-65 凝析气系统在320℉时的压力-体积关系(CCE)

压力/psia	相对体积(V/V_{sat})	气体密度/(g/cm^3)	相对液体体积/%	偏差系数 z
11150	**0.616**	**0.389**		**1.572**
10000	0.641	0.374		1.466
9000	0.666	0.360		1.371
8000	0.698	0.344		1.276
7000	0.739	0.325		1.183
6000	0.795	0.302		1.090
5000	0.880	0.273		1.006
4250	0.978	0.245		0.950
4100	**1.000**	**0.240**	**0.00**	**0.938**
4000	1.023		0.08	
3800	1.064		0.28	
3600	1.125		0.52	
3500	1.153		0.65	
3000	1.302		1.42	
2500	1.538		2.23	
2000	1.919		2.98	
1500	2.587		3.74	
1100	3.614		4.33	

注：相对体积(V/V_{sat})是在指定压力和温度下相对于饱和流体体积的流体体积。

比容(ft^3/lb) = 1/密度(g/cm^3) ×62.428。

密度(ft^3/lb) = 密度(g/cm^3) ×62.428。

相对液体体积百分比：是指定压力和温度下的液体体积与饱和压力下的总体积之比。

粗体数字代表沸点压力。

例4-44 使用表4-65中的数据，验证报告的露点压力为4100psi。

解 步骤1，计算(V_{rel})$_{EXT}$、(Y_{rel})$_{EXT}$和(Y_{rel})$_{EXTp}$，结果如表4-66。

表 4 – 66　计算结果

压力/ psia	相对体积/ (V/V_{sat})	气体密度/ (g/cm^3)	$[(LDO)_{V_{sat}}]^{CCE}$/ %	Z 系数	$(V_{rel})_{EXT}$	Y_{EXT}	Y_{EXTp}
11150	**0.616**	**0.389**		**1.572**	1.00000		
10000	0.641	0.374		1.466	1.04058	1.39164	0.45234
9000	0.666	0.360		1.371	1.08117	1.09061	0.46881
8000	0.698	0.344		1.276	1.13312	0.87577	0.47099
7000	0.739	0.325		1.183	1.19968	0.69968	0.47263
6000	0.795	0.302		1.090	1.29058	0.53673	0.47038
5000	0.880	0.273		1.006	1.42857	0.36798	0.45788
4250	0.978	0.245		0.950	1.58766	0.23087	0.44133
4100	**1.000**	**0.240**	**0.00**	**0.938**	1.62338	0.20525	0.44065
4000	1.023		0.08		1.66071	0.17999	0.43223
3800	1.064		0.28		1.72727	0.13830	0.42481
3600	1.125		0.52		1.82630	0.08286	0.40451
3500	1.153		0.65		1.87175	0.05961	0.39920
3000	1.302		1.42		2.11364	- 0.04674	0.38729
2500	1.538		2.23		2.49675	- 0.17515	0.36393
2000	1.919		2.98		3.11526	- 0.32536	0.33503
1500	2.587		3.74		4.19968	- 0.50511	0.30333
1100	3.614		4.33		5.86688	- 0.68725	0.27352

注：粗体数字代表沸点压力。

　　步骤 2，绘制 V_{rel}、$(V_{rel})_{EXT}$、$(Y_{rel})_{EXT}$ 和 $(Y_{rel})_{EXTp}$ 与压力的曲线图，如图 4 – 47 和图 4 – 48 所示，得到露点压力约为 4100psia，验证了报告中的露点压力值。

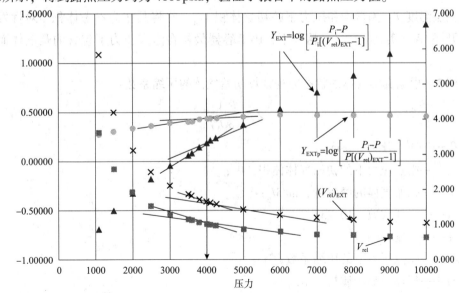

图 4 – 48　例 4 – 44 的 CCE 实验数据的露点压力

3. 等容衰竭实验

针对凝析气和挥发性油的 CVD 实验主要是模拟压力衰竭和产出气的组分变化。实验的主要目的是模拟压力降低到饱和压力以下时的液体析出量（LDO）。CVD 实验的基本假设是，凝析液的液体饱和度不会超过临界饱和度，因此液体无法流动。此外，还假设储层孔隙体积不会改变或不会影响实验结果。因此，该实验取名为等容衰竭实验。该实验为油藏工程计算提供了各种重要的信息。实验的过程如图 4 −49 所示，实验步骤总结如下：

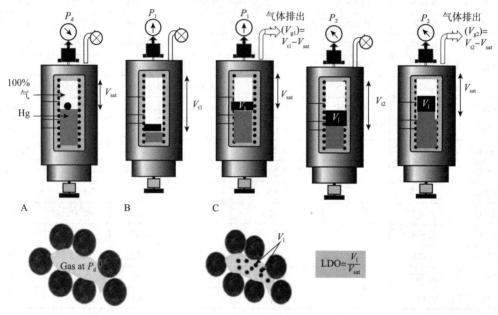

图 4 −49　恒等容衰竭 CVD 实验的示意图

步骤 1，将已知整体组分 z_i 的原始储层流体的代表性样品在露点压力下注入可视的 PVT 容器中，并进行测量，如图 4 −49A 所示。在整个实验过程中，PVT 容器的温度始终保持在储层温度 T。测量饱和压力下的初始体积 V_{sat}，并将其作为参考体积。对挥发油样品也可开展 CVD 实验。在这种情况下，PVT 容器最初在泡点压力下包含的是液体而不是气体。

步骤 2，根据真实气体的状态方程计算初始气体的压缩系数：

$$Z_d = \frac{P_d V_{sat}}{n_i RT}$$

式中　P_d——露点压力，psia；

$\quad V_{sat}$——露点压力下的初始气体体积，ft³；

$\quad n_i$——初始气体的摩尔数，m/M_a；

$\quad R$——气体常数，10.73；

$\quad T$——温度，°R；

$\quad Z_d$——露点压力下的压缩系数；

$\quad m$——气体样品的质量，lb；

$\quad M_a$——气体样品的表观相对分子质量。

步骤 3，容器压力从饱和压力降低到露点压力之下的预定水平 p_1。这种压力的降低是通过从容器中排出汞来实现的，如图 4 – 49B 所示。在此过程中，当压力降至露点压力以下时，形成第二相（反凝析液体）。容器中的流体在 P_1 达到平衡，然后，测量总体积（气体 + 液体）并将其记录为 V_{t1}。

步骤 4，在恒定压力 P_1 下将汞重新注入到 PVT 容器中，同时从容器中移除等量的剩余平衡气体。当达到初始体积 V_{sat} 时，停止注入汞。如图 4 – 49C 所示，目测反凝析液体 V_l 的体积，同时测量移除气体的体积并记录为：

$$V_{g1} = V_{t1} - V_{sat}$$

该步骤类似于凝析气藏的压力衰竭过程，仅产出气体，而凝析液体不流动。

步骤 5，移除的气体以恒定压力 P_1 注入气体测量仪中，在标准条件下测量其体积并记录为 V_{gpsc}。并且进行气相色谱分析以确定移除的气体组分 y_i。产出气的摩尔数由下式计算：

$$n_p = \frac{P_{sc}(V_{gp})_{sc}}{R T_{sc}}$$

式中　n_p——产出气的摩尔数；

$(V_{gp})_{sc}$——标况下产出气的测量体积，scf；

T_{sc}——标准温度，°R；

P_{sc}——标准压力，psia；

$R = 10.73$。

步骤 6，在容器压力 P_1 和温度下，根据真实气体的状态方程计算气体压缩系数得到：

$$Z = \frac{P_1(V_{t1} - V_{sat})}{n_p R T}$$

步骤 7，凝析液体积 V_l 与 V_{sat} 的比值称为凝析液析出量，由下式给出：

$$LDO = \frac{V_l}{V_{sat}}$$

式中　V_l——任一衰竭压力下 PVT 容器中的液体体积；

V_{sat}——露点压力下的体积。

步骤 8，等容衰竭实验测量的另一个重要性质是两相压缩系数 $Z_{两相}$。两相压缩系数表示容器中所有其余流体（气体和凝析液体）的总压缩性。根据真实气体的状态方程计算得到压力 P 下的总压缩系数为：

$$Z_{两相} = \frac{PV_{sat}}{(n_i - n_p)RT} \tag{4 – 133}$$

式中　$n_i - n_p$——压力 P 下容器中剩余液体的摩尔数；

n_i——容器中初始摩尔数；

n_p——累积移除的气体的摩尔数。

步骤 9，在标况下，产出气的体积通常表示为气体初始体积的百分比，并由累积产出气的体积除以气体初始体积来表示，可以将其视为采收率 RF。

$$\% G_p = \frac{\sum n_p}{(n_i)_{original}}100$$

因为在标况下 1mol 的气体体积是 379.4scf，所以累积产出气的体积可以表示为：

$$\% G_p = \left(\frac{\sum 379.4 n_p}{379.4 (n_i)_{original}} \right) 100 = \frac{\sum (V_{gp})_{sc}}{GIIP} 100$$

或者表示为：

$$RF = \frac{G_p}{GIIP} 100$$

式中 G_p——PVT 容器中压力 P 下的累积产出气量，scf；

　　　GIIP——饱和压力下 PVT 容器中气体的初始体积，scf；

　　　　RF——采收率，%。

应该指出的是，可以用等效的气体体积代替气体的摩尔数（n_i 或 n_p）来表达式(4 - 133)并得到：

$$Z_{两相} = \frac{Z_d}{P_d} \frac{P}{1 - RF} \tag{4 - 134}$$

式中 Z_d——露点压力下气体偏差系数；

　　　　P_d——露点压力，psia；

　　　　P——储层压力，psia；

　　　　RF——气体采收率。

步骤 10，在逐步降低的压力下重复以上实验步骤，直到达到最小实验压力。最后，确定残留在容器中的气体和凝析液体的体积和组成。

4. 反凝析气实验室数据的讨论

表 4 - 67 和表 4 - 68 以及图 4 - 50 给出了某油田地面样品的 CCE 和 CVD 实验结果。这些实验的详细说明如下。

(1)表 4 - 67 显示的 CCE 实验数据表明在 218°F时的露点压力为 5022psig。注意，第 4 列给出了 CCE 实验测得的液体体积，该体积以 V_{sat} 为参考体积，由式(4 - 130)定义：

$$(LDO)_{V_{sat}}^{CCE} = \frac{V_1}{V_{sat}}$$

(2)表 4 - 68 给出的 CVD 实验产出气的气相色谱分析结果清楚地显示随着压力的降低，C_{7+} 浓度在降低而 C_1 浓度在升高。表 4 - 68 的第 1 行和第 12 行显示了产出液中 C_{7+} 的相对分子质量和相对密度。

(3)随着压力的降低，中间组分（即产出气中的 $C_2 \sim C_6$）的浓度随着在 PVT 容器中形成凝析液而降低。但是，在较低的压力下，它们重新蒸发回到气相时，产出气中的中间组分的浓度会增加，从而导致反凝析液 LDO 体积的减小。

(4)表 4 - 68 中的第 3 行列出了作为压力函数的凝析液体的析出体积 LDO，LDO 表示为露点压力下初始体积 V_{sat} 的百分比。

(5)图 4 - 50 显示了 LDO 与压力的关系曲线，露点压力下的容器体积作为参考体积，代表储层孔隙体积。该图显示，在低压条件下，析出的液体会汽化重新成为气相。这种现象是由 LDO 和气相之间组分的转移引起的。一些凝析气系统表现出掉尾现象，其中液体在增加到最大值之前有所下降。凝析液最初的逐渐积累和少量积累是由于在钻井、生产和取样过程中样品被污染。但是，没有确凿的证据表明这种"掉尾现象"不是储层流体的真实特征。

CVD 测量表明，最大的 LDO 为 27.7%，发生在 3200psi 附近。对于大多数反凝析储层，最大 LDO 发生在 2000 ~ 2500psi 附近。Cho 等（1985）通过以下表达式将最大 LDO（以% 表示）与储层温度 T（以°R 表示）和 C_{7+} 总摩尔分数 $z_{C_{7+}}$ 的相关联建立以下关系式：

$$(LDO)_{max} = 93.404 + 479.9z_{C_{7+}} - 19.73\ln(T - 460)$$

以上表达式只能用于近似最大 LDO。使用表 4 – 16 中适用于上述关系式的关键数据进行计算得到：

$$(LDO)_{max} = 93.404 + 479.9 \times 0.09526 - 19.73\ln218 = 32.9\%$$

表 4 – 67　218°F时的等组分膨胀实验数据

1 压力/psig	2 $V_{rel} = \dfrac{V_t}{V_{sat}}$	3 密度/（g/cm³）	4 $(LDO)_{V_{sat} = V_l/V_{sat}}$	5 Z 系数	6 E_g/（Mscf/bbl）
8000	0.87823	0.44768		1.42422	1.63789
7500	0.89166	0.44094		1.35579	1.61302
7000	0.90677	0.43359		1.28702	1.58592
6500	0.92442	0.42531		1.21855	1.55540
6000	0.94518	0.41597		1.15029	1.52095
5659 P_{res}	0.96149	0.40891		1.10381	1.49492
5337	0.97930	0.40148		1.06045	1.46750
5022 P_{sat}	1.00000	0.39317	0.00%	1.01912	1.43688
4713	1.02746		14.25%		
4454	1.05552		20.65%		
4034	1.11360		25.53%		
3712	1.17160		27.33%		
3328	1.26275		28.35%		
3032	1.35464		28.70%		
2660	1.50981		28.32%		
2383	1.66647		28.32%		
1987	1.98235		27.33%		
1714	2.30023		26.44%		
1511	2.61926		25.71%		
1353	2.93902		25.20%		
1226	3.25925		24.70%		
839	4.86448		22.86%		

注：以 V_{sat} 作为 LDO 的参考体积。

表 4 – 68　在 218℉ 时的衰竭实验结果(产出液的摩尔组成/%)

储层压力/psig 产出液组分	(DP)5022mol 标况	4100 mol%	3200 mol%	2300 mol%	1400 mol%	500 mol%	0 mol%
H_2S	0.002	0.000	0.000	0.000	0.000	0.000	0.000
N_2	0.084	0.091	0.095	0.097	0.096	0.087	0.061
CO_2	1.163	1.201	1.231	1.263	1.295	1.307	1.047
C_1	65.410	69.857	72.736	74.286	74.907	56.939	72.742
C_2	12.107	12.331	12.474	12.942	13.243	13.552	12.190
C_3	5.329	5.256	5.005	4.895	5.033	6.053	8.511
$i-C_4$	1.280	1.196	1.121	1.046	1.049	1.318	2.698
$n-C_4$	2.039	1.862	1.721	1.567	1.557	1.983	4.519
$i-C_5$	0.911	0.760	0.690	0.635	0.570	0.706	2.254
$n-C_5$	0.902	0.760	0.690	0.598	0.537	0.650	2.148
C_6	1.247	1.023	0.887	0.760	0.675	0.805	1.633
C_{7+}	9.526	5.662	3.350	1.910	1.038	0.796	8.000
总	100.000	100.000	100.000	100.000	100.000	100.000	100.000
C_{7+} 组分性质							
相对分子质量	154.383	145.652	143.256	142.671	141.163	137.776	133.233
相对密度	0.8003	0.7917	0.7886	0.7874	0.7859	0.7830	1.2591
反凝析液体体积							
HC 孔隙体积/%	0.000	24.284	27.681	26.030	22.856	18.951	16.507
DP 气体/(bbl/Mscf)	0.000	167.771	191.238	179.833	157.903	130.928	114.041
气体偏差系数							
平衡气	1.0191	0.8922	0.8411	0.8354	0.8586	0.9207	N/A
两相	1.0191	0.9181	0.8426	0.7858	0.7295	0.5610	N/A
累积产油量							
原始 DP 气体/%	0.000	9.316	22.803	40.399	60.762	81.436	92.789
CVD 井流组分的 GPM							
C_{3+}	9.471	6.662	5.054	4.019	3.471	3.969	11.189
C_{4+}	8.013	5.224	3.684	2.679	2.093	2.312	8.860
C_{5+}	6.957	4.251	2.780	1.848	1.264	1.262	6.567
基于 GIIP = 1000Mscf 的累积采出 G_p	0 Mscf	93.16 Mscf	228.03 Mscf	403.99 Mscf	607.62 Mscf	814.36 Mscf	927.89 Mscf

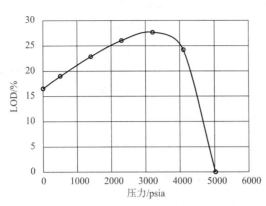

压力/psia	液体析出/%
5022	0.000
4100	24.284
3200	27.681
2300	26.030
1400	22.856
500	18.951
0	16.507

图 4-50　在 218°F 气藏衰竭过程中反凝析液的析出

（6）注意，进行 CVD 实验是为了模拟当压力降到露点压力以下时在储层多孔介质中发生的液体析出。这种反凝析过程通常是对放置在代表孔隙体积的 PVT 容器中的碳氢化合物样品进行分析，但是不包括初始储层水。如果考虑初始水饱和度的存在，可以将 LDO 转换为含油饱和度，从而得到：

$$S_o = LDO(1 - S_{wi})$$

式中　S_o——凝析液体（油）的饱和度，%；

　　　LDO——析出液体的百分比，%；

　　　S_{wi}——初始含水饱和度。

使用表 4-68 中的 LDO 数据，并假设初始水饱和度为 30%，可以得到如表 4-69 所示的含油饱和度随压力变化的值。

表 4-69　含油饱和度随压力变化值

压力/psia	LDO	S_o
5022	0.000	0
4100	24.284	16.9988
3200	27.681	19.3767
2300	26.030	18.221
1400	22.856	15.9992
500	18.951	13.2657
0	16.507	11.5549

（7）表 4-68 中的第 5 行和第 6 行显示了平衡气体的 Z 系数和 CVD 实验得到的两相 Z 系数。应该指出的是，使用传统的气体物质平衡绘制（P/Z）与 G_p 时，必须使用两相 Z 系数代替单相 Z 系数。

（8）表 4-68 中第 7 行代表在露点压力下累积产出液与初始气量的百分比，即产出液的总采收率，即：

$$RF = \frac{G_p}{GIIP}100$$

如果碳氢化合物的孔隙体积不随储层压力下降而变化，则可以将 CVD 实验的采收率直接与现场生产数据一起使用，来计算未来的油田产能和储量。

(9)通常，需要除去和液化地面气中比甲烷重的所有烃类组分，例如乙烷、丙烷和更重的气体，这些液化的组分称为炼化产品或液体产量。液体产品的数量以 gal/Mscf 为单位，通常表示为 GPM，如表 4 – 68 的第 8 行所示，GPM 通常用于描述在每个压力衰竭阶段产出液的 C_{3+} 至 C_{5+} 组分。以下表达式可用于计算气相中每种组分的 GPM：

$$GPM_i = 11.173 \frac{P_{sc}}{T_{sc}} \frac{y_i M_i}{\gamma_{oi}}$$

假设 $P_{sc} = 14.7\text{psia}$，$T_{sc} = 520°\text{R}$，则上述关系式变为：

$$GPM_i = 0.31585 \frac{y_i M_i}{\gamma_{oi}}$$

由各个组分的产液量 GPM 计算的液体的总产量 GPM：

$$GPM = \sum_i GPM_i$$

例如，CVD 衰竭实验第 k 阶段 C_{3+} 组的产液量为：

$$(GPM)_{C_{3+}} = \sum_{i=C_3}^{C_{7+}} (GPM_i)_k = 0.31585 \sum_{i=C_3}^{C_{7+}} \left(\frac{y_i M_i}{\gamma_{oi}} \right)_k$$

式中　y_i——气相中组分 i 的摩尔分数；

$\quad\quad M_i$——组分 i 的相对分子质量；

$\quad\quad k$——压力衰竭的阶段数；

$\quad\quad \gamma_{oi}$——标准条件下液体组分 i 的相对密度(第 1 章，表 1 – 1，E 列)。

也可以将炼化产品(也称为液体产量 Y)表示为 STB/MMscf，即：

$$(Y_{STB/MMscf})_i = 7.5224 \frac{y_i M_i}{\gamma_{oi}}$$

应该指出的是，这些产品的液化和回收取决于炼化厂的分离效率 E_p。由于不可能完全回收这些产品，经验表明简单的地面设备可以回收 5% ~ 25% 的乙烷，80% ~ 90% 的丙烷，95% 或更多的丁烷以及 100% 的重组分。根据炼化厂的分离效率 E_p 计算 GPM 的公式如式(4 – 135)所示：

$$(GPM)_{C_{3+}} = \sum_{i=C_3}^{C_{7+}} (GPM_i)_k = 0.31585 \sum_{i=C_3}^{C_{7+}} \left[\left(\frac{y_i M_i}{\gamma_{oi}} \right) E_p \right]_k \qquad (4-135)$$

(10)表 4 – 68 中的第 9 行显示了衰竭期间的累积采收率，假设在露点压力下最初有 1000Mscf 的气体(即 $G = 1000\text{Mscf}$)。累积产气量 G_p 是气体原始体积乘以每个衰竭压力下的采收率 RF。例如，衰竭压力为 3200psi 时的累积产气量是：

$$G_p = GIIP(RF)$$
$$G_p = 1000 \times 0.22803 = 228.03\text{Mscf}$$

表 4 – 68 中的第 9 行列出的所有累积产气量均假设原始储层压力为露点压力，Whitson 和 Brule(2000)指出，如果原始储层压力 P_i 不等于露点压力，则假设的 1000Mscf 的天然气储量 G 和表中的累积产气量(即第 9 行)可以使用以下方法进行修正。

步骤 1，原始储层压力 P_i 下，修正后的天然气储量 $(GIIP)_{adj}$ 可表示为：

$$(GIIP)_{adj} = (G)_{P_{sat}} + \Delta G$$

其中，修正的天然气储量 ΔG 是：

$$\Delta G = G\left[\frac{(P_i/Z_i)_i}{(P_d/Z_d)} - 1\right]$$

式中　ΔG——附加天然气地质储量 GIIP;

　　　　G——气体在露点压力下的储量，即 1000Mscf;

　(P_i/Z_i)——原始储层压力 P_i 下的 P/Z 值;

(P_d/Z_d)——露点压力 P_d 下的 P/Z 值。

例如，表 4 – 67 表明原始储层压力为 5659psig，Z 系数为 1.10381，露点压力为 5022psig。计算 ΔG 可得到：

$$\Delta G = 16^6 \times \left[\frac{(5659 + 14.7)/1.10381}{(5022 + 14.7)/1.0191} - 1\right] = 40\text{Mscf}$$

步骤 2，在原始储层压力下计算气体的储量：

$$GIIP = G + \Delta G$$

$$GIIP = 1000 + 40 = 1040\text{Mscf}$$

步骤 3，根据原始储层压力 P_i，应用以下表达式校正累积产气量：

当 $P > P_d$ 时：

$$G_p = \frac{(GIIP)}{P_d/Z_d}\left(\frac{P_i}{Z_i} - \frac{P_d}{Z_d}\right)$$

当 $P \leqslant P_d$ 时：

$$(G_p)_{adj} = (G_p) + \Delta G_p$$

当 $P < P_d$ 时，上述表达式表明应在所有衰竭压力下的累积产气量(第 9 行)上增加 ΔG。例如，使用表 4 – 15 和表 4 – 16 中的 CCE 数据计算在 5337psig、5022psig 和 3200psig 下的累积产气量：

①$\Delta G = 40\text{Mscf}$，$GIIP = 1040\text{Mscf}$。

②在 5337psig 时，表 4 – 67 中的 Z 系数为 1.06045，则：

$$G_p = \frac{(GIIP)}{P_d/Z_d}\left(\frac{P_i}{Z_i} - \frac{P_d}{Z_d}\right)$$

$$G_p = \frac{1040}{5036.7/1.01912} \times \left(\frac{5673.7}{1.10381} - \frac{5351.7}{1.06045}\right) = 20\text{Mscf}$$

③在 5022psig 时，累计产气量 $G_p = 0 + 40 = 40\text{Mscf}$

④在 3200psig 时，表 4 – 16 中的累积产气量为 228.03Mscf，修正后的累计产气量为：

$$(G_p)_{adj} = (G_p) + \Delta G_p$$

$$(G_p)_{adj} = 228.03 + 40 = 268.03\text{Mscf}$$

例 4 – 45 表 4 – 68 显示了某油田产出液的组分分析结果。使用式(4 – 135)及以下炼化效率 E_p 计算最大液化组分的采收率 $(GPM)_{C_3^+}$。

①5% 的乙烷。

②80% 的丙烷。

③95%的丁烷。

④100%的较重组分。

解 根据露点压力下产出液的组分数据，应用式(4-135)计算每个组分的 GPM 得到：

$$GPM_i = 11.173 \frac{P_{sc}}{T_{sc}} \frac{y_i M_i}{\gamma_{oi}} E_p$$

$$GPM_i = 11.173 \times \frac{15.025}{520} \times \frac{y_i M_i}{\gamma_{oi}} E_p = 0.3228 \left(\frac{y_i M_i}{\gamma_{oi}} \right) E_p$$

然后，得到以下计算结果(表4-70)：

表 4-70　计算结果

组　分	y_i	M_i	γ_{oi}	E_p	$E_p(GPM)_i$
C_1	65.41				
C_2	12.107	30.07	0.35619	0.05	0.165
C_3	5.329	44.097	0.50699	0.8	1.1973
$i-C_4$	1.28	58.123	0.56287	0.95	0.4055
$n-C_4$	2.039	58.123	0.58401	0.95	0.6225
$i-C_5$	0.911	72.15	0.6247	1	0.3397
$n-C_5$	0.902	72.15	0.63112	1	0.3330
C_6	1.247	86.177	0.66383	1	0.5227
C_{7+}	9.526	154.383	0.8003	1	5.9337
					$(GPM)_{C_3+}=9.5194$

注：$(GPM)_{C_3+}$ 的计算值与报告的实验室值(9.471 GPM)误差为 2.3%。

5. 凝析油气比和凝析油产量

当储层压力下降到凝析气系统的露点压力以下时，大量构成凝析液(LDO)的重质烃类组分将留在储层中而无法生产到地面。积聚在储层中的液相的重组分含量较高，而产出气中的重组分较少，从而降低了地面凝析油的产量。储层 LDO 的增加和凝析油产量的相应下降会随着压力的降低而持续，直到达到最大 LDO，此时的压力表示 LDO 组分开始汽化。这种逆向过程如图 4-51 所示。

区分凝析油产量 Y 和凝析油气比 CGR 非常重要，而且有必要用表达式来描述这两个现场测量值之间的关系。基于图 4-52 得到以下关系式：

凝析油产量：

$$Y = \frac{Q_o}{Q_{stream}}; \quad STB/MMscf$$

凝析油气比：

$$CGR = \frac{Q_o}{Q_g}; \quad STB/MMscf$$

气体等效体积：

$$V_{eq} = 0.133000 \frac{\gamma_o}{M_o}; \quad MMscf/STB$$

总产气量：

$$Q_{\text{stream}} = V_{\text{eq}} Q_{\text{o}} + Q_{\text{g}} ; \quad \text{MMscf}$$

结合以上三个关系式得到：

$$Y = \frac{Q_{\text{o}}}{V_{\text{eq}} Q_{\text{o}} + Q_{\text{g}}}$$

或：

$$Y = \frac{\text{CGR}}{V_{\text{eq}} \text{CGR} + 1}$$

上述表达式表明 $Y < \text{CGR}$。

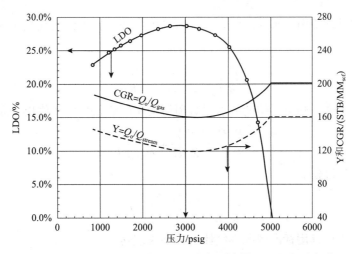

图 4-51　在 218 ℉ 衰竭期间的 LDO，凝析油产量 Y 和凝析油气比 CGR

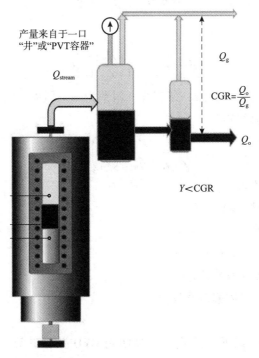

图 4-52　凝析油产量和凝析油气比关系

4.16 修正 MBE 用于天然气储层

常规的气藏物质平衡方程(称为储罐模型)是基于单相的 Z 系数。简单的储罐模型可以由以下气体摩尔平衡给出:

$$n_p = n_i - n_r$$

式中　n_p——产出气的摩尔数;

　　　n_i——储层中原始气体的摩尔数;

　　　n_r——储层中剩余气体的摩尔数。

气体摩尔数可以使用真实气体状态方程来等价代替,从而得到气藏常规的物质平衡方程 MBE:

$$\frac{P_{sc}G_p}{R\,T_{sc}} = \frac{P_i V}{Z_i RT} - \frac{PV}{Z_g RT}$$

但是,对于凝析气藏,剩余气体的摩尔数必须用两相压缩系数代替单相 Z 系数 Z_g,即:

$$\frac{P_{sc}G_p}{R\,T_{sc}} = \frac{P_i V}{Z_i RT} - \frac{PV}{Z_{两相} RT}$$

重新排列以上方程得到:

$$\frac{P}{Z_{两相}} = \frac{P_i}{Z_i} - \left(\frac{P_{sc}T}{T_{sc}V}\right)G_p$$

天然气原始储量 V 可以用标准状况下气体的体积来表达:

$$V = B_g G = \left(\frac{P_{sc}Z_i T}{T_{sc}\,p_i}\right)G$$

综合上述关系式得到:

$$\frac{P}{Z_{两相}} = \frac{P_i}{Z_i} - \left[\left(\frac{P_i}{Z_i}\right)\frac{1}{G}\right]G_p$$

上述关系式表明,P/Z 与 G_p 的曲线一条直线,斜率为 $m = [(P_i/Z_i)(1/G)]$。用采收率 RF 来表示上述物质平衡方程可得到:

$$\frac{P}{Z_{两相}} = \frac{P_i}{Z_i} - \left(\frac{P_i}{Z_i}\right)RF \tag{4-136}$$

式中　P_i——原始储层压力;

　　　G_p——累积产气量,scf;

　　　P——当前储层压力;

　　　V——原始气体体积,ft^3;

　　　Z_i——P_i 下的气体偏差系数;

　　　Z_g——P 下的单相气体偏差系数;

　　　T——温度 °R。

Ahmed(2015)提出的以下表达式,可以使用 CVD 数据计算任何压力下液体的 Z 系数 Z^l:

$$Z^1 = \frac{Z_{两相} Z_g (\text{LDO})}{Z_g + [Z_{两相}(\text{LDO} - 1)]}$$

考虑到初始含水饱和度，可以将上述关系式修改为：

$$Z^1 = \frac{Z_{两相} Z_g (\text{LDO})(1 - S_{wi})}{Z_g + Z_{两相}[\text{LDO}(1 - S_{wi}) - 1]}$$

物质平衡还可由剩余气体的摩尔数 n_{rg} 和剩余油的摩尔数 n_{rl} 来表示，即：

$$n_p = n_i - n_{rg} - n_{rl}$$

得到：

$$P\left(\frac{1 - \text{LDO}}{Z_g} - \frac{\text{LDO}}{Z^1}\right) = \frac{P_i}{Z_i} - \frac{P_i}{G Z_i} G_p$$

或者用 RF 替换得到：

$$P\left(\frac{1 - \text{LDO}}{Z_g} - \frac{\text{LDO}}{Z^1}\right) = \frac{P_i}{Z_i} - \frac{P_i}{Z_i}\text{RF} \tag{4-137}$$

上述修正后的物质平衡方程可用来准确地计算储层废弃时剩余流体的体积，并研究初始含水饱和度对采收率的影响。

4.16.1 CCE 和 CVD 数据的一致性测试

表 4-71 和表 4-72 显示了来自凝析气藏重组样品的 CCE 和 CVD 实验室数据。CCE 实验显示露点压力为 3763psia，气体饱和密度和 Z 系数分别为 0.3986g/cm³ 和 0.79416。基于表 4-71 和表 4-72 中测量值应用以下方法检查 CCE 和 CVD 实验室数据的质量。

(1) CCE 实验数据中任何压力下的 Z 系数必须满足以下关系：

$$Z = \frac{P V_{rel}}{P_{dew}} Z_{dew}$$

例，在 4211psia 下：

Z 系数 $Z = 0.8495$

相对体积 $V_{rel} = 0.95594$

气体密度 $= 0.3986$g/cm³

应用上述关系式得到：

$$Z = \frac{4211 \times 0.95594}{3763} \times 0.79416 = 0.8495$$

该值与报告值完全吻合。

(2) 同样，CCE 实验数据中任何压力下的气体密度必须满足以下关系：

$$\rho = \frac{\rho_{sat}}{V_{rel}}$$

应用上述关系可得到：

$$\rho = \frac{0.381}{0.95594} = 0.3986\text{g/cm}^3$$

(3) 在露点压力以下，相对体积与两个 LDO 之间的关系如下所示：

$$(\text{LDO})^{\text{CCE}}_{V_t} = \frac{(\text{LDO})^{\text{CCE}}_{V_{\text{sat}}}}{V_{\text{rel}}}$$

在 2884psia 下，CCE 实验数据表明：

$$V_{\text{rel}} = 1.19724$$

$$(\text{LDO})_{V_{\text{sat}}} = 30.55356$$

$$(\text{LDO})_{V_t} = 25.52$$

表 4 – 71　CCE 和 CVD 衰竭实验数据

CCE 实验数据					
P/psia	相对体积 V_{rel}	Z	LDO $= V_1/V_{\text{sat}}/\%$	气体密度/(g/cm^3)	LDO $= V_1/V_t(\%)$
5022	0.89862	0.95243		0.424	
4660	0.92153	0.9063		0.4135	
4498	0.93309	0.88577		0.4083	
4348	0.94462	0.86681		0.4034	
4211	0.95594	0.84956		0.3986	
4085	0.96724	0.83388		0.3939	
3942	0.98105	0.81617		0.3884	
3763	1	0.79416	0	0.381	0
3618	1.02283		11.4454677		11.19
3475	1.04834		20.5684308		19.62
3348	1.07387		25.0748645		23.35
3236	1.09894		26.9899664		24.56
3135	1.12388		28.3105372		25.19
3044	1.14846		29.2283070		25.45
2960	1.17312		29.9966784		25.57
2884	1.19724		30.5535648		25.52
2744	1.24672		31.1680000		25.00
2623	1.29555		31.5725535		24.37
2515	1.34469		31.7212371		23.59
2415	1.3956		31.7778120		22.77
2208	1.52101		31.7738989		20.89
2039	1.64873		31.5566922		19.14
1773	1.91461		30.9209515		16.15

CVD 实验数据				
压力	LDO	Z 系数	$Z_{两相}$	%
3763	0	0.7942	0.7942	0
3413	22.35	0.7887	0.7672	6.1707

压力	LDO	Z 系数	$Z_{两相}$	%
3113	27.26	0.7884	0.7531	12.7807
2813	29.22	0.793	0.7351	19.2219
2513	29.82	0.7977	0.7191	26.1969
2213	29.43	0.8071	0.704	33.568
1913	28.68	0.8192	0.6875	41.145
1613	27.67	0.835	0.6638	48.55
1313	26.62	0.8552	0.6353	56.1684
1013	25.48	0.8884	0.5991	64.0568
513	23.49	0.9374	0.4604	76.1755

表 4-72 CO_2 的密度与压力和温度的关系

温度/℉	CO_2 的密度/(g/cm³)，P/psi							
	362.594	725.189	1087.78	1450.38	2175.57	2900.75	3625.94	4351.13
68	0.0527	0.1423	0.81	0.855	0.901	0.9335	0.96	0.9832
86	0.0499	0.1251	0.655	0.782	0.85	0.8887	0.919	0.946
104	0.0476	0.1135	0.2305	0.638	0.785	0.8415	0.8771	0.9077
122	0.0456	0.1052	0.1932	0.3901	0.705	0.7855	0.8347	0.8687
140	0.0437	0.0984	0.1726	0.2868	0.604	0.724	0.7889	0.8292
158	0.0421	0.093	0.1584	0.2478	0.504	0.6605	0.7379	0.7882
176	0.0406	0.0883	0.1469	0.2215	0.43	0.5935	0.6872	0.7466
194	0.0391	0.0845	0.1381	0.2019	0.373	0.5325	0.6359	0.704
212	0.0378	0.081	0.1305	0.1877	0.333	0.4815	0.588	0.663
230	0.0366	0.0778	0.1239	0.1765	0.304	0.4378	0.5443	0.623
248	0.0354	0.0749	0.1187	0.1673	0.28	0.4015	0.5053	0.5855
266	0.0344	0.0722	0.1141	0.1595	0.262	0.3718	0.4718	0.5517
284	0.0334	0.0697	0.1094	0.1525	0.2465	0.347	0.4419	0.52
302	0.0325	0.0674	0.1054	0.1461	0.2337	0.3267	0.4151	0.4925
320	0.0316	0.0653	0.1018	0.1403	0.2229	0.3089	0.3918	0.468

根据以上表达式计算得到：

$$(\text{LDO})_{V_t}^{\text{CCE}} = \frac{(\text{LDO})_{V_{\text{sat}}}^{\text{CCE}}}{V_{\text{rel}}} = \frac{30.55356}{1.19724} = 25.52$$

（4）将实验室数据与根据以下关系式计算得到的值进行比较，可以检查 CVD 实验数据中两相 Z 系数的准确性：

$$Z_{两相} = \frac{Z_{\text{d}}}{P_{\text{d}}} \frac{P}{1 - \text{RF}}$$

例如，在2513psia下：

报告的 $Z_{两相}$ = 0.7191

采收率 = 26.1969%

应用上述表达式得到：

$$Z_{两相} = \frac{Z_d}{p_d} \frac{P}{1-RF} = \frac{0.7942}{3763} \times \frac{2513}{1-0.261969} = 0.7186$$

计算得到的 $Z_{两相}$ 与实验报告的 $Z_{两相}$ 误差小于1%。

（5）从 CVD 实验得到的 LDO 和从 CCE 实验得到的两个 LDO 的曲线，如图 4–53 和图 4–54 所示。这两个图显示了 Lawrence 和 Gupta（2009）观察到的以下特征：

①CVD 的 LDO 应在两个 CCE 的 LDO 之间。

②CVD 最大 LDO 的压力应低于 CCE 最大 LDO 的压力。

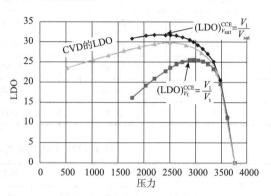

图 4–53　CCE 和 CVD 实验的 LDO 曲线

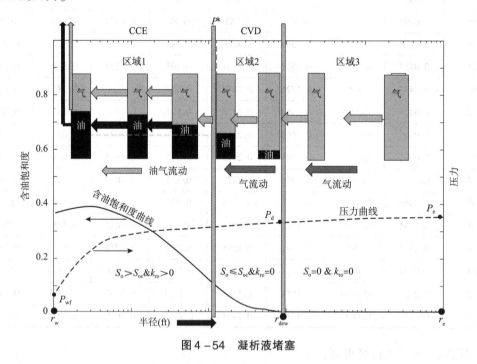

图 4–54　凝析液堵塞

4.17　凝析气藏中的液体堵塞

凝析气井的产能是凝析气藏开发的关键参数。然而，由于流体在以下两种情况中发生的流动非常复杂，因此很难准确预测凝析气井产能。

（1）从井筒到地面设备的输出管线。

（2）储层压力下降时凝析气系统的产能。

接下来将简要讨论上述问题。

4.17.1　凝析气井的产能

在传统的干气或湿气藏中，根据井口压力和油管压力损失来计算井底流动压力 p_{wf} 是一项相对简单的任务。因为达西公式可以准确地计算气体流速：

$$Q_g = \frac{k\, k_{rg} h}{1422 T \left[\ln\left(\dfrac{r_e}{r_\omega}\right) + s - 0.75 \right]} \int_{P_{wf}}^{P} \left(\frac{2p}{\mu_g Z}\right) dP \qquad (4-138)$$

或以传统的形式：

$$Q_g = \frac{k k_{rg} h \left[m(P_e) - m(P_{wf}) \right]}{1422 T \left[\ln\left(\dfrac{r_e}{r_\omega}\right) + s - 0.75 \right]}$$

$$m(p_e) = \int_0^{P_e} \left(\frac{2P}{\mu_g Z}\right) dP$$

式中　　Q_g——气体流速，Mscf/d；

　　　　T——储层温度，°R；

　　　　s——表皮因子；

　　　　k——绝对渗透率，mD；

　　　　k_{rg}——相对渗透率；

　　　　h——储层厚度，ft；

　　　　r_e——油藏半径，ft；

　　　　r_ω——井筒半径，ft；

　　$m(P_e)$——从 0 到 P_e 的实际气体势能，psi^2/cP；

　　$m(P_{wf})$——从 0 到 P_{wf} 的实际气体势能，psi^2/cP。

但是，在凝析气藏中，当压力下降至露点压力以下时，从井筒到地面设备的管线中，气井的产量可能会明显下降。计算气体流速需要准确地估计井底流动压力，该压力受套管中的压力损失和井口回压影响。出于多种原因，估算井底流动压力是一项困难的任务，其中包括：

（1）压力梯度导致管道中可能会发生多相流动。

（2）油管中的温度分布会影响流动流体的露点压力，进而影响 P_{wf}。通常，露点压力是温度的强函数。例如，对于固定的总组分 z_i，露点压力随温度降低而降低。

（3）液体堵塞对井底流动压力的影响。

（4）当压力降至露点压力以下时，流态不同。

（5）油管中的流态的变化。

（6）物理现象，例如湍流。

（7）随着凝析气体离开井筒到达地面分离设备，相态随压力和温度的变化而变化。

许多学者按照压力梯度研究了凝析气井井筒的压降。压力梯度可分为三种情况：

(1)井口压力和井底流动压力均高于露点压力，说明井筒内为单一气相流动。只要地面分离设备的分离条件保持不变，凝析油产量和凝析油气比将保持恒定。

(2)井口压力低于井口温度下流体的露点压力，而井底流动压力高于其露点。在这种情况下，凝析油产量和CGR将保持相对恒定。

(3)井口压力和井底流动压力均低于流体的露点压力，井筒中为两相流。

4.17.2 反凝析气藏的产能

当井底流动压力降至露点压力以下时，井筒周围可能会积聚液体而成为高液体饱和度的区域，导致积液，从而降低气井的产气量和产能。Ahmed 等(2000)通过研究认为注入 N_2 和 CO_2 可以有效地减少凝析气井井底附近的积液，他们建议在储层压力高于露点压力的前提下，使用吞吐的方式注入 N_2 和 CO_2，从而使 LDO 重新蒸发回到气相。另一方面，当井底流动压力和储层压力均低于露点压力时，循环注入气体是一种更为常见且可行的开采方式。吞吐方式的研究结果表明注入气体的体积非常重要，因为注入气体的体积和是否能够成功注入气体与注气初期储层所处的衰竭阶段有很大关系。Fevang 和 Whitson(1994)通过确定以下三个区域对凝析气藏的产能进行了全面研究：

1. 区域1

在生产过程中，井筒周围的压降较大，当井底流动压力降至露点压力以下时，井筒附近可能堆积大量 LDO。如图 4 - 53 和图 4 - 54 所示，该近井区域标识为区域1，其特征是油气同时流动。产出液的含气量和储层气的 PVT 性质决定区域1液体的饱和度。应该指出的是，只有在以下情况下才会发生两相流：

(1)含气量丰富的凝析系统。

(2)压力低于露点压力。

(3)LDO 饱和度高于临界饱和度，即 $S_o > S_{oc}$，此时液体与气体一起流动。

油藏数值模拟研究结果表明，由于大部分反凝析气井会在区域1中积聚凝析油，降低了气井周围储层的相对渗透率 k_{rg}，从而降低了凝析气井的产能。区域1中的油气同时流动，假设其处于平衡状态，类似于 CCE 实验的平衡状态。因此，从 CCE 实验获得的数据可以用来生成相对渗透率曲线 k_{rg}/k_{ro} 曲线。压力 - 体积关系可由式(4 - 106)、式(4 - 130)和式(4 - 131)表示：

$$V_{rel} = \frac{V_t}{V_{sat}} = \frac{V_g + V_l}{V_{sat}}$$

$$(LDO)_{V_{sat}}^{CCE} = \frac{V_l}{V_{sat}}$$

$$(LDO)_{V_t}^{CCE} = \frac{V_l}{V_t} = \frac{V_l}{V_g + V_l}$$

结合以上表达式可以得到：

$$\frac{V_g}{V_l} = \frac{1}{(LDO)_{V_t}^{CCE}} - 1$$

如果区域1符合达西的稳态流，则假设两相同时流动得到：

$$\frac{V_g}{V_1} = \frac{(k_{rg}kh\Delta p)/[\mu_g \ln(r_e/r_\omega)]}{(k_{ro}kh\Delta p)/[\mu_o \ln(r_e/r_\omega)]} = \frac{k_{rg}\mu_g}{k_{ro}\mu_o}$$

结合上述两个关系式得到：

$$\frac{k_{rg}}{k_{ro}} = \left[\frac{1}{(LDO)_{V_t}^{CCE}} - 1\right]\frac{\mu_g}{\mu_o} \qquad (4-139)$$

注意，当无法从CCE实验中获得黏度比μ_g/μ_o，上述关系式给出的相对渗透率k_{rg}/k_{ro}与压力的关系只能通过使用商业软件来生成。

2. 区域2

如图4-53和图4-54所示，区域2是凝析物析出的中间区域。基于井筒周围的压力分布(在井底流动压力和储层压力之间)，露点距井筒的距离为r_{dew}。半径为r_{dew}的露点压力标志着区域3和区域2之间的边界。当来自区域3的原始储层气体进入区域2时，在边界处凝析出第一滴液体。与区域1相反，在区域2中，凝析液饱和度S_o低于临界饱和度，因此液体不可移动。因此，区域2仍为单相流动区域，气体是其中唯一的流动相，而凝析液则保持不动。因为气体是从区域2到区域1的唯一可流动的移除相，所以区域2中的压力与饱和度关系类似于CVD实验。因此，在校正初始含水饱和度S_{wi}后，可以直接从CVD实验数据中得到饱和压力：

$$S_o = (1 - S_{wi})LDO$$

注意，区域1中流体的总组成z_i等于区域2中气体的组成。此外，区域1中的总(混合)流体的露点压力与区域2流动气体的露点压力相同，以P^*表示。

3. 区域3

该区域由单相气体组成，因为该区域中的压力高于露点压力，该区域中没有烃类液体。

单相气体的流速可通过式(4-138)计算，即：

$$Q_g = \frac{kk_{rg}h}{1422T\left[\ln\left(\frac{r_e}{r_\omega}\right) + s - 0.75\right]}\int_{P_{wf}}^{P_e}\left(\frac{2P}{\mu_g Z}\right)dP$$

但是，必须修改以上表达式表示这三个区域对气体流速的影响。式(4-138)可以修改为：

$$Q_g = \frac{kh}{1422\left[\ln\left(\frac{r_e}{r_\omega}\right) - 0.75 + s\right]}\int_{P_{wf}}^{P_e}\left[\left(\frac{k_{ro}}{\mu_o B_o}\right)R_s + \frac{k_{rg}}{\mu_g B_{gD}}\right]dP \qquad (4-140)$$

或

$$Q_g = C\int_{P_{wf}}^{P_e}\left[\left(\frac{k_{ro}}{\mu_o B_o}\right)R_s + \frac{k_{rg}}{\mu_g B_E}\right]dP \qquad (4-141)$$

产能系数C的定义式是：

$$C = \frac{kh}{1422\left[\ln\left(\frac{r_e}{r_\omega}\right) - 0.75 + s\right]}$$

式中 Q_g——气体流速，Mscf/d；

k——绝对渗透率，md；

h——储层厚度，ft；

r_e——油藏半径，ft；

r_ω——井筒半径，ft；

P_e——井筒外半径下的储层压力，psi；

P^*——从区域2进入区域1的气体的露点压力；

p_{wf}——井底流动压力；

B_{gD}——干气储层体积系数，bbl/scf；

B_o——凝析液的储层体积系数，bbl/scf；

s——表皮因子。

式(4-141)可由 P_e 到 P_{wf} 的三个区域的压降分别计算，每个区域的压降为：

$$\int_{P_{wf}}^{P_e} \left(\frac{k_{rg}}{\mu_g B_{gd}} + \frac{k_{rg}}{\mu_g B_{gD}} \right) dP = (\Delta P)_{Region1} + (\Delta P)_{Region2} + (\Delta P)_{Region3}$$

其中：

$$(\Delta P)_{Region1} = \int_{P_{wf}}^{P^*} \left(\frac{k_{rg}}{\mu_g B_{gD}} + \frac{k_{ro}}{\mu_g B_{gD}} R_s \right) dP$$

$$(\Delta P)_{Region2} = \int_{P^*}^{P_d} \left(\frac{k_{rg}}{\mu_g B_{gD}} \right) dP$$

$$(\Delta P)_{Region3} = \int_{P_d}^{P_e} \left(\frac{1}{\mu_g B_{gD}} \right) dP$$

Fevang 和 Whitson(1994)提出了在油藏数值模拟中计算以上三个区域压降的详细方法。

4.18 特殊实验室 PVT 实验

除了以上常规实验室实验之外，还有针对特定的应用进行的特殊实验。例如，如果要通过混相气驱或干气循环的方式开发储层，则必须进行特定的实验，包括：

(1)注气膨胀实验。

(2)细管实验。

(3)气泡上升实验。

(4)岩心驱替。

(5)其他实验。

以上实验旨在提供最佳的关键数据，这些数据可用于制定混相气驱方案。气驱的驱替效率强烈依赖于压力，并且仅在储层压力大于某个最小压力(称为最小混相压力 MMP)时才能实现混相驱替。最小混相压力的定义是，给定组分的注入气体在储层温度下通过多级接触与储层原油相溶形成混相的最低压力。

为了达到混相开采，储层必须保持在 MMP 或更高的压力。储层压力低于 MMP 会导致不混相驱替，从而降低储层的采收率。最小混相压力与储层非均质性无关。但是，MMP

与以下因素相关：

(1)原油组分。

(2)注入气的组分。

(3)储层温度。

4.18.1 注气膨胀实验

如图 4 – 55 所示，将具有已知组分的气体(通常与建议的注入气体相似)经过一系列的步骤以不同的比例注入原始储层的原油样品中。每添加一定量的气体后，将根据注入气体的摩尔百分比，例如 10% 的 N_2，来量化整个混合物。然后将 PVT 容器加压到新混合物的饱和压力(仅存在一个相)。从储层流体的饱和压力开始(如果是油样，则为泡点压力；如果是气样，则为露点压力)注入气体，直到总的注入气体量达到原油样品的 80% 。在注入大量气体

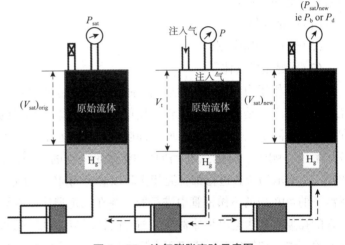

图 4 – 55 注气膨胀实验示意图

之后，饱和压力可能会从泡点变为露点。如图 4 – 56 所示，实验结果表示为：

(1)饱和压力随气体的注入量(即 scf/bbl)变化。

(2)膨胀体积与气体的注入量(单位为 scf/bbl)的函数关系。膨胀体积表示的是饱和流体混合物的体积与原始储层饱和油的体积之比。

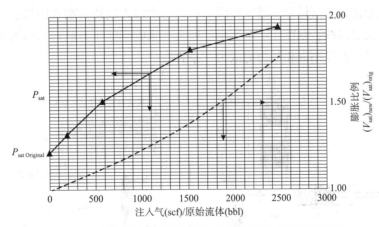

图 4 – 56 饱和压力和膨胀系数与注入气体体积的关系曲线

注气膨胀实验收集的数据至关重要，因为它揭示了注入气体以下几个方面的能力：

(1)在储层流体中溶解能力。

（2）使碳氢化合物系统膨胀的能力。

（3）使碳氢化合物蒸发的能力。

（4）在注入 CO_2 的情况下，形成多相流的能力。

注气膨胀实验的结果可用于校正 EOS 参数，从而进行组分模型的数值模拟。

4.18.2 细管实验

注气是最有效的 EOR 方法之一，尤其是在开发轻质油藏时。根据注入压力的不同，注入气体分为三种：

（1）混相气体。

（2）部分混相的气体。

（3）不混相的气体。

最小混相压力 MMP 是评估任何油藏的气驱是否达到混相的最重要参数。混相条件的经典热力学定义是两种流体以任何比例混合形成单一相时的压力和温度条件。例如，煤油和原油在室温下是可混相的，而地面脱气原油和水显然是不可混相的。在混相条件下，驱替效率超过90%。但是，如果流体的流动是一维的，则驱替效率可以达到100%。通过如图4-57所示的装置进行细管混相实验以确定 MMP。通常，该实验是在一个预装有玻璃珠或沙子的40ft长的不锈钢管中进行的，并在恒定温度下在该细管中注满油。细管的特征在于它的孔隙率和渗透率都非常高。与专门针对流体性质随压力和组分的变化而进行的实验室实验不同，细管实验是专门用来检查给定气体在混相驱替过程中的驱替效率。细管实验的设备和步骤旨在消除以下参数的影响：

（1）储层非均质性。

（2）储层水的影响。

（3）重力效应。

正常情况下，在压力逐步增加的情况下，进行 4 ~ 6 次的驱替将油从细管中驱出。在注入 1.2 倍孔隙体积的气体后，终止实验。记录每次注入气体后细管的原油采收率，并绘制其与压力的关系曲线，如图4-58所示。通常，采收率随压力的增加而迅速上升，然后开始变平，并最终在最小混相压力时成为一条直线。

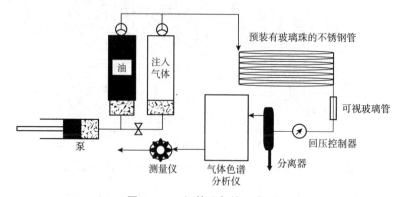

图 4 -57 细管设备的示意图

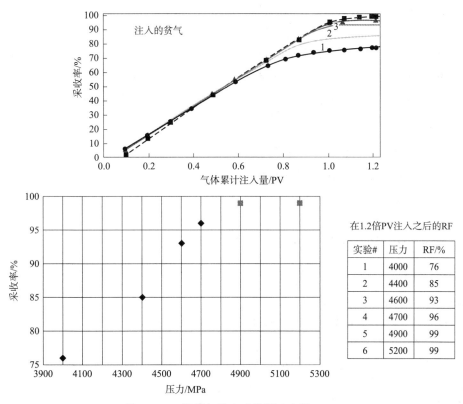

实验#	压力	RF/%
1	4000	76
2	4400	85
3	4600	93
4	4700	96
5	4900	99
6	5200	99

在1.2倍PV注入之后的RF

图 4 –58　根据细管实验数据确定的 MMP

针对不同的情况采用不同的采收率作为混相驱替的标准，例如注入气突破时采收率为 80% ，或最终采收率达到 90% ~ 95% 。但是，原油的采收率取决于细管实验的设计和操作条件。在混相条件下，细管实验的采收率可能仅达到 80% 。与采收率相比，采收率随驱替压力的变化或注入气的富集程度更适合确定混相条件。压力、采收率以及注入气突破时的最终采收率，如图 4 – 58 所示。采收率随着驱替压力的增加而增加，但在 MMP 以上采收率增加的幅度最小。通常将产出液闪蒸至大气条件，并将产出气通过色谱分析仪进行组分分析。

在静态实验中，确定注入气和储层油在一个容器中达到平衡，以确定混合物的相态特征。尽管这些实验无法严格模拟动态油藏条件，但它们提供了准确且有价值的数据，特别是在数值模拟校正 EOS 时。

注意，压力与采收率的曲线上低于 MMP 的压力称为汽化压力 p_{vap}。该压力是采收率曲线随压力增加而开始上升直到 MMP 的压力。对于低于汽化压力的所有压力，驱替为不混相驱替。以下混相函数 α 的表达式可用于定义和划分注气类型：

$$\alpha = \frac{P - P_{vap}}{MMP - P_{vap}}$$

式中　P——储层中注气压力。

上面的函数表明：

（1）如果 $P \leqslant P_{vap}$，则表明不混相驱替，并且混相函数为 0，即 $\alpha = 0$。

(2)如果 $P_{vap} \leqslant P \leqslant MMP$，则表明部分混相驱替，且 $0 < \alpha < 1$。

(3)如果 $P \geqslant MMP$，则表明混相驱替，且 $\alpha = 1$。

通常通过在黑油模型中使用混相函数的方式来替代使用组分模型模拟混相气驱。由于气体在油中的溶解或油组分的汽化，混相函数主要是用于修正注入气体的黏度和气驱后原油的黏度。另外，α 函数还可以用于根据驱替类型校正相对渗透率曲线。

1. 黏度的校正

黏度校正的步骤基于以下流体混合物的性质：

(1)流动比 M 的定义是原油黏度 μ_o 与注入气的黏度 μ_s 的比值，即：

$$M = \frac{\mu_o}{\mu_s}$$

(2)黏度混合参数由 ω 表示，并由以下表达式给出：

$$\omega = 1 - \frac{4\log(0.78 + 0.22M^{1/4})}{\log M}$$

对于完全混相的驱替，$M = 1$ 和 $\omega = 1$。

(3)混合物黏度与原油和注入气的饱和度和黏度相关，由以下表达式定义：

$$\mu_m = \left(\frac{1 - S_w}{\dfrac{S_o}{\mu_o^{0.25}} + \dfrac{S_s}{\mu_s^{0.25}}} \right)^4$$

(4)混合油黏度由下式给出：

$$\mu_{om} = \mu_o^{1-\omega} \mu_m^{\omega}$$

(5)混合溶剂(气体)的黏度由下式给出：

$$\mu_{sm} = \mu_s^{1-\omega} \mu_m^{\omega}$$

通过使用以下关系式，以上定义的混合物参数用于计算油和注入气的有效黏度：

$$\mu_{se} = (1 - \alpha)\mu_s + \alpha\mu_{sm}$$
$$\mu_{oe} = (1 - \alpha)\mu_o + \alpha\mu_{om}$$

2. 相对渗透率的校正

相对渗透率数据是从饱和原油和初始束缚水的储层岩心实验中获得的。不混相的气体将原油从岩心中驱替出来。在使用黑油模型进行油藏模拟时，必须校正实验室得到的相对渗透率，以考虑注入气体和油之间发生的相互作用。该校正基于计算混合物的相对渗透率 k_{rm}，如

$$k_{rm} = \left(\frac{S_o - S_{orm}}{1 - S_w - S_{orm}} \right) k_{row} + \left(\frac{S_g}{1 - S_w - S_{orm}} \right) k_{rg}$$

混相驱替的剩余油饱和度通常在5%到10%之间。

天然气和石油的有效(校正后)相对渗透率如下：

$$(k_{ro})_{eff} = (1 - \alpha) k_{ro} + \alpha \left(\frac{S_o - S_{orm}}{1 - S_w - S_{orm}} \right) k_{rm}$$

$$(k_{rg})_{eff} = (1 - \alpha) k_{rg} + \alpha \left(\frac{S_g}{1 - S_w - S_{orm}} \right) k_{rm}$$

注意，如果 $\alpha = 0$，则无须调整。

4.18.3　气泡上升实验

另一个测量 MMP 的实验技术采用了气泡上升仪,该技术通常用于快速而合理地评价油气的混相能力。这种实验通过观察注入气气泡的形状和外观的变化来确定混相能力,因为当气泡通过填充有储层原油的可视高压容器上升时,气泡的形状和外观会发生变化。这项实验在不同的压力或气体注入程度下进行一系列实验,并连续监测气泡的形状以确定混相性。该实验本质上是一种定性的评价,因为是通过视觉观察的方式推断混相性。因此,这项测试评价的混相性具有一定的主观性。

但是,此项实验可以迅速而快捷地(2h 内)确定混相性。与细管实验相比,该方法更便宜,并且需要的流体量也更小。不足之处在于,它是通过视觉观察来推断和评价混相性的,缺乏定量信息来支持实验结果,因此混相性的解释结果较为主观。此外,这项技术没有很强的理论基础,它只提供了油气混相条件的合理估计。

4.19　最小混相压力

油气驱替效率在很大程度上取决于压力,只有当压力大于一定的最小混相压力时,才能实现混相驱替。最小混相压力(MMP)有两种定义。理论上的定义是指在油层温度下,注入气体与原油达到多级接触混相的最小压力。在实验方法上的定义是通过一系列的驱替实验所获得的最终采收率曲线(由细管实验得到),曲线的拐点所对应的压力就是 MMP。

影响 MMP 的因素包括:
(1)储层温度。
(2)原油的性质,包括 API 重度。
(3)注入气体的组分。
(4)原油中 C_1 和 N_2 的浓度。
(5)原油相对分子质量。
(6)油相中间组分($C_2 \sim C_5$)的浓度。

储层温度和 MMP 之间存在明显的相关性,因为 MMP 随着储层温度的升高而增大。MMP 也随着相对分子质量和原油中 C_1 和 N_2 的浓度的增加而增加。然而,MMP 随着油相中中间组分浓度的增加而降低。

为了便于筛选和深入了解混相驱替过程,人们提出了许多关于 MMP 与原油和驱替气体物理性质之间的关系。需要指出的是,在理想情况下,任何计算 MMP 的经验公式都应该:
(1)考虑影响 MMP 的每个参数。
(2)基于影响流体混相的热力学或物理原理。
(3)与多接触混相过程直接相关。

MMP 的各种经验公式都是从拟合细管实验数据发展而来的。虽然不太准确,但这些经验公式简单易用,并且通常仅需要少量的参数。因此,它们对于快速筛选注入储层的气体非常有用。当没有详细的流体特征时，它们也很有用。目前计算 MMP 的经验公式都有一个显著的缺点，都是通过回归细管实验的数据得来的，而这些实验数据本身具有较大的不确定性。

一些计算 MMP 的经验公式仅需要储层温度和储层流体的 API 重度。其他更准确的经验公式则需要储层温度和储层流体的 $C_2 \sim C_6$ 含量。所有的经验公式都假设油的甲烷含量不明显影响 MMP。

一般来说，计算 MMP 的经验公式分为以下两类：

（1）纯 CO_2 和不纯 CO_2 的 MMP 计算公式。

（2）贫气或氮气的 MMP 计算公式。

接下来将简要地回顾这些计算关系式。

4.19.1 纯 CO_2 和不纯 CO_2 的 MMP 计算公式

CO_2 的混相是 CO_2 从油中置换烃的结果。许多作者发现从 CO_2 萃取原油的能力受到 CO_2 密度的强烈影响。CO_2 与原油混相的原因是随着压力增加，CO_2 密度增加，从而增强了 CO_2 萃取原油的能力。此外，原油中的杂质会影响混相所需的压力。接下来概述一些广泛使用的经验公式，其中包括：

（1）Orr – Silva 经验公式。

（2）EVP 经验公式。

（3）Yellig – Metcalfe 经验公式。

（4）Alston 经验公式。

（5）Sebastian 经验公式。

（6）美国国家石油委员会（NPC）经验公式。

（7）Cronquist 经验公式。

（8）Yuan 经验公式。

1. Orr – Silva 经验公式

Orr 和 Silva（1987）提出了一种确定纯 CO_2 与原油混相的 MMP 的方法。Orr 和 Silva 指出，原油中分子大小的分布对 MMP 的影响比烃结构的影响大。该经验公式仅需要知道原油系统碳原子数的分布。作者基于组分 $C_2 \sim C_{37}$ 的归一化分配系数 K_i，引入了组分的权重参数 F。该方法的具体步骤如下：

（1）从色谱或模拟的原油组分分布中，省略 C_1 和所有非烃类组分（即 CO_2、N_2 和 H_2S）。将剩余组分（$C_2 \sim C_{37}$）的质量（w_i）标准化（归一化）。

（2）计算剩余组分中各组分的分配系数 K_i，即 $C_2 \sim C_{37}$，计算公式如下：

$$\log(K_i) = 0.761 - 0.04175C_i$$

式中　C_i——组分 i 的碳原子数。

（3）计算组分权重参数 F：

$$F = \sum_{2}^{37} K_i w_i$$

（4）通过以下表达式计算实现混相所需的 CO_2 密度：

$$\rho_{mmp} = 1.189 - 0.542F，当 F < 1.467$$

$$\rho_{mmp} = 0.42，当 F > 1.467$$

（5）根据储层温度，找到 CO_2 密度等于所需的 ρ_{mmp} 时的压力，即为 MMP。Kennedy（1954）以表格的形式表示了 CO_2 密度与压力和温度的关系，如表 4-73 所示。该表可用于在储层温度下，通过找到与 ρ_{mmp} 相等的 CO_2 密度所对应的压力来估算 MMP。

表 4-73　CO_2 不同压力和温度下的密度

温度/℉	CO_2 密度/(g/cm³)							
	25bar	50 bar	75 bar	100 bar	150 bar	200 bar	250 bar	300 bar
68	0.0527	0.1423	0.81	0.855	0.901	0.9335	0.96	0.9832
86	0.0499	0.1251	0.655	0.782	0.85	0.8887	0.919	0.946
104	0.0476	0.1135	0.2305	0.638	0.785	0.8415	0.8771	0.9077
122	0.0456	0.1052	0.1932	0.3901	0.705	0.7855	0.8347	0.8687
140	0.0437	0.0984	0.1726	0.2868	0.604	0.724	0.7889	0.8292
158	0.0421	0.093	0.1584	0.2478	0.504	0.6605	0.7379	0.7882
176	0.0406	0.0883	0.1469	0.2215	0.43	0.5935	0.6872	0.7466
194	0.0391	0.0845	0.1381	0.2019	0.373	0.5325	0.6359	0.704
212	0.0378	0.081	0.1305	0.1877	0.333	0.4815	0.588	0.663
230	0.0366	0.0778	0.1239	0.1765	0.304	0.4378	0.5443	0.623
248	0.0354	0.0749	0.1187	0.1673	0.28	0.4015	0.5053	0.5855
266	0.0344	0.0722	0.1141	0.1595	0.262	0.3718	0.4718	0.5517
284	0.0334	0.0697	0.1094	0.1525	0.2465	0.347	0.4419	0.52
302	0.0325	0.0674	0.1054	0.1461	0.2337	0.3267	0.4151	0.4925
320	0.0316	0.0653	0.1018	0.1403	0.2229	0.3089	0.3918	0.468

2. EVP 经验公式

Orr 和 Jensen（1986）提出，CO_2 的蒸气压力曲线可以外推并等于最小混相压力，以估算低温储层的 MMP（$T < 120$℉）。Newitt 等（1996）给出了一个简单的蒸气压力方程：

$$EVP = 14.7\exp\left[10.91 - \frac{2015}{255.372 + 0.5556(T - 460)}\right]$$

式中　　EVP——外推蒸气压力，psia；

　　　　T——温度，℉。

例 4-46　使用 EVP 方法估算 610℉ 下纯 CO_2 的 MMP。

解　由 EVP 方法计算 CO_2 的 MMP 达到：

$$EVP = 14.7\exp\left[10.91 - \frac{2015}{255.372 + 0.5556(610 - 460)}\right] \approx 2098\text{psi}$$

当系统温度低于 CO_2 的临界温度 T_c 时，把 MMP 设为与 CO_2 的蒸气压力相同的值。当温度大于 T_c 时，可由下式计算 MMP：

$$MMP = 1071.82893 \times 10^b$$

式中   MMP——最小混相压力，psia；

T——温度，°R；

系数 b 的定义式是：

$$b = 2.772 - (1519/T)$$

例 4 –47 使用 Petroleum Recovery Institute 提出的方法估算 610°R 下纯 CO_2 的 MMP。

解   计算系数 b：

$$b = 2.772 - 1519/T = 2.772 - 1519/610 = 0.28184$$

然后计算 MMP：

$$MMP = 1071.82893 \times 10^b = 1071.82893 \times 10^{0.28184} = 2051 \text{psi}$$

3. Yellig – Metcalfe 经验公式

根据实验研究，Yelig 和 Metcalfe（1980）提出了一种方法来预测温度 T 下 CO_2 的 MMP，温度是唯一的参数，表达式如下：

$$MMP = 1833.7217 + 2.2518055(T - 460) + 0.01800674(T - 460)^2 - \frac{103949.93}{T - 460}$$

Yellig 和 Metcalfe（1980）指出，如果原油的泡点压力大于预测的 MMP，则将泡点压力设定为 CO_2 的 MMP。

例 4 –48 使用 Yellig 和 Metcalfe 方法估算 610°R 下纯 CO_2 的 MMP。

解 $MMP = 1833.7217 + 2.2518055(T - 460) + 0.01800674(T - 460)^2 - \frac{103949.93}{T - 460}$

$$MMP = 1833.7217 + 2.2518055(610 - 460) + 0.01800674(610 - 460)^2 - \frac{103949.93}{610 - 460}$$

$$= 1884 \text{psi}$$

4. Alston 经验公式

Alston 等（1985）提出了一种方法来估算纯 CO_2 或不纯 CO_2 与原油系统的 MMP。Alston 等（1985）用温度，原油 C_{5+} 相对分子质量，挥发性油的组分，原油的中间组分，H_2S 和 CO_2 等的摩尔分数作为相关参数，提出如下所示的表达式计算 MMP：

$$MMP = 0.000878(T - 460)^{1.06}(M_{C_{5+}})^{1.78}\left(\frac{X_{vol}}{X_{int}}\right)^{-0.136}$$

式中 T——系统温度，°R；

$M_{C_{5+}}$——C_5 以上组分的相对分子质量；

X_{int}——原油中间组分的摩尔分数，如 $C_2 \sim C_4$，CO_2 和 H_2S；

X_{vol}——挥发性油组分（C_1 和 N_2）的摩尔分数。

N_2 或 C_1 对 CO_2 的最小混相压力有不利影响（使 MMP 增大）。相反，向 CO_2 中加入 C_2、C_3、C_4 或 H_2S 会降低 MMP。为了解释注入的 CO_2 中污染物的影响，作者通过以下

表达式将不纯的 CO_2 的 MMP 与注入气体的加权平均拟临界温度 T_{pc} 和纯 CO_2 的 MMP 相关联：

$$MMP_{imp} = MMP \left(\frac{87.8}{T_{pc}} \right)^{\frac{168.893}{T_{pc}-460}}$$

注入气体的加权拟临界温度是：

$$T_{pc} = \sum (w_i T_{ci}) - 460$$

式中　MMP——纯 CO_2 的最小混相压力；

　　MMP_{imp}——受污染的 CO_2 的最小混相压力；

　　　　w_i——注入气体中组分 i 的质量分数；

　　　　T_{ci}——注入气体中组分 i 的临界温度，°R；

　　　　T——系统温度，°R；

注意，作者指定注入气体中 H_2S 和 C_2 的临界温度是 585°R。

5. Sebastian 经验公式

Sebastian 等（1985）提出了一个类似的校正步骤，利用注入气体的摩尔平均临界温度 T_{cm} 来校正纯 CO_2 的 MMP。

$$MMP_{imp} = C MMP$$

式中　MMP——纯 CO_2 的最小混相压力；

　　MMP_{imp}——受污染的 CO_2 的最小混相压力；

校正参数 C 由下式给出：

$$C = 1.0 - A(0.0213 - 0.000251A + 2.35 \times 10^{-7} A^2)$$

$$A = (T_{cm} - 87.89)/1.8$$

$$T_{cm} = \sum [y_i(T_{ci} - 460)]$$

式中　y_i——注入气体中组分 i 的摩尔分数；

　　T_{ci}——注入气体中组分 i 的临界温度，°R。

为了更好地拟合他们的数据，作者将 H_2S 的 T_c 从 212°F 调整到 125°F。

6. NPC 法

美国国家石油委员会（NPC）提出了一个经验公式来粗略地估算纯 CO_2 的 MMP。该公式以下 API 重度和温度作为参数（表 4 - 74）：

表 4 - 74　参数

API 重度/°API	MMP/psi
< 27	4000
27 ~ 30	3000
> 30	1200

油藏温度的校正如下（表 4 - 75）：

表 4 - 75   油藏温度校正

$T/°F$	额外压力/psi
< 120	0
120 ~ 150	200
150 ~ 200	350
200 ~ 250	500

7. Cronquist 经验公式

Cronquist(1978)通过拟合 58 个数据点提出了一个经验公式来计算 MMP。Cronquist 用温度、C_{5+} 组分的相对分子质量和甲烷和氮的摩尔百分比为参数得到了以下形式的公式:

$$MMP = 15.988 (T - 460)^A$$

式中　T——储层温度,°R;

$y_{N_1-N_2}$——注入气体中甲烷和氮的摩尔百分比。

系数 A 的定义式是:

$$A = 0.744206 + 0.0011038 M_{C_{5+}} + 0.0015279 y_{N_1-N_2}$$

8. Yuan 经验公式

Yuan 等(2005)通过拟合 41 个细管实验测定的 MMP,建立了预测纯 CO_2 最小混相压力的公式。具体表达式是:

$$(MMP)_{pureCO_2} = a_1 + a_2 M_{C_{7+}} + a_3 C_M + \left[a_4 + a_5 M_{C_{7+}} + \frac{a_6 C_M}{(M_{C_{7+}})^2} \right] (T - 460)$$
$$+ \left[a_7 + a_8 M_{C_{7+}} + a_9 (M_{C_{7+}})^2 + a_{10} C_M \right] (T - 460)^2$$

式中　$M_{C_{7+}}$——C_{7+} 组分的相对分子质量;

　　　T——温度,°R;

　　　C_M——中间组分的摩尔分数,即 $C_2 \sim C_6$。

$a_1 \sim a_{10}$ 系数如下:

$a_1 = -1463.4$	$a_6 = 8166.1$
$a_2 = 6.612$	$a_7 = -0.12258$
$a_3 = -44.979$	$a_8 = 0.0012283$
$a_4 = 21.39$	$a_9 = -4.052 \times 10^{-6}$
$a_5 = 0.11667$	$a_{10} = -9.2577 \times 10^{-4}$

作者提出了另外的公式来校正甲烷的污染,但此公式仅对于甲烷含量低于 40% 的气体有效,具体表达式如下:

$$\frac{(MMP)_{impure}}{(MMP)_{pureCO_2}} = 1 + m(y_{CO_2} - 100)$$

式中　系数 m 的定义式是:

$$m = a_1 + a_2 M_{C_{7+}} + a_3 C_M + \left(a_4 + a_5 M_{C_{7+}} + \frac{a_6 C_M}{M_{C_{7+}}^2} \right) (T - 460) + \left(a_7 + a_8 M_{C_{7+}} \right.$$
$$\left. + a_9 (M_{C_{7+}})^2 + a_{10} C_M \right) (T - 460)^2$$

其中，$a_1 \sim a_{10}$ 系数如下：

$a_1 = -0.065996$ $a_6 = -0.027344$

$a_2 = -1.524 \times 10^{-4}$ $a_7 = -2.6953 \times 10^{-6}$

$a_3 = 0.0013807$ $a_8 = 1.7279 \times 10^{-8}$

$a_4 = 6.2384 \times 10^{-4}$ $a_9 = -43.1436 \times 10^{-11}$

$a_5 = -6.7725 \times 10^{-7}$ $a_{10} = -1.9566 \times 10^{-8}$

4.19.2 贫气或氮气的 MMP 计算公式

高压注入贫气和氮气已成功用于提高采收率(EOR)项目，也广泛用于循环注气以保持地层压力。通常，贫气(例如甲烷)的混相压力随着温度的升高而升高，因为甲烷在烃中的溶解度随着温度的升高而降低，这导致两相区的范围增大。然而，随着温度升高，与氮气混相的压力则在降低。因为氮气在烃中的溶解度随着温度的升高而升高。用于计算与贫气或氮气最小混相压力(MMP)的方法包括：

(1)Firoozabadi 和 Aziz 经验公式。

(2)Hudgins 经验公式。

(3)Glaso 经验公式。

(4)Sebastian – Lawrence 经验公式。

(5)和 Lange 经验公式。

1. Firoozabadi – Aziz 经验公式

Firoozabadi 和 Aziz(1986)提出了一种广义的经验公式来预测氮气和贫气的 MMP。他们以原油中间组分的浓度、温度和 C_{7+} 的相对分子质量作为参数，将中间组分定义为原油中的 $C_2 \sim C_5$、CO_2 和 H_2S 的摩尔分数之和。具体的表达式如下：

$$MMP = 9433 - 188 \times 10^3 F + 1430 \times 10^3 F^2$$

式中　系数 F 的定义式是：

$$F = \frac{I}{M_{C_{7+}} (T - 460)^{0.25}}$$

$$I = x_{C_2 \sim C_5} + x_{CO_2} + x_{H_2S}$$

式中　I——原油中间组分的浓度，%；

　　　T——温度，°R；

$M_{C_{7+}}$——C_{7+} 的相对分子质量。

Conrard(1987)指出，与实验室测定的 MMP 相比，大多数计算氮气和贫气最小混相压力(MMP)的经验公式都高估了 MMP。他将这种高估归因于 MMP 和饱和压力之间的差异，并提出以下表达式来提高 Firoozabadi 和 Aziz 经验公式的准确性：

$$MMP = 0.6909 (MMP)_{F-A} + 0.3091 P_b$$

式中　MMP——校正后的最小混相压力，psi；

$(MMP)_{F-A}$——Firoozabadi 和 Aziz 方法计算的 MMP，psi；

　　　P_b——泡点压力，psi。

下式给出了基于 Firoozabadi 和 Aziz 形式简化的表达式，用于估算氮气与原油混相的 MMP：

$$MMP = 75.652 \left(\frac{1.8I}{TM_{C_{7+}}} \right)^{-0.5236}$$

2. Hudgins 经验公式

Hudgins 等(1990)对氮气混相驱油进行了全面的实验室研究，以提高轻质原油的采收率。他们指出，储层流体的组分，特别是原油中 $C_1 \sim C_5$ 组分的比例是混相的主要影响因素。对于纯 N_2，他们提出了以下表达式计算 MMP：

$$MMP = 5568e^{R_1} + 3641e^{R_2}$$

式中　T——温度,°R；

　　C_1——甲烷的摩尔分数,%；

　$x_{C_2 \sim C_5}$——原油中 $C_2 \sim C_5$ 的摩尔分数之和,%；系数 R_1 和 R_2 的定义式是：

$$R_1 = \frac{-792.06 \, x_{C_2 \sim C_5}}{M_{C_{7+}} T^{0.25}}$$

$$R_2 = \frac{-2.158 \times 10^6 C_1^{5.623}}{M_{C_{7+}} T^{0.25}}$$

3. Glaso 经验公式

Glaso(1990)研究了储层流体的组分、驱替速度、细管的长度和温度对 N_2 细管实验采收率的影响。Glaso 的计算 MMP 的公式使用了以下参数：

①C_{7+} 的相对分子质量，即 $M_{C_{7+}}$。

②温度 T,°R。

③原油中间组分($C_2 \sim C_6$)摩尔分数之和，$x_{C_2 \sim C_5}$,%。

④原油中甲烷的摩尔分数，即 x_{C_1},%。

Glaso 提出了以下关系式：

当 API < 40：

$$MMP = 80.14 + 35.35H + 0.76H^2$$

其中，

$$H = \frac{M_{C_{7+}}^{0.88} (T - 460)^{0.11}}{(x_{C_2 - C_6})^{0.64} (x_{C_1})^{0.33}}$$

当 API > 40：

$$MMP = -648.5 + 2619.5H - 1347H^2$$

其中，

$$H = \frac{M_{C_{7+}}^{0.88} (T - 460)^{0.25}}{(x_{C_2 - C_6})^{0.12} (x_{C_1})^{0.42}}$$

4. Sebastian – Lawrence 经验公式

Sebastian 和 Lawrence(1992)提出了一种预测氮气 MMP 的经验公式：

$$(MMP)_{N_2} = 4603 - \left(\frac{3283 \, x_{C_1} T - 4.776 \, (x_{C_1})^2 T^2}{M_{C_{7+}}} \right) + 2.05 \, M_{C_{7+}} + 7.541 T$$

式中　$M_{C_{7+}}$——原油中 C_{7+} 的相对分子质量；

　　　x_{C_1}——原油中甲烷的摩尔分数；

　　　x_m——原油中间组分（$C_2 \sim C_6$ 和 CO_2）的摩尔分数；

　　　T——储层温度，°R。

5. Lange 经验公式

Lange（1998）提出了一种广义的计算 MMP 的经验公式，可用于各种注入气体、原油、温度和压力。该公式以 Hildebrand 溶解度表示原油和注入气体的物理和化学性质。高压气体的溶解度主要取决于其对比密度 ρ_r，可表示为：

$$\delta_{gi} = 0.122 \, \rho_{ri} \sqrt{P_{ci}}$$

式中　ρ_{ri}——注入气体中组分的对比密度，lb/ft^3；

　　　P_{ci}——注入气体中组分的临界压力，psia；

　　　δ_{gi}——注入气体中组分的溶解度，$(cal/cm^3)^{0.5}$。

对比密度的定义式是：

$$\rho_r = \rho_i / \rho_{ci}$$

或

$$\delta_{gi} = 0.122 \frac{\rho_i}{\rho_{ci}} \sqrt{P_{ci}}$$

基于单组分的溶解度 δ_{gi} 及注入气体的体积分数，可以通过下式计算注入气体的溶解度：

$$\delta_{gas} = \sum_{i=1}^{N} (v_i \delta_{gi}) \tag{4-142}$$

式中　δ_{gas}——注入气体的溶解度，$(cal/cm^3)^{0.5}$；

　　　δ_{gi}——注入气体中组分 i 的溶解度，$(cal/cm^3)^{0.5}$；

　　　v_i——注入气体中组分 i 的体积分数；

　　　P_{ci}——注入气体中组分 i 的临界压力，psia；

　　　ρ_i——注入压力和温度下注入气体中组分 i 的密度，lb/ft^3；

　　　ρ_{ci}——注入气体中组分 i 的临界密度，lb/ft^3。

原油的溶解度主要取决于其相对分子质量，可以通过以下表达式近似计算：

$$\delta_{oil} = (6.97)0.01M - 0.00556(T - 460) \tag{4-143}$$

式中　M——储层油的相对分子质量；

　　　T——储层温度，°R。

Lange 指出，当注入气体的溶解度差异大约为 $3(cal/cm^3)^{0.5}$ 时会发生混相，即混相条件是：

$$|\delta_{oil} - \delta_{gas}| \leqslant 3 \pm 0.4$$

使用 Lange 公式确定 MMP 的本质上是一种试错法。假设压力并计算 δ_{gas}，如果满足混相条件，那么假设的压力就是最小混相压力 MMP，否则重复该过程。

Lange 还基于大量岩心注水的数据提出了一种用溶解度差异计算残余油饱和度（Sorm）的公式。其形式如下：

$$S_{orm} = S_{orw}0.12(|\delta_{oil} - \delta_{gas}|) - 0.11$$

式中　S_{orw}——水驱剩余油饱和度。

习题

1. 表4-76 至表4-78 显示了对来自 MTech 油田的原油样品进行的实验结果。结果包括 CCE、DE 和分离器实验。

（1）选择最佳分离器条件，并为原油系统生成B_o、R_s 和B_t值。绘制你的结果并与未调整的值进行比较。

（2）假设新油田表明用 2500psi 的值更好地描述了泡点压力。调整 PVT 以反映新的泡点压力。

2. 原油系统的泡点压力为 1708.7psia，温度为 131℉。给定以下数据：

API 重度 = 40°API

分离器气体的平均相对密度 = 0.85

分离器压力 = 100psig

（1）使用以下方法计算 R_{sb}

①Standing 经验公式。

②Vasquez – Beggs 方法。

③Glaso 经验公式。

④Marhoun 方程。

⑤Petrosky – Farshad 经验公式。

（2）通过应用(1)部分中列出的方法来计算B_{ob}。

表4-76　260℉时储层流体的压力 – 体积关系（等组分膨胀）

压力/psig	相对体积	压力/psig	相对体积
5000	0.946	2024	1.0069
4500	0.953	2002	1.0127
4000	0.9607	1933	1.032
3500	0.9691	1843	1.0602
3000	0.9785	1742	1.0966
2500	0.989	1612	1.1524
2300	0.9938	1467	1.2299
2200	0.9962	1297	1.3431
2100	0.9987	1102	1.5325
2051	1	863	1.8992
2047	1.001	653	2.4711
2041	1.0025	482	3.405

表 4-77　260℉下的差异分离实验数据

压力/psig	R_{sd}	B_{td}	B_{od}	$\rho/(g/cm^3)$	Z	$B_g/(bbl/scf)$	γ_g
2051	1004	1.808	1.808		0.5989		
1900	930	1.764	1.887	0.6063	0.88	0.00937	0.843
1700	838	1.708	2.017	0.6165	0.884	0.01052	0.84
1500	757	1.66	2.185	0.6253	0.887	0.01194	0.844
1300	678	1.612	2.413	0.6348	0.892	0.01384	0.857
1100	601	1.566	2.743	0.644	0.899	0.01644	0.876
900	529	1.521	3.229	0.6536	0.906	0.02019	0.901
700	456	1.476	4.029	0.6635	0.917	0.02616	0.948
500	379	1.424	5.537	0.6755	0.933	0.03695	0.018
300	291	1.362	9.214	0.6896	0.955	0.06183	1.373
170	223	1.309	16.246	0.702	0.974	0.10738	2.23
0	0	1.11		0.7298			

表 4-78　储层流体的分离器实验

分离器压力/psig	分离器温度/℉	$R_s/(scf/bbl)$	$R_s/(scf/STB)$	API	B_o	体积系数	气体相对密度
200—0	71	431[a]	490[b]			1.138[d]	0.739[e]
	71	222	223	48.2	1.549[c]	1.006	1.367
100—0	72	522	566			1.083	0.801[e]
	72	126	127	48.6	1.529	1.006	1.402
50—0	71	607	632			1.041	0.869[e]
	71	54	54	48.6	1.532	1.006	1.398
25—0	70	669	682			1.02	0.923[e]
	70	25	25	48.4	1.558	1.006	1.34

注：[a] 在 60℉和 14.75psi 下每立方英尺气体体积与指定压力和温度下每桶油体积的比值，scf/bbl。

　　[b] 在 60℉和 14.75psi 下每立方英尺气体体积与 60℉下每桶油体积的比值，scf/bbl。

　　[c] 在 260℉和 2051psi 压力下每桶饱和油体积与 60℉下每桶地面脱气原油体积的比值，bbl/STB。

　　[d] 在指定压力和温度下每桶地面脱气原油与 60℉下每桶地面脱气原油体积的比值，bbl/STB。

　　[e] 在实验室中收集和分析。

3. 基于以下 PVT 数据：

$API = 35°$

$T = 160℉$

$R_{sb} = 700 scf/STB$

$\gamma_g = 0.75$

使用第 2 题，(1)部分中列出的五种不同方法估算原油系统的泡点压力。

4. 原油系统的初始储层压力为 3000psi，温度为 185℉。泡点压力估计为 2109psi。泡点压力下的性质如下：

$B_{od} = 1.406\text{bbl/STB}$

$R_{sb} = 692\text{scf/STB}$

$\gamma_g = 0.876$

$\text{API} = 41.9°$

计算：

(1)泡点压力下的油密度。

(2)3000psi 时的油密度。

(3)在 3000psi 下的 B_o。

5. 表 4-79 所示的 PVT 数据是从某油田的原油样品上获得的。初始油藏压力在 160℉ 时为 3600psia。溶解气体的平均相对密度为 0.65。最初，该油藏中包含 250MMbbl 的油。油的泡点压力为 2500psi。

(1)计算 3200psia，2800psia，1800psia 下的两相油的 FVF。

(2)计算初始油量，以 MMSTB 为单位。

(3)计算储层中溶解气体的初始体积。

(4)计算 3200psia 时的原油压缩系数。

表 4-79 习题 5 的 PVT 数据

压力/psig	$R_s/(\text{scf/STB})$	$B_o/(\text{bbl/STB})$
3600		1.31
3200		1.317
2800		1.325
2500	567	1.333
2400	554	1.31
1800	436	1.263
1200	337	1.21
600	223	1.14
200	143	1.07

6. 下面的 PVT 数据(表 4-80)是通过对井底样品的分析获得的。

表 4-80 PVT 数据

压力/psig	相对体积/(V/V_{sat})	压力/psig	相对体积/(V/V_{sat})
3000	1.0000	1610	1.2786
2927	1.0063	1206	1.5243
2703	1.0286	999	1.7399
2199	1.1043		

(1)在直角坐标纸上绘制 Y 函数与压力的曲线图。

(2)使用最小二乘法确定方程式 $Y = mP + b$ 中的常数。

（3）从方程式中重新计算相对油量。

7. 将 295cm³ 的原油样品在初始压力为 3500psi 时置于 PVT 容器中。容器温度保持在 220℉ 恒定。然后对原油样品进行 DL 实验，记录的测量结果如表 4-81 所示。使用记录的测量数据并假设原油 API 重度为 40°，计算以下 PVT 性质：

（1）3500psi 时的原油 FVF。

（2）3500psi 时的气体溶解度。

（3）3500psi 时的原油黏度。

（4）3300psi 时的等温压缩系数。

（5）1000psi 时的原油密度。

表 4-81　习题 7 中的原油样品

P/psig	T/℉	总体积/cm³	液体体积/cm³	释放气体积/cm³	气体相对密度
3500	220	290	290	0	—
3300	220	294	294	0	—
3000[a]	220	300	300	0	—
2000	220	323.2	286.4	0.1627	0.823
1000	220	375.2	271.5	0.184	0.823
14.7	60	—	179.53	0.5488	0.823

注：[a] 泡点压力。

8. 对从 North Grieve 油田采集的井底原油样品进行了实验，确定了气体溶解度和原油 FVF 与压力的函数关系。记录的初始储层压力为 3600psia，储层温度为 130℉。通过测量获得表 4-82 中的数据。在实验结束时，油的 API 重度为 40°API。如果溶液气体的平均相对密度为 0.7，计算：

（1）3200psi 时的总 FVF。

（2）3200psi 时的原油黏度。

（3）1800psi 时的等温压缩系数。

表 4-82　习题 8 的数据

压力/psig	R_s/(scf/STB)	B_o/(bbl/STB)
3600	567	1.31
3200	567	1.317
2800	567	1.325
2500	567	1.333
2400	554	1.31
1800	436	1.263
1200	337	1.21
600	223	1.14
200	143	1.07

9. 当以 5000psia 和 140℉ 的温度从油藏中生产 35°API 原油。在 140℉，储层液体的泡点压力为 4000psia。原油的生产速度为 900scf/STB，产出气的相对密度为 0.7。计算：

(1)5000psia 和 140℉ 下的原油密度。

(2)5000psia 和 140℉ 下的总 FVF。

10. 在初始储层压力为 3112psia，储层温度为 125℉ 的不饱和的油层。油的泡点压力是 1725psia。原油具有如表 4 - 83 中所示的压力与储层体积系数的关系。原油的 API 重度和溶解气体的相对密度分别为 40 和 0.65。计算 3112psia 和 125℉ 下的原油密度。

表 4 - 83　习题 10 的压力与原油储层体积系数的关系

压力/psig	B_o/(bbl/STB)	压力/psig	B_o/(bbl/STB)
3112	1.4235	1700	1.4468
2800	1.429	1600	1.4303
2400	1.437	1500	1.4139
2000	1.4446	1400	1.3978
1725	1.4509		

11. 一个 PVT 容器包含 320cm^3 的油，其泡点压力为 2500psia 和 200℉。当压力降低到 2000psia 时，体积增加到 332.5cm^3。排出气体，发现其体积为 0.145scf。油的体积记录为 303cm^3。减压至 14.7psia，温度降至 60℉，同时放出 0.58scf 的气体，剩下 230cm^3 的油，API 重度为 42°API。计算：

(1)2000psia 时的气体压缩系数。

(2)2000psia 时的气体溶解度总。

12. 原油和相关平衡气的组成如表 4 - 84。储层压力和温度分别为 3000psia 和 140℉。

表 4 - 84　原油和相关平衡气的组成

组　分	x_i	y_i
C_1	0.40	0.79
C_2	0.08	0.06
C_3	0.07	0.05
$n - C_4$	0.03	0.04
$n - C_5$	0.01	0.02
C_6	0.01	0.02
C_{7+}	0.40	0.02

提供以下附加的 PVT 数据：

C_{7+} 的相对分子质量 = 215

C_{7+} 的相对密度 = 0.77

计算表面张力。

13. 使用以下方法估算 630°R 下纯 CO_2 的 MMP：

（1）EVP 方法。

（2）Petroleum Recovery Institute 方法。

（3）Yellig – Metcalfe 方法。

参考文献

Abu – Khamsin, A. , Al – Marhoun, M. , 1991. Development of a new correlation for bubblepoint viscosity. Arab. J. Sci. Eng. 16 （2A）, 99.

Ahmed, T. , 1988. Compositional modeling of Tyler and Mission Canyon formation oils with CO2 and lean gases. Final report submitted to Montana's On a New Track for Science （MONTS）, Montana National Science Foundation Grant Program.

Ahmed, T. , 2000. Removing well bore liquid blockage by gas injection. Paper 002 – 00 In: Presented at the Rio Oil and Gas Expo and Conference, Rio de Janeiro, Brazil, 16 – 19 October 2000.

Ahmed, T. , 2014. Equations of State and PVT Analysis. Course Material.

Ahmed, T. , 2015. Equations of State and PVT Analysis. Course Material.

Alani, G. H. , Kennedy, H. T. , 1960. Volume of liquid hydrocarbons at high temperatures and pressures. Trans. AIME 219, 288 – 292.

Al – Shammasi, A. , 1999. Bubble – point pressure and formation volume factor correlations. SPE paper 53185, In: Presented at the SPE Middle East Conference, Bahrain, 20 – 23 February 1999.

Alston, R. B. , Kokolis, G. P. , James, C. F. , 1985. CO_2 minimum miscibility pressure: a correlation for impure CO_2 streams and live oil streams. Soc. Pet. Eng. J. 25 （2）, 268 – 274.

Amyx, J. M. , Bass, D. M. , Whiting, R. , 1960. Petroleum Reservoir Engineering — Physical Properties. McGraw – Hill, New York, NY.

Beal, C. , 1946. The viscosity of air, water, natural gas, crude oils and its associated gases at oil field temperatures and pressures. Trans. AIME 165, 94 – 112.

Beggs, H. D. , Robinson, J. R. , 1975. Estimating the viscosity of crude oil systems. J. Pet. Technol. 27 （9）, 1140 – 1141.

Brill, J. , Beggs, D. , 1973. A study of two – phase flow in inclined pipes. J. Pet. Technol. 25 （5）, 607 – 617.

Chew, J. , Connally Jr. , C. A. , 1959. A viscosity correlation for gas – saturated crude oils. Trans. AIME 216, 23 – 25.

Cho, S. , Civan, F. , Starting, K. , 1985. A correlation to predict maximum condensation for retrograde fluids. Paper SPE 14268, In: Presented at the SPE Annual Meeting, Las Vegas, 22 – 25 September 1985.

Conrard, P. , 1987. Discussion of analysis and correlation of nitrogen and lean gas miscibility pressure. SPE Reserv. Eng.

Craft, B. , Hawkins, M. , 1959. Applied Petroleum Reservoir Engineering. Prentice – Hall, Englewood Cliffs, NJ.

Cragoe, C. , 1997. Thermodynamic Properties of Petroleum Products. U. S. Department of Commerce, Washington, DC. p. 97.

Cronquist, C. , 1978. Carbon dioxide dynamic displacement with light reservoir oils. In: Paper Presented at the U. S. Department of Energy Annual Symposium, Tulsa, 28 – 30 August 1978.

Dindoruk, B. , Christman, P. , 2004. PVT properties and viscosity correlations for Gulf of Mexico oils. SPE

Reserv. Eval. Eng. 7, 427 – 437.

Dodson, C., Goodwill, D., Mayer, E., 1953. Application of laboratory PVT data tir engineering problems. Journal of Petroleum Technology.

Fanchi, J. R., 1985. Calculation of parachors for composition simulation. J. Pet. Technol. 2049 – 2050.

Fevang, D., Whitson, C., 1994. Accurate in – situ compositions in petroleum reservoirs. Paper SPE 28829, In: Presented at the European Petroleum Conference, London, 25 – 27 October 1994.

Firoozabadi, A., Aziz, K., 1986. Analysis and correlation of nitrogen and lean gas miscibility pressure. SPE Reserv. Eng. 1 (6), 575 – 582.

Firoozabadi, A., et al., 1988. Surface tension of reserve crude oil/gas systems. SPE Reserv. Eng.

Glaso, O., 1980. Generalized pressure – volume – temperature correlations. J. Pet. Technol. 32 (5), 785 – 795.

Glaso, O., 1990. Miscible displacement: recovery tests with nitrogen. SPE Reserv. Eng. (1), 61 – 68.

Haas, J., 1976. Physical properties of the coexisting phases and thermochemical properties of H2O. Geological survey bulletin.

Hosein, R., Mayrhoo, R., McCain Jr., D. W., 2014. Determination of Bubble – Point and Dew – Point Pressure Without a Visual Cell. In: SPE 169947. Presented at the SPE Biennial Energy Resources conference held in Port of Spain, Trinidad, 9 – 11 June 2014.

Hudgins, D. A., Liave, F., Chung, F., 1990. Nitrogen miscible displacement of light crude oil. SPE Reserv. Eng. 5 (1), 100 – 106.

Katz, D., 1942. Drilling and Production Practice. American Petroleum Institute, Dallas, TX.

Katz, D., Saltman, W., 1939. Surface tension of hydrocarbons. Ind. Eng. Chem. 31, 91.

Kennedy, G., 1954. Pressure – volume – temperature relations in CO_2. Am. J. Sci. 252, 225.

Khan, S., et al., 1987. Viscosity correlations for Saudi Arabia oils. SPE paper 15720, Society of Petroleum Engineers, Dallas, TX.

Lange, E., 1998. Correlation and prediction of residual oil saturation for gas – injectionenhanced oil – recovery processes. SPE Reserv. Eval. Eng. 1, 127 – 133.

Lasater, J. A., 1958. Bubble – point pressure correlation. Trans. AIME 213, 379 – 381.

Lawrence, J., Gupta, D., 2009. Quality assessment and consistency evaluation of hydrocarbon PVT data compositions. IPTC 13784, In: Presented at the IPTC Held in Doha, Qatar, 7 – 9 December 2009.

Little, J. E., Kennedy, H. T., 1968. A correlation of the viscosity of hydrocarbon systems with pressure, temperature, and composition. Soc. Pet. Eng. J. 8, 157 – 162.

Lohrenz, J., Bra, B. G., Clark, C. R., 1964. Calculating viscosities of reservoir fluids from their compositions. J. Pet. Technol. 16 (October), 1171 – 1176.

Marhoun, M. A., 1988. PVT correlation for middle east crude oils. J. Pet. Technol. 40 (May), 650 – 666.

McCain, W., 1991. The Properties of Petroleum Fluids. PennWell Publishing Company, Tulsa, OK.

McCain, W., 2002. Analysis of black oil PVT reports revisited. Paper SPE 77386, In: Presented at the SPE Annual Meeting, San Antonio, TX, September 29 – October 2, 2002.

McCain, W., et al., 1988. The coefficient of isothermal compressibility of black oils at pressures below bubble point. SPE Form. Eval. 3, 659 – 662.

McKetta, J., Wehe, A., 1962. Hydrocarbon/water and formation water correlations. In: Frick, T. C., Taylor, R. W. (Eds.), Petroleum Production Handbook, second ed. Society of Petroleum Engineers, Richardson, TX.

Newitt, D. M. , et al. , 1996. Carbon dioxide. In: Din, F. (Ed.), Thermodynamic Functions of Gases, vol. 1. Butterworths, London, pp. 102 – 134.

Orr, F. M. , Jensen, C. M. , 1986. Interpretation of pressure – composition phase diagram for CO_2/crude – oil systems. Soc. Pet. Eng. J. 24, 485 – 497.

Orr, F. M. , Silva, M. K. , 1987. Effect of oil composition on MMP—part 2. Correlation. SPE Reserv. Eng. 2, 479 – 491.

Ostermann, R. , et al. , 1987. A correlation for increased gas gravity during pressure depletion. Paper SPE 16962, In: Presented at the SPE Annual Conference, Dallas, 27 – 30 September 1987.

Petrosky, G. E. , Farshad, F. , 1993. Pressure – volume – temperature correlations for Gulf of Mexico crude oils. SPE paper 26644, In: Presented at the 68th Annual Technical Conference of the Society of Petroleum Engineers, Houston, 3 – 6 October 1993.

Ramey, H. , 1973. Correlation of surface and interfacial tensions of reserve fluids. SPE paper no. 4429, Society of Petroleum Engineers, Richardson, TX.

Rowe, A. , Chou, J. , 1970. Pressure – volume – temperature correlation relation of aqueous NaCl solutions. J. Chem. Eng. Data 15, 61 – 66.

Sebastian, H. , Lawrence, D. , 1992. Nitrogen minimum miscibility pressures. Paper SPE 24134, In: Presented at the SPE/DOE Meeting, Tulsa, OK, 22 – 24 April 1992.

Sebastian, H. M. , Wenger, R. S. , Renner, T. A. , 1985. Correlation of minimum miscibility pressure for impure CO_2 streams. J. Pet. Technol. 37, 2076 – 2082.

Standing, M. B. , 1947. A pressure – volume – temperature correlation for mixtures of California oils and gases. Drilling and Production Practice. API, Washington, D. C, pp. 275 – 287.

Standing, M. B. , 1974. Petroleum Engineering Data Book. Norwegian Institute of Technology, Trondheim.

Standing, M. B. , 1977. Volumetric and Phase Behavior of Oil Field Hydrocarbon Systems. Society of Petroleum Engineers, Dallas, TX. pp. 125 – 126.

Standing, M. B. , 1981. Volumetric and Phase Behavior of Oil Field Hydrocarbon Systems, ninth ed. Society of Petroleum Engineers, Dallas, TX.

Standing, M. B. , Katz, D. L. , 1942. Density of natural gases. Trans. AIME 146, 140 – 149. Sugden, S. , 1924. The variation of surface tension. VI. The variation of surface tension with temperature and some related functions. J. Chem. Soc. 125, 32 – 39.

Sutton, R. P. , Farshad, F. F. , 1984. Evaluation of empirically derived PVT properties for Gulf of Mexico crude oils. Paper SPE 13172, In: Presented at the 59th Annual Technical Conference, Houston, 1984.

Trube, A. S. , 1957. Compressibility of undersaturated hydrocarbon reservoir fluids. Trans. AIME 210, 341 – 344.

Vasquez, M. , Beggs, H. D. , 1980. Correlations for fluid physical property prediction. J. Pet. Technol. 32, 968 – 970.

Weinaug, C. , Katz, D. L. , 1943. Surface tension of methane – propane mixtures. Ind. Eng. Chem. 25, 35 – 43.

Whitson, C. H. , Brule, M. R. , 2000. Phase Behavior. SPE, Richardson, TX.

Yellig, W. F. , Metcalfe, R. S. , 1980. Determination and prediction of CO_2 minimum miscibility pressures. J. Pet. Technol. 32, 160 – 168.

Yuan, H. , et al. , 2005. Simplified method for calculation of MMP. SPE paper 77381, Society of Petroleum Engineers, Dallas, TX.

第5章 状态方程和相位平衡

相是系统的一部分，该系统具有均匀的组分、相同的物理和化学性质。共存的相与相之间存在明确的边界面。油气生产中最重要的是液相和气相的碳氢化合物。此外，液态水也较为常见。当描述整个系统变化的变量（包括系统的温度、压力和组成）在时间和空间上保持不变时，这些相就达到了平衡状态。

掌握在什么样的条件下这些不同的相态可以存在，对于设计地面分离设备和研究组分模型具有非常重要的实际意义。这类设计和分析均基于以下两个概念：平衡比和闪蒸计算。本章将对此进行讨论。

5.1 平衡比

如第1章所述，仅包含一种组分的系统被认为是最简单的烃类系统。对纯组分系统的温度 T、压力 P 和体积 V 之间关系的定性描述可以为理解复杂烃类混合物系统的相态特征提供良好的基础。

在多组分系统中，给定组分的平衡比 K_i 可用于描述某种组分在液相和气相之间的配比和逸出趋势，其定义为气相中组分 i 的摩尔分数 y_i 与液相中组分 i 的摩尔分数 x_i 的比值。这种关系的数学表达式如式（5-1）所示：

$$K_i = \frac{y_i}{x_i} \tag{5-1}$$

式中 K_i——组分 i 的平衡比；

  y_i——组分 i 在气相中的摩尔分数，%；

  x_i——液相中组分 i 的摩尔分数，%。

上述关系式表明，当 K_i 值大于1时，该组分多集中在气相，系统压力较高，相平衡和其他相态特征的计算需要准确估计平衡比的值。当压力小于100psia时，Raoult 和 Dalton 为理想溶液提供了一种简单估算平衡比的方法。根据 Raoult 定律，多组分系统中组分 i 的分压 P_i 是液相中组分 i 的摩尔分数 x_i 和组分 i 的蒸气压力 P_{vi} 的乘积，如式（5-2）所示：

$$P_i = x_i P_{vi} \tag{5-2}$$

式中 P_i——组分 i 的分压，psia；

  P_{vi}——组分 i 的蒸气压力，psia；

  x_i——液相中组分 i 的摩尔分数。

根据 Dalton 定律，组分的分压是其在气相中的摩尔分数 y_i 和系统总压力 P 的乘积，如式（5-3）所示：

$$P_i = y_i P \tag{5-3}$$

式中　P——系统总压力, psia。

在平衡状态下, 根据以上定律, 一个组分在气相中所形成的分压必须等于相同组分在液相中所形成的分压。因此, 将描述这两个定律的方程等价就得到:

$$x_i P_{vi} = y_i P$$

整理上述关系式并引入平衡比的概念可得到式(5-4):

$$\frac{y_i}{x_i} = \frac{P_{vi}}{P} = K_i \tag{5-4}$$

式(5-4)表明, 在低压和低温条件下, 总组分为 z_i 的"理想溶液"具有以下两种特征:

① 任何组分的平衡比值 K_i 均与总组分组成无关。

② 如图 5-1 所示, 蒸气压力 P_{vi} 仅是温度的函数, 这意味着 K 值只由系统压力 P 和温度 T 决定。

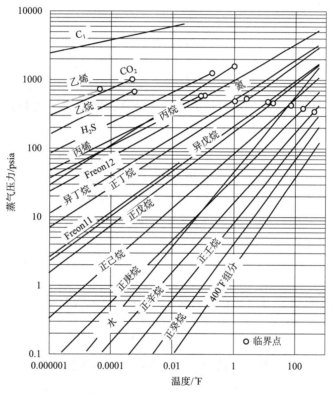

图 5-1　单组分的蒸气压力图

数据来源: GPSA Engineering Data Book。

在式(5-4)的等号两边同时取对数, 并重新排列得到:

$$\log(K_i) = \log(P_{vi}) - \log(P)$$

上式表明在恒定温度下(即恒定的 P_{vi}), 在对数坐标系中, 组分的平衡比 K_i 是压力 P 的线性函数, 其斜率为 -1。

在此, 需要引入和定义以下几个参数:

z_i——组分 i 在整个烃类混合物中的摩尔分数;

n——烃类混合物的总摩尔数, lb-mol;

n_1——液相的总摩尔数，lb – mol；

n_v——气相的总摩尔数，lb – mol。

并且它们之间满足式(5 – 5)的关系：

$$n = n_1 + n_v \tag{5-5}$$

式(5 – 5)表明系统的总摩尔数等于液相的总摩尔数加上气相的总摩尔数。由组分 i 的物质平衡可以得到式(5 – 6)：

$$z_i n = x_i n_1 + y_i n_v \tag{5-6}$$

式中 $z_i n$——系统中组分 i 的总摩尔数；

$x_i n_1$——组分 i 在液相中的总摩尔数；

$y_i n_v$——组分 i 在气相中的总摩尔数。

根据系统总摩尔分数的定义，得到式(5 – 7)、式(5 – 8)、式(5 – 9)：

$$\sum_i z_i = 1 \tag{5-7}$$

$$\sum_i x_i = 1 \tag{5-8}$$

$$\sum_i y_i = 1 \tag{5-9}$$

在单位摩尔烃类混合物的基础上进行所有相平衡计算，即 $n = 1$，可将式(5 – 5)和式(5 – 6)简化为式(5 – 10)、式(5 – 11)：

$$n_1 + n_v = 1 \tag{5-10}$$

$$x_i n_1 + y_i n_v = z_i \tag{5-11}$$

联立式(5 – 4)和式(5 – 11)可消除式(5 – 11)中的 y_i，从而得到：

$$x_i n_1 + (x_i K_i) n_v = z$$

因此，x_i 可表示为式(5 – 12)：

$$x_i = \frac{z_i}{n_1 + n_v K_i} \tag{5-12}$$

也可以将式(5 – 4)与式(5 – 11)组合以消除 x_i 得到 y_i，如式(5 – 13)所示：

$$y_i = \frac{z_i K_i}{n_1 + n_v K_i} = x_i K_i \tag{5-13}$$

将式(5 – 12)和式(5 – 18)联立，式(5 – 13)和式(5 – 9)联立，分别得到式(5 – 14)、式(5 – 15)：

$$\sum_i x_i = \sum_i \frac{z_i}{n_1 + n_v K_i} = 1 \tag{5-14}$$

$$\sum_i y_i = \frac{z_i K_i}{n_1 + n_v K_i} = 1 \tag{5-15}$$

由于

$$\sum_i y_i - \sum_i x_i = 0$$

则

$$\sum_i \frac{z_i K_i}{n_1 + n_v K_i} - \sum_i \frac{z_i}{n_1 + n_v K_i} = 0$$

整合得到：

$$\sum_i \frac{z_i(K_i - 1)}{n_1 + n_v K_i} = 0$$

用 $1 - n_v$ 代替 n_1 得到：

$$f(n_v) = \sum_i \frac{z_i(K_i - 1)}{n_v(K_i - 1) + 1} = 0 \tag{5-16}$$

式(5-12)到式(5-16)为烃类系统提供了计算体积和组分所需的关系式。这类计算被称为闪蒸计算。下文将描述其计算过程中涉及的具体细节。

5.2 闪蒸计算

闪蒸计算是油藏和工艺工程计算中不可或缺的一个步骤。在任意给定压力和温度的条件下需要计算储层或容器中共存的烃类液体和气体的摩尔质量大小时，就会用到闪蒸计算。这些计算还可以用于确定烃类系统各相的组成。

在烃类混合物的总组成 z_i、平衡比 K_i、压力和温度条件已知的情况下，闪蒸计算可以确定气相的摩尔数 n_v、液相的摩尔数 n_1、组分的液相摩尔分数 x_i 和组分的气相摩尔分数 y_i，其步骤总结如下：

步骤 1，计算气相的摩尔数 n_v：

使用牛顿迭代法求解式(5-16)可得到气相的摩尔数 n_v。首先，n_v 是 0 和 1 之间的一个任意值，例如 0.5，其预估值可由以下关系式计算：

$$n_v = A/(A + B)$$

式中

$$A = \sum_i \left[z_i(K_i - 1) \right]$$

$$B = \sum_i \left[z_i \left(\frac{1}{K_i} - 1 \right) \right]$$

得到的 n_v 预估值再用于计算式(5-16)中的函数 $f(n_v)$：

$$f(n_v) = \sum_i \frac{z_i(K_i - 1)}{n_v(K_i - 1) + 1}$$

如果函数 $f(n_v)$ 的绝对值小于预设容差，例如 10^{-6}，则 n_v 的预估值即为最优解。反之，如果 $f(n_v)$ 的绝对值大于预设容差，则根据以下表达式重新计算得到 $(n_v)_{new}$：

$$(n_v)_{new} = n_v - \frac{f(n_v)}{f'(n_v)}$$

导数 $f'(n_v)$ 的定义为：

$$f'(n_v) = -\sum_i \left\{ \frac{z_i(K_i - 1)^2}{[n_v(K_i - 1) + 1]^2} \right\}$$

式中 $(n_v)_{new}$——用于下一次迭代的 n_v 的新值。

使用新的 n_v 重新计算上述过程，并不断重复直至收敛，即：

$$|f(n_v)| \leq eps$$

或

$$| (n_v)_{new} - (n_v) | \leqslant eps$$

式中 eps——预设容差，例如 10^{-6}。

步骤 2，计算液相的摩尔数 n_1：

由式(5-10)可知，液相的摩尔数 n_1 可以通过下式计算：

$$n_1 = 1 - n_v$$

步骤 3，计算组分的液相摩尔分数 x_i：

根据得到的 n_v 和 n_1，液相的组成可以通过式(5-12) 计算：

$$x_i = \frac{z_i}{n_1 + n_v K_i}$$

步骤 4，计算组分的气相摩尔分数 y_i：

气相的组成由式(5-13)确定：

$$y_i = \frac{z_i K_i}{n_1 + n_v K_i} = x_i K_i$$

例 5-1 一种烃类混合物在 50psia 和 100℉ 的分离器中进行闪蒸，其组成如表 5-1 所示。

表5-1 一种烃类混合物组成

组 分	z_i	组 分	z_i
C_3	0.20	$i-C_5$	0.20
$i-C_4$	0.10	$n-C_5$	0.20
$n-C_4$	0.10	C_6	0.20

假设此混合物具有理想液体的性质，进行闪蒸计算。

解 步骤 1，根据 Cox 图(图 5-1)确定蒸气压力 P_{vi}，并使用式(5-4)计算平衡比，计算结果如表 5-2 所示。

表5-2 平衡比计算结果

组 分	z_i	$P_{vi}/100℉$	$K_i = P_{vi}/50$
C_3	0.20	190.00	3.8000
$i-C_4$	0.10	72.20	1.4440
$n-C_4$	0.10	51.60	1.0320
$i-C_5$	0.20	20.44	0.4088
$n-C_5$	0.20	15.57	0.3114
C_6	0.20	4.956	0.0991

步骤 2，使用牛顿迭代法求解式(5-16)中的 n_v（表 5-3）：

$$(n_v)_n = n_v - \frac{f(n_v)}{f'(n_v)}$$

表 5-3　n_v 计算结果

迭　代	n_v	$f(n_v)$
0	0.08196579	$3.073(10^{-2})$
1	0.1079687	$8.894(10^{-4})$
2	0.1086363	$7.60(10^{-7})$
3	0.1086368	$1.49(10^{-8})$
4	0.1086368	0.0

最终得到 $n_v = 0.1086368$。

步骤 3，求解 n_1：

$$n_1 = 1 - n_v = 1 - 0.1086368 = 0.8913631$$

步骤 4，计算 x_i 和 y_i：

$$x_i = \frac{z_i}{n_1 + n_v K_i}$$

$$y_i = x_i K_i$$

组分的计算结果如表 5-4 所示。

表 5-4　组分计算结果

组分	z_i	K_i	$x_i = z_i / (0.8914 + 0.1086 K_i)$	$y_i = x_i K_i$
C_3	0.20	3.80	0.1534	0.2529
$i - C_4$	0.10	1.444	0.0954	0.1378
$n - C_4$	0.10	1.032	0.0997	0.1029
$i - C_5$	0.20	0.4088	0.2137	0.0874
$n - C_5$	0.20	0.3114	0.2162	0.0673
C_6	0.20	0.09912	0.2216	0.0220

另外，对于二元体系（如双组分系统），进行闪蒸计算不需要使用牛顿迭代法。具体步骤如下：

步骤 1，求解液相的组成 x_i。对于双组分系统，式(5-8)和式(5-9)可展开为：

$$\sum_i x_i = x_1 + x_2 = 1$$

$$\sum_i y_i = y_1 + y_2 = K_1 x_1 + K_2 x_2 = 1$$

从而得到液相组成 x_1 和 x_2 的表达式：

$$x_1 = \frac{1 - K_2}{K_1 - K_2}$$

和

$$x_2 = 1 - x_1$$

式中　x_1——液相中第一组分的摩尔分数；

x_2——液相中第二组分的摩尔分数；

K_1——第一组分的平衡比；

K_2——第二组分的平衡比。

步骤 2，求解气相的组成 y_i。根据平衡比的定义，计算气相组成的表达式如下：

$$y_1 = x_1 K_1$$
$$y_2 = x_2 K_2 = 1 - y_1$$

步骤 3，计算气相 n_v 和液相 n_1 的摩尔数。利用两个组分中的第一组分的摩尔分数和平衡比 K 值，按照式(5-12)求解 n_v：

$$n_v = \frac{z_1 - x_1}{x_1(K_1 - 1)}$$

和

$$n_1 = 1 - n_v$$

选择第二组分也可得到同样的结果，即：

$$n_v = \frac{z_2 - x_2}{x_2(K_2 - 1)}$$

和

$$n_1 = 1 - n_v$$

式中　z_1——双组分系统中第一组分的摩尔分数；

x_1——液相中第一组分的摩尔分数；

z_2——双组分系统中第二组分的摩尔分数；

x_2——液相中第二组分的摩尔分数；

K_1——第一组分的平衡比；

K_2——第二组分的平衡比。

事实证明，根据各组分的蒸气压力和系统压力，由式(5-4)计算得到的各组分在液相和气相之间的平衡比是不可靠的。因为式(5-4)基于以下假设：

①气相是满足 Dalton 定律的理想气体。

②液相是满足 Raoult 定律的理想液体。

这些假设是不现实的，而且会导致高压下的平衡比预测不准确。

5.3　真实溶液的平衡比

对于真实溶液，平衡比不仅是压力和温度的函数，也是烃类混合物的组成的函数。用数学方法可将其表述为：

$$K_i = K(P, \ T, \ z_i)$$

专家和学者们已经提出了许多方法来预测烃类混合物的平衡比，从简单的数学表达式到包含多个组分因变量的复杂表达式。常用的方法包括 Wilson 方法、Standing 方法、收敛压力法以及 Whitson-Torp 方法等。

5.3.1　Wilson 方法

Wilson(1968)提出了一种简单的热力学表达式来估算 K 值。其表达式为：

$$K_i = \frac{P_{ci}}{P} \exp\left[5.37(1 + \omega_i)\left(1 - \frac{T_{ci}}{T}\right)\right] \qquad (5-17)$$

式中　P_{ci}——组分 i 的临界压力，psia；

　　　　P——系统压力，psia；

　　　　T_{ci}——组分 i 的临界温度，°R；

　　　　T——系统温度，°R；

　　　　ω_i——组分 i 的偏心因子。

当压力比较低时，这种方法可以得到较为合理的平衡比值。使用 Wilson 方法估算平衡比的主要优势在于，它能够在指定的压力和温度下提供一组一致的 K 值，即：$K_{C_1} > K_{C_2} > K_{C_3} > \cdots\cdots$ 依此类推。如本章稍后所述，状态方程依赖于迭代方法来计算 K 值，而迭代的初始 K 值是由 Wilson 方法决定的。

5.3.2　Standing 方法

多位作者包括 Hoffman 等(1953)，Brinkman 和 Sicking(1960)，Kehn(1964)以及 Dykstra 和 Mueller(1965)在内提出，任何烃类或非烃组分都可以结合其沸点、临界温度、临界压力来计算组分具有自身独特性质的表征因子。其表达式是：

$$F_i = b_i[1/T_{bi} - 1/T] \qquad (5-18)$$

且相关系数 b_i 如式(5-19)所示：

$$b_i = \frac{\log(P_{ci}/14.7)}{[1/T_{bi} - 1/T]} \qquad (5-19)$$

式中　F_i——组分 i 的表征因子；

　　　　T_{bi}——组分 i 的标准沸点，°R。

根据特征参数 F_i，Standing(1979)推导出一组方程，这些方程符合 Katz 和 Hachmuth (1937)在低于 1000psia 的压力和低于 200℉的温度下的平衡比数据，是基于以下观察提出的：在给定压力下，$\log(K_i p)$ 和 F_i 的关系在图中往往形成一条斜率为 c 和截距为 a 的直线。直线的基本方程为：

$$\log(K_i P) = a + cF_i$$

可求得平衡比 K_i 为：

$$K_i = \frac{1}{P}10^{(a+cF_i)} \qquad (5-20)$$

式中　a、c——直线的截距和斜率。

根据 6 个 $\log(K_i P)$–F_i 图中的 18 组平衡比的值，Standing 将系数 a 和 c 与压力相关联，得到式(5-21)、式(5-22)：

$$a = 1.2 + 0.00045P + 15 \times 10^{-8}P^2 \qquad (5-21)$$

$$c = 0.89 - 0.00017P - 3.5 \times 10^{-8}P^2 \qquad (5-22)$$

Standing 还提出了两种可以显著地提高 N_2、CO_2、H_2S 和 C_1 至 C_6 的平衡比预测准确性的方法：

(1)用表 5-5 中修改后的 b_i 代替式(5-19)中得到的 b_i 来计算 F_i 值；

(2)用表 5 - 5 中修改后的各组分的沸点 T_{bi} 来计算 F_i 值。

表 5 - 5　修改后的 b_i 和 T_{bi}

组　分	b_i	$T_{bi}/°R$
N_2	470	109
CO_2	652	194
H_2S	1136	331
C_1	300	94
C_2	1145	303
C_3	1799	416
$i - C_4$	2037	471
$n - C_4$	2153	491
$i - C_5$	2368	542
$n - C_5$	2480	557
$i - C_6$	2738	610
$n - C_6$	2780	616
C_7	3068	616
C_8	3335	718
C_9	3590	763
C_{10}	3828	805

1. 重组分的 K 值

在进行闪蒸计算时，必须在当前压力和温度下计算包括重组分（例如 C_{7+} ）在内的每个组分的平衡比。Katz 和 Hachmuth(1937)提出了一个经验法则，将 C_{7+} 的 K 值取为 C_7 的 K 的 15%，即：

$$K_{C_{7+}} = 0.15 K_{C_7}$$

该法则适用于轻烃类混合物。

Standing 提供了另一种计算重组分 C_{7+} 平衡比的方法。他通过式(5 - 18)计算出 C_{7+} 的表征因子 F_i ，再用计算得到的 $F_{C_{7+}}$ ，求解式(5 - 20)，最终确定 C_{7+} 组分的 K 值。

Standing 建议使用以下计算步骤来确定 C_{7+} 组分的参数 b 和 T_b 。

步骤 1，根据关系式(5 - 23)，确定碳原子数 n ：

$$n = 7.30 + 0.0075(T - 460) + 0.0016P \qquad (5 - 23)$$

步骤 2，再由表达式(5 - 24)、式(5 - 25)计算参数 b 和沸点 T_b ：

$$b = 1013 + 324n - 4.256n^2 \qquad (5 - 24)$$

$$T_b = 301 + 59.85n - 0.97n^2 \qquad (5 - 25)$$

然后用计算得到的 b 和 T_b 求解式(5 - 18)，估算出 C_{7+} 组分的表征因子 $F_{C_{7+}}$ 和其他正构烷烃组分计算表征因子 F_i 的方法一样。有趣的是，大量的相平衡实验数据表明二氧化碳的平衡比可由以下关系式近似计算：

$$K_{CO_2} = \sqrt{K_{C_1} K_{C_2}}$$

式中　K_{CO_2}——CO_2 在系统压力和温度下的平衡比；

$\quad\quad K_{C_1}$——甲烷在系统压力和温度下的平衡比；

$\quad\quad K_{C_2}$——乙烷在系统压力和温度下的平衡比。

注意，Standing 提出的经验公式适用于压力和温度分别小于 1000psia 和 200℉ 的情况，恰好在分离器正常工作的条件范围内。因此，Standing 方法适合于分离的相关计算。

2. 简化的 K 值法

对存在于 1000psia 以下轻烃类混合物，可以使用以下公式确定组分甲烷 C_1 的 K 值：

$$K_{C_1} = \frac{\exp\left(A - \dfrac{B}{T}\right)}{P}$$

且

$$A = 2.0 \times 10^{-7} P^2 - 0.0005 P + 9.5073$$

$$B = 0.0001 P^2 - 0.456 P + 855.89$$

式中　P——压力，psi；

$\quad\quad T$——温度，℉。

通过以下关系式将 $C_2 \sim C_7$ 的平衡比与 C_1 的平衡比相关联：

$$K_i = \frac{K_{C_1} R_i}{\ln\left(P K_{C_1}\right)}$$

式中　T——温度，℉。

特征参数 R_i 的定义是：

$$R_i = a_i T - b_i$$

$C_2 \sim C_6$ 的系数 a_i 和 b_i 的值如表 5 – 6 所示。

表 5 – 6　$C_2 \sim C_6$ 的系数 a_i 和 b_i 的值

组　分	a_i	b_i
C_2	0.0057	1.3166
C_3	0.0043	1.7111
$i - C_4$	0.0028	1.1818
$n - C_4$	0.0025	1.1267
$i - C_5$	0.0018	0.9004
$n - C_5$	0.0016	0.8237
C_6	0.0009	0.4919

在低于 1000psia 的压力下，该式可用于粗略地估算所列组分的 K 值。C_{7+} 的 K 值则可由 Katz – Hachmuth 经验法则估计。

例 5 – 2　具有以下组分的烃类混合物（表 5 – 7）在 1000psia 和 150℉ 的条件下进行闪蒸。

表 5 - 7 烃类混合物的组分

组　分	z_i	组　分	z_i
CO_2	0.009	$n - C_4$	0.023
N_2	0.003	$i - C_5$	0.015
C_1	0.535	$n - C_5$	0.015
C_2	0.115	C_6	0.015
C_3	0.088	C_{7+}	0.159
$i - C_4$	0.023		

如果 C_{7+} 的相对分子质量和相对密度分别为 150.0 和 0.78。使用 Wilson 方法和 Standing 方法计算各组分的平衡比。

解　(1) 利用 Wilson 方法求解：

使用第 2 章中的 Riazi - Daubert 表征方法来计算 C_{7+} 的临界压力、临界温度和偏心因子。由例 2 - 1 得到表 5 - 8：

表 5 - 8 临界压力、临界温度和偏心因子

$T_c/°R$	$P_c/psia$	ω
1139.4	320.3	0.05067

再由式(5 - 17)得到如下所示的结果(表 5 - 9)：

$$K_i = P_{ci}/1000 \exp[5.37(1 + \omega_i)(1 - T_{ci}/610)]$$

表 5 - 9 K_i 计算结果

组　分	$P_c/psia$	$T_c/°R$	ω	K_i
CO_2	1071	547.9	0.225	2.0923
N_2	493	227.6	0.040	16.343
C_1	667.8	343.37	0.0104	70155
C_2	707.8	550.09	0.0986	1.263
C_3	616.3	666.01	0.1524	0.349
$i - C_4$	529.1	734.98	0.1848	0.144
$n - C_4$	550.7	765.65	0.2010	0.106
$i - C_5$	490.4	829.1	0.2223	0.046
$n - C_5$	488.6	845.7	0.2538	0.036
C_6	436.9	913.7	0.3007	0.013
C_{7+}	320.3	1139.4	0.5069	0.00029

(2) 使用 Standing 方法求解：

由式(5 - 21)和式(5 - 22)计算系数 a 和 c 得到：

$a = 1.2 + 0.00045P + 15 \times 10^{-8}P^2 = 1.2 + 0.00045 \times 1000 + 15 \times 10^{-8} \times 1000^2 = 1.80$

$c = 0.89 - 0.00017P - 3.5 \times 10^{-8}P^2 = 0.89 - 0.00017 \times 1000 - 3.5 \times 10^{-8} \times 1000^2 = 0.685$

由式(5 - 23)计算碳原子数 n 得到：

$$n = 7.30 + 0.0075(T - 460) + 0.0016P$$
$$= 7.30 + 0.0075 \times 150 + 0.0016 \times 1000$$
$$= 10.025$$

再由式(5-24)和式(5-25)确定 C_{7+} 的参数 b 和沸点 T_b:

$$b = 1013 + 324n - 4.256n^2 = 1013 + 324 \times 10.025 - 4.256 \times 10.025^2 = 3833.369$$
$$T_b = 301 + 59.85n - 0.97n^2 = 301 + 59.85 \times 10.025 - 0.97 \times 10.025^2 = 803.41°R$$

最终由式(5-18)和式(5-20)得到如表 5-10 所示的结果:

$$F_i = b_i(1/T_{bi} - 1/T)$$
$$K_i = \frac{1}{P}10^{(a+cF_i)}$$

表 5-10 F_i 计算结果

组　分	b_i	T_{bi}	F_i	K_i
CO_2	652	194	2.292	2.344
N_2	470	109	3.541	16.811
C_1	300	94	2.700	4.4662
C_2	1145	303	1.902	1.267
C_3	1799	416	1.375	0.552
$i-C_4$	2037	471	0.985	0.298
$n-C_4$	2153	491	0.855	0.243
$i-C_5$	2368	542	0.487	0.136
$n-C_5$	2480	557	0.387	0.16
C_6	2738	610	0	0.063
C_{7+}	3833.369	803.41	-1.513	0.0058

5.3.3 收敛压力法

早期的高压相平衡研究表明, 在固定烃类混合物组分和温度的情况下, 不断增加压力时, 所有组分的平衡值会在某个压力下趋于一个共同值。该压力称为烃类混合物的收敛压力 P_k。收敛压力将混合物的组成与平衡比相关联。

图 5-2 很好地解释了收敛压力的概念。该图在双对数坐标系上绘制了恒定温度下烃类混合物平衡比与压力的关系。该图表明在等温条件下, 所有组分的平衡比在一个特定压力(即收敛压力)下收敛到 $K_i = 1$。不同的烃类混合物有不同的收敛压力。

Standing(1977)提出, 收敛压力与 C_{7+} 的相对分子质量大致呈线性相关。Whitson

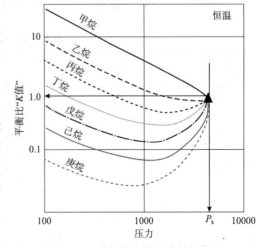

图 5-2 碳氢化合物系统的平衡比

和 Torp(1981)通过等式(5 – 26)表达了这种关系：

$$P_k = 60 M_{C_{7+}} - 4200 \qquad (5-26)$$

式中 $M_{C_{7+}}$——C_{7+}的相对分子质量。

5.3.4 Whitson – Torp 方法

Whitson 和 Torp(1981)在 Wilson 方程[式(5 – 17)]中引入收敛压力，使其可以在更高的压力下准确地计算平衡比。具体的表达式如式(5 – 27)所示：

$$K_i = \left(\frac{P_{ci}}{P_k}\right)^{A-1}\frac{P_{ci}}{P}\exp\left[5.37A(1+\omega_i)\left(1-\frac{T_{ci}}{T}\right)\right] \qquad (5-27)$$

式中 P——系统压力，psig；

P_k——收敛压力，psig；

T——系统温度，°R；

ω_i——组分 i 的偏心因子；

指数 A 的定义式是：

$$A = 1 - \left(\frac{P}{P_k}\right)^{0.7}$$

例 5 – 3 使用 Whitson 和 Torp 的方法重新计算例 5 – 2 的平衡比。

解 步骤 1，由式(5 – 26)计算收敛压力得到：

$$P_k = 60M_{C_{7+}} - 4200 = 9473.89\text{psig}$$

步骤 2，计算系数 A：

$$A = 1 - \left(\frac{P}{P_k}\right)^{0.7}$$

$$A = 1 - \left(\frac{1000}{9474}\right)^{0.7} = 0.793$$

步骤 3，由式(5 – 27)计算平衡比，得到如表 5 – 11 所示的结果：

$$K_i = \left(\frac{P_{ci}}{P_k}\right)^{0.793-1}\left(\frac{P_{ci}}{1000}\right)\exp\left[5.37A(1+\omega_i)\left(1-\frac{T_{ci}}{610}\right)\right]$$

表 5 – 11 K_i 计算结果

组 分	P_c/psig	T_c/°R	ω	K_i
CO_2	1071.0	547.9	0.225	2.9
N_2	493.0	227.6	0.040	14.6
C_1	667.8	343.4	0.010	7.6
C_2	707.8	550.1	0.099	2.1
C_3	616.3	666.0	0.152	0.7
$i-C_4$	529.1	735.0	0.185	0.42
$n-C_4$	550.7	765.7	0.201	0.332
$i-C_5$	490.4	829.1	0.222	0.1794

组　分	P_c/psig	T_c/°R	ω	K_i
$n - C_5$	488.6	845.7	0.254	0.15
C_6	436.9	913.7	0.301	0.0719
C_{7+}	320.3	1139.4	0.507	$0.683(10^{-3})$

5.3.5　重组分的平衡比

重组分的平衡比与系统里的其他组分不同，因为重组分本身就是混合物。常用于估算重组分 K 值的三种方法有：

（1）Campbell 法。

（2）Winn 法。

（3）Katz 法。

1. Campbell 方法

Campbell(1976)提出，在任意烃类系统中，所有组分的 K_i 的对数与 T_{ci}^2 均呈线性关系。因此，绘制一条通过丙烷组分点与己烷组分点的直线，并外推就可以得到重组分的 K 值。或者，各组分的 $\log K_i$ 与 $1/T_{bi}$ 的关系曲线也是一条直线，也可以通过外推这条直线得到重组分的平衡比。

2. Winn 方法

Winn(1954)提出了表达式来确定沸点高于 210℉ 的重组分的平衡比，如式(5 - 28)所示：

$$K_{C_+} = \frac{K_{C_7}}{(K_{C_2}/K_{C_7})^b} \qquad (5-28)$$

式中　K_{C_+}——重组分的 K 值；

　　　K_{C_7}——系统压力，温度和收敛压力下 C_7 的 K 值；

　　　K_{C_2}——乙烷的 K 值；

　　　b——挥发指数。

Winn 以图形的方式将重组分的挥发指数 b 与沸点相关联，如图 5 - 3 所示。用数学关系式表达，如式(5 - 29)所示：

$$b = a_1 + a_2(T_b - 460) + a_3(T_b - 460)^2 + a_4(T_b - 460)^3 + a_5/(T_b - 460) \qquad (5-29)$$

式中　T_b——沸点，°R；

　　　系数 $a_1 \sim a_5$ 的值是：

$a_1 = 1.6744337$

$a_2 = -3.4563079 \times 10^{-3}$

$a_3 = 6.1764103 \times 10^{-6}$

$a_4 = 2.4406839 \times 10^{-9}$

$a_5 = 2.9289623 \times 10^2$

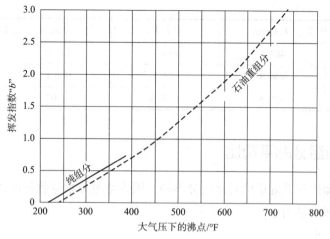

图 5 - 3　挥发指数 *b*

3. Katz 方法

Katz 等(1959)提出，C_7 组分平衡比的 15% 是 C_{7+} 平衡比的合理近似值，即：

$$K_{C_{7+}} = 0.15 K_{C_7} \tag{5-30}$$

5.3.6　非烃组分的平衡比

Lohrenze 等(1963)提出了以下一组关系式，以压力、温度和收敛压力 P_k 为参数，计算 H_2S、N_2 和 CO_2 的 K 值。

对于 H_2S：

$$\ln(K_{H_2S}) = \left(1 - \frac{P}{P_k}\right)^{0.8}\left[6.3992127 + \frac{1399.2204}{T} - \ln(P)\left(0.76885112 + \frac{18.215052}{T}\right)\right.$$
$$\left. - \frac{1112446.2}{T^2}\right]$$

对于 N_2：

$$\ln(K_{N_2}) = \left(1 - \frac{P}{P_k}\right)^{0.4}\left[11.294748 - \frac{1184.2409}{T} - 0.90459907\ln(P)\right]$$

对于 CO_2：

$$\ln(K_{CO_2}) = \left(1 - \frac{P}{P_k}\right)^{0.6}\left[7.0201913 - \frac{152.7291}{T}\right.$$
$$\left. - \ln(P)\left(1.8896974 - \frac{1719.2856}{T} + \frac{644740.69}{T^2}\right)\right]$$

式中　T——温度，°R；

　　　P——压力，psia；

　　　P_k——收敛压力，psia。

5.4　气液平衡计算

大量的实验和理论工作表明，气液平衡比研究对解决油藏工程的相平衡问题具有重要意义。基本的相平衡计算包含：

(1)露点压力 P_d。

(2)泡点压力 P_b。

(3)分离器计算。

接下来本节将讨论平衡比在这些计算中的应用。

5.4.1 露点压力

烃类系统的露点压力 P_d 定义为无穷少的液体与大量的气体处于平衡态时的压力。对于 1lb - mol 的烃类混合物($n=1$)，在露点压力下有：

$$n_1 \approx 0$$
$$n_v \approx 1$$
$$y_i = z_i$$

将这些约束用于式(5-14)，得到：

$$\sum_i \frac{z_i}{n_1 + n_v K_i} = \sum_i \frac{z_i}{0 + 1.0 K_i} = \sum_i \frac{z_i}{K_i} = 1 \qquad (5-31)$$

式中 z_i——系统的总组成。

由式(5-31)求解露点压力 P_d 的过程涉及了试差法(trial and error)，步骤总结如下：

步骤 1，设置 P_d 的初估值：

一种方法是通过应用 Wilson 方程[式(5-17)]计算K_i，然后结合式(5-31)：

$$\sum_i \frac{z_i}{K_i} = \sum_i \left\{ \frac{z_i}{\frac{P_{ci}}{P_d} \exp\left[5.37(1 + \omega_i)\left(1 - \frac{T_{ci}}{T}\right)\right]} \right\} = 1 \qquad (5-32)$$

求解得出 P_d 的初估值：

$$P_d = \cfrac{1}{\sum_i \left\{ \cfrac{z_i}{P_{ci} \exp\left[5.37(1 + \omega_i)\left(1 - \cfrac{T_{ci}}{T}\right)\right]} \right\}} \qquad (5-33)$$

另一种方法是将烃类混合物作为理想系统。其平衡比 K_i由式(5-4)给出：

$$K_i = \frac{P_{vi}}{P}$$

将上式代入式(5-31)得到：

$$\sum_i \frac{z_i}{K_i} = \sum_i \frac{z_i}{P_{vi}/P_d} = 1.0$$

求解 P_d 得到其初始估计值：

$$P_d = \frac{1}{\sum_{i=1} \frac{z_i}{P_{vi}}}$$

步骤 2，使用初估的露点压力，计算系统温度下每个组分的平衡比 K_i。

步骤 3，计算式 $(5-31)$ 的总和 $\sum_i \dfrac{z_i}{K_i}$。

步骤 4，当总和约等于 1 时，得到的露点压力值就是正确的；反之，如果

①总和远小于 1，则需要使用较高的初始值 P_d 重复步骤 2 和 3。

②总和远大于 1，则需要使用较低的初始值 P_d 重复计算。

上述使用的 Wilson 方法仅用于 K 值和 P_d 值的估算。这些近似值可用做求解状态方程的初始值。然而，使用式 $(5-33)$ 会得到一个非常低的露点压力值，可能接近露点压力的下限值。因为当应用式 $(5-33)$ 时，重组分的 $z_i/[P_{ci}\exp[5.37(1+\omega_i)(1-T_{ci}/T)]]$ 值比与重组分最接近的组分值大 40 多倍，导致式 $(5-33)$ 的分母较大。因为只是估算，所以在应用式 $(5-33)$ 时，重组分应被排除在外。

例 5 – 4 天然气储层具有以下组分（表 5 – 12）：

表 5 – 12　天然气组分

组　分	z_i	组　分	z_i
C_1	0.7778	$i-C_5$	0.0064
C_2	0.0858	$n-C_5$	0.0068
C_3	0.0394	C_6	0.0078
$i-C_4$	0.0083	C_{7+}	0.0517
$n-C_4$	0.016		

C_{7+} 组分的相对分子质量和相对密度分别为 150 和 0.78，储层温度为 $250\,^\circ\mathrm{F}$。估算混合气体的露点压力。

解　步骤 1，使用 Riazi – Daubert 方程计算 C_{7+} 的临界性质：

$$\theta = aM^b\gamma^c\exp(dM+e\gamma+f\gamma M)$$

$$T_c = 544.2\times150^{0.2998}\times0.78^{1.0555}\exp(-1.3478\times10^{-4}\times150-0.61641\times0.78+0)$$
$$= 1139.4\,^\circ\mathrm{R}$$

$$P_c = 4.5203\times10^4\times150^{-0.8063}\times0.78^{1.6015}\exp(-1.8078\times10^{-3}\times150-0.3084\times0.78+0)$$
$$= 320.3\,\mathrm{psia}$$

$$T_b = 6.77857\times150^{0.401673}\times0.78^{-1.58262}\exp(3.77409\times10^{-3}\times150$$
$$-2.984036\times0.78-4.25288\times10^{-3}\times150\times0.78)$$
$$= 825.26\,^\circ\mathrm{R}$$

用 Edmister 式 $(2-21)$ 估算偏心因子：

$$\omega = \frac{3[\log(P_c/14.70)]}{7(T_c/T_b-1)}-1$$

$$\omega = \frac{3[\log(320.3/14.70)]}{7(1139.4/825.26-1)}-1 = 0.5067$$

步骤 2，创建表 5 – 13，并应用式 $(5-33)$ 计算露点压力：

$$P_d = \cfrac{1}{\sum_i\left\{\cfrac{z_i}{P_{ci}\exp\left[5.37(1+\omega_i)\left(1-\dfrac{T_{ci}}{T}\right)\right]}\right\}}$$

表 5 - 13　创建表

组　分	z_i	P_{ci}	T_{ci}	ω_i	$\dfrac{z_i}{P_{ci}\exp\left[5.37(1+\omega_i)\left(1-\dfrac{T_{ci}}{T}\right)\right]}$
C_1	0.7778	667.8	343.37	0.0104	7.0699×10^{-5}
C_2	0.0858	707.8	550.09	0.0986	3.2101×10^{-5}
C_3	0.0394	616.3	666.01	0.1524	4.357×10^{-5}
$i-C_4$	0.0083	529.1	734.98	0.1848	1.9623×10^{-5}
$n-C_4$	0.016	550.7	765.65	0.201	4.8166×10^{-5}
$i-C_5$	0.0064	490.4	829.1	0.2223	3.9247×10^{-5}
$n-C_5$	0.0068	488.6	845.7	0.2539	5.0404×10^{-5}
C_6	0.0078	436.9	913.7	0.3007	0.00013244
C_{7+}	0.0517	320.3	1139.4	0.5067	0.02153184

①最后一列所有组分的总和为 0.02197，得出露点压力 = 1/0.02197 = 45psi。

②不包括 C_{7+} 的总和为 0.000436，得出露点压力 = 1/0.000436 = 2292psi。

5.4.2　泡点压力

在泡点压力 P_b 下，除了极少量的蒸气外，碳氢化合物全部都是液体。对于 1lb - mol 的烃类混合物，在泡点压力下有：

$$n_1 \approx 1$$
$$n_v \approx 0$$
$$x_i = z_i$$
$$\sum_i \frac{z_i K_i}{n_1 + n_v K_i} = \sum_i \frac{z_i K_i}{1 + 0 K_i} = \sum_i (z_i K_i) = 1 \qquad (5-34)$$

按照测定露点压力的相同步骤，用不同的预估压力值迭代计算来求解泡点压力 p_b。最终压力产生的 K 值必须满足式（5-34）。在迭代过程中，如果：

① $\sum_i (z_i K_i) < 1$，那么预估的压力过高。

② $\sum_i (z_i K_i) > 1$，那么预估的压力过低。

Wilson 方程可为状态方程提供良好的起始值：

$$\sum_i \left\{ z_i \frac{P_{ci}}{P_b}\exp\left[5.37(1+\omega)\left(1-\frac{T_{ci}}{T}\right)\right]\right\} = 1$$

求解泡点压力：

$$P_b \approx \sum_i \left\{ z_i P_{ci}\exp\left[5.37(1+\omega)\left(1-\frac{T_{ci}}{T}\right)\right]\right\} \qquad (5-35)$$

假设理想的情况下，也可以将式（5-34）中的 K_i 替换为式（5-4）的 K_i 来计算泡点压力的初始假设值得到：

$$\sum_i \left(z_i \frac{P_{vi}}{P_b}\right) = 1$$

或

$$P_b = \sum_i (z_i P_{vi})$$

例5-5 原油储层的温度为200℉，组分如表5-14所示。计算原油的泡点压力。

表5-14　原油组分

组　分	z_i	P_{ci}	T_{ci}	ω_i
C_1	0.42	667.8	343.37	0.0104
C_2	0.05	707.8	550.09	0.0986
C_3	0.05	616.3	666.01	0.1524
$i-C_4$	0.03	529.1	734.98	0.1848
$n-C_4$	0.02	550.7	765.65	0.201
$i-C_5$	0.01	490.4	829.1	0.2223
$n-C_5$	0.01	488.6	845.7	0.2539
C_6	0.01	436.9	913.7	0.3007
C_{7+}	0.40	230.4	1279.8	1.0653

对于 C_{7+}：

$(M)_{C_{7+}} = 216.0$

$(\gamma)_{C_{7+}} = 0.8605$

$(T_b)_{C_{7+}} = 977°R$

解 步骤1，由 Riazi 和 Daubert 经验公式[式(2-4)]计算 C_{7+} 的临界压力和温度得到：

$$P_c = 3.12281 \times 10^9 \times 977^{-2.3125} \times 0.8605^{2.3201} = 230.4\text{psi}$$

$$T_c = 24.27870 \times 977^{0.58848} \times 0.8605^{0.3596} = 1279.8°R$$

步骤2，使用 Edmister 公式[式(2-21)]计算偏心因子：

$$\omega = \frac{3[\log(P_c/14.7)]}{7[T_c/T_b - 1]} - 1 = 0.6527$$

步骤3，创建表5-15：

表5-15　创建表

组分	z_i	P_{ci}	T_{ci}	ω_i
C_1	0.42	667.8	343.37	0.0104
C_2	0.05	707.8	550.09	0.0986
C_3	0.05	616.3	666.01	0.1524
$i-C_4$	0.03	529.1	734.98	0.1848
$n-C_4$	0.02	550.7	765.65	0.2010
$i-C_5$	0.01	490.4	829.1	0.2223
$n-C_5$	0.01	488.6	845.7	0.2539
C_6	0.01	436.9	913.7	0.3007
C_{7+}	0.40	230.4	1279.8	0.6527

步骤 4，由式(5 – 35)计算泡点压力得到(表 5 – 16)：

$$P_b \approx \sum_i \left\{ z_i P_{ci} \exp\left[5.37(1 + \omega)\left(1 - \frac{T_{ci}}{T}\right)\right]\right\}$$

表 5 – 16　泡点压力计算结果

组　分	z_i	P_{ci}	T_{ci}	ω_i	式(5 – 35)
C_1	0.42	667.8	343.37	0.0104	4620.64266
C_2	0.05	707.8	550.09	0.0986	133.639009
C_3	0.05	616.3	666.01	0.1524	45.2146052
$i - C_4$	0.03	529.1	734.98	0.1848	12.6894565
$n - C_4$	0.02	550.7	765.65	0.2010	6.6436649
$i - C_5$	0.01	490.4	829.1	0.2223	1.6306930
$n - C_5$	0.01	488.6	845.7	0.2539	1.34909342
C_6	0.01	436.9	913.7	0.3007	0.58895645
C_{7+}	0.40	230.4	1279.8	0.6527	0.07434990
Σ					4822.47249

估算的泡点压力为 4822psia；注意甲烷对估算饱和压力的影响。

5.4.3　分离器计算

油气藏产出的流体是具有不同物理性质的复杂混合物。当井流从高温高压的储层中流出时，随着压力和温度逐渐降低，气体从液体中逸出，井流的性质发生变化。这些相态的物理分离是目前所有现场处理作业中最常见的，也是最关键的操作。油气相在地面的分离通常采用多级分离的方法，具体的分离方式会影响储罐中的石油采收率。

多级分离是通过两个或多个分离器将气态和液态烃闪蒸(分离)成气相和液相的过程，每一级分离都有不同的闪蒸压力和温度条件。多级分离器的操作压力通常会逐级降低。常压储罐一般被认为是一级独立的分离。图 5 – 4 展示了一个两级分离过程的例子。

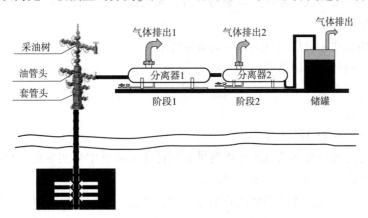

图 5 – 4　两级分离过程的示意图

为了便于描述气液分离的过程，烃类混合物被分成三组组分：

①挥发性(轻质)组分：包括氮、甲烷和乙烷。

②中间组分：具有中等挥发性的组分，例如从丙烷到己烷以及二氧化碳。

③重质组分：挥发性较小的组分，例如庚烷和更重的组分。

有两种不同原理的油气分离：

①差异分离。

②闪蒸或平衡分离。

1. 差异分离

在差异分离过程中，压力逐级降低，从油中逸出的气体不断排出。当气体以这种方式分离时，重质组分和中间组分被最大限度地保留在液体中，从而使油的收缩最小。由于轻组分在较高的压力下被较早地释放出来，就不会在较低的压力下存在并且吸引中间组分和重组分进入气相。因此，差异分离过程能获得更大的地面脱气原油回收率。

2. 闪蒸分离

在闪蒸(平衡)分离过程中，逸出的气体与油持续接触，直到在最终分离压力下才瞬时将其除去。该过程将中间组分和重质组分最大比例地保留在气相中，从而使油的收缩率最大，最终降低了油的回收率。

需要指出的是，当气体的压力下降到低于泡点压力时，油藏中溶解气的分离过程可以用气体差异分离过程的实验来模拟。因为在实际生产过程中，逸出的气体具有很高的流动性，会比油更快地流向生产井。这类似于在差异分离实验中，逸出的气体不断被排出的过程。但是在油藏压力降到泡点压力之后有一个短暂的时期，在这一时期，逸出的气体饱和度还达不到临界饱和度，气体无法流动，并与油保持接触。这个时期可以用闪蒸分离实验来描述。

流体从井筒到地面设备的流动可以用一系列的闪蒸分离过程来描述。然而，生产的烃类系统先在一级分离器中经历了闪蒸分离，随后随着气体和液体被分别转移到下一级的分离器中，又经历了差异分离的过程。分离器级数越多，差异分离的相对密度越大。

多级分离的目的是逐级降低产出油的压力，从而提高地面脱气原油回收率。进行分离器计算的目的是确定：

①最佳分离条件，也就是分离器压力和温度。

②分离的气相和油相的组成。

③原油的体积系数。

④生产气油比。

⑤地面脱气原油的 API 重度。

油气分离是通过将液体从高压分离器排放到低压分离器中来实现的。也就是说，多阶段分离是在依次降低压力的条件下进行的。

当液体从高压分离器排放到低压分离器中时，通过一系列逐级降低压力的多级分离方法可实现油气分离。目标是选择一组最优的分离器工作压力，以在储罐中获得最大的液体回收率。由于第一级(主分离器)的压力必须较小，并且还受到井口压力和两个节点之间的压降的影响，因此主分离器工作压力的优化会被限制。大多数优化是在随后的分离阶段，尤其是第二阶段进行的。基于现场经验和对相态特征的观察得到以下优化原则：

（1）当分离器压力较高时，大量轻质组分会留在液相中，但是轻质组分会在常压储罐中与液体分离并吸引其他有价值的组分（中间和重质组分）一起排出。该过程会导致储罐中大量的油存在于气相中。

（2）当分离器压力太低时，大量的轻质组分则会直接从液体中分离出来并从分离器中带走中间和较重的组分，从而导致较低的地面脱气原油回收率。

（3）应选择中间压力作为最佳的分离器压力，以最大限度地增加储罐中的累积产油量。这种最佳压力也会带来：

①最大的地面脱气原油 API 重度。

②最小的原油储层体积系数（即较小的原油收缩率）。

③最小的生产气油比（即气体溶解度）。

最佳压力可以由分离实验确定，表 5 – 17 列出了一个实验结果作为例子。通过绘制 API 重度、B_o 和 R_s 与分离器压力的关系图，如图 5 – 5 所示，得到最佳分离器压力为 100psig。

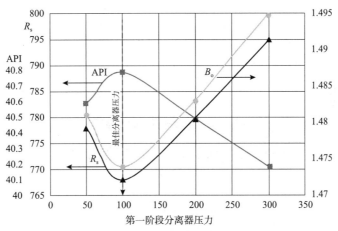

图 5 –5　分离器压力对 API、B_o 和 GOR 的影响

表 5 – 17　实验结果示例

P_{sep}/psig	T_{sep}/℉	R_{sfb}	°API	B_{ofb}
50 至 0	75	737	40.5	1.481
	75	41		
		$\Sigma = 778$		
100 至 0	75	676	40.7	1.474
	75	92		
		$\Sigma = 768$		
200 至 0	75	602	40.4	1.483
	75	178		

续表

$P_{sep}/psig$	$T_{sep}/℉$	R_{sfb}	°API	B_{ofb}
		$\Sigma = 780$		
300 至 0	75	549	40.1	1.495
	75	246		
		$\Sigma = 795$		

通过以下步骤并结合图 5-6 对分离器计算进行描述。图 5-6 示意了从一个泡点压力下的油藏流入地面分离装置的过程，该装置在 n 级连续降低的压力下运行。

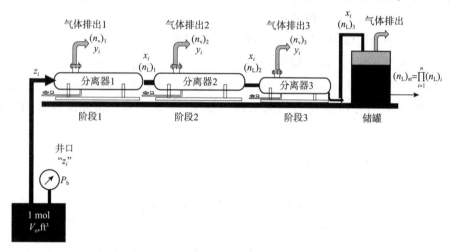

图 5-6 n 级分离器的示意图

步骤 1，计算储层压力和温度下 $1lb-mol$ 原油所占的体积，用 V_o 表示。根据摩尔数的定义：

$$n = \frac{m}{M_a} = \frac{\rho_o V_o}{M_a} = 1 \tag{5-36}$$

已知原油的总组成 z_i，因此：

$$V_o = \frac{M_a}{\rho_o} = \frac{\sum_i (z_i M_i)}{\rho_o} \tag{5-37}$$

式中 m——总质量为 $1lb-mol$ 的原油，lb/mol；

V_o——储层条件下 $1lb-mol$ 原油的体积，ft^3/mol；

M_a——表观相对分子质量；

M_i——组分 i 的相对分子质量；

ρ_o——原油密度，lb/ft^3。

需要指出的是，密度可以由 Standing – Katz 或 Alani – Kennedy 方法中的原油组分计算。

步骤 2，根据产出液的组成 z_i 和第一级分离器的操作条件(压力和温度)，计算烃类混合物中各组分的平衡比。

步骤 3，假设 $1mol$ 的流体进入第一级分离器并使用前面计算的平衡比进行闪蒸计算，以获得离开第一级分离器的气体和液体。将定义为 n_{l1} 和 n_{v1}：

$$(n_{v1})_a = (n_t)(n_v)_1 = (1)(n_v)_1$$

$$(n_{l1})_a = (n_t)(n_l)_1 = (1)(n_l)_1$$

式中 $(n_{v1})_a$——离开第一级分离器的蒸气的实际摩尔数；

$(n_{l1})_a$——离开第一级分离器的液体的实际摩尔数。

步骤4，以离开第一级分离器的液体的组成作为第二级分离器的来源，即 $(z_i)_2 = (x_i)_1$，计算烃类混合物在第二级分离器的压力和温度下的平衡比。

步骤5，假设从第一级分离器到第二级分离器的原料供给为 1mol，进行闪蒸计算以确定离开第二分离器的气体和液体的实际摩尔数：

$$(n_{v2})_a = (n_{l1})_a (n_v)_2 = (1)(n_l)_1 (n_v)_2$$

$$(n_{l2})_a = (n_{l1})_a (n_l)_2 = (1)(n_l)_1 (n_l)_2$$

式中 $(n_{v2})_a$、$(n_{l2})_a$——离开第二级分离器的气体和液体的实际摩尔数；

$(n_v)_2$、$(n_l)_2$——通过闪蒸计算确定的气体和液体摩尔数。

步骤6，对包括储罐在内的每个分离阶段重复以计算上步骤，记录摩尔数和组成。从所有阶段中放出的气体的总摩尔数为：

$$(n_v)_t = \sum_{i=1}^{n} (n_{va})_i = (n_v)_1 + (n_l)_1(n_v)_2 + (n_l)_1 (n_l)_2 (n_v)_3 + \cdots + (n_l)_1 \cdots (n_l)_{n-1} (n_v)_n$$

也可以写成：

$$(n_v)_t = (n_v)_1 + \sum_{i=1}^{n} \left[(n_v)_i \prod_{j=1}^{i-1} (n_l)_j \right] \qquad (5-38)$$

式中 $(n_v)_t$——所有阶段逸出的气体总摩尔数；

n——分离阶段的数量。

储罐中剩余液体的总摩尔数也可以由下式计算：

$$(n_l)_{st} = n_{l1} n_{l2} \cdots n_{ln}$$

或

$$(n_l)_{st} = \prod_{i=1}^{n} (n_l)_i \qquad (5-39)$$

式中 $(n_l)_{st}$——储罐中剩余液体的摩尔数。

步骤7，计算所有逸出的溶液气体的体积：

$$V_g = 379.4(n_v)_t \qquad (5-40)$$

式中 V_g——逸出的溶解气的总体积，scf/mol。

步骤8，确定由 $(n_l)_{st}$ 摩尔液体占据的地面脱气原油的体积：

$$(V_o)_{st} = \frac{(n_l)_{st}(M_a)_{st}}{(\rho_o)_{st}} \qquad (5-41)$$

式中 $(V_o)_{st}$——地面脱气原油的体积，ft³/mol；

$(M_a)_{st}$——地面脱气原油的表观相对分子质量；

$(\rho_o)_{st}$——地面脱气原油的密度，lb/ft³。

步骤9，计算地面脱气原油的相对密度 γ_o 或 API 重度：

$$\gamma_o = \frac{(\rho_o)_{st}}{62.4} \qquad (5-42)$$

步骤10，计算总气油比(或气体溶解度 R_s)：

$$\text{GOR} = \frac{V_g}{(V_o)_{st}/5.615} = \frac{5.615 \times 379.4 (n_v)_t}{(n_1)_{st}(M)_{st}/(\rho_o)_{st}} = \frac{2130.331 (n_v)_t(\rho_o)_{st}}{(n_1)_{st}(M)_{st}} \qquad (5-43)$$

式中 GOR——气油比，scf/STB。

步骤11，根据以下关系式计算地层体积系数：

$$B_o = \frac{V_o}{(V_o)_{st}}$$

将式(5-36)和式(5-41)与前面的表达式组合得到：

$$B_o = \frac{M_a(\rho_o)_{st}}{\rho_o(n_1)_{st}(M_a)_{st}} \qquad (5-44)$$

式中 B_o ——原油的地层体积系数，bbl/STB；

M_a ——表观相对分子质量；

$(M_a)_{st}$ ——地面脱气原油的表观相对分子质量；

ρ_o ——储层条件下的原油密度，lb/ft^3。

可以假设不同的分离器压力，通过以上述步骤计算 API 重度，GOR 和 B_o。最优压力对应于最大的 API 重度，最小的气油比和体积系数。

例5-6 原油的组成如下，其泡点压力为1708.7psia，温度为131℉。表面分离装置包括两个分离器和一个常压储油罐，操作条件分别为(表5-18)：

表5-18 操作条件

分离器压力	压力/psia	温度/℉
1	400	72
2	350	72
储油罐	14.7	60

原油的组分如表5-19所示：

表5-19 原油组分

组分	z_i	M_i
CO_2	0.0008	44.0
N_2	0.0164	28.0
C_1	0.2840	164.0
C_2	0.0716	30.0
C_3	0.1048	44.0
$i-C_4$	0.0420	584.0
$n-C_4$	0.0420	58.0

组分	z_i	M_i
$i - C_5$	0.0191	72.0
$n - C_5$	0.1912	72.0
C_6	0.0405	86.0
C_{7+}	0.3597	252

C_{7+} 的相对分子质量和相对密度为 252 和 0.8429。分别计算：

(1)泡点压力下的原油地层体积系数 B_{ofb}。

(2)泡点压力下的气体溶解度 R_{sfb}。

(3)烃类系统在储罐中的密度和 API 重度。

解　步骤 1，计算原油的表观相对分子质量：

$$M_a = \sum (z_i M_i) = 113.5102$$

步骤 2，使用 Standing 和 Katz 公式计算泡点压力下原油的密度：

$$\rho_o = 44.794 \text{lb/ft}^3$$

步骤 3，使用一级分离器的压力和温度(即 400psia 和 72℉)，通过 Standing 方法计算每个组分的 K 值得到(表 5-20)：

$$K_i = \frac{1}{P} 10^{(a + cF_i)}$$

表 5-20　K 值计算结果

组　分	z_i	K_i
CO_2	0.0008	3.509
N_2	0.0164	39.90
C_1	0.2840	8.850
C_2	0.0716	1.349
C_3	0.1048	0.373
$i - C_4$	0.0420	0.161
$n - C_4$	0.0420	0.120
$i - C_5$	0.0191	0.054
$n - C_5$	0.0191	0.043
C_6	0.0405	0.018
C_{7+}	0.3597	0.0021

步骤 4，对第一级分离器的烃类混合物进行闪蒸计算：

$$n_1 = 0.7209$$

$$n_v = 0.29791$$

步骤 5，求解得到（表 5 – 21）：

$$x_i = \frac{z_i}{n_1 + n_v K_i}$$

$$y_i = x_i K_i$$

表 5 – 21　计算结果

组　分	z_i	K_i	x_i	y_i	M_i
CO_2	0.0008	3.509	0.0005	0.0018	44.0
N_2	0.0164	39.90	0.0014	0.0552	28.0
C_1	0.2840	8.850	0.089	0.7877	16.0
C_2	0.0716	1.349	0.0652	0.0880	30.0
C_3	0.1048	0.373	0.1270	0.0474	44.0
$i - C_4$	0.0420	0.161	0.0548	0.0088	58.0
$n - C_4$	0.0420	0.120	0.0557	0.0067	58.0
$i - C_5$	0.0191	0.054	0.0259	0.0014	72.0
$n - C_5$	0.0191	0.043	0.0261	0.0011	72.0
C_6	0.0405	0.018	0.0558	0.0010	86.0
C_{7+}	0.3597	0.0021	0.4986	0.0009	252

步骤 6，使用计算出的液体组分作为第二个分离器的供给原料，或在第二个分离器的工作条件下进行闪蒸计算。结果如表 5 – 22 所示，其中，$n_1 = 0.9851$，$n_v = 0.0149$。

表 5 – 22　闪蒸计算结果

组　分	z_i	K_i	x_i	y_i	M_i
CO_2	0.0005	3.944	0.0005	0.0018	44.0
N_2	0.0014	46.18	0.0008	0.0382	28.0
C_1	0.089	10.06	0.0786	0.7877	16.0
C_2	0.0625	1.499	0.0648	0.0971	30.0
C_3	0.1270	0.4082	0.1282	0.0523	44.0
$i - C_4$	0.0548	0.1744	0.0555	0.0097	58.0
$n - C_4$	0.0557	0.1291	0.0564	0.0072	58.0
$i - C_5$	0.0259	0.0581	0.0263	0.0015	72.0
$n - C_5$	0.0261	0.0456	0.0264	0.0012	72.0
C_6	0.0558	0.0194	0.0566	0.0011	86.0
C_{7+}	0.4986	0.00228	0.5061	0.0012	252

步骤 7，对储罐阶段重复以上计算，得到表 5 – 23 中的结果，其中，$n_1 = 0.6837$，$n_v = 0.3163$。

表 5 - 23　储罐阶段计算结果

组分	z_i	K_i	x_i	y_i
CO_2	0.0005	81.14	0000	0.0014
N_2	0.0008	1159	0000	0.026
C_1	0.0784	229	0.0011	0.2455
C_2	0.0648	27.47	0.0069	0.1898
C_3	0.1282	6.411	0.0473	0.3030
$i - C_4$	0.0555	2.518	0.0375	0.0945
$n - C_4$	0.0564	1.805	0.0450	0.0812
$i - C_5$	0.0263	0.7504	0.0286	0.0214
$n - C_5$	0.0264	0.573	0.02306	0.0175
C_6	0.0566	0.2238	0.0750	0.0168
C_{7+}	0.5061	0.03613	0.7281	0.0263

步骤 8，根据式(5 - 39)计算储罐条件下液相的实际摩尔数：

$$(n_1)_{st} = \prod_{i=1}^{n} (n_1)_i = 1 \times 0.7209 \times 0.9851 \times 0.6837 = 0.48554$$

步骤 9，计算从整个地面分离系统中逸出的气体总摩尔数：

$$n_v = 1 - (n_1)_{st} = 1 - 0.48554 = 0.51446$$

步骤 10，根据地面脱气原油的组成计算其表观相对分子质量：

$$(M_a)_{st} = \sum M_i x_i = 200.6$$

步骤 11，根据地面脱气原油的组成，使用 Standing 经验公式计算地面脱气原油的密度，得到：

$$(\rho_o)_{st} = 50.920$$

步骤 12，根据密度计算地面脱气原油的 API 重度：

$$\gamma = \frac{\rho_o}{62.4} = 50.920/62.4 = 0.81660°/60°$$

$$API = 141.5/\gamma - 131.5 = 141.5/0.816 - 131.5 = 41.9°API$$

步骤 13，由式(5 - 43)计算气体溶解度：

$$R_s = \frac{2130.331(n_v)_t(\rho_o)_{st}}{(n_1)_{st}(M)_{st}} = \frac{2130.331 \times 0.51446 \times 50.92}{0.48554 \times 200.6} = 573.0 scf/STB$$

步骤 14，由式(5 - 44)计算 B_o 得到：

$$B_o = \frac{M_a(\rho_o)_{st}}{\rho_o(n_1)_{st}(M_a)_{st}} = \frac{113.5102 \times 50.92}{44.794 \times 0.48554 \times 200.6} = 1.325 bbl/STB$$

为了优化分离器的操作压力，这些步骤应在不同的假定压力下重复几次，并且 API 重度、B_o 和 R_s 的计算结果应以图形方式展现，以确定最佳压力。

5.5　状态方程

状态方程(EOS)是将压力 P、温度 T 和体积 V 相关联的解析表达式。状态方程可以准确地表示储层流体的 $P-V-T$ 关系，这对于确定流体的体积和相态特征以及预测地面分离设施的性能至关重要。通常，大多数状态方程仅需要各个组分的临界性质和偏心因子。使用 EOS 的主要优势是可以使用相同的方程来描述所有相的相态特征，从而确保相平衡计算的一致性。

最著名也最简单的一个状态方程是理想气体方程，用数学表达式为：

$$P = \frac{RT}{V} \qquad (5-45)$$

式中　V——1mol 气体的体积，ft^3/mol。

该 PVT 关系式仅适用于描述真实烃类气体在接近于大气压下的体积性质，因为该关系式就是在接近大气压的实验中得出到。然而，式(5-45)有限的适用性促使学者们不断尝试研究适合于描述在更大的压力和温度条件范围下的真实流体性质的状态方程。

本节主要讨论了四种经验状态方程的发展以及它们在石油工程中的应用，包括：

(1) Van der Waals 状态方程。

(2) Redlich - Kwong 状态方程。

(3) Soave - Redlich - Kwong 状态方程。

(4) Peng - Robinson 状态方程。

5.5.1　Van der Waals 状态方程

理想气体的状态方程[式(5-45)]基于两个基本假设：

①与容器的体积和分子之间的距离相比，气体分子的体积微不足道的。

②分子与分子、分子与容器壁之间没有吸引力或排斥力。

Van der Waals(1873)在研究真实气体的状态方程时尝试去除这两个假设。为了去除第一个假设，Van der Waals 指出气体分子在较高压力下占据了相当大的体积，并提出从实际摩尔体积中减去分子的体积，后者用参数 b 表示。因此，将式(5-45)修正为：

$$P = \frac{RT}{V-b}$$

式中　b——分子体积的大小；

　　　V——1mol 气体的实际体积，ft^3。

为了去除第二个假设，Van der Waals 用 a/V_2 表示分子之间的吸引力，并从上式中减去这一项。其数学表达式是：

$$P = \frac{RT}{V-b} - \frac{a}{V^2} \qquad (5-46)$$

式中　P——系统压力，psia；

　　　T——系统温度，°R；

　　　R——气体常数，其值为 10.73psia - ft^3/lb - mol - °R；

　　　V——体积，ft^3/mol；

　　　a——引力参数；

　　　b——斥力参数。

参数 a 和 b 是表征各个组分的分子性质的常数，其中 a 量化分子间的吸引力。式(5－46)有以下重要特征：

(1)在低压条件下，与分子的体积相比，气体的体积 V 大。与 V 相比，参数 b 可以忽略不计而吸引力项 a/V_2 也变得不重要。因此，Van der Waals 方程简化为理想气体方程[式(5－45)]。

(2)在高压下，即 $P\to\infty$，气体体积 V 变得非常小并接近值 b，也就是实际的分子体积，在数学上有：

$$\lim_{P\to\infty}V(P)=b$$

Van der Waals 或任何其他状态方程可以用更一般化的形式表示：

$$P=P_{斥力}-P_{引力} \tag{5－47}$$

在 Van der Waals 中，$RT/(V-b)$ 表示斥力项，$P_{斥力}$；a/V_2 表示引力项，$P_{引力}$。

在确定任何纯物质的两个常数 a 和 b 时，Van der Waals 观察到临界等温线在临界点处有水平的斜率和一个拐点，如图5－7所示。用数学关系式表达如下：

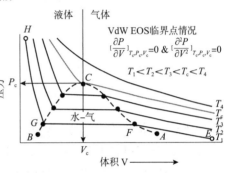

图 5－7

$$\left(\frac{\partial P}{\partial V}\right)_{T_c,P_c}=0$$

$$\left(\frac{\partial^2 P}{\partial V^2}\right)_{T_c,P_c}=0 \tag{5－48}$$

式(5－46)在临界点处对体积求导得到：

$$\left(\frac{\partial P}{\partial V}\right)_{T_c,P_c}=\frac{-RT_c}{(V_c-b)^2}+\frac{2a}{V_c^3}=0 \tag{5－49}$$

$$\left(\frac{\partial^2 P}{\partial V^2}\right)_{T_c,P_c}=\frac{2RT_c}{(V_c-b)^3}+\frac{6a}{V_c^4}=0 \tag{5－50}$$

同时，求解式(5－49)和式(5－50)得到参数 a 和 b：

$$b=\frac{1}{3}V_c \tag{5－51}$$

$$a=\frac{8}{9}RT_cV_c \tag{5－52}$$

式(5－51)表明分子的体积 b 约为该物质临界体积 V_c 的 0.333 倍。大量实验研究表明，分子体积 b 约占纯组分的临界体积的 0.24～0.28。

将式(5－48)应用于临界点(即 $T=T_c$，$P=P_c$ 和 $V=V_c$)，并结合式(5－51)和式(5－52)得到：

$$P_cV_c=0.375RT_c \tag{5－53}$$

式(5－53)表明，无论物质是什么类型，由 Van der Waals 的状态方程得到的临界气体压缩系数 Z_c 都为 0.375。而实验研究表明，物质的 Z_c 值通常介于 0.23 和 0.31 之间。

将式(5－53)与式(5－51)和式(5－52)联立，为计算参数 a 和 b 提供了更为方便和传

统的表达式:

$$a = \Omega_a \frac{R^2 T_c^2}{P_c} \qquad\qquad (5-54)$$

$$b = \Omega_b \frac{R T_c}{P_c} \qquad\qquad (5-55)$$

式中 R——气体常数,其值为 $10.73\,\mathrm{psia-ft^3/lb-mol-^\circ R}$;

   P_c——临界压力,psia;

   T_c——临界温度,$^\circ R$;

   Ω_a——0.421875;

   Ω_b——0.125。

式(5-46)也可以用体积 V 的立方形式表示如下:

$$P = \frac{RT}{V-b} - \frac{a}{V^2}$$

重新排列得到:

$$V^3 - \left(b + \frac{RT}{P}\right)V^2 + \frac{a}{P}V - \frac{ab}{P} = 0 \qquad\qquad (5-56)$$

式(5-56)通常被称为 Van der Waals 双参数三次方状态方程。双参数指的是参数 a 和参数 b。三次方状态方程意味着方程有三个体积 V 的可能解,其中至少一个是实数。

式(5-56)的最重要的特征是描述了液体凝析现象以及气体被压缩时从气相到液相的过程。下面将结合图5-8 讨论 Van der Waals 状态方程的这些重要特征。

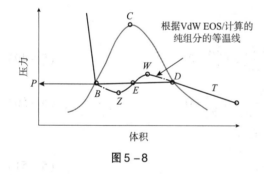

图5-8

纯物质的 $P-V$ 关系如图5-8 所示。假设物质保持在一个低于临界温度的恒定温度 T 下,$DWEZB$ 表示该恒定温度 T 的曲线。在该温度下,式(5-56)对于每个指定压力 P 都具有三个实根(体积 V),并且这三个解能在图5-8中绘制找到:等温虚线 $DWEZB$ 与等压水平线相交于交点 B、E 和 D。D 点表示体积 V 的最大根,对应于饱和蒸气的体积,而 B 点表示体积 V 最小的正值,对应于饱和液体的体积。第三个根(E 点)没有任何物理意义。注意,当温度接近物质的临界温度 T_c 时,三个值相同。从图中看,曲线 $DWEZB$ 从气相到液相的过渡似乎是连续的。但实际上,沿着水平直线 DB 气液两相共存,这种过渡是突然且不连续的。

式(5-56)可以用压缩系数 Z 表示为更实际的形式。用 ZRT/P 代替式(5-56)中的摩尔体积 V 得到:

$$V^3 - \left(b + \frac{RT}{P}\right)V^2 + \frac{a}{P}V - \frac{ab}{P} = 0$$

$$V^3 - \left(b + \frac{RT}{P}\right)\left(\frac{ZRT}{P}\right)^2 + \frac{a}{P}\frac{ZRT}{P} - \frac{ab}{P} = 0$$

或

$$Z^3 - (1 + B)Z^2 + AV - AB = 0 \qquad (5-57)$$

$$A = \frac{aP}{R^2 T^2} \qquad (5-58)$$

$$B = \frac{bP}{RT} \qquad (5-59)$$

式中　Z——压缩系数;

　　　P——系统压力,psia;

　　　T——系统温度,°R。

式(5-57)在单相区有一个实根,在两相区有三个实根(其中系统压力等于物质的蒸气压力)。在两相区,最大的正根对应气相的压缩系数 Z^v,最小的正根对应液相的压缩系数 Z^l。

式(5-57)的一个重要的实际应用是计算密度,如例 5-7 所示。

例 5-7 将纯丙烷保持在 100℉ 的密闭容器中。气体和液体都存在。使用 Van der Waals 的状态方程计算气相和液相的密度。

解　步骤 1,从 Cox 图中确定丙烷的蒸气压力 P_v。这是在指定温度下两相可以共存的唯一压力,得到:

$$P_v = 185 \text{psi}$$

步骤 2,分别由式(5-54)和式(5-55)计算参数 a 和 b:

$$a = \Omega_a \frac{R^2 T_c^2}{P_c} = 0.421875 \times \frac{10.73^2 \times 666^2}{616.3} = 34957.4$$

和

$$b = \Omega_b \frac{R T_c}{P_c} = 0.125 \times \frac{10.73 \times 666}{616.3} = 1.4494$$

步骤 3,分别应用式(5-58)和式(5-59)计算系数 A 和 B:

$$A = \frac{aP}{R^2 T^2} = \frac{34957.4 \times 185}{10.73^2 \times 560^2} = 0.179122$$

$$B = \frac{bP}{RT} = \frac{1.4494 \times 185}{10.73 \times 560} = 0.044625$$

步骤 4,将 A 和 B 代入式(5-57)得到:

$$Z^3 - (1 + B)Z^2 + AV - AB = 0$$

$$Z^3 - 1.044625 Z^2 + 0.179122 V - 0.007993 = 0$$

步骤 5,使用适当的直接或迭代方法计算上述多项式的最大根和最小根,得到:

$$Z^v = 0.72365$$

$$Z^l = 0.07534$$

步骤 6,使用式(2-17)计算气相和液相的密度得到:

$$\rho_g = \frac{PM}{Z^v RT} = \frac{185 \times 44.0}{0.72365 \times 10.73 \times 560} = 1.87 \text{lb/ft}^3$$

和

$$\rho_1 = \frac{PM}{Z^1RT} = \frac{185 \times 44}{0.7534 \times 10.73 \times 560} = 17.98 \text{lb/ft}^3$$

尽管 Van der Waals 状态方程简单，但至少定性地描述了液态和气态物质的 PVT 特征。然而，它还不够精确，不适合用于设计目的。

随着计算机的快速发展，用于计算物理性质和相平衡的状态方程方法被证明是一种强有力的工具，并且很多学者致力于研究出更为准确的状态方程。这些方程中许多都是在 Van der Waals 状态方程的基础上进行修改，将其复杂程度从含有 2 个或 3 个参数的简单表达式发展到包含 50 个以上参数的复杂形式。虽然任何状态方程都没复杂到无法计算的地步，但大多数学者更喜欢通过修改简单的 Van der Waals 状态方程来提高准确性。

所有状态方程通常首先针对纯流体，然后通过混合规则扩展到混合物。

5.5.2　Redlich – Kwong 状态方程

Redlich 和 Kwong(1949)注意到 Van der Waals 方程中的 a/V^2 项没有把系统温度对分子间引力的影响考虑进去。他们指出，只要简单地调整吸引力项 a/V^2，把系统温度考虑进去，就可以显著地改善气相的体积和物理性质的预测准确性。Redlich 和 Kwong 用广义的温度相关项取代了分子引力项，如式(5-60)所示：

$$P = \frac{RT}{V-b} - \frac{a}{V(V-b)\sqrt{T}} \tag{5-60}$$

式中　T——系统温度，°R。

Redlich 和 Kwong 指出，随着系统压力变得无穷大，物质的摩尔体积 V 收缩至其临界体积 V_c 的 26% 左右，不再与系统温度有关。因此，他们提出了式(5-60)以满足以下条件：

$$b = 0.26V_c \tag{5-61}$$

在式(5-60)中代入由式(5-48)表示的临界点条件，并同时进行求解，得到以下等式：

$$a = \Omega_a \frac{R^2 T_c^{2.5}}{P_c} \tag{5-62}$$

$$b = \Omega_b \frac{RT_c}{P_c} \tag{5-63}$$

其中，Ω_a——0.42747；
　　　Ω_b——0.08664。
由式(5-61)和式(5-63)相等得到：

$$0.26V_c = \Omega_b \frac{RT_c}{P_c}$$

或

$$P_c V_c = 0.333RT_c \tag{5-64}$$

式(5-64)表明在 Redlich – Kwong 的状态方程中，所有物质通用的临界压缩系数 Z_c 为 0.333。而如前所述，大多数气体的临界压缩系数范围为 0.23~0.31，平均值约为 0.27。

用 ZRT/P 代替式(5-60)中的摩尔体积 V 得到：

$$Z^3 - Z^2 + (A - B - B^2)Z - AB = 0 \qquad (5-65)$$

其中，

$$A = \frac{aP}{R^2 T^{2.5}} \qquad (5-66)$$

$$B = \frac{bP}{RT} \qquad (5-67)$$

Van der Waals 的 EOS 中，式(5-65)在单相区(气相区或液相区)中有一个实根，在两相区有三个实根。在后一种情况下，最大根对应于气相的压缩系数 Z^v，而最小的正根对应于液体的压缩系数 Z^l。

例 5-8　使用 Redlich-Kwong 状态方程计算例 5-7。

解　(1)计算参数 a、b、A 和 B 得到：

$$a = \Omega_a \frac{R^2 T_c^{2.5}}{P_c} = 0.42747 \times \frac{10.73^2 \times 666^2}{616.3} = 914110.1$$

$$b = \Omega_b \frac{RT_c}{P_c} = 0.08664 \times \frac{10.73 \times 666}{616.3} = 1.0046$$

$$A = \frac{aP}{R^2 T^{2.5}} = \frac{914110.1 \times 185}{10.73^2 \times 560^{2.5}} = 0.197925$$

$$B = \frac{bP}{RT} = \frac{1.0046 \times 185}{10.73 \times 560} = 0.03093$$

(2)将参数 A 和 B 代入式(5-65)并求得最大根和最小根：

$$Z^3 - Z^2 + (A - B - B^2)Z - AB = 0$$

$$Z^3 - Z^2 + 0.1660384Z - 0.0061218B = 0$$

最大根：$Z^v = 0.802641$

最小根：$Z^l = 0.0527377$

(3)求解液相和气相的密度：

$$\rho^l = \frac{PM}{Z^l RT} = \frac{185 \times 44}{0.0527377 \times 10.73 \times 560} = 25.7 \text{lb/ft}^3$$

$$\rho^v = \frac{PM}{Z^v RT} = \frac{185 \times 44}{0.802641 \times 10.73 \times 560} = 1.688 \text{lb/ft}^3$$

Redlich 和 Kwong 用以下混合规则将他们的等式推广到碳氢化合物液体和气体的混合物：

$$a_m = \left(\sum_{i=1}^{n} x_i \sqrt{a_i} \right)^2 \qquad (5-68)$$

$$b_m = \sum_{i=1}^{n} (x_i b_i) \qquad (5-69)$$

式中　n——混合物中的组分数量；

　　　a_i——由式(5-62)给出的第 i 个组分的 Redlich-Kwong 参数 a；

　　　b_i——由式(5-63)给出的第 i 个组分的 Redlich-Kwong 参数 b；

　　　a_m——混合物的参数 a；

b_m——混合物的参数 b；

x_i——液相中组分 i 的摩尔分数。

用式(5-68)和式(5-69)计算成分为 y_i 的烃类气体混合物的 a_m 和 b_m，用 y_i 代替 x_i：

$$a_m = \left(\sum_{i=1}^{n} y_i \sqrt{a_i} \right)^2$$

$$b_m = \sum_{i=1}^{n} (y_i b_i)$$

式(5-65)给出气相或液相的压缩系数。系数 A 和 B 由式(5-66)和式(5-67)定义成：

$$A = \frac{a_m P}{R^2 T^{2.5}}$$

$$B = \frac{b_m P}{RT}$$

下面两个例子(例5-9和例5-10)很好地说明了 Redlich – Kwong 状态方程在烃类混合物中的应用。

例5-9 在 4000psia 和 160℉下，使用 Redlich – Kwong 的 EOS 计算组分如表5-24所示的原油密度。

表5-24 原油组分

组 分	x_i	M	P_c	T_c
C_1	0.45	16.043	666.4	343.33
C_2	0.05	30.070	706.5	549.92
C_3	0.05	44.097	616.0	666.06
$n-C_4$	0.03	58.123	527.9	765.62
$n-C_5$	0.01	72.150	488.6	845.8
C_6	0.01	84.00	453	923
C_{7+}	0.40	215	285	1287

解 (1)使用式(5-62)和式(5-63)确定每个组分的参数 a_i 和 b_i：

$$a_i = 0.47274 \frac{R^2 T_c^{2.5}}{P_c}$$

$$b_i = 0.08664 \frac{RT_c}{P_c}$$

结果如表5-25所示。

表5-25 a_i 和 b_i 计算结果

组 分	x_i	M	P_c	T_c	a_i	b_i
C_1	0.45	16.043	666.4	343.33	161044.3	0.4780514
C_2	0.05	30.070	706.5	549.92	493582.7	0.7225732
C_3	0.05	44.097	616.0	666.06	914314.8	1.004725

组　分	x_i	M	P_c	T_c	a_i	b_i
$n-C_4$	0.03	58.123	527.9	765.62	1449929	1.292629
$n-C_5$	0.01	72.150	488.6	845.8	2095431	1.609242
C_6	0.01	84.00	453	923	2845191	1.945712
C_{7+}	0.40	215	285	1287	1.022348×10^7	4.191958

（2）由式（5-68）和式（5-69）计算混合物参数 a_m 和 b_m 得到：

$$a_m = \left(\sum_{i=1}^{n} x_i \sqrt{a_i} \right)^2 = 2591967$$

和

$$b_m = \sum_{i=1}^{n} (x_i b_i) = 2.0526$$

（3）通过使用式（5-66）和式（5-67）计算系数 A 和 B 得到：

$$A = \frac{a_m P}{R^2 T^{2.5}} = \frac{2591967 \times 4000}{10.73^2 \times 620^{2.5}} = 9.406539$$

$$B = \frac{b_m P}{RT} = \frac{2.0526 \times 4000}{10.73 \times 620} = 1.234049$$

（4）求解式（5-65）的最大正根得到：

$$Z^3 - Z^2 + 6.93845Z - 11.60813 = 0$$

$$Z^l = 1.548126$$

（5）计算原油的表观相对分子质量：

$$M_a = \sum (x_i M_i) = 110.2547$$

（6）求解原油密度：

$$\rho^l = \frac{P M_a}{Z^l RT} = \frac{4000 \times 100.2547}{10.73 \times 620 \times 1.548126} = 38.93 \text{lb/ft}^3$$

注意，通过 Standing 方法计算的液体密度的值为 46.23lb/ft^3。

例 5-10 在 4000psia 和 160℉，使用 RK 的 EOS 计算组分如表 5-26 的原油密度。

表 5-26　原油组分

组　分	y_i	M	P_c	T_c
C_1	0.86	16.043	666.4	343.33
C_2	0.05	30.070	706.5	549.92
C_3	0.05	44.097	616.0	666.06
C_4	0.02	58.123	527.9	765.62
C_5	0.0	72.150	488.6	845.8
C_6	0.005	84.00	453	923
C_{7+}	0.005	215	285	1287

解 （1）使用式（5-62）和式（5-63）确定每个组分的参数 a_i 和 b_i：

$$a_i = 0.47274 \frac{R^2 T_c^{2.5}}{P_c}$$

$$b_i = 0.08664 \frac{RT_c}{P_c}$$

结果如表 5-27 所示。

表 5-27　计算结果

组分	y_i	M	P_c	T_c	a_i	b_i
C_1	0.86	16.043	666.4	343.33	161044.3	0.4780514
C_2	0.05	30.070	706.5	549.92	493582.7	0.7225732
C_3	0.05	44.097	616.0	666.06	914314.8	1.004725
$n-C_4$	0.02	58.123	527.9	765.62	1449929	1.292629
$n-C_5$	0.01	72.150	488.6	845.8	2095431	1.609242
C_6	0.005	84.00	453	923	2845191	1.945712
C_{7+}	0.005	215	285	1287	1.022348×10^7	4.191958

（2）使用式（5-68）和式（5-69）计算 a_m 和 b_m 得到：

$$a_m = \left(\sum_{i=1}^n y_i \sqrt{a_i} \right)^2 = 241118$$

$$b_m = \sum (b_i x_i) = 0.5701225$$

（3）应用式（5-66）和式（5-67）计算系数 A 和 B 得到：

$$A = \frac{a_m P}{R^2 T^{2.5}} = \frac{241118 \times 4000}{10.73^2 \times 620^{2.5}} = 0.8750$$

$$B = \frac{b_m P}{RT} = \frac{0.5701225 \times 4000}{10.73 \times 620} = 0.3428$$

（4）用式（5-65）求解 Z^v：

$$Z^3 - Z^2 + 0.414688Z - 0.29995 = 0$$

$$Z^v = 0.907$$

（5）计算气体混合物的相对分子质量和密度得到：

$$M_a = \sum (y_i M_i) = 20.89$$

$$\rho^v = \frac{PM_a}{Z^v RT} = \frac{4000 \times 20.89}{0.907 \times 10.73 \times 620} = 13.85 \text{lb/ft}^3$$

5.5.3　Soave-Redlich-Kwong 状态方程及其修正

在三次方状态方程的发展过程中，Soave（1972）的研究是最重要的里程碑之一。该研究对 Redlich-Kwong 状态方程的分子吸引力项进行了修正，用一个更广义的与温度有关的参数 $a\alpha(T)$ 替代式（5-60）中的 $a/T^{0.5}$，得到：

$$P = \frac{RT}{V-b} - \frac{a\alpha(T)}{V(V+b)} \tag{5-70}$$

式中　$\alpha(T)$——无量纲参数子，由以下关系式定义：

$$\alpha(T) = \left[1 + m\left(1 - \sqrt{T/T_c}\right)\right]^2$$

或等效于对比温度T_r：

$$\alpha(T) = \left[1 + m\left(1 - \sqrt{T_r}\right)\right]^2 \tag{5-71}$$

Soave 对无量纲参数 $\alpha(T)$ 规定：

①当对比温度 $T_r = 1$ 时，$\alpha(T) = 1$；即当 $T/T_c = 1$ 时，$\alpha(T = T_c) = 1$。

②在临界温度以外的温度下，Soave 对纯组分的蒸气压力进行回归，得出温度的修正参数 m。该参数与偏心因子 ω 具有以下关系：

$$m = 0.480 + 1.574\omega - 0.176\omega^2 \tag{5-72}$$

式中　T_r——相对温度，T/T_c；

　　　ω——偏心因子；

　　　T——系统温度，$°R$。

为简单和方便起见，本章其余部分的温度相关项 $\alpha(T)$ 由符号 α 代替。

对于任何纯组分，式(5-70)中的常数 a 和 b 可以通过经典的 Van der Waals 临界点的条件[式(5-48)]求解式(5-70)得到：

$$a = \Omega_a \frac{R^2 T_c^2}{P_c} \tag{5-73}$$

$$b = \Omega_b \frac{RT_c}{P_c} \tag{5-74}$$

式中　Ω_a、Ω_b——Soave-Redlich-Kwong(SRK)纯组分的无量纲参数，其值分别为：

$$\Omega_a = 0.42747$$

$$\Omega_b = 0.08664$$

Edmister 和 Lee(1986)认为，可以通过更方便的方法确定参数 a 和 b。以下关系式满足临界等温线条件：

$$(V - V_c)^3 = V^3 - (3V_c)V^2 + (3V_c^2)V - V_c^3 = 0 \tag{5-75}$$

式(5-70)也可以表示为立方形式：

$$V^3 - \left(\frac{RT}{P}\right)V^2 + \left(\frac{a\alpha}{P} - \frac{bRT}{P} - b^2\right)V - \left[\frac{(a\alpha)b}{P}\right] = 0 \tag{5-76}$$

在临界点，$\alpha = 1$，式(5-75)和式(5-76)是相同的。因此，两个等式中体积的系数相等：

$$3V_c = \frac{RT_c}{P_c} \tag{5-77}$$

$$3V_c^2 = \frac{a}{P_c} - \frac{bRT_c}{P_c} - b^2 \tag{5-78}$$

$$V_c^3 = \frac{ab}{P_c} \tag{5-79}$$

同时求解这些方程中的参数 a 和 b，可以得到与式(5-73)和式(5-74)相同的关系式。

①重新排列式(5-77)得到：

$$P_c V_c = \frac{1}{3} R T_c$$

这表明 SRK 状态方程给出的通用临界气体压缩系数 Z_c 为 0.333。

②将式(5-74)与式(5-77)联立得到体积值是临界体积的 26%，即：

$$b = 0.26 V_c$$

用式(ZRT/P)代替摩尔体积 V，将压缩系数 Z 引入式(5-76)并重新排列得到：

$$Z^3 - Z^2 + (A - B - B^2)Z - AB = 0 \tag{5-80}$$

$$A = \frac{(a\alpha)P}{(RT)^2} \tag{5-81}$$

$$B = \frac{bP}{RT} \tag{5-82}$$

式中　P——系统压力，psia；

　　　T——系统温度，°R；

　　　R——常数，值为 10.730psia-ft^3/lb-mol-°R。

例 5-11　使用 SRK EOS 重新计算例 5-7 中两相的密度。

解　(1)从第 1 章的表 1-1 中确定临界压力、临界温度和偏心因子得到：

$$T_c = 666.01°R$$

$$P_c = 616.3psia$$

$$\omega = 0.1524$$

(2)计算相对温度：

$$T_r = \frac{T}{T_c} = \frac{560}{666.01} = 0.8408$$

(3)由式(5-72)计算参数 m 得到：

$$m = 0.480 + 1.574\omega - 0.176\omega^2 = 0.480 + 1.574 \times 0.1524 - 0.176 \times 1.524^2$$

(4)用式(5-71)求解参数 α 得到：

$$\alpha(T) = \left[1 + m\left(1 - \sqrt{T_r}\right)\right]^2 = \left[1 + 0.7052 \times \left(1 - \sqrt{0.8408}\right)\right]^2 = 1.120518$$

(5)由式(5-73)和式(5-74)计算系数 a 和 b 得到：

$$a = \Omega_a \frac{R^2 T_c^2}{P_c} = 0.42747 \times \frac{10.73^2 \times 666.01^2}{616.3} = 35427.6$$

$$b = \Omega_b \frac{R T_c}{P_c} = 0.08664 \times \frac{10.73 \times 666.01}{616.3} = 1.00471$$

(6)由式(5-81)和式(5-82)计算系数 A 和 B 得到：

$$A = \frac{(a\alpha)P}{(RT)^2} = \frac{35427.6 \times 1.120518 \times 185}{10.73^2 \times 560^2} = 0.203365$$

$$B = \frac{bP}{RT} = \frac{1.00471 \times 185}{10.73 \times 560} = 0.034658$$

(7)由式(5-80)求解 Z^l 和 Z^v：

$$Z^3 - Z^2 + (A - B - B^2)Z - AB = 0$$

$$Z^3 - Z^2 + (0.203365 - 0.034658 - 0.034658^2)Z - 0.203365 \times 0.034658 = 0$$

求解这个立方形多项式得到：

$$Z^l = 0.06729$$

$$Z^v = 0.80212$$

（8）计算气体和液体密度得到：

$$\rho^v = \frac{PM_a}{Z^v RT} = \frac{185 \times 44.0}{0.80212 \times 10.73 \times 560} = 1.6887 \text{lb/ft}^3$$

$$\rho^l = \frac{PM_a}{Z^l RT} = \frac{185 \times 44.0}{0.06729 \times 10.73 \times 560} = 20.13 \text{lb/ft}^3$$

1. 混合物的混合规则

为了对混合物使用式(5-80)，需要用混合规则来确定混合物的参数$(a\alpha)$和b。Soave 采用了以下混合规则：

$$(a\alpha)_m = \sum_i \sum_j \left[x_i x_j \sqrt{a_i a_j \alpha_i \alpha_j}(1 - k_{ij}) \right] \tag{5-83}$$

$$b_m = \sum_i (x_i b_i) \tag{5-84}$$

$$A = \frac{(a\alpha)_m P}{(RT)^2} \tag{5-85}$$

$$B = \frac{b_m P}{RT} \tag{5-86}$$

参数k_{ij}是由经验确定的修正因子(称为二元相互作用系数)，用于表征烃类混合物中任何二元系统组分i和j形成的相互作用。

这些二元相互作用系数根据经验调整由式(5-83)表示的$(a\alpha)_m$项，从而模拟分子间相互作用。分子间相互作用大小取决于二元系统中组分分子大小的差异，具有以下性质：

（1）随着相对分子质量的相对差异增加，烃组分之间的相互作用增加：

$$k_{i,j+1} > k_{i,j}$$

（2）具有相同相对分子质量的烃组分的二元相互作用系数为零：

$$k_{i,j} = 0$$

（3）二元相互作用的系数矩阵是对称的：

$$k_{i,j} = k_{j,i}$$

Slot Petersen(1987)与 Vidal 和 Daubert(1978)为相互作用系数的含义和确定其值的技术提供了理论背景。Graboski 和 Daubert(1978)与 Soave(1972)认为，除了 C_1 和 C_{7+} 之间的相互作用系数外，烃类组分之间不需要二元相互作用系数(例如$k_{i,j} = 0$)。Whiston 和 Brule (2000)提出了以下表达式来计算甲烷与重质组分之间二元相互作用系数：

$$K_{C_1-C_{7+}} = 0.18 - \frac{16.668 v_{ci}}{[1.1311 + (v_{ci})^{1/3}]^6}$$

式中 v_{ci}——重质组分的临界体积，ft^3/lbm，可根据下式计算：

$$v_{ci} = 0.4804 + 0.06011 M_i + 0.00001076 (M_i)^2$$

式中 M_i——C_{7+}的相对分子质量。

如果混合物中存在非烃类化合物，将二元相互作用参数考虑在内的 SRK 状态方程能够大大地提高预测混合物的体积和相态特征的准确性。Reid 等(1987)提出了以下二元相互作用系数的列表(表5-28),可用于 SRK 状态方程。

表5-28 二元相互作用系数列表

组 分	N_2	CO_2	H_2S
N_2	0	0	0
CO_2	0	0	0
H_2S	0.12	0.12	0
C_1	0.02	0.12	0.08
C_2	0.06	0.15	0.07
C_3	0.08	0.15	0.07
$i-C_4$	0.08	0.15	0.06
$n-C_4$	0.08	0.15	0.06
$i-C_5$	0.08	0.15	0.06
$n-C_5$	0.08	0.15	0.06
C_6	0.08	0.15	0.05
C_{7+}	0.08	0.15	0.03

在用式(5-75)求解液相的压缩系数Z^l时,液体的组分x_i被用于计算式(5-83)和式(5-84)中的混合规则参数,再由计算式(5-85)和式(5-86)得到系数 A 和 B。求解气相压缩系数Z^v时,可以在上述过程中以气相的成分y_i代替x_i进行计算。

例5-12 两相烃类系统在4000psia 和 160℉下保持平衡。该系统的组成如表5-29所示。

表5-29 系统组分

组 分	x_i	y_i	P_c	T_c	ω_i
C_1	0.45	0.86	666.4	343.33	0.0104
C_2	0.05	0.05	706.5	549.92	0.0979
C_3	0.05	0.05	616.0	666.06	0.1522
C_4	0.03	0.02	527.9	765.62	0.1852
C_5	0.01	0.01	488.6	845.8	0.2280
C_6	0.01	0.005	453	923	0.2500
C_{7+}	0.40	0.005	285	1287	0.5200

C_{7+}组分具有以下性质(表5-30):

表5-30 C_{7+}组分的性质

m	P_c/psia	T_c,℉	ω
215	285	700	0.52

假设 $k_{ij} = 0$，使用 SRK 的状态方程计算每个相的密度。

解　(1)由式(5-71)、式(5-73)和式(5-74)分别计算参数 α、a 和 b：

$$\alpha = \left[1 + m \left(1 - \sqrt{T_r} \right) \right]^2$$

$$a = 0.42747 \frac{R^2 T_c^2}{P_c}$$

$$b = 0.08664 \frac{R T_c}{P_c}$$

结果如表 5-31 所示。

表 5-31　计算结果

组　分	P_c	T_c	ω_i	α_i	a_i	b_i
C_1	666.4	343.33	0.0104	0.6869	8689.3	0.4780
C_2	706.5	549.92	0.0979	0.9248	21040.8	0.7225
C_3	616.0	666.06	0.1522	1.0502	35422.1	1.0046
C_4	527.9	765.62	0.1852	1.1616	52390.3	1.2925
C_5	488.6	845.8	0.2280	1.2639	72041.7	1.6091
C_6	453	923	0.2500	1.3547	94108.4	1.9455
C_{7+}	285	1160	0.5200	1.7859	232367.9	3.7838

(2)由式(5-83)和式(5-84)计算气相和液相的混合物参数 $(a\alpha)_m$ 和 b_m，得到以下结果。对于气相，使用 y_i：

$$(a\alpha)_m = \sum_i \sum_j \left[y_i y_j \sqrt{a_i a_j \alpha_i \alpha_j} (1 - k_{ij}) \right] = 9219.3$$

$$b_m = \sum_i (y_i b_i) = 0.5680$$

对于液相，使用 x_i：

$$(a\alpha)_m = \sum_i \sum_j \left[x_i x_j \sqrt{a_i a_j \alpha_i \alpha_j} (1 - k_{ij}) \right] = 104362.9$$

$$b_m = \sum_i (x_i b_i) = 1.8893$$

(3)由式(5-85)和式(5-86)计算每个相的系数 A 和 B 得到：
对于气相：

$$A = \frac{(a\alpha)_m P}{(RT)^2} = \frac{9219.3 \times 4000}{10.73^2 \times 620^2} = 0.8332$$

$$B = \frac{b_m P}{RT} = \frac{0.5680 \times 4000}{10.73 \times 620} = 0.3415$$

对于液相：

$$A = \frac{(a\alpha)_m P}{(RT)^2} = \frac{104362.9 \times 4000}{10.73^2 \times 620^2} = 9.4324$$

$$B = \frac{b_m P}{RT} = \frac{1.8893 \times 4000}{10.73 \times 620} = 1.136$$

(4)求解式(5-80)得到气相的压缩系数：

$$Z^3 - Z^2 + (A - B - B^2)Z - AB = 0$$

$$Z^3 - Z^2 + (0.8332 - 0.3415 - 0.3415^2)Z - 0.8332 \times 0.3415 = 0$$

求解这个多项式的最大根得到：

$$Z^v = 0.9267$$

(5)求解式(5-80)得到液相的压缩系数：

$$Z^3 - Z^2 + (A - B - B^2)Z - AB = 0$$

$$Z^3 - Z^2 + (9.4324 - 1.136 - 1.136)Z - 9.4324 \times 1.136 = 0$$

求解这个多项式的最小根得到：

$$Z^l = 1.4121$$

(6)根据它们的组成，计算气相和液相的表观相对分子质量得到：

对于气相：

$$M_a = \sum (y_i M_i) = 20.89$$

对于液相：

$$M_a = \sum (x_i M_i) = 100.25$$

(7)计算各相的密度：

$$\rho = \frac{PM_a}{RTZ}$$

对于气相：

$$\rho^v = \frac{PM_a}{Z^v RT} = \frac{4000 \times 20.89}{0.9267 \times 10.73 \times 620} = 13.556 \text{lb/ft}^3$$

对于液相：

$$\rho^l = \frac{PM_a}{Z^l RT} = \frac{4000 \times 100.25}{1.4121 \times 10.73 \times 620} = 42.68 \text{lb/ft}^3$$

在此引入逸度的概念。逸度 f 是实际气体的摩尔吉布斯能量的量度，具有压力的单位。实际上，逸度可以看作是一种修正后的蒸气压力，以正确地表示分子从一相逃逸到另一相的趋势。在数学形式中，纯组分的逸度由式(5-87)的表达式定义：

$$f^o = P\exp\left[\int_0^P \left(\frac{Z-1}{P}\right)dP\right] \tag{5-87}$$

式中　f^o——纯组分的逸度，psia；

　　　P——压力，psia；

　　　Z——压缩系数。

逸度与压力之比 f^o/P 称为逸度系数 Φ，由式(5-87)可得：

$$\frac{f^o}{P} = \Phi = \exp\left[\int_0^P \left(\frac{Z-1}{P}\right)dP\right]$$

Soave 将这种广义的热力学关系应用于式(5-70)，以确定纯组分的逸度系数：

$$\ln\left(\frac{f^o}{P}\right) = \ln(\Phi) = Z - 1 - \ln(Z - B) - \frac{A}{B}\ln\frac{Z+B}{Z} \tag{5-88}$$

对于两相区中的烃类混合物，每相中各组分的逸度可用来建立热力学平衡的判定依据。组分 i 在第一相中的逸度相对于组分在第二相的逸度，是组分在相之间转移的化学势的量度。组分从逸度较高的相中转移到逸度较低的相。组分在两相中逸度相等时，相之间的净转移为零。所有组分的零净转移意味着烃类系统处于热力学平衡状态，即可以用数学式表示为：

$$f_i^v = f_i^l, \ 1 \leqslant i \leqslant n \tag{5-89}$$

式中　f_i^v——在气相中的组分 i 的逸度，psi；

　　　f_i^l——在液相中的组分 i 的逸度，psi；

　　　n——系统中组分的数量。

烃类液体混合物或烃类气体混合物中组分 i 的逸度系数是系统压力，组分 i 的摩尔分数和逸度的函数。在两相中的混合物的逸度系数定义为：

对于气相中的组分 i：

$$\Phi_i^v = \frac{f_i^v}{y_i P} \tag{5-90}$$

对于液相中的组分 i：

$$\Phi_i^l = \frac{f_i^l}{x_i P} \tag{5-91}$$

式中　Φ_i^v——气相中组分 i 的逸度系数；

　　　Φ_i^l——液相中组分 i 的逸度系数。

2. 平衡比 K_i

根据由式(5-1)定义的平衡比 K_i：

$$K_i = y_i/x_i$$

当两相处于平衡状态时，$f_i^l = f_i^v$，可以根据组分的逸度重新定义平衡比，得到：

$$K_i = \frac{[f_i^l/(x_i P)]}{[f_i^v/(y_i P)]} = \frac{\Phi_i^l}{\Phi_i^v} \tag{5-92}$$

Reid 等（1987）通过以下广义的热力学关系定义了烃类混合物中组分 i 的逸度系数：

$$\ln \Phi_i = \frac{1}{RT} \left[\int_V^\infty \left(\frac{\partial P}{\partial n_i} - \frac{RT}{V} \right) dV \right] - \ln Z \tag{5-93}$$

式中　V——混合物总摩尔数；

　　　n_i——组分 i 的摩尔数；

　　　Z——烃类混合物的压缩系数。

通过将上述逸度的热力学定义与 SRK 状态方程[式(5-70)]相结合，Soave 提出了液相中组分 i 的逸度系数的表达式：

$$\ln \left(\frac{f_i^l}{x_i P} \right) = \ln(\Phi_i^l) = \frac{b_i(Z^l - 1)}{b_m} - \ln(Z^l - B) - \left(\frac{A}{B} \right) \left[\frac{2\psi_i}{(a\alpha)_m} - \frac{b_i}{b_m} \right] \ln \left(1 + \frac{B}{Z^l} \right)$$

$$\tag{5-94}$$

其中，

$$\psi_i = \sum_j \left[x_j \sqrt{a_j a_i \alpha_i \alpha_j} (1 - k_{ij}) \right] \qquad (5-95)$$

$$(a\alpha)_m = \sum_i \sum_j \left[x_i x_j \sqrt{a_i a_j \alpha_i \alpha_j} (1 - k_{ij}) \right] \qquad (5-96)$$

根据气相的组分 y_j 来计算 A、B、Z^v 和其他与组分有关的参数，然后通过式（5-94）确定气相中的组分逸度系数 Φ_i^v，即：

$$\ln(\Phi_i^v) = \frac{b_i(Z^v - 1)}{b_m} - \ln(Z^v - B) - \frac{A}{B}\left[\frac{2\psi_i}{(a\alpha)_m} - \frac{b_i}{b_m}\right]\ln\left(1 + \frac{B}{Z^v}\right)$$

其中，

$$\psi_i = \sum_j \left[y_j \sqrt{a_i a_j \alpha_i \alpha_j} (1 - k_{ij}) \right]$$

$$(a\alpha)_m = \sum_i \sum_j \left[y_i y_j \sqrt{a_i a_j \alpha_i \alpha_j} (1 - k_{ij}) \right]$$

3. Gibbs 能与 Z 的选取

在求解烃类混合物的立方形 Z 值方程时，可能存在一个或三个实根。当存在三个不同的根时，它们分别表示为：

①最大根：Z_{Largest}。

②中间根：Z_{Middle}。

③最小根：Z_{Smallest}。

中间根 Z_{Middle} 通常没有物理意义而被舍弃。然而，在剩余的两个根之间选择正确的根，对于避免相态平衡的收敛问题很重要。因为选择了不合适的根可能会导致状态方程产生不合理的结果。正确的根具有最低的归一化 Gibbs 能量函数 g^*。归一化的 Gibbs 能量函数 g^* 是由某一相的组成和相中单个组分的逸度来定义的。在数学上，归一化的 Gibbs 能量函数由以下表达式定义：

气相归一化的 Gibbs 能量函数：

$$g_{\text{gas}}^* = \sum_{i=1}^n y_i \ln(f_i^v)$$

液相归一化的 Gibbs 能量函数：

$$g_{\text{Liquid}}^* = \sum_{i=1}^n x_i \ln(f_i^l)$$

因此，假设组成为 x_i 的某液相具有三个 Z 因子的根，中间根被自动丢弃，其余两个根被指定为 Z_{l_1} 和 Z_{l_2}。要选择正确的根，需要用 Z_{l_1} 和 Z_{l_2} 计算归一化的 Gibbs 能量函数：

$$g_{Z_{l_1}}^* = \sum_{i=1}^n x_i \ln(f_i^l)$$

$$g_{Z_{l_2}}^* = \sum_{i=1}^n x_i \ln(f_i^l)$$

其中，根据剩余的两个根 Z_{l_1} 和 Z_{l_2} 求解式（5-94）确定逸度 f_i^l，得到：

$$(f_i^l)Z_{l_1} = x_i P + \exp\left\{\frac{b_i(Z_{l_1} - 1)}{b_m} - \ln(Z_{l_1} - B) - \frac{A}{B}\left[\frac{2\psi_i}{(a\alpha)_m} - \frac{b_i}{b_m}\right]\ln\left[1 + \frac{B}{Z_{l_1}}\right]\right\}$$

$$(f_i^l)Z_{l_2} = x_i + \exp\left\{\frac{b_i(Z_{l_2} - 1)}{b_m} - \ln(Z_{l_2} - B) - \frac{A}{B}\left[\frac{2\psi_i}{(a\alpha)_m} - \frac{b_i}{b_m}\right]\ln\left[1 + \frac{B}{Z_{l_2}}\right]\right\}$$

如果$g^*_{Z_{1_1}} < g^*_{Z_{1_2}}$，选择$Z_{1_1}$作为正确的根；否则，选择$Z_{1_2}$。需要指出的是，如果能得到三个$Z$因子，且其中最大的$Z$用$Z_{g_1}$表示，最小的$Z$用$Z_{g_2}$表示，上述步骤同样适用于气相。气相归一化的 Gibbs 能量函数表示为：

$$g^*_{Z_{g_1}} = \sum_{i=1}^{n} y_i \ln(f_i^v)$$

$$g^*_{Z_{g_2}} = \sum_{i=1}^{n} y_i \ln(f_i^v)$$

其中，通过使用剩余的两个根Z_{g_1}和Z_{g_2}确定逸度f_i，得到：

$$(f_i^v) Z_{g_1} = x_i P + \exp\left\{ \frac{b_i(Z_{g_1}-1)}{b_m} - \ln(Z_{g_1}-B) - \frac{A}{B}\left[\frac{2\psi_i}{(a\alpha)_m} - \frac{b_i}{b_m} \right] \ln\left[1 + \frac{B}{Z_{g_1}} \right] \right\}$$

$$(f_i^v) Z_{g_2} = x_i + \exp\left\{ \frac{b_i(Z_{g_2}-1)}{b_m} - \ln(Z_{g_2}-B) - \frac{A}{B}\left[\frac{2\psi_i}{(a\alpha)_m} - \frac{b_i}{b_m} \right] \ln\left[1 + \frac{B}{Z_{g_2}} \right] \right\}$$

如果$g^*_{Z_{g_1}} < g^*_{Z_{g_2}}$作为正确的根；否则，选择$Z_{g_2}$。

4. 化学势

化学势μ_i衡量的是当组分从一个相转移到另一相时，该组分带给混合物的能量。在混合物中，化学势的定义是系统的自由能G相对于该特定组分的摩尔数变化的斜率。因此，它是自由能相对于该特定组分数量的偏导数，数学定义式是：

$$\mu_i = \left(\frac{\partial G}{\partial n_i} \right)_{P,T,n_j}$$

在混合物中，由于组分不同，两相的归一化 Gibbs 自由能g不同。而达到平衡态的标准在数学上定义为：

$$\frac{\partial G}{\partial n_i} = \mu_i^{gas} - \mu_i^{Liquid} = 0$$

该平衡标准表明，在平衡时，每个组分i在两相中的化学势μ_i相等：

$$\mu_i^{gas} = \mu_i^{Liquid}$$

组分i的化学势与活性有关：

$$\mu_i = \mu_i^{o} + RT\ln(\hat{a}_i)$$

$$\hat{a}_i = \frac{f_i}{f_i^{o}}$$

式中　$\hat{a}_i$——在P和T下混合物中组分i的活性；

μ_i^{o}——在P和T下纯组分i的化学势；

f_i^{o}——在P和T下纯组分i的逸度；

f_i——在P和T下混合物中组分i的逸度。

5. SRK 的状态方程的修正

为了改进 SRK 状态方程对纯组分蒸气压力的预测，Groboski 和 Daubert（1978）通过分析大量的纯烃的实验数据，提出了一个新的表达式来计算式（5-72）中的参数m。该表达式为：

$$m = 0.48508 + 1.5517\omega - 0.15613\omega^2 \qquad (5-97)$$

Sim 和 Daubert(1980)指出，由于式(5-97)中的系数是通过分析低相对分子质量烃类的蒸气压力数据来确定的，因此式(5-97)不适用于高相对分子质量的原油组分。因为重质原油组分的偏心因子是由 Edmister 方法或 Lee-Kesler 方法计算得到的，所以作者提出了以下方法来确定参数 m：

①如果偏心因子是由 Edmister 方法确定的，则：

$$m = 0.431 + 1.57\omega_i - 0.15613\omega_i^2 \qquad (5-98)$$

②如果偏心因子是由 Lee 和 Kesler 方法确定的，则：

$$m = 0.315 + 1.60\omega_i - 0.166\omega_i^2 \qquad (5-99)$$

Elliot 和 Daubert(1985)指出，最佳的二元相互作用系数 k_{ij} 可以使混合物的所有热力学性质最准确，比如相平衡计算中特别重要的性质，包括泡点压力、露点压力和平衡比。Elliot 和 Daubert 提出以下一组关系式，以确定包括 CH_4、N_2、CO_2 和 H_2S 组分在内的不对称混合物[2]的相互作用系数。将主组分称为 i，另一组分称为 j。

当 $i = N_2$：

$$k_{ij} = 0.107089 + 2.977k_{ij}^\infty \qquad (5-100)$$

当 $i = CO_2$：

$$k_{ij} = 0.08058 - 0.77215k_{ij}^\infty - 1.8404k_{ij}^\infty \qquad (5-101)$$

当 $i = H_2S$：

$$k_{ij} = 0.07654 + 0.01792k_{ij}^\infty \qquad (5-102)$$

当 $i = CH_2$ 且 $j > C_9$：

$$k_{ij} = 0.17985 + 2.6958k_{ij}^\infty + 10.853(k_{ij}^\infty)^2 \qquad (5-103)$$

其中，

$$k_{ij}^\infty = \frac{-(\varepsilon_i - \varepsilon_j)^2}{2\varepsilon_i\varepsilon_j} \qquad (5-104)$$

以及

$$\varepsilon_i = \frac{0.480453\sqrt{a_i}}{b_i} \qquad (5-105)$$

式(5-105)的两个参数 a_i 和 b_i 分别由式(5-73)和式(5-74)定义：

$$a = \Omega_a \frac{R^2 T_c^2}{P_c}$$

$$b = \Omega_b \frac{RT_c}{P_c}$$

6. 体积修正参数

SRK 状态方程的主要缺点是，它假设所有物质的临界压缩系数都是 0.333。因此，它通常会高估摩尔体积而低估密度。

Peneloux 等(1982)通过在等式中引入体积修正参数 c_i，提出了一种改进的 SRK 状态方程来预测体积。该参数不改变原始 SRK 状态方程确定的蒸气与液体的平衡条件，即平衡

比 K_i，但它改变了液体和气体的体积。具体的表达式是：

$$V_{\text{corr}}^l = V^l - \sum_i (x_i c_i) \tag{5-106}$$

$$V_{\text{corr}}^v = V^v - \sum_i (y_i c_i) \tag{5-107}$$

式中　V^l——未修正的液体摩尔体积（即 $V^l = Z^l RT/P$），ft^3/mol；

　　　V^v——未修正的气体摩尔体积，$V^v = Z^v RT/P$，ft^3/mol；

　　　V_{corr}^l——修正后的液体摩尔体积，ft^3/mol；

　　　V_{corr}^v——修正后的气体摩尔体积，ft^3/mol；

　　　x_i——液相中组分 i 的摩尔分数；

　　　y_i——气相中组分 i 的摩尔分数。

作者针对六种不同情况，提出了计算每种组分的修正系数 c_i 的方法。对于石油和重质烃，Peneloux 等认为体积修正系数 c_i 的最佳相关参数是 Rackett 压缩系数 Z_{RA}。c_i 和 Z_{RA} 通过式(5-108)相关联：

$$c_i = 4.43797878(0.29441 - Z_{\text{RA}}) T_{c_i}/P_{c_i} \tag{5-108}$$

式中　c_i——组分 i 的体积修正系数，$\text{ft}^3/\text{lb}-\text{mol}$；

　　　T_{c_i}——组分 i 的临界温度，$^\circ\text{R}$；

　　　P_{c_i}——组分 i 的临界压力，psia。

每种化合物有自己的唯一常数 Z_{RA}。通常，Z_{RA} 值与临界压缩系数 Z_c 值没有太大差别。如果它们的值未知，Peneloux 等为计算 c_i 提出了以下关系式：

$$c_i = (0.0115831168 + 0.411844152 \omega_i)\frac{T_{c_i}}{P_{c_i}} \tag{5-109}$$

式中　ω_i——组分 i 的偏心因子。

例 5-13　使用 Peneloux 的体积修正方法重新计算例 5-12。例 5-12 的关键信息包括：

气体：$Z^v = 0.9267$，$M_a = 20.89$

液体：$Z^l = 1.4121$，$M_a = 100.25$

$T = 160\,^\circ\text{F}$，$P = 4000\text{psi}$

解　(1)由式(5-109)计算体积修正系数 c_i：

$$c_i = (0.0115831168 + 0.411844152 \omega_i)\frac{T_{c_i}}{P_{c_i}}$$

结果如表 5-32 所示：

表 5-32　c_i 计算结果

组　分	x_i	P_c	T_c	ω_i	c_i	$c_i x_i$	y_i	$c_i y_i$
C_1	0.45	666.4	343.33	0.0104	0.00839	0.003776	0.86	0.00722
C_2	0.05	706.5	549.92	0.0979	0.03807	0.001903	0.05	0.00190
C_3	0.05	616.0	666.06	0.1522	0.07729	0.003861	0.05	0.00386
C_4	0.03	527.9	765.62	0.1852	0.1265	0.00379	0.02	0.00253

续表

组　分	x_i	P_c	T_c	ω_i	c_i	$c_i x_i$	y_i	$c_i y_i$
C_5	0.01	488.6	845.8	0.2280	0.19897	0.001989	0.01	0.00198
C_6	0.01	453	923	0.2500	0.2791	0.00279	0.005	0.00139
C_{7+}	0.40	285	1160	0.5200	0.91881	0.36752	0.005	0.00459
Σ						0.38564		0.02349

（2）使用例5–12中计算的压缩系数计算气相和液相修正前的体积：

$$V^v = \frac{RTZ^v}{P} = \frac{10.73 \times 620 \times 0.9267}{4000} = 1.54119 \text{ft}^3/\text{mol}$$

$$V^l = \frac{RTZ^l}{P} = \frac{10.73 \times 620 \times 1.4121}{4000} = 2.3485 \text{ft}^3/\text{mol}$$

（3）分别使用式（5–106）和式（5–107）计算修正后气体和液体的体积：

$$V^l_{\text{corr}} = V^l - \sum_i (x_i c_i) = 2.3485 - 0.38564 = 1.962927 \text{ft}^3/\text{mol}$$

$$V^v_{\text{corr}} = V^v - \sum_i (y_i c_i) = 1.541119 - 0.02349 = 1.5177 \text{ft}^3/\text{mol}$$

（4）计算修正的压缩系数：

$$Z^v_{\text{corr}} = \frac{4000 \times 1.5177}{10.73 \times 620} = 0.91254$$

$$Z^l_{\text{corr}} = \frac{4000 \times 1.962927}{10.73 \times 620} = 1.18025$$

（5）确定两相修正后的密度：

$$\rho = \frac{PM_a}{RTZ}$$

$$\rho^v = \frac{4000 \times 20.89}{10.73 \times 620 \times 0.91254} = 13.767 \text{lb}/\text{ft}^3$$

$$\rho^l = \frac{4000 \times 100.25}{10.73 \times 620 \times 1.18025} = 51.07 \text{lb}/\text{ft}^3$$

正如Whitson和Brule（2000）所指出的，当将体积修正参数引入混合物的状态方程时，逸度的表达式可表示为：

$$(f_i^l)_{\text{modified}} = (f_i^l)_{\text{original}} \exp\left(-c_i \frac{P}{RT}\right)$$

和

$$(f_i^v)_{\text{modified}} = (f_i^v)_{\text{original}} \exp\left(-c_i \frac{P}{RT}\right)$$

这意味着逸度的比值不会随体积的修正而发生改变：

$$\frac{(f_i^l)_{\text{modified}}}{(f_i^v)_{\text{modified}}} = \frac{(f_i^l)_{\text{original}}}{(f_i^v)_{\text{original}}}$$

5.5.4　Peng – Robinson 状态方程及其修正

Peng和Robinson（1976a）进行了一项综合研究，评价了SRK状态方程在预测烃类系统性质的应用。他们提出需要改进 SRK 状态方程以更准确地预测液体密度和其他的流体性质，特别是烃类系统的临界性质。Peng 和 Robinson(PR)提出了以下表达式作为改进模型的基础：

$$P = \frac{RT}{V-b} - \frac{a\alpha}{(V+b)^2 - cb^2}$$

其中，a、b、α——与它们在 SRK 状态方程中具有相同的意义；

$\qquad c$——通过分析 SRK 状态方程中的 Z_c 和 b/V_c 的值得到的整数。

如上节所提到的，Z_c 通常接近 0.28，并且 b/V_c 应该约为 0.26。当 c 等于 2 时，Z_c 和 (b/V_c) 就分别为 0.307 和 0.253，上述方程就变成了如式(5-110)所示的状态方程(通常称为 PR 状态方程)：

$$P = \frac{RT}{V-b} - \frac{a\alpha}{V(V+b) + b(V-b)} \qquad (5-110)$$

在式(5-110)上施加典型的临界条件[式(5-48)]并求解参数 a 和 b，得到：

$$a = \Omega_a \frac{R^2 T_c^2}{P_c} \qquad (5-111)$$

$$b = \Omega_b \frac{RT_c}{P_c} \qquad (5-112)$$

其中，

$$\Omega_a = 0.45724$$

$$\Omega_b = 0.07780$$

该方程预测通用临界气体压缩系数 Z_c 为 0.307，而在 SRK 方程中该值为 0.333。Peng 和 Robinson 也采用了 Soave 方法计算参数 α：

$$\alpha = \left[1 + m\left(1 - \sqrt{T_r}\right)\right]^2 \qquad (5-113)$$

其中，$m = 0.3796 + 1.5422\omega - 0.2699\omega^2$。

Peng 和 Robinson(1978)提出了以下 m 的修正表达式并推荐用于偏心因子 ω 大于 0.49 的重组分：

$$m = 0.379642 + 1.48503\omega - 0.1644\omega^2 + 0.016667\omega^3 \qquad (5-114)$$

将式(5-110)重新整理为压缩因子形式，得到：

$$Z^3 + (B-1)Z^2 + (A - 3B^2 - 2B)Z - (AB - B^2 - B^3) = 0 \qquad (5-115)$$

其中纯组分的 A 和 B 由式(5-81)式(5-82)给出，混合物的 A 和 B 由式(5-85)和式(5-86)给出，即：

$$A = \frac{(a\alpha)_m P}{(RT)^2}$$

$$B = \frac{b_m P}{RT}$$

其中，

$$(a\alpha)_m = \sum_i \sum_j \left[x_i x_j \sqrt{a_i a_j \alpha_i \alpha_j}(1 - k_{ij})\right]$$

$$b_m = \sum_i (x_i b_i)$$

例 5 - 14 基于例 5 - 12 中给出的组分，使用 Peng - Robinson 状态方程计算气相和液相的密度。假设 $k_{ij} = 0$。组分的性质如表 5 - 33 所示。

表 5 - 33　组分的性质

组　分	x_i	y_i	P_c	T_c	ω_i
C_1	0.45	0.86	666.4	343.33	0.0104
C_2	0.05	0.05	706.5	549.92	0.0979
C_3	0.05	0.05	616.0	666.06	0.1522
C_4	0.03	0.02	527.9	765.62	0.1852
C_5	0.01	0.01	488.6	845.8	0.2280
C_6	0.01	0.005	453	923	0.2500
C_{7+}	0.40	0.005	285	1160	0.5200

C_{7+} 组分有以下性质：

$$M = 215$$

$$P_c = 285 \text{psia}$$

$$T_c = 700 \text{℉}$$

$$\omega = 0.582$$

解　(1) 由式(5 -111) ~ 式(5 -113) 计算系统中每个组分的参数 a、b 和 α：

$$\alpha = \left[1 + m(1 - \sqrt{T_r}) \right]^2$$

$$a = 0.45724 \frac{R^2 T_c^2}{P_c}$$

$$b = 0.07780 \frac{R T_c}{P_c}$$

结果如表 5 - 34 所示：

表 5 - 34　a、b 和 α 计算结果

组　分	P_c	T_c	ω_i	m	α_i	a_i	b_i
C_1	666.4	343.33	0.0104	1.8058	0.7465	9294.4	0.4347
C_2	706.5	549.92	0.0979	1.1274	0.9358	22506.1	0.6517
C_3	616.0	666.06	0.1522	0.9308	1.0433	37889.0	0.9136
C_4	527.9	765.62	0.1852	0.80980	1.1357	56038.9	1.1755
C_5	488.6	845.8	0.2280	0.73303	1.2170	77058.9	1.6091
C_6	453	923	0.2500	0.67172	1.2882	100.662.3	1.4635
C_{7+}	285	1160	0.5200	0.53448	1.6851	248550.5	3.4414

(2) 计算气相和液相混合物的参数 $(a\alpha)_m$ 和 b_m 得到以下结果：

气相：

$$(a\alpha)_m = \sum_i \sum_j \left[y_i y_j \sqrt{a_i a_j \alpha_i \alpha_j} (1 - k_{ij}) \right] = 10423.54$$

$$b_m = \sum_i (y_i b_i) = 0.862528$$

液相：

$$(a\alpha)_m = \sum_i \sum_j \left[x_i x_j \sqrt{a_i a_j \alpha_i \alpha_j}(1 - k_{ij}) \right] = 107325.4$$

$$b_m = \sum_i (x_i b_i) = 1.696543$$

(3)计算两相的压缩系数：

计算气相的系数 A 和 B：

$$A = \frac{(a\alpha)_m P}{(RT)^2} = \frac{10432.54 \times 4000}{10.73^2 \times 620^2} = 0.94209$$

$$B = \frac{b_m P}{RT} = \frac{0.862528 \times 4000}{10.73 \times 620} = 0.30669$$

计算液相的系数 A 和 B：

$$A = \frac{(a\alpha)_m P}{(RT)^2} = \frac{107325.4 \times 4000}{10.73^2 \times 620^2} = 9.700183$$

$$B = \frac{b_m P}{RT} = \frac{1.696543 \times 4000}{10.73 \times 620} = 1.020078$$

(4)求解式(5-115)得到气相和液相的压缩系数：

$$Z^3 + (B-1)Z^2 + (A - 3B^2 - 2B)Z - (AB - B^2 - B^3) = 0$$

对于气相，在上式中代入 $A = 0.94209$ 和 $B = 0.30669$，得到：

$$Z^3 + (B-1)Z^2 + (A - 3B^2 - 2B)Z - (AB - B^2 - B^3) = 0$$

$$Z^3 + (0.30669 - 1)Z^2 + (0.94209 - 3 \times 0.30669^2 - 2 \times 0.30669)$$

$$Z - (0.94209 \times 0.30669 - 0.30669^2 - 0.30669^3) = 0$$

求解 Z 得到：

$$Z^v = 0.8625$$

对于液相，在式(5-115)中代入 $A = 9.700183$ 和 $B = 1.020078$，得到：

$$Z^3 + (B-1)Z^2 + (A - 3B^2 - 2B)Z - (AB - B^2 - B^3) = 0$$

$$Z^3 + (1.020078 - 1)Z^2 + (9.700183 - 3 \times 1.020078^2 - 2 \times 1.020078)Z$$

$$- (9.700183 \times 1.020078 - 1.020078^2 - 1.020078^3) = 0$$

求解 Z 得到：

$$Z^l = 1.2645$$

(5)计算两相的密度：

气相：

$$\rho^v = \frac{PM_a}{Z^v RT} = \frac{PM_a}{Z^v RT} = \frac{4000 \times 20.89}{0.8625 \times 10.73 \times 620} = 14.566 \text{lb/ft}^3$$

液相：

$$\rho^l = \frac{PM_a}{Z^l RT} = \frac{PM_a}{Z^l RT} = \frac{4000 \times 100.25}{1.2645 \times 10.73 \times 620} = 47.67 \text{lb/ft}^3$$

将式(5-88)给出的热力学关系式应用于式(5-111)，得到纯组分逸度的表达式如式

(5-116)所示:

$$\ln\left(\frac{f}{P}\right) = \ln(\Phi) = Z - 1 - \ln(Z - B) - \frac{A}{2\sqrt{2}B}\ln\left[\frac{Z + (1 + \sqrt{2})B}{Z - (1 - \sqrt{2})B}\right] \quad (5-116)$$

烃类液体混合物中组分 i 的逸度系数由式 5-117 所示的表达式计算:

$$\ln\left(\frac{f^l}{x_iP}\right) = \ln(\Phi_i^l) = \frac{b_i(Z^l - 1)}{b_m} - \ln(Z^l - B) - \frac{A}{2\sqrt{2}B}\left[\frac{2\psi_i}{(a\alpha)_m} - \frac{b_i}{b_m}\right]\ln\left[\frac{Z^l + (1 + \sqrt{2})B}{Z^l - (1 - \sqrt{2})B}\right]$$

$$(5-117)$$

其中,混合物参数 b_m、B、A、ψ_i 和 $(a\alpha)_m$ 如先前所定义。

式(5-117)也用来计算气相中任何组分的逸度系数,只需通过将气相的组成 y_i 代替液相的组成 x_i,即:

$$\ln\left(\frac{f^v}{y_iP}\right) = \ln(\Phi_i^v) = \frac{b_i(Z^v - 1)}{b_m} - \ln(Z^v - B) - \frac{A}{2\sqrt{2}B}\left[\frac{2\psi_i}{(a\alpha)_m} - \frac{b_i}{b_m}\right]\ln\left[\frac{Z^v + (1 + \sqrt{2})B}{Z^v - (1 - \sqrt{2})B}\right]$$

表 5-35 显示了二元相互作用系数 k_{ij} 的矩阵,一般在使用 Peng-Robinson 状态方程预测碳氢化合物混合物的体积时使用。

表 5-35 二元相互作用系数矩阵

组分	CO_2	N_2	H_2S	C_1	C_2	C_3	$i-C_4$	$n-C_4$	$i-C_5$	$n-C_5$	C_6	C_7	C_8	C_9	C_{10}
CO_2	0	0	0.135	0.105	0.130	0.125	0.120	0.115	0.115	0.115	0.115	0.115	0.115	0.115	0.115
N_2		0	0.130	0.025	0.010	0.090	0.095	0.095	0.100	0.100	0.110	0.115	0.120	0.120	0.125
H_2S			0	0.070	0.085	0.080	0.075	0.075	0.070	0.070	0.070	0.060	0.060	0.060	0.055
C_1				0	0.005	0.010	0.035	0.025	0.050	0.030	0.030	0.035	0.040	0.040	0.045
C_2					0	0.005	0.005	0.010	0.020	0.020	0.020	0.020	0.020	0.020	0.020
C_3						0	0.000	0.000	0.015	0.015	0.010	0.005	0.005	0.005	0.005
$i-C_4$							0	0.005	0.005	0.005	0.005	0.005	0.005	0.005	0.005
$n-C_4$								0	0.005	0.005	0.005	0.005	0.005	0.005	0.005
$i-C_5$									0	0.000	0.000	0.000	0.000	0.000	0.000
$n-C_5$										0	0.000	0.000	0.000	0.000	0.000
C_6											0	0.000	0.000	0.000	0.000
C_7												0	0.000	0.000	0.000
C_8													0	0.000	0.000
C_9														0	0.00
C_{10}															0

注:$k_{ij} = k_{ji}$。

为了提高 PR 状态方程在描述含有 N_2、CO_2 和 CH_4 等非烃化合物的混合物时的预测能力,Nikos 等(1986)提出了用于生成二元相互作用系数 k_{ij} 的广义关系式。他们将系数 k_{ij} 与系统压力、温度和偏心因子联系起来。k_{ij} 广义具体的表达式如下:

$$k_{ij} = \lambda_2 T_{rj}^2 + \lambda_1 T_{rj} + \lambda_0 \qquad (5-118)$$

式中　i——主组分，N_2、CO_2 或 CH_4；

　　　j——二元系统中其他烃类组分。

应用以下表达式为每组二元相互作用系数确定偏心因子的相关参数，包括 λ_0、λ_1 和 λ_2：

当 $i = N_2$：

$$\lambda_0 = 0.1751787 - 0.7043 \log(\omega_j) - 0.862066 \, [\log(\omega_j)]^2 \qquad (5-119)$$

$$\lambda_1 = -0.584474 - 1.328 \log(\omega_j) + 2.035767 \, [\log(\omega_j)]^2 \qquad (5-120)$$

$$\lambda_2 = 2.257079 + 7.869765 \log(\omega_j) + 13.50466 \, [\log(\omega_j)]^2 + 8.3864 \, [\log(\omega_j)]^3 \qquad (5-121)$$

Nikos 等还提出了如式(5-122)所示的关系式对 k_{ij} 进行修正：

$$k'_{ij} = k_{ij}(1.04 - 4.2 \times 10^{-5} P) \qquad (5-122)$$

式中　P——压力，psi。

当 $i = CH_4$：

$$\lambda_0 = -0.01664 - 0.37283 \log(\omega_j) + 1.31757 \, [\log(\omega_j)]^2 \qquad (5-123)$$

$$\lambda_1 = 0.48147 + 3.35342 \log(\omega_j) - 1.0783 \, [\log(\omega_j)]^2 \qquad (5-124)$$

$$\lambda_2 = -0.4114 - 3.5072 \log(\omega_j) - 0.78798 \, [\log(\omega_j)]^2 \qquad (5-125)$$

当 $i = CO_2$：

$$\lambda_0 = 0.4025636 + 0.1748927 \log(\omega_j) \qquad (5-126)$$

$$\lambda_1 = -0.94812 - 0.6009864 \log(\omega_j) \qquad (5-127)$$

$$\lambda_2 = 0.741843368 + 0.441775 \log(\omega_j) \qquad (5-128)$$

对于 CO_2 的相互作用参数 k_{ij}，建议进行以下压力修正：

$$k'_{ij} = k_{ij}(1.044269 - 4.375 \times 10^{-5} P) \qquad (5-129)$$

Stryjek 和 Vera(1986)提出当对比温度在 0.7 到 1.0 的范围内时，可以用以下表达式求出的 m_o 代替式(5-113)中的参数 m，来提高 PR 状态方程预测纯组分的蒸气压力的准确性。

$$m_o = 0.378893 + 1.4897153 \omega - 0.17131848 \omega^2 + 0.0196554 \omega^3 \qquad (5-130)$$

为了在低于 0.7 的对比温度下求解蒸气压力，Stryjek 和 Vera 在式(5-113)中引入参数 m_1 以代表每种化合物的特征，进一步修改 PR 状态方程的参数 m，得到一个广义的参数 m：

$$m = m_o + m_1 (1 + \sqrt{T_r})(0.7 - T_r) \qquad (5-131)$$

式中　T_r——纯组分的对比温度；

　　　m_o——由式(5-130)定义；

　　　m_1——可调参数。

对于对比温度小于 0.7 的组分，Stryjek 和 Vera 建议将 m_1 设为 0。对于对比温度大于 0.7 的组分，m_1 的最优值如表 5-36 所示：

表 5-36 m_1 最优值

组 分	m_1	组 分	m_1
N_2	0.01996	C_9	0.04104
CO_2	0.04285	C_{10}	0.04510
H_2O	-0.06635	C_{11}	0.02919
C_1	-0.00159	C_{12}	0.05426
C_2	0.02669	C_{13}	0.04157
C_3	0.03136	C_{14}	0.02686
C_4	0.03443	C_{15}	0.01892
C_5	0.03946	C_{16}	0.02665
C_6	0.05104	C_{17}	0.04048
C_7	0.04648	C_{18}	0.08291
C_8	0.04464		

参数 m_1 完全是经验性的，Stryjek 和 Vera 无法从纯组分参数中找到任何计算 m_1 的广义公式。因此他们建议直接使用 m_1 的这些经验值。

Jhaveri 和 Youngren(1984)指出，当 Peng - Robinson 状态方程应用于储层流体时，气体 Z 因子的预测误差范围在 3% ~ 5% 之间，液体密度的预测误差在 6% ~ 12% 之间。在 Peneloux 等提出的步骤(参见 SRK 状态方程)的基础上，Jhaveri 和 Youngren 将体积修正参数 c_i 引入 PR 状态方程。该参数与未修正的 PR 状态方程的第二个参数 b_i 具有相同的单位，并由式(5 - 132)的关系式定义：

$$c_i = S_i b_i \tag{5-132}$$

式中　S_i——无量纲参数，称为偏移参数；

　　　b_i——由式(5 - 112)定义。

与 SRK 状态方程一样，体积修正参数 c_i 不会改变气液平衡条件，即平衡比 K_i。修正后碳氢化合物的相态体积由以下表达式给出：

$$V_{corr}^l = V^l - \sum_{i=1} (x_i c_i)$$

$$V_{corr}^v = V^v - \sum_{i=1} (y_i c_i)$$

式中　V^l、V^v——修正前 PR 状态方程计算得到的液相和气相体积，ft^3/mol；

　　　V_{corr}^l、V_{corr}^v——修正后的液相和气相体积，ft^3/mol。

Whitson 和 Brule(2000)指出，体积转化(修正)的概念可以应用于任何两个常数的三次方程中，从而消除由 EOS 引起的体积误差。Whitson 和 Brule 扩展了 Jhaveri 和 Youngren 的工作，并把一些纯组分的平移参数 S_i 列成了表格，如表 5 - 37 所示。表 5 - 37 中的 S_i 值被用于求解式(5 - 132)，以计算 Peng - Robinson 或 SRK 状态方程中的体积修正参数 c_i。

表 5 – 37　平移参数 S_i

组　分	PR 状态方程	SRK 状态方程
N_2	– 0. 1927	– 0. 0079
CO_2	– 0. 0817	0. 0833
H_2S	– 0. 1288	0. 0466
C_1	– 0. 1595	0. 0234
C_2	– 0. 1134	0. 0605
C_3	– 0. 0863	0. 0825
$i – C_4$	– 0. 0844	0. 0830
$n – C_4$	– 0. 0675	0. 0975
$i – C_5$	– 0. 0608	0. 1022
$n – C_5$	– 0. 0390	0. 1209
$n – C_6$	– 0. 0080	0. 1467
$n – C_7$	0. 0033	0. 1554
$n – C_8$	0. 0314	0. 1794
$n – C_9$	0. 0408	0. 1868
$n – C_{10}$	0. 0655	0. 2080

Jhaveri 和 Youngren 提出了以下表达式来计算 C_{7+} 的平移参数：

$$S_{C_{7+}} = 1 - \frac{d}{M^e}$$

式中　M——C_{7+} 的相对分子质量；

d、e——正相关系数。

作者提出，在没有计算 e 和 d 所需的实验数据时，指数 e 可设为 0. 2051，而系数 d 在 2. 2 ~ 3. 2 的范围内调整以拟合 C_{7+} 的密度。表 5 – 38 中的值可用于 C_{7+} 组分：

表 5 – 38　d 和 e 值

碳氢化合物	d	e
石蜡	2. 258	0. 1823
环烷烃	3. 044	0. 2324
芳烃	2. 516	0. 2008

要使用 Peng – Robinson 状态方程预测混合物的体积和相态特征，必须已知混合物中的每种组分的临界压力、临界温度和偏心因子。对于纯组分，这些参数是已知且明确的。对于所有烃类流体都含有的一定量的重组分，这些参数未被很好地定义。这些重组分通常会被合并为 C_{7+} 组分。但是如何正确计算 C_{7+} 组分的临界性质和偏心因子，石油工业界还一直在探索。比如用 Peng – Robinson 状态方程计算时，即使 C_{7+} 组分非常少，但其性质的改变会对计算出的 PVT 性质和烃类系统的相平衡产生很大的影响。

在这种情况下，通常的做法是调整 EOS 中的参数，包括 C_{7+} 组分的临界性质和二元相互作用系数，以拟合烃类混合物的实验数据，从而提高预测的准确性。

PR 状态方程准确性的不足之处在于其计算 C_{7+} 组分的参数 a、b 和 α 的方法不正确，因此，Ahmed(1991)提出了根据两个容易测得的 C_{7+} 的物理性质，相对分子质量 M_{7+} 和相对密度 γ_{7+}，来确定这些参数的方法。

该方法首先应用第 2 章提到的 Riazi 和 Daubert 方法生成 C_{7+} 的 49 个密度值。然后，这 49 个密度在 60 ~ 300℉范围内的 10 个温度条件和在 14.7 ~ 7000psia 范围内的 10 个压力条件下(共 100 个温度和压力的组合)重新计算，最终生成 4900 个密度值。最后，使用非线性回归方法，调整 Peng – Robinson 状态方程的参数 a、b 和 α 来拟合这 4900 个生成的密度值。C_{7+} 组分的 a、b 和 α 由以下表达式给出：

C_{7+} 的参数 α：

$$\alpha = \left[1 + m \left(1 - \sqrt{\frac{520}{T}} \right) \right]^2 \tag{5-133}$$

m 的定义式是：

$$m = \frac{D}{A_0 + A_1 D} + A_2 M_{7+} + A_3 M_{7+}^2 + \frac{A_4}{M_{7+}} + A_5 \gamma_{7+} + A_6 \gamma_{7+}^2 + \frac{A_7}{\gamma_{7+}} \tag{5-134}$$

参数 D 的定义是 C_{7+} 组分的相对分子质量与相对密度的比值：

$$D = \frac{M_{7+}}{\gamma_{7+}}$$

式中　M_{7+}——C_{7+} 的相对分子质量；

　　　γ_{7+}——C_{7+} 的相对密度；

系数 $A_0 \sim A_7$ 如表 5 – 39 所示：

表 5 – 39　$A_0 \sim A_7$ 值

系　数	a	b	m
A_0	-2.433525×10^7	-6.8453198	-36.91776
A_1	8.3201587×10^3	1.730243×10^2	$-5.2393763 \times 10^{-2}$
A_2	-0.18444102×10^2	$-6.2055064 \times 10^{-6}$	1.7316235×10^{-2}
A_3	3.6003101×10^{-2}	9.0910383×10^{-9}	$-1.3743308 \times 10^{-5}$
A_4	3.4992796×10^7	13.378898	12.718844
A_5	2.838756×10^7	7.9492922	10.246122
A_6	-1.1325365×10^7	-3.1779077	-7.6697942
A_7	6.418828×10^6	1.7190311	-2.6078099

C_{7+} 的参数 a 和 b，具有如式(5 – 135)所示的关系式：

$$a \text{ 或 } b = \sum_{i=0}^{3} (A_i D^i) + \frac{A_4}{D} + \sum_{i=5}^{6} (A_i \gamma_{7+}^{i-4}) + \frac{A_7}{\gamma_{7+}} \tag{5-135}$$

系数 $A_0 \sim A_7$ 如表 5 – 39 所示。

为了进一步提高 Peng – Robinson 状态方程的预测能力，Ahmed(1991)通过使用非线性回归方法拟合每个组分的 100 个 Z 因子来获得 N_2、CO_2 和 C_1 的系数 a、b 和 m，得到如表 5 – 40 所示的优化值。

表 5 − 40 a、b 和 m 优化值

组　分	a	b	m [式 (5 − 133)]
CO_2	1.499914×10^4	0.41503575	− 0.73605717
N_2	4.5693589×10^3	0.4682582	− 0.97962859
C_1	7.709708×10^3	0.46749727	− 0.549765

改进的 PR 状态方程确定二元相互作用系数 K_{ij} 的步骤如下:

步骤 1, 计算甲烷与 C_{7+} 组分之间的二元相互作用系数:

$$K_{C_1 - C_{7+}} = 0.00189T - 1.167059$$

式中 T——温度,°R。

步骤 2, 假定:

$$K_{CO_2 - N_2} = 0.12$$
$$K_{CO_2 - hydrocarbon} = 0.10$$
$$K_{N_2 - hydrocarbon} = 0.10$$

步骤 3, 采用 Petersen 等 (1989) 推荐的方法, 计算比甲烷重的组分 (即 C_2、C_3 等) 和 C_{7+} 组分之间的二元相互作用系数:

$$K_{C_n - C_{7+}} = 0.8K_{C_{(n-1)} - C_{7+}}$$

式中 n——组分 C_n 的碳原子数, 例如:

C_2 和 C_{7+} 之间的二元相互作用系数: $K_{C_2 - C_{7+}} = 0.8K_{C_1 - C_{7+}}$

C_3 和 C_{7+} 之间的二元相互作用系数: $K_{C_3 - C_{7+}} = 0.8K_{C_2 - C_{7+}}$

步骤 4, 确定其余的 K_{ij}:

$$K_{ij} = K_{i - C_{7+}} \left[\frac{(M_j)^5 - (M_i)^5}{(M_{C_{7+}})^5 - (M_i)^5} \right]$$

式中 M——任何指定组分的相对分子质量。

例如, 丙烷 C_3 和丁烷 C_4 之间的二元相互作用系数是:

$$K_{C_3 - C_4} = K_{C_3 - C_{7+}} \left[\frac{(M_{C_4})^5 - (M_{C_3})^5}{(M_{C_{7+}})^5 - (M_{C_3})^5} \right]$$

5.5.5　状态方程的总结

本小节讨论的不同状态方程都以以下形式总结于表 5 − 41 中:

$$P = P_{斥力} - P_{引力}$$

表 5 − 41　不同状态方程

EOS	$P_{斥力}$	$P_{引力}$	a	b
Ideal	$\dfrac{RT}{V}$	0	0	0
vdW	$\dfrac{RT}{V - b}$	$\dfrac{a}{V^2}$	$\Omega_a \dfrac{R^2 T_c^2}{P_c}$	$\Omega_b \dfrac{RT_c}{P_c}$

EOS	$P_{斥力}$	$P_{引力}$	a	b
RK	$\dfrac{RT}{V-b}$	$\dfrac{a}{V(V+b)\sqrt{T}}$	$\Omega_a\dfrac{R^2 T_c^{2.5}}{P_c}$	$\Omega_b\dfrac{RT_c}{P_c}$
SRK	$\dfrac{RT}{V-b}$	$\dfrac{a\alpha(T)}{V(V+b)}$	$\Omega_a\dfrac{R^2 T_c^2}{P_c}$	$\Omega_b\dfrac{RT_c}{P_c}$
PR	$\dfrac{RT}{V-b}$	$\dfrac{a\alpha(T)}{V(V+b)+b(V-b)}$	$\Omega_a\dfrac{R^2 T_c^2}{P_c}$	$\Omega_b\dfrac{RT_c}{P_c}$

5.6 状态方程应用

大多数石油工程应用都依赖于状态方程，因为其简单性、一致性和修正后的准确性。三次方状态方程作为方便灵活的储层流体的复杂相态计算工具已被广泛接受。本节介绍了它的一些应用，包括：

(1)平衡比 K。

(2)露点压力 P_d。

(3)泡点压力 P_b。

(4)三相闪蒸计算。

(5)蒸气压力 P_v。

(6)模拟 PVT 实验。

5.6.1 平衡比 K_i

图 5-9 展示了估算烃类混合物平衡比的步骤。对于此类计算，必须已知系统温度 T、系统压力 P 和混合物的总组成 z_i。具体的步骤如下：

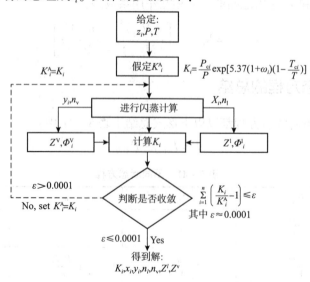

图 5-9 利用状态方程确定平衡比的步骤

步骤 1，在指定的系统压力和温度下，利用 Wilson 方程给出混合物中每种组分的平衡比的初始值 K_i :

$$K_i^{\mathrm{A}} = \frac{P_{ci}}{P} \exp [5.37(1 + \omega_i)(1 - T_{ci}/T)]$$

式中　K_i^{A}——拟组分 i 的平衡比。

步骤 2，使用总组分和 K_i^{A} 进行闪蒸计算，确定 x_i、y_i、n_{l} 和 n_{v}。

步骤 3，使用计算出的液相组成 x_i，求解式(5 - 117)以确定液相中每种组分的逸度系数 Φ_i^{l} :

$$\ln(\Phi_i^{\mathrm{l}}) = \frac{b_i(Z^{\mathrm{l}} - 1)}{b_{\mathrm{m}}} - \ln(Z^{\mathrm{l}} - B) - \frac{A}{2\sqrt{2}B}\left[\frac{2\psi_i}{(a\alpha)_{\mathrm{m}}} - \frac{b_i}{b_{\mathrm{m}}}\right]\ln\left[\frac{Z^{\mathrm{l}} + (1 + \sqrt{2})B}{Z^{\mathrm{l}} - (1 - \sqrt{2})B}\right]$$

步骤 4，使用计算出的气相组成 y_i，重复步骤 3 以确定 Φ_i^{v} :

$$\ln(\Phi_i^{\mathrm{v}}) = \frac{b_i(Z^{\mathrm{v}} - 1)}{b_{\mathrm{m}}} - \ln(Z^{\mathrm{v}} - B) - \frac{A}{2\sqrt{2}B}\left[\frac{2\psi_i}{(a\alpha)_{\mathrm{m}}} - \frac{b_i}{b_{\mathrm{m}}}\right]\ln\left[\frac{Z^{\mathrm{v}} + (1 + \sqrt{2})B}{Z^{\mathrm{v}} - (1 - \sqrt{2})B}\right]$$

步骤 5，估算一组新的平衡比:

$$K_i = \frac{\Phi_i^{\mathrm{l}}}{\Phi_i^{\mathrm{v}}}$$

步骤 6，应用以下约束条件检查计算结果:

$$\sum_{i=1}^{n}\left[K_i / K_i^{\mathrm{A}} - 1\right]^2 \leqslant \varepsilon$$

式中　ε——预设容差，例如 0.0001;

　　　n——系统中的组分数。

如果满足以上条件，则求得平衡比。如果不满足，则使用计算出的平衡比作为新的初始值重复步骤 1~6。

5.6.2　露点压力 P_{d}

在给定的温度下，饱和蒸气出现第一滴液体的压力称为露点压力 P_{d}。式(5 - 136)和式(5 - 137)描述了混合物的露点压力:

$$y_i = z_i，对于 1 \leqslant i \leqslant n 且 n_{\mathrm{v}} = 1 \tag{5 - 136}$$

$$\sum_{i=1}^{n}\frac{z_i}{K_i} = 1 \tag{5 - 137}$$

将逸度系数定义的 K_i 代入式(5 - 137)得到:

$$\sum_{i=1}^{n}\frac{z_i}{K_i} = \sum_{i=1}^{n}\frac{z_i}{(\Phi_i^{\mathrm{l}}/\Phi_i^{\mathrm{v}})} = \sum\left(\frac{z_i}{\Phi_i^{\mathrm{l}}}\frac{f_i^{\mathrm{l}}}{z_i P_{\mathrm{d}}}\right) = 1$$

或

$$P_{\mathrm{d}} = \sum_{i=1}^{n}\frac{f_i^{\mathrm{v}}}{\Phi_i^{\mathrm{l}}}$$

由上式可以得到:

$$f(P_d) = \sum_{i=1}^{n} \frac{f_i^v}{\Phi_i^l} - P_d = 0 \qquad (5-138)$$

式中 P_d——露点压力，psia；

f_i^v——组分 i 在气相中的逸度，psia；

Φ_i^l——组分 i 在液相中的逸度系数。

通过使用 Newton – Raphson 迭代方法求解式(5 – 35)可以得到露点压力。为了使用迭代方法，需要式(5 – 138)先对泡点压力进行求导，如式(5 – 139)所示：

$$\frac{\partial f}{\partial P_d} = \sum_{i=1}^{n} \left[\frac{\Phi_i^l(\partial f_i^v/\partial P_d) - f_i^v(\partial \Phi_i^l/\partial P_d)}{(\Phi_i^l)^2} \right] - 1 \qquad (5-139)$$

该式中的两个导数可近似于式(5 – 140)以及式(5 – 141)：

$$\frac{\partial f^v}{\partial P_d} = \left[\frac{f_i^v(P_d + \Delta P_d) - f_i^v(P_d - \Delta P_d)}{2\Delta P_d} \right] \qquad (5-140)$$

和

$$\frac{\partial \Phi_i^l}{\partial P_d} = \left[\frac{\Phi_i^l(P_d + \Delta P_d) - \Phi_i^l(P_d - \Delta P_d)}{2\Delta P_d} \right] \qquad (5-141)$$

式中 ΔP_d——压力改变量(例如5psia)；

$f_i^v(P_d + \Delta P_d)$——组分 i 在 $(P_d + \Delta P_d)$ 处的逸度；

$f_i^v(P_d - \Delta P_d)$——组分 i 在 $(P_d - \Delta P_d)$ 处的逸度；

$\Phi_i^l(P_d + \Delta P_d)$——组分 i 在 $(P_d + \Delta P_d)$ 处的逸度系数；

$\Phi_i^l(P_d - \Delta P_d)$——组分 i 在 $(P_d - \Delta P_d)$ 处的逸度系数；

Φ_i^l——组分 i 在 P_d 处的逸度系数。

确定露点压力 P_d 的计算步骤如下：

步骤1，假设露点压力的初始值为 P_d^A。

步骤2，基于假设的 P_d^A 值，使用上述的任一方法(例如 Wilson 方法)计算混合物的一组平衡比。

步骤3，应用 K_i 的数学定义，计算液相(液滴)的组成，得到：

$$x_i = \frac{z_i}{K_i}$$

注意，$y_i = z_i$。

步骤4，根据气相的组成 z_i、Φ_i^l 和液相的组成 x_i，在以下三个压力下计算 P_d^A：

①P_d^A；

②$P_d^A + \Delta P_d$；

③$P_d^A - \Delta P_d$。

其中 P_d^A——假设的露点压力；

ΔP_d——预设的压力增长，一般 5 ~ 10psi。

步骤5，使用式(5 – 139) ~ 式(5 – 141)估算函数 $f(P_d)$，即式(5 – 138)及其导数。

步骤6，根据在步骤5中确定的函数 $f(P_d)$ 和导数 $\partial f/\partial P_d$ 的值，应用 Newton – Raphson

公式计算新的露点压力：

$$P_d = P_d^A - f(P_d) / [\partial f / \partial P_d] \tag{5-142}$$

步骤 7，判定计算的 P_d 值是否满足以下条件：

$$|P_d - P_d^A| \leqslant 5$$

如果满足该条件，则求得正确的露点压力 P_d。否则，将计算得出的 P_d 作为下一次迭代的新值并重复步骤 3 ~ 步骤 6。但是，必须在新的露点压力下根据下式计算新的平衡比：

$$K_i = \frac{\varPhi_i^1}{\varPhi_i^v}$$

5.6.3 泡点压力 P_b

泡点压力 P_b 的定义是液体中第一滴气泡形成时的压力。泡点压力通过以下数学式定义：

$$y_i = z_i, \quad 对于 1 \leqslant i \leqslant n \ 且 n_1 = 1 \tag{5-143}$$

$$\sum_{i=1}^{n} (z_i K_i) = 1 \tag{5-144}$$

将逸度系数的概念引入式(5-144)得到：

$$\sum_{i=1}^{n} \left(z_i \frac{\varPhi_i^1}{\varPhi_i^v} \right) = \sum_{i=1}^{n} \left[z_i \frac{\left(\dfrac{f_i^1}{z_i P_b} \right)}{\varPhi_i^v} \right] = 1$$

整理上式得到：

$$P_b = \sum_{i=1}^{n} \left(\frac{f_i^1}{\varPhi_i^v} \right)$$

或

$$f(P_b) = \sum_{i=1}^{n} \left(\frac{f_i^1}{\varPhi_i^v} - P_b \right) = 0 \tag{5-145}$$

计算泡点压力 P_b 的迭代步骤与露点压力类似，式(5-145)需要对泡点压力进行求导：

$$\frac{\partial f}{\partial P_b} = \sum_{i=1}^{n} \left[\frac{\varPhi_i^v (\partial f_i^1 / \partial P_b) - f_i^1 (\partial \varPhi_i^v / \partial P_b)}{(\varPhi_i^v)^2} \right] - 1 \tag{5-146}$$

可以根据计算饱和压力 P_b 和 P_d 对温度的函数或在选定压力下计算泡点和露点温度来构建相位包络线。选择计算压力还是温度取决于给定点处相位包络线的陡峭或平坦程度。根据包络线在该点的斜率：

（1）计算泡点或露点压力，如果：

$$\left| \frac{\partial \ln P}{\partial \ln T} \right| \approx \left| \frac{\ln P_2 - \ln P_1}{\ln T_2 - \ln T_1} \right| < 20$$

（2）计算泡点或露点温度，如果：

$$\left| \frac{\partial \ln P}{\partial \ln T} \right| \approx \left| \frac{\ln P_2 - \ln P_1}{\ln T_2 - \ln T_1} \right| > 20$$

5.6.4 三相平衡计算

两相和三相平衡在碳氢化合物和类似的系统中很常见。Peng 和 Robinson(1976b)提出了一种三相平衡的计算方法,该系统由水、液态烃和气态烃组成。

基于质量守恒原理,1mol 的水和烃类系统在固定温度和压力下处于热力学三相平衡状态时有:

$$n_1 + n_w + n_v = 1 \tag{5-147}$$

$$n_1 x_i + n_w x_{wi} + n_v y_i = z_i \tag{5-148}$$

$$\sum_1^n x_i = \sum_1^n x_{wi} = \sum_1^n y_i = \sum_1^n z_i = 1 \tag{5-149}$$

式中 n_1, n_w, n_v——液态烃、水和气态烃的摩尔数;

x_i, x_{wi}, y_i——组分 i 在液态烃、水和气态烃中的摩尔分数。

相之间的平衡比定义为:

$$K_i = \frac{y_i}{x_i} = \frac{\Phi_i^l}{\Phi_i^v} \tag{5-150}$$

和

$$K_{wi} = \frac{y_i}{x_{wi}} = \frac{\Phi_i^w}{\Phi_i^v} \tag{5-151}$$

式中 K_i——组分 i 气相和液相之间的平衡比;

K_{wi}——组分 i 气相和水相的平衡比;

Φ_i^l——液相中组分 i 的逸度系数;

Φ_i^v——气相中组分 i 的逸度系数;

Φ_i^w——水相中组分 i 的逸度系数。

将式(5-147)~式(5-151)组合得到以下非线性方程组:

$$\sum_{i=1} x_i = \sum_{i=1} \left[\frac{z_i}{n_1(1-K_i) + n_w\left(\frac{K_i}{K_{wi}} - K_i\right) + K_i} \right] = 1 \tag{5-152}$$

$$\sum_{i=1} x_{wi} = \sum_{i=1} \left[\frac{z_i(K_i/K_{wi})}{n_1(1-K_i) + n_w\left(\frac{K_i}{K_{wi}} - K_i\right) + K_i} \right] = 1 \tag{5-153}$$

$$\sum_{i=1} y_i = \sum_{i=1} \left[\frac{z_i K_i}{n_1(1-K_i) + n_w\left(\frac{K_i}{K_{wi}} - K_i\right) + K_i} \right] = 1 \tag{5-154}$$

假设可以计算出各相之间的平衡比,式(5-152)~式(5-154)就可以联立求解出两个未知数 n_1 和 n_v,从而求得 x_i、x_{wi} 和 y_i。如何联立这三个式子取决于具体的平衡计算需要。三个式子的正确组合可用于确定三相系统的体积和相态特征,包括预测泡点和露点以及闪蒸计算。Peng 和 Robinson(1980)提出了以下方式将式(5-152)~式(5-154)进行组合。

对于预测泡点压力:

$$\sum_i x_i - \sum_i x_{wi} = 0$$

和

$$\sum_i y_i - 1 = 0$$

用式(5-152)~式(5-154)代替以上两式，得到：

$$f(n_1, n_w) = \sum_i \left[\frac{z_i(1 - K_i/K_{wi})}{n_1(1 - K_i) + n_w(K_i/K_{wi} - K_i) + K_i} \right] = 0 \qquad (5-155)$$

和

$$g(n_1, n_w) = \sum_i \left[\frac{z_i K_i}{n_1(1 - K_i) + n_w(K_i/K_{wi} - K_i) + K_i} \right] - 1 = 0 \qquad (5-156)$$

对于预测露点压力：

$$\sum_i x_i - \sum_i y_i = 0$$

$$\sum_i x_{wi} - 1 = 0$$

用式(5-152)~式(5-154)代替以上两式，得到：

$$f(n_1, n_w) = \sum_i \left[\frac{z_i K_i(1/K_{wi} - 1)}{n_1(1 - K_i) + n_w(K_i/K_{wi} - K_i) + K_i} \right] = 0 \qquad (5-157)$$

和

$$g(n_1, n_w) = \sum_i \left[\frac{z_i}{n_1(1 - K_i) + n_w(K_i/K_{wi} - K_i) + K_i} \right] - 1 = 0 \qquad (5-158)$$

对于闪蒸计算：

$$\sum_i x_i - \sum_i y_i = 0$$

$$\sum_i x_{wi} - 1 = 0$$

式(5-152)~式(5-154)代替以上两式，得到：

$$f(n_1, n_w) = \sum_i \left[\frac{z_i(1 - K_i)}{n_1(1 - K_i) + n_w(K_i/K_{wi} - K_i) + K_i} \right] = 0 \qquad (5-159)$$

和

$$g(n_1, n_w) = \sum_i \left[\frac{z_i K_i/K_{wi}}{n_1(1 - K_i) + n_w(K_i/K_{wi} - K_i) + K_i} \right] - 1 = 0 \qquad (5-160)$$

注意，在进行以上这些性质的预测时，总有两个未知变量 n_1 和 n_w，以及它们之间的关系方程式。假设平衡比和总组成是已知的，可以使用适当的迭代方法同时求解这两个方程，例如 Newton-Raphson 方法。以下步骤总结了求解式(5-159)和式(5-160)的迭代过程：

步骤 1，假设未知变量 n_1 和 n_w 的初始值。

步骤 2，求解以下两个线性方程以计算 n_1 和 n_w 的新值：

$$\begin{bmatrix} n_1 \\ n_w \end{bmatrix}^{new} = \begin{bmatrix} n_1 \\ n_w \end{bmatrix} - \begin{bmatrix} \partial f/\partial n_1 & \partial f/\partial n_w \\ \partial g/\partial n_1 & \partial g/\partial n_w \end{bmatrix}^{-1} \begin{bmatrix} f(n_1, n_w) \\ g(n_1, n_w) \end{bmatrix}$$

其中，$f(n_1, n_w)$ 的值由式(5-159)决定；$g(n_1, n_w)$ 的值由式(5-160)决定。

这些函数对于 n_1 和 n_w 的一阶导数由以下表达式给出：

$$(\partial f/\partial n_1) = \sum_{i=1} \left\{ \frac{-z_i(1-K_i)^2}{[n_1(1-K_i)+n_w(K_i/K_{wi}-K_i)+K_i]^2} \right\}$$

$$(\partial f/\partial n_w) = \sum_{i=1} \left\{ \frac{-z_i(1-K_i)(K_i/K_{wi}-K_i)}{[n_1(1-K_i)+n_w(K_i/K_{wi}-K_i)+K_i]^2} \right\}$$

$$(\partial g/\partial n_1) = \sum_{i=1} \left\{ \frac{-z_i(K_i/K_{wi})(1-K_i)}{[n_1(1-K_i)+n_w(K_i/K_{wi}-K_i)+K_i]^2} \right\}$$

$$(\partial g/\partial n_w) = \sum_{i=1} \left\{ \frac{-z_i(K_i/K_{wi})(K_i/K_{wi}-K_i)}{[n_1(1-K_i)+n_w(K_i/K_{wi}-K_i)+K_i]^2} \right\}$$

步骤3：将新计算的 n_1 和 n_w 值与初始值进行比较。如果新值与初始值一致，则求得了正确的 n_1 和 n_w 值。否则，将新计算值用作初始值来重复以上步骤。

Peng 和 Robinson(1980) 提出了在使用 PR 状态方程进行三相平衡计算时的两处改进。

①第一个改进涉及由式(5-113)表示的参数 α。Peng 和 Robinson 建议，当水的对比温度小于0.85时，应用式(5-161)表示水的参数 α：

$$\alpha_w = [1.0085677 + 0.82154(1-T_{rw}^{0.5})]^2 \tag{5-161}$$

式中　T_{rw}——水组分的对比温度，即 $T_{rw} = T/T_{cw}$。

②第二个重要的改进是引入了混合规则和参数($a\alpha$)的相互作用系数。他们将与温度相关的二元相互作用系数引入等式中，得到：

$$(a\alpha)_{water} = \sum_i \sum_j [x_{wi} x_{wj} (a_i a_j \alpha_i \alpha_j)^{0.5} (1-\tau_{ij})] \tag{5-162}$$

式中　τ_{ij}——与温度有关的二元相互作用系数；

　　　x_{wi}——水相中组分 i 的摩尔分数。

Peng 和 Robinson 提出了用于确定水与另一种化合物的二元相互作用系数的图版，Lim 和 Ahmed(1984)将其表示为广义的数学关系式，如式(5-163)所示：

$$\tau_{ij} = a_1 \left(\frac{T}{T_{ci}}\right)^2 \left(\frac{P_{ci}}{P_{cj}}\right)^2 + a_2 \frac{T}{T_{ci}} \frac{P_{ci}}{P_{cj}} + a_3 \tag{5-163}$$

式中　T——系统温度，°R；

　　　T_{ci}——组分 i 的临界温度，°R；

　　　P_{ci}——组分 i 的临界压力，psia；

　　　P_{cj}——水化合物的临界压力，psia。

对于部分二元系统，表5-42中给出了以上多项式的系数 a_1、a_2 和 a_3 的值。

表5-42　a_1、a_2 和 a_3 值

组分 i	a_1	a_2	a_3
C_1	0	1.659	-0.761
C_2	0	2.109	-0.607
C_3	-18.032	9.441	-1.208
$n-C_4$	0	2.800	-0.488
$n-C_6$	49.472	-5.783	-0.152

对于非烃组分，二元相互作用系数的值可由式(5-164)和式(5-165)的表达式给出：

对于 N_2 – H_2O 二元系统:

$$\tau_{ij} = 0.402(T/T_{ci}) - 1.586 \tag{5-164}$$

式中　τ_{ij}——氮与水之间的二元相互作用系数;

　　　T_{ci}——氮气的临界温度, °R。

对于 CO_2 – H_2O 二元系统:

$$\tau_{ij} = -0.074\left(\frac{T}{T_{ci}}\right)^2 + 0.478\frac{T}{T_{ci}} - 0.503 \tag{5-165}$$

式中　T_{ci}——CO_2 的临界温度, °R。

在进行相平衡计算时, 一个合适的平衡比的初始值, 可以使迭代计算尽可能地准确。Peng 和 Robinson 采用 Wilson 方法来计算气 – 液两相的 K 的初始值:

$$K_i = \frac{P_{ci}}{P}\exp\left[5.3727(1+\omega_i)\left(1-\frac{T_{ci}}{T}\right)\right]$$

对于烃气 – 水两相, Peng 和 Robinson 提出了以下表达式计算 K_{wi}:

$$K_{wi} = 10^6\left[P_{ci}T/(T_{ci}P)\right]$$

5.6.5　蒸气压力P_v

通过状态方程计算纯组分的蒸气压力的方法通常与计算混合物的气液两相平衡所用的试错法相同。Soave(1972)认为 van der Waals(vdW), Soave – Redlich – Kwong(SRK)和 Peng – Robinson(PR)状态方程可以写成如式(5-166)所示的广义形式:

$$P = \frac{RT}{V-b} - \frac{a\alpha}{V^2 + \mu Vb + \omega b^2} \tag{5-166}$$

其中:

$$a = \Omega_a\frac{R^2T_c^2}{P_c}$$

$$b = \Omega_b\frac{RT_c}{P_c}$$

其中, 三个状态方程的 u、w、Ω_a 和 Ω_b 的值由表 5-43 给出。

表 5-43　u、w、Ω_a 和 Ω_b 值

EOS	u	w	Ω_a	Ω_b
VdW	0	0	0.421875	0.125
SRK	1	0	0.42748	0.08664
PR	2	–1	0.45724	0.07780

Soave 在这些方程中引入了对比压力 P_r 和对比温度 T_r:

$$A = \frac{a\alpha P}{R^2T^2} = \Omega_a\frac{\alpha P_r}{T_r} \tag{5-167}$$

$$B = \frac{bP}{RT} = \Omega_b\frac{P_r}{T_r} \tag{5-168}$$

和

$$\frac{A}{B} = \frac{\Omega_a\,\alpha}{\Omega_b\,T_r} \tag{5-169}$$

其中,

$$P_r = P/P_c$$
$$T_r = T/T_c$$

三个状态方程可以写成 Z 因子的立方形式:

vdW: $Z^3 - Z^2(1+B) + ZA - AB = 0$

SRK: $Z^3 - Z^2 + Z(A - B - B^2) - AB = 0$

PR: $Z^3 - Z^2(1-B) + Z(A - 3B^2 - 2B) - (AB - B^2 - B^2) = 0$

纯组分逸度系数则由下式给出:

VdW: $\ln\left(\dfrac{f^o}{P}\right) = Z - 1 - \ln(Z - B) - \dfrac{A}{Z}$

SRK: $\ln\left(\dfrac{f^o}{P}\right) = Z - 1 - \ln(Z - B) - \dfrac{A}{B}\ln\left(1 + \dfrac{B}{Z}\right)$

PR: $\ln\left(\dfrac{f^o}{P}\right) = Z - 1 - \ln(Z - B) - \dfrac{A}{2\sqrt{2}B}\ln\left[\dfrac{Z + (1+\sqrt{2})B}{Z - (1-\sqrt{2})B}\right]$

利用以上任意一种状态方程计算任何温度下的纯组分蒸气压力的迭代步骤如下:

步骤1,计算对比温度,$T_r = T/T_c$。

步骤2,由式(5-169)计算比率 A/B。

步骤3,假设 B 值。

步骤4,求解所选择的状态方程,例如 SRK,以求得 Z^l 和 Z^v,即最小根和最大根。

步骤5,将 Z^l 和 Z^v 代入纯组分的逸度系数,求得两相的 $\ln\left(\dfrac{f^o}{P}\right)$。

步骤6,比较 f/P 在不同相的两个值。如果两个值不相同,则假设新的 B 值,并重复步骤3~6。

步骤7,利用求得的最终 B 值,由式(5-168)计算蒸气压力:

$$B = \Omega_b\frac{P_v/P_c}{T_r}$$

得到 P_v 的表达式为:

$$P_v = \frac{BT_rP_c}{\Omega_b}$$

5.7 用状态方程模拟 PVT 实验数据

在将基于状态方程的组分模型用于整个油气田模拟之前,所选择的状态方程预测的结果必须与所有能测得的 PVT 实验数据高度拟合。而状态方程的参数通常需要调整,以拟合相关的实验数据,才足够准确。第4章介绍了几个 PVT 实验,为方便起见,这里简单重复说明应用状态方程(EOS)来模拟这些实验的过程。实验包括:

（1）等容衰竭实验。

（2）等组分膨胀实验。

（3）差异分离实验。

（4）闪蒸分离实验。

（5）复合分离实验。

（6）注气膨胀实验。

（7）组分梯度。

（8）最小混相压力实验。

5.7.1 等容衰竭实验

在确定气藏储量和评估现场分离方法时，需要对凝析气藏的压力衰竭性质进行可靠的预测。预测得到的性质也可用于油气田未来的开发决策以及评估通过注气循环提高液体采收率技术的经济性。这些性质可以从凝析油的等容衰竭（Constant Volume Depletion Test，CVD）实验中测得。这些实验是在油藏流体样本上进行的，以模拟实际油藏的枯竭过程。实验假设在生产过程中出现的凝析液体在油藏中仍处于不可流动的状态。

CVD 测试提供了可用于油藏工程各种预测的五个重要的实验室数据：

（1）露点压力。

（2）随着压力衰竭，气相的组成变化。

（3）储层压力和温度下的压缩系数。

（4）任何压力下的油气采收率。

（5）反凝析液体累积产量，即油藏中的液体饱和度。

CVD 实验的步骤（凝析液体不可流动）如图 5 – 10 所示，总结为以下几个步骤：

步骤 1，代表原始储层流体的样品质量为 m，总组成为 z_i。如图中的 A 所示，在露点压力 P_d 下，将样品气体充满透明的 PVT 容器，将饱和气体初始体积 V_i 作为参考体积。在整个实验过程中，PVT 容器的温度保持为储层温度 T。

步骤 2，初始气体压缩系数由真实气体方程计算：

$$Z_{dew} = \frac{P_d V_i}{n_i RT} \tag{5 – 170}$$

$$n_i = \frac{m}{M_a}$$

式中 P_d——露点压力，psia；

V_i——初始气体体积，ft³；

n_i——初始摩尔数；

M_a——表观相对分子质量 lb/lb – mol；

m——初始气体的质量，lb；

R——气体常数，10.73psia – ft³/lb – mol – °R；

T——温度，°R；

Z_d——露点压力下的压缩因子。

以标准立方英尺 scf 为单位,初始气体可由式(5-171)表示:

$$G = 379.4 n_i \qquad (5-171)$$

步骤 3,把部分水银移出容器内,使容器压力从露点压力降低到预定压力 P,在该过程中,系统中析出液体,形成第二相。当容器中的气液两相达到平衡时,测量析出液体的体积 V_1 和总体积 V_t。V_1 由初始体积 V_i 的百分比表示:

$$S_1 = \frac{V_1}{V_i} 100$$

在已知含水饱和度的情况下,该 S_1 值可用以计算凝析油的饱和度:

$$S_o = (1 - S_w) S_1 / 100$$

步骤 4,在恒定压力 P 下将汞重新注入 PVT 容器中,同时排出气体,直到达到初始体积 V_i,如图 5-10 中的 C 所示。在容器条件下测量被移除的气体体积 $(V_{gP})_{P,T}$。该步骤模拟了凝析液不流动而只生产气体的储层。

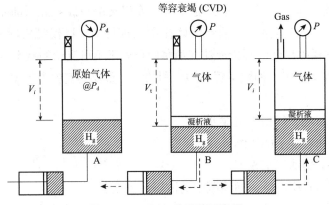

图 5-10　CVD 实验的示意图

步骤 5,将移除的气体放入分析设备中,测定其组成 y_i,并在标准条件下测量其体积并记录为 $(V_{gP})_{sc}$。产出气体对应的摩尔数可以从以下表达式算出:

$$n_P = \frac{(V_{gP})_{sc}}{379.4} \qquad (5-172)$$

式中　n_P——产出气的摩尔数;

$(V_{gP})_{sc}$——标准条件下测量的气体产量,scf。

步骤 6,计算在容器压力 P 和温度下气相的压缩系数:

$$Z = \frac{V_{actual}}{V_{ideal}} = \frac{(V_{gP})_{P,T}}{V_{ideal}} \qquad (5-173)$$

其中,

$$V_{ideal} = \frac{RT n_P}{P}$$

联立式(5-172)和式(5-173)并求解气体压缩系数 Z 得到:

$$Z = \frac{379.4 P (V_{gP})_{P,T}}{RT (V_{gP})_{sc}} \qquad (5-174)$$

另一个性质,两相压缩系数 $Z_{两相}$,也可以通过下式真实气体定律计算得到。它代表的是容器中所有剩余流体(气体和凝析液)的总压缩率。

$$Z_{两相} = \frac{PV_i}{(n_i - n_P)RT} \qquad (5-175)$$

式中　$n_i - n_P$——容器中剩余流体的摩尔数;

$\quad\quad n_i$——容器中的初始摩尔数;

$\quad\quad n_P$——产出气的累积摩尔数。

步骤 7,在标准条件下,用开采的天然气累积体积除以天然气原始地质储量,计算得到采收率:

$$\% G_P = \frac{\sum (V_{gP})_{sc}}{G}100 \qquad (5-176)$$

同等地,

$$\% G_P = \frac{\sum n_P}{(n_i)_{original}}100$$

重复几次该实验过程,不断减小容器压力 P,直至最小测试压力,然后确定残留在容器中的气体和凝析液的摩尔量和组成。

该实验也可以在挥发性油的样品上进行。在这种情况下,PVT 容器最初在泡点压力下含有的是液体而不是气体。

1. 用状态方程模拟 CVD

在没有 CVD 测试数据时,可以通过使用任一状态方程,在总组成已知的情况下来计算相态特征,从而预测凝析气藏的压力衰竭。以 Peng - Robinson 状态方程为代表,预测步骤如图 5 - 13 所示,并总结如下:

步骤 1,假设在露点压力 P_d 和系统温度 T 下,总组成为 z_i 的烃类系统的初始体积为 1ft^3,即:

$$V_i = 1$$

步骤 2,根据气体的初始组分和式(5 - 115)计算露点压力下气体的压缩系数 Z:

$$Z^3 + (B-1)Z^2 + (A - 3B^2 - 2B)Z - (AB - B^2 - B^3) = 0$$

步骤 3,应用真实气体定律计算初始摩尔数:

$$n_i = \frac{(1)(P_d)}{Z_{dew}RT} \qquad (5-177)$$

式中　P_d——露点压力,psi;

$\quad\quad Z_{dew}$——露点压力下气体的压缩系数。

步骤 4,将压力降至预定值 P。在此压力下,由 PR 状态方程计算一组平衡比 K。这一阶段的计算结果包括:

①每个组分的平衡比 K。

②液相的组成(即析出液体)x_i。

③液相的摩尔数 n_l。

④气相的组成 y_i。

⑤气相的摩尔数 n_v。

⑥液相的压缩系数 Z^l。

⑦气相的压缩系数 Z^v。

计算所得的气相组分 y_i 应与在压力 P 下实验测得的气体组成一致。

步骤5，因为闪蒸计算作为 K 值计算的一部分，通常假设总摩尔数等于1，那么液体和气体的实际摩尔数则根据下式计算：

$$(n_l)_{\text{actual}} = n_i n_l \tag{5-178}$$

$$(n_v)_{\text{actual}} = n_i n_v \tag{5-179}$$

式中　n_l 和 n_v——液体和气体的摩尔数，由闪蒸计算确定。

步骤6，应用以下表达式计算每个烃相的体积：

$$V_l = \frac{(n_l)_{\text{actual}} Z^l RT}{P} \tag{5-180}$$

$$V_g = \frac{(n_v)_{\text{actual}} Z^v RT}{P} \tag{5-181}$$

式中　V_l——凝析液的体积，ft^3/ft^3；

$\quad\quad V_g$——气相的体积，ft^3/ft^3；

$\quad Z^l$、Z^v——分别是液相和气相的压缩系数；

$\quad\quad T$——容器(储层)的温度，$°\text{R}$。

由于 $V_i = 1$，则：

$$S_l = (V_l)100$$

如果正确调整状态方程，该值应与实验值一致。

步骤7，计算容器中流体的总体积：

$$V_t = V_l + V_g \tag{5-182}$$

式中　V_t——流体的总体积，ft^3。

步骤8，由于容器的体积恒定为 1ft^3，因此从容器中移除的气体体积为：

$$(V_{gP})_{P,T} = V_t - 1 \tag{5-183}$$

步骤9，计算移除的气体的摩尔数：

$$n_P = \frac{(V_{gP})_{P,T}}{Z^v RT} \tag{5-184}$$

步骤10，将移除的气体的累积摩尔数除以原始摩尔数，计算出累积产出的气体占初始气体的摩尔百分比：

$$\% G_P = \frac{\sum (n_P)}{(n_i)_{\text{original}}}100$$

步骤11，根据以下关系式计算两相气体的偏差系数：

$$Z_{\text{two-phase}} = \frac{(P)(1)}{(n_i - n_P)(RT)} \tag{5-185}$$

步骤12，将气相的实际摩尔数 (n_v) 减去产出气体的摩尔数 (n_P) 来计算剩余的气体摩尔数 $(n_v)_r$：

$$(n_v)_r = (n_v)_{\text{actual}} - n_P \tag{5-186}$$

步骤 13，分别用组分平衡和摩尔分数平衡来计算容器中剩余流体的组分和总摩尔数：

$$n_i = (n_1)_{\text{actual}} + (n_v)_r \qquad (5-187)$$

$$z_i = \frac{x_i(n_1)_{\text{actual}} + y_i(n_v)_r}{n_i} \qquad (5-188)$$

步骤 14，将压力降至一个新值，重复步骤 4~13。

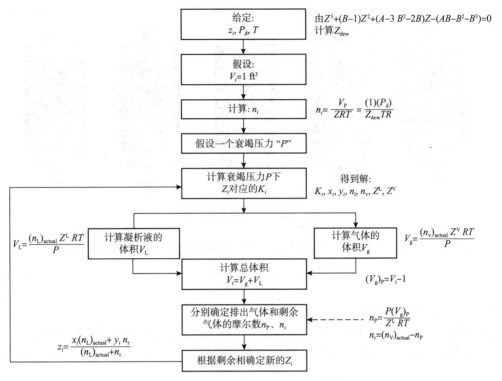

图 5-11　EOS 模拟 CVD 实验流程图

5.7.2　等组分膨胀实验

对凝析气或原油进行等组分膨胀实验，通常称为压力-体积实验，以模拟烃类系统的压力和体积的关系，进行该实验可以确定以下参数：

(1)饱和压力(泡点或露点压力)。

(2)超过饱和压力的单相流体的等温压缩系数。

(3)气相的压缩系数。

(4)烃类总体积与压力的关系。

图 5-12 展示了等组分膨胀实验的步骤。首先，将烃类流体的样品(油或气)置于可视的 PVT 容器中，如图 5-12 中 A 所示。将容器温度保持在储层温度，通过从容器中除去汞的方式，把容器压力从高于初始储层的一个压力逐步降低，并测量每个压力下烃类的体积 V。观察并记录饱和压力(泡点或露点压力)和相应的体积 V_{sat}，如图 5-12 中 B 所示。将饱和压力下的体积作为参考体积。在高于饱和压力的压力下，烃类系统的体积用与参考体积的比率表示。这个比率被称为相对体积 V_{rel}：

$$V_{rel} = \frac{V}{V_{sat}} \qquad (5-189)$$

式中　V——烃类系统的体积；

　　　V_{sat}——饱和压力下的体积。

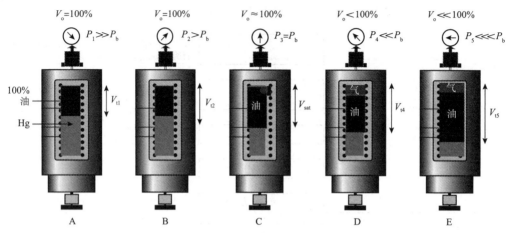

图 5 – 12　等组分膨胀实验

并且在大于饱和压力时，单相流体的等温压缩系数通常由以下表达式确定：

$$c = -\frac{1}{V_{rel}}\left(\frac{\partial V_{rel}}{\partial P}\right)_T \qquad (5-190)$$

式中　c——等温压缩系数，psi^{-1}。

对于凝析气系统，此实验除了可以确定以上性质外，还可以确定气体的偏差系数 Z。

在饱和压力以下，两相总体积 V_t 用与参考体积的比率表示。这个比率被称为相对总体积：

$$相对总体积 = \frac{V_t}{V_{sat}} \qquad (5-191)$$

式中　V_t——总体积。

注意，在此实验中没有任何碳氢化合物从容器中移除，因此容器中碳氢化合物混合物的总组分保持不变，与原始状态相同。

1. 用状态方程模拟等组分膨胀实验

利用 Peng – Robinson 状态方程来模拟等组分膨胀实验的过程如下：

步骤1，给定烃类系统的总组成 z_i 和饱和压力（露点或泡点），计算 1mol 系统占据的总体积，也就是参考体积 V_{sat}。其数学表达式为：

$$V_{sat} = \frac{(1)ZRT}{P_{sat}} \qquad (5-192)$$

式中　V_{sat}——饱和压力下的体积，ft^3/mol；

　　　P_{sat}——饱和压力（露点或泡点压力），$psia$；

　　　T——系统的温度，$°R$；

　　　Z——压缩因子，具体是 Z^l 或 Z^v 取决于系统的类型。

步骤2，在饱和压力以上逐步增加压力，此时系统为单相系统。在每个压力下，通过求解式(5-115)来计算压缩因子 Z^l 或 Z^v，Z 再被用于确定流体的体积：

$$V = \frac{(1)ZRT}{P}$$

式中 V——压力 P 下压缩液体或气体的体积，ft^3/mol；

$\quad\quad Z$——压缩因子；

$\quad\quad P$——压力，psia；

$\quad\quad T$——系统的温度，$^\circ R$；

$\quad\quad R$——气体常数，$10.73 psia - ft^3/lb - mol - {}^\circ R$。

相应的每一相的相对体积由下式计算：

$$V_{rel} = \frac{V}{V_{sat}}$$

步骤3，将压力逐步降低到饱和压力 P_{sat} 以下，形成两相。在每个压力水平下进行平衡比和闪蒸计算，得出包括 K_i、x_i、y_i、n_l、n_v、Z^v 和 Z^l 在内的参数。由于在减压过程中没有任何烃类物质从系统中除去，因此原始摩尔数($n_i = 1$)和组成 z_i 保持恒定。然后可以通过以下表达式计算液相和气相的体积：

$$V_l = \frac{(1)(n_l)Z^lRT}{P} \qquad\qquad (5-193)$$

$$V_g = \frac{(1)(n_v)Z^vRT}{P} \qquad\qquad (5-194)$$

$$V_t = V_l + V_s$$

式中 n_l、n_v——根据闪蒸计算得到的液体和气体摩尔数；

$\quad\quad Z^v$、Z^l——气体和液体压缩系数；

$\quad\quad V_t$——烃类系统的总体积。

步骤4，根据以下表达式计算相对总体积：

$$V_{sat} = \frac{V_t}{V_{sat}}$$

5.7.3 差异分离实验

对油藏样品进行实验，在泡点压力和储层温度下，将一个可视的PVT容器充满液体样品，具体细节见第4章。逐级降低压力，通常有 10~15 个压力级，移除所有在这过程中逸出的气体并测量其在标准条件下的体积 G_p。在每个压力下，测量剩余油的体积 V_l。剩余油经历连续的组分变化，重组分越来越多。

当压力降至大气压时停止，测量此时残余(剩余)的油的体积，并把它转换为在60℉标准温度下的体积 V_{sc}。将在储层压力下测得的剩余油量 V_l 除以在标准条件下测得的残余油量 V_{sc}，可以计算出各个压力下的原油体积系数 B_{od}(通常称为相对油层体积系数)：

$$B_{od} = \frac{V_l}{V_{sc}} \qquad\qquad (5-195)$$

将从溶液中排处气体的体积 G_p 除以残余油的体积 V_{sc}，就得到溶解气油比 R_{sd}。典型的实验室结果见表5-44和图5-13。

表 5 – 44　实验室结果

压力/psig	R_{sd}[a]	B_{od}[b]	收缩率/（bbl/bbl）
2620	854	1.600	1.0000
2350	763	1.554	0.9713
2100	684	1.515	0.9469
1850	612	1.479	0.9244
1600	544	1.445	0.9031
1350	479	1.412	0.8825
1100	416	1.382	0.8638
850	354	1.351	0.8444
600	292	1.320	0.8250
350	223	1.283	0.8019
159	157	1.244	0.7775
0	0	1.075	0.6250
0	0	在 60℉ = 1.000	

注：[a] 60℉的每桶残余油中，标准状态[14.65磅/平方英寸（psia）和60℉]的立方英尺气体量。

　　[b] 60℉的每桶残余油中，给定压力和温度的以桶为单位的油量。

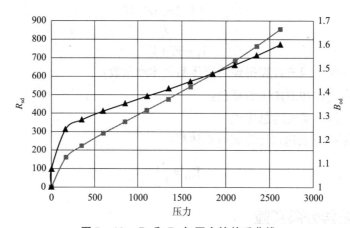

图 5 – 13　B_{od} 和 R_{sd} 与压力的关系曲线

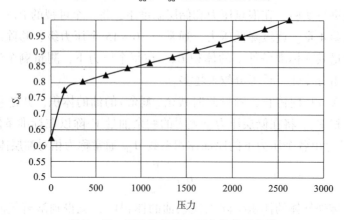

图 5 – 14　原油收缩率与压力的关系曲线

注意，将实验数据除以 60 ℉时剩余油体积得到的相对原油体积曲线，在形态上与地层体积系数的曲线相似，从而导致其在储层计算中常被误用。展示这些实验数据更好的方法是采用收缩率曲线的形式，如图 5 – 14 所示。通过将每个相对油体积系数 B_{od} 除以泡点处的相对油体积系数 B_{odb}，可以将图 5 – 13 中的相对油体积数据转换为收缩率曲线：

$$S_{od} = \frac{B_{od}}{B_{odb}} \tag{5-196}$$

式中　B_{od}——相对原油体积系数，bbl/STB；

　　　B_{odb}——泡点压力下的相对原油体积系数，bbl/STB；

　　　S_{od}——泡点压力下原油的收缩系数，bbl/bbl。

收缩率曲线在泡点压力处值为 1，在低于 P_b 的压力下，值小于 1。在这种形式中，收缩率曲线描述了随着储层压力下降，饱和油体积的形态变化。

差异分离与闪蒸分离实验结果的结合，提供了一种以压力为函数的计算储层原油体积系数和气体溶解度的方法。这些计算将在下一部分进行概述。

1. 用状态方程模拟差异分离实验

Peng – Robinson 状态方程模拟差异分离实验的过程（图 5 – 15）如下：

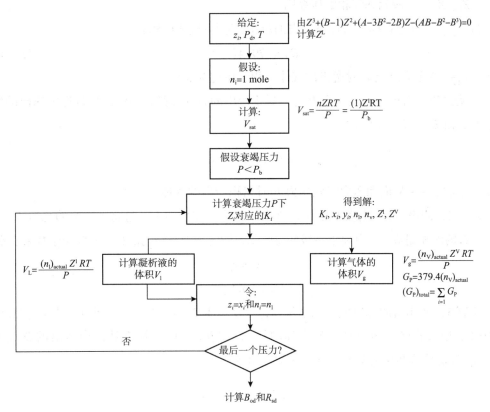

图 5 – 15　EOS 模拟 DE 实验的流程图

步骤 1，从饱和压力 P_{sat} 和储层温度 T 开始，通过式(5 – 192)计算总组成为 z_i 的 1mol

烃类系统（即 $n_i = 1$）所占的体积 V_{sat}，得到：

$$V_{sat} = \frac{(1)ZRT}{P_{sat}}$$

步骤 2，将压力降至预定压力 P，在该预定压力下进行平衡比和闪蒸计算，然后计算组分为 x_i 的液相的实际摩尔数和组分为 y_i 的气相的实际摩尔数：

$$(n_1)_{actual} = x_i n_1$$
$$(n_v)_{actual} = y_i n_v$$

式中　$(n_1)_{actual}$——液相的实际摩尔数；

　　　$(n_v)_{actual}$——气相的实际摩尔数；

　　　n_1、n_v——通过闪蒸计算得到的液相和气相的摩尔数。

步骤 3，通过式(5 – 197)和式(5 – 198)确定液相和气相的体积：

$$V_1 = \frac{Z_1 RT(n_1)_{actual}}{P} \qquad (5-197)$$

$$V_g = \frac{Z_v RT(n_v)_{actual}}{P} \qquad (5-198)$$

式中　V_1、V_g——液相和气相的体积，ft^3；

　　　Z_1、Z_v——液相和气相的压缩因子。

$(n_1)_{actual}$ 可确定在标准条件下测得的产出(逸出)气体的体积：

$$G_P = 379.4(n_v)_{actual} \qquad (5-199)$$

式中　G_P——压力降至 P 时逸出的气体体积，单位为 scf。

而从饱和压力逐级降至压力 P 时，累积产出的总气体是每一级减压过程中逸出的气体的总和，由表达式计算得到：

$$(G_P)_P = \sum_{P_{sat}}^{P} G_P$$

式中　$(G_P)_P$——从饱和压力降到压力 P 时累积产出的气体。

步骤 4，假设所有气体都从油中被排出。这可以在数学上通过将下一级的总组成 z_i 设定为上一级的液相组成 x_i，并将下一级的总摩尔数设定为上一级的液相的实际摩尔数来实现：

$$z_i = x_i$$
$$n_i = (n_1)_{actual}$$

步骤 5，使用新的总组成和总摩尔数，重复步骤 2~4。当压力降至大气压时，温度设为 60°F，通过式(5 – 197)计算残余油的体积，表示为 V_{sc}。那么从油中逸出的总气体量 $(G_P)_{Total}$ 就是从饱和压力降至大气压时的产出的气体：

$$(G_P)_{Total} = \sum_{P_{sat}}^{14.7} G_P$$

步骤 6，将计算得到的油和移除的气体的体积除以残余油的体积，以计算每个选定压力下的相对原油体积系数(B_{od})和溶解气油比：

$$B_{od} = \frac{V_l}{V_{sc}}$$

$$R_{sd} = \frac{(5.615)(溶液中残余的气体)}{V_{sc}} = \frac{(5.615)[(G_P)_{Total} - (G_P)_P]}{V_{sc}} \quad (5-200)$$

5.7.4　闪蒸分离器实验

闪蒸分离器实验，通常又称为分离器实验，是用来确定流体通过分离器和进入储罐时储层流体体积变化的规律。该体积变化规律很大程度上受操作条件的影响，即地面分离设备的压力和温度的影响。因此，进行分离器实验的主要目的是提供确定最佳地面分离条件所需要的基本信息，最大限度地提高地面脱气原油的产量。此外，实验结果与差异分离实验数据的适当结合，可以为石油工程计算提供所需的 PVT 参数（B_o、R_s 和 B_t）。闪蒸分离实验的实验步骤包括：

步骤 1，将油样在储层温度和泡点压力下充入 PVT 容器中。

步骤 2，在恒定压力下从 PVT 容器中除去体积为 $(V_o)_{Pb}$ 的油样，通过多级分离器系统进行闪蒸（分离）。每级分离器在固定的压力和温度下移除所逸出的气体，并测量其体积和相对密度，将最后一级（储罐状态）的剩余油体积记录为 $(V_o)_{st}$。

步骤 3，计算泡点压力下的溶解气油比和原油体积系数：

$$B_{ofb} = (V_o)_{Pb}/(V_o)_{st} \quad (5-201)$$

$$R_{sfb} = (V_g)_{sc}/(V_o)_{st} \quad (5-202)$$

式中　B_{ofb}——用闪蒸分离法测定的泡点压力下的原油地层体积系数，bbl /STB；

　　　R_{sfb}——通过闪蒸分离实验确定的泡点压力下的溶解气油比，scf / STB；

　　　$(V_g)_{sc}$——从分离器中除去的气体总体积，scf。

步骤 4，在一系列不同的分离器压力和固定温度下重复步骤 1~3。

表 5-45 显示了两级分离器中一组分离器实验的结果。通过检查表中的实验数据，发现最佳的分离器压力为 100psia，具有最小的原油地层体积系数、最小的生产气油比和最大的 API 重度。

表 5-45　一组分离器实验结果

分离器压力/psig	温度/°F [a]	R_{sfb} [a]	°API	B_{ofb} [b]
50 至 0	75	737	40.5	1.481
	75	41		
		Σ = 778		
100 至 0	75	676	40.7	1.474
	75	92		
		Σ = 768		
200 至 0	75	602	40.4	1.483
	75	178		

续表

分离器压力/psig	温度/℉	R_{sfb} [a]	°API	B_{ofb} [b]
		$\Sigma = 780$		
300 至 0	75	549	40.1	1.495
	75	246		
		$\Sigma = 795$		

注：[a] 60℉的每桶地面脱气原油中，标准状态[14.65磅/平方英寸(psia)和60℉]的立方英尺气体量。

[b] 60℉的每桶地面脱气原油中，2620psig和220℉的以桶为单位的饱和油。

必须修正差异分离实验得到的数据，以模拟分离器条件下发生的分离过程。如第4章所述，通过在不同的储层压力下将泡点处闪蒸的原油体积系数B_{ofb}乘以差异分离的收缩系数S_{od}[由式(5-196)定义]来进行修正。在数学上，这种关系表达如下：

$$B_o = B_{ofb}S_{od} \tag{5-203}$$

式中 B_o——原油的地层体积系数，bbl/STB;

B_{ofb}——泡点下的原油地层体积系数，由闪蒸分离测得，bbl/STB;

S_{od}——泡点下的原油收缩系数，由差异分离实验测得，bbl/bbl。

修正后的气体溶解度R_s为：

$$R_s = R_{sfb} - (R_{sdb} - R_{sd})\frac{B_{ofb}}{B_{odb}} \tag{5-204}$$

式中 R_s——气体的溶解度，scf/STB;

R_{sfb}——由式(5-202)定义的泡点压力下的溶解气油比，scf/STB;

R_{sdb}——通过差异分离实验测得的泡点压力下的溶解气油比，scf/STB;

R_{sd}——通过差异分离实验测得的各压力下的溶解气油比，scf/STB。

与差异分离实验的数据相比，修正后的地层体积系数和气体溶解度通常更低。该修正过程如图5-16和图5-17所示：

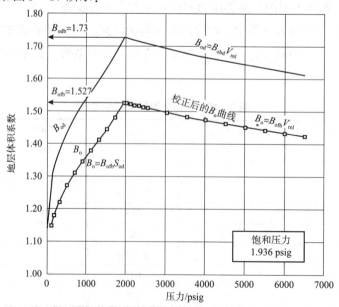

图5-16 将原油体积的曲线修正到分离器条件

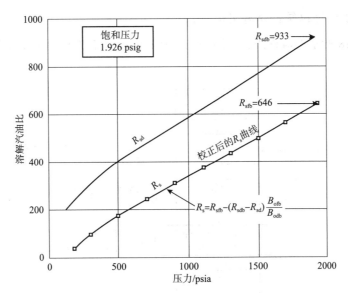

图 5−17　溶解气油比的曲线修正到分离器条件

5.7.5　复合分离实验

差异分离和闪蒸分离实验提供了一种手段近似地得到了 B_o、R_s 与压力 P 的关系。Dodson 等(1953)为了更好地描述 PVT 关系，将差异分离和闪蒸分离实验相结合提出了另一种复合分离实验，通常称为 Dodson 实验。其实验的步骤如下：

步骤 1，在高于泡点压力的压力下，将具有代表性的流体样品置于容器中，然后将容器的温度升高到储层温度。

步骤 2，通过从容器中除去汞的方式来逐级降低压力，到样品的泡点压力停止，记录每一级油量的变化。

步骤 3，在恒定的压力下，将测量得到的少量油从容器中移除，并分别把样品在地面分离器和储罐的温度和压力条件下进行闪蒸。测量逸出的气体体积和地面脱气原油的体积，然后根据测量的体积计算油的地层体积系数 B_o 和气体溶解度 R_s：

$$B_o = (V_o)_{P,T}/(V_o)_{st} \qquad (5-205)$$

$$R_s = (V_g)_{sc}/(V_o)_{st} \qquad (5-206)$$

式中　$(V_o)_{P,T}$——在恒压 P 下从容器中移除的油的体积；

　　　$(V_g)_{sc}$——标准条件下测量的逸出气体的总体积；

　　　$(V_o)_{st}$——地面脱气原油的体积。

步骤 4，如在差异分离实验中一样，容器中压力减小并且移除逸出的气体，那么留在容器中的油的体积会膨胀。

步骤 5，移除气体后，重复步骤 3，并计算 B_o 和 R_s。

步骤 6，在多个且大幅降低的压力下，重复步骤 3~5，以确保得到完整的 PVT 关系。

注意，此实验虽然更准确地反映了复杂烃类系统的 PVT 关系，但与其他分离实验相比，此实验的难度更大，成本更高。因此，该实验通常不包括在常规流体性质实验中。

1. 用状态方程模拟复合分离实验

结合图 5-18 所示的流程图，使用 Peng-Robinson 状态方程模拟复合分离实验的步骤总结如下：

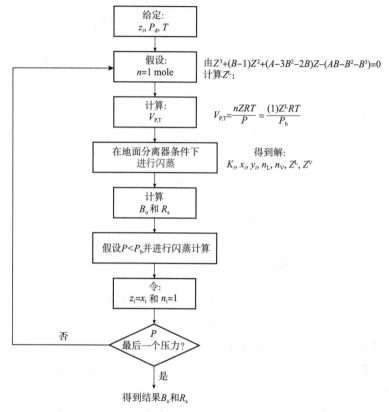

图 5-18　EOS 模拟复合分离实验的流程

步骤 1，假设将总组分为 z_i 的储层流体样品置于泡点压力 P_b 和储层温度 T 的容器中。

步骤 2，从容器中除去 1lb-mol 的液体（$n_i = 1$），通过 Peng-Robinson 状态方程估算液体的压缩因子 Z^l，并由式（5-207）计算其在 P_b 和 T 下相应的体积：

$$(V_o)_{P,T} = \frac{(1)Z^l RT}{P_b} \qquad (5-207)$$

式中　$(V_o)_{P,T}$——1mol 油的体积，ft^3。

步骤 3，对步骤 2 得到的液体，在地面分离器和储罐的温度和压力条件下对其进行闪蒸，得到总逸出气体体积 $(V_g)_{st}$ 和地面脱气原油体积 $(V_o)_{st}$。再分别通过式（5-205）和式（5-206）计算 B_o 和 R_s：

$$B_o = (V_o)_{P,T} / (V_o)_{st}$$
$$R_s = (V_g)_{sc} / (V_o)_{st}$$

步骤 4，将容器压力设置为较低的压力水平 P，并使用原始组成 z_i，通过应用 PR 状态方程计算 K_i 值。

步骤 5，根据 z_i 和计算出的 K_i 值进行闪蒸计算。

步骤 6，为了模拟在恒定压力下从容器中除去逸出气体的差异分离实验，简单地将新的总组成 z_i 设为旧的液体摩尔分数 x_i，并将泡点压力 P_b 设为新的压力 P。在数学上可表达为：

$$z_i = x_i$$
$$P_b = P$$

步骤 7，重复步骤 2~6。

5.7.6　注气膨胀实验

如果储层在注气或进行干气循环的操作下生产，则应进行膨胀实验。此实验旨在确定注入气体在凝析气或原油中的溶解程度。在此实验中可获得的数据包括：

(1)饱和压力与注入气体体积的关系。

(2)饱和流体混合物的体积与原始饱和流体的体积之比。

图 5-19 所示的实验过程总结如下：

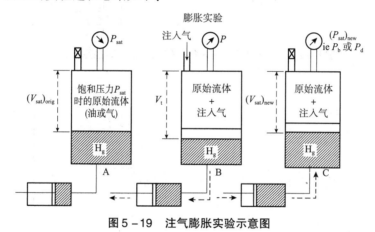

图 5-19　注气膨胀实验示意图

步骤 1，在饱和压力和储层温度下，将已知总组成为 z_i 的具有代表性的碳氢化合物混合物样品放入一个可视 PVT 容器，记录其在饱和压力下的体积 $(V_{sat})_{orig}$。

步骤 2，向容器中注入一定量拟注入的气体。对容器施加压力直到系统达到饱和压力，仅有单相存在。记录新的饱和压力和体积，分别表示为 P_s 和 P_{sat}。以原始饱和体积为参考，则相对总体积为：

$$V_{rel} = V_{sat} / (V_{sat})_{orig}$$

式中　V_{rel}——相对总体积；

$(V_{sat})_{orig}$——原始饱和体积。

步骤 3，重复步骤 2，直到样品中注入气体的摩尔百分比达到预设值(约 80%)。

一个典型的凝析油膨胀实验的过程如图 5-20 和图 5-21 所示。每次注入气体都会导致饱和压力和相对体积(膨胀体积)增加。最终，注气后露点压力由 3428 增加到 4880psig，相对总体积由 1 增加到 2.5043，如图 5-20 和图 5-21 所示。

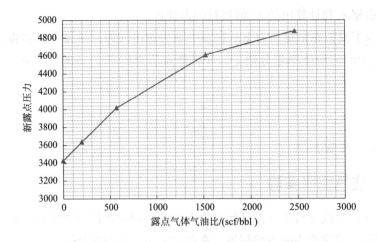

注入气	
组 分	y_i
CO_2	0
N_2	0
C_1	0.9468
C_2	0.0527
C_3	0.0005

累计注入气/ (scf/bbl)	膨胀体积/ (bbl/bbl)	露点压力/ psig
0	1	3428
190	1.1224	3635
572	1.3542	4015
1523	1.9248	4610
2467	2.5043	4880

图5-20　在200℉下注入贫气使储层膨胀时的露点压力

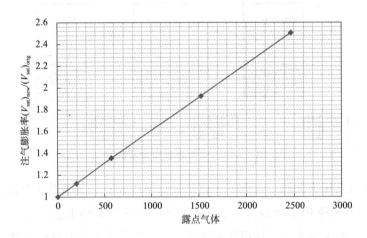

注入气	
组 分	y_i
CO_2	0
N_2	0
C_1	0.9468
C_2	0.0527
C_3	0.0005

累计注入气/ (scf/bbl)	膨胀体积/ (bbl/bbl)	露点压力/ psig
0	1	3428
190	1.1224	3635
572	1.3542	4015
1523	1.9248	4610
2467	2.5043	4880

图5-21　在200℉下注入贫气的储层膨胀体积

1. 用状态方程模拟注气膨胀实验

用PR状态方程模拟注气膨胀实验的过程总结为以下步骤：

步骤1，假设烃类系统在饱和压力 P_s 和储层温度下总体积为1bbl，由下式计算系统的初始摩尔数：

$$n_i = \frac{5.615 P_{\text{sat}}}{ZRT}$$

式中 n_i——烃类系统的初始摩尔数；

    P_{sat}——饱和压力，即 P_b 或 P_d，取决于油气系统的类型，psia；

    Z——气体或液体的压缩因子。

    步骤 2，注入气的组分已知为 y_{inj}，在初始烃类系统中注入预定体积的一部分气体（以 scf 为单位），分别用摩尔分数平衡和组分平衡计算新的总组分：

$$n_t = n_i + n_{\text{inj}}$$

$$z_i = \frac{y_{\text{inj}} n_{\text{inj}} + (Z_{\text{sat}})_i n_i}{n_t}$$

式中，V_{inj}——注入气体的体积，scf；

    $(Z_{\text{sat}})_i$——饱和烃类系统中组分 i 的摩尔分数；

    n_{inj}——注入气体的总摩尔数，定义式为：

$$n_{\text{inj}} = \frac{V_{\text{inj}}}{379.4}$$

    步骤 3，使用 Peng – Robinson 状态方程以及新的组分 z_i，计算新的饱和压力 p_b 或 p_d。

    步骤 4，计算相对总体积(膨胀体积)：

$$V_{\text{rel}} = \frac{Z n_t R T}{5.615 P_{\text{sat}}}$$

式中 V_{rel}——膨胀体积；

    P_{sat}——饱和压力。

    步骤 5，重复步骤 2～步骤 4，直到全部预定体积的注入气体与原始烃类系统相混合。

5.7.7   组分梯度

    在储层开发的早期，储层中组分在垂向上会发生变化。人们可能认为，经过数千万年的分子扩散作用和混合，储层流体在成熟时达到了平衡状态。然而，这种扩散作用可能需要更长的时间才能消除组分在油气藏中分布不均的情况。成熟的储层通常有均一的温度和压力分布，其中流体处于热平衡和重力平衡的状态，所以在所有共存相中每个组分的逸度都是相同的。对于单相系统，逸度的一致性等同于浓度的一致性。

    然而，整个储层的压力和温度并不均匀。温度随着深度增加，以约为 1℉/100ft 的梯度增加。压力也会随着地层中流体的静压变化。由此，我们可以判定储层内的组分是变化的，特别是那些厚且垂直变化大的储层。表 5 – 46 展示了北海某储层不同深度的流体组分变化情况。

表 5 - 46　储层中流体组分随深度的变化

流　体	D, 井 1	C, 井 2	B, 井 2	A, 井 2
深度/m	3136	3156	3181	3217
氮气	0.65	0.59	0.60	0.53
二氧化碳	2.56	2.48	2.46	2.44
甲烷	72.30	64.18	59.12	54.92
乙烷	8.79	8.85	8.18	9.02
丙烷	4.83	5.60	5.50	6.04
i - 丁烷	0.61	0.68	0.66	0.74
n - 丁烷	1.79	2.07	2.09	2.47
n - 戊烷	0.75	0.94	1.09	1.33
己烷	0.86	1.24	1.49	1.71
庚烷	1.13	2.14	3.18	3.15
辛烷	0.92	2.18	2.75	2.96
壬烷	0.54	1.51	1.88	2.03
癸烷	0.28	0.91	1.08	1.22
C_{12+}	3.49	6.00	9.25	10.62
相对分子质量	33.1	43.6	55.4	61.0
相对分子质量	260	267	285	290
相对密度	0.8480	0.8625	0.8722	0.8768

　　注意，在仅有81m的深度间隔内，甲烷的浓度从72.30mol%降至54.92mol%。组分的这种重大变化不容忽视，因为它严重地影响了储量的估算。

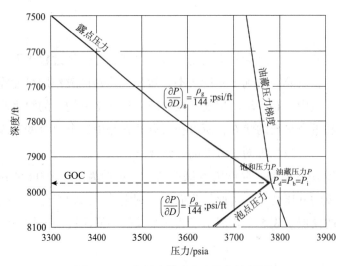

图 5 -22　由压力梯度定义的气油界面

　　一般来说，随着深度的增加，混合物中较重的化合物的含量会随之增加，而如甲烷等轻组分较少。流体组分和温度随深度的变化导致饱和压力也随深度发生变化。具体来说，原油的泡点压力随甲烷浓度的降低而降低，凝析气的露点压力随重组分的增加而增加，如图 5 -22 所示。

　　如图 5 -22 所示，GOC 的定义是流体系统从具有露点的混合物变为具有泡点的混合物的深度。这个界面处于饱和条件。在界面压力下，气体与油同时存在并处于热力学平衡状态。根据此定义，有以下等式：

$$P_b = P_d = P_{GOC}$$

式中　P_b——泡点压力；

　　　P_d——露点压力；

　　P_{GOC}——油气界面的油藏压力。

图 5-23 展示了一种未饱和油藏的气油界面。可见，从露点到泡点之间有一段处于临界或近临界条件的油气混合物过渡带。其中，混合物的临界温度等于储层温度，但混合物的临界压力低于储层压力。

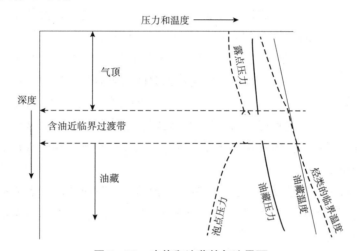

图 5-23　未饱和油藏的气油界面

5.7.8　最小混相压力实验

学者们已经提出了几种基于状态方程预测最小混相压力（minimum miscibility pressure，MMP）的方法。Benmekki 和 Mansoori（1988）将 PR 状态方程与考虑了注入气体和储层流体之间存在的三分子相互作用的混合规则相结合来预测 MMP。还有一些学者根据 K 值在接近极限时趋于统一值这一事实，使用逐步增加压力的方式来定位 MMP。

Ahmed（1997）提出了一个简单的方法来估算 MMP，其基础是烃类混合物的 MMP 通常被认为对应于所有组分 K 值收敛到统一的临界点。基于这一事实，他发现当碳氢化合物混合物接近临界点时，下列函数（即混相函数）可以准确地提供混相的判断依据。这个混相函数的定义是，当压力达到 MMP 时，该混相函数接近 0 或无限小：

$$F_M = -\sum_{i=1}^{n}\left[z_i\left(1 - \frac{[\varPhi(y_i)]_i^v}{[\varPhi(z_i)]_i^l}\right)\right] \approx 0$$

式中　F_M——混相函数；

　　　$\varPhi$——逸度系数。

该表达式表明，随着总组分 z_i 由于气体的注入发生变化并达到临界组成时，混相函数单调递减并接近 0 或负值。应用混相函数确定 MMP 的具体步骤如下：

步骤1，选择指定初始组成和温度的原油的参考体积（如1bbl）。

步骤2，将一定体积的注入气体与原油系统组合，并确定总组分 z_i。

步骤3，通过应用 PR 状态方程计算新组合物的泡点压力 P_b[由式（5－145）得到]。

步骤4，使用计算值 $\Phi(z_i)$、$\Phi(y_i)$ 和泡点压力下的总组分，在此压力下估算混相函数 F_M。

步骤5，如果混相函数的值很小，则计算的 P_b 近似等于 MMP。否则，重复步骤2～7。

5.8 调整状态方程参数

为了精确模拟烃类混合物的相态特征，对大量组分的描述常常使状态方程计算负担过重。油藏数值模拟所需的计算时间和存储空间随着储层流体的组分数量的增加而显著增加。例如，模拟由 N_c 个组分描述的储层烃类系统的问题需要对每个网格同时求解 $2N_c+4$ 个方程。因此，通过减少组分的数量以加速模拟速度已成为组分模拟中常见的做法。如本章前面所述，计算状态方程的参数 a_i、b_i 和 α_i，需要组分的性质 T_c、P_c 和 ω 等。对于纯组分，这些性质通常是有明确定义的。然而，确定重组分和多组分的这些性质依赖于相关的经验公式和混合规则。在预测状态方程参数时，这些经验方法和所选择的混合规则难免带来不确定性和误差。

调整所选的状态方程是提供可靠预测的重要前提。调整所选的状态方程的参数，使流体的 PVT 实验数据与状态方程的结果达到令人满意的匹配。实验条件应与实际的油藏流体和生产措施密切相关。

调整状态方程参数的主要目的是为了拟合实验数据，包括：

①饱和压力 P_{sat}，指露点压力或泡点压力。

②差异分离实验的数据（B_{od}、R_{sd}、B_{gd}、ρ 等）。

③饱和压力下的密度，ρ_{sat}。

④等组分膨胀实验的数据（Y 函数，C_o、μ、ρ 等）。

⑤等容衰竭实验（CVD）的数据（LDO、采收率、Z 因子等）。

⑥膨胀实验（SW）的数据。

⑦分离实验的数据。

⑧MMP。

通过试差法或非线性自动回归方法对 EOS 的参数进行手动调整，从而使实验室数据和 EOS 结果的匹配。回归变量的本质上是选定一组 EOS 参数，对这些参数进行调整，以实现实验结果和 EOS 结果的匹配。建议调整以下变量，即 EOS 参数：

①定义不明确的组分的属性（包括 T_c、P_c 和 ω），组分的 Ω_a 和 Ω_b。参数 Ω 非常关键，因为它们与 T_c 和 P_c 相关：

$$a = \Omega_a \frac{R^2 T_c^2}{P_c}$$

$$b = \Omega_b \frac{R T_c}{P_c}$$

①甲烷的 Ω_a 和 Ω_b。

②甲烷和 C_{7^+} 组分之间的二元相互作用系数 k_{ij}。

③当注入气体中含有大量的非烃类组分（CO_2 和 N_2）时，这些组分与甲烷之间的二元相互作用 k_{ij} 也应进行调整。

注意，这里回归的是一种非线性数学模型，它对每个 Ω_{aC_1}、Ω_{bC_1} 等回归变量设置全局上限和下限，通过最小化目标函数，得到这些变量的最佳值。非线性数学模型的目标函数定义是：

$$F = \sum_j^{N_{exp}} W_j \left| \frac{E_j^{exp} - E_j^{cal}}{E_j^{exp}} \right|$$

式中　N_{exp}——实验数据点的总数；

　　　E_j^{exp}——实验观察值 j，例如 P_d、P_b 或 ρ_{ob}；

　　　E_j^{cal}——EOS 计算的值 j，例如 P_d、P_b 或 ρ_{ob}；

　　　W_j——观察 j 的权重因子。

目标函数中的权重因子可使用默认值或赋值。除了饱和压力和密度的默认值分别设为 40 和 20，其余默认值通常设为 1.0。请注意，任何 EOS 计算的值 E_j^{cal}，都是全变量回归的函数：

$$E_j^{cal} = f(\Omega_{aC_1}, \ \Omega_{bC_2}, \ \cdots, \ etc.)$$

调整 EOS 参数的具体步骤如下：

（1）将重组分拆分为 C_{35^+} 或 C_{45^+}。

（2）进行组分合并以得到最优的拟组分，例如，F_1、F_2、F_3（表 5-47）。

表 5-47　组分合并

组　分	%	MW	相对密度	P_c	T_c	C	ω	T_b
N_2	0.25	44.01	1.818	1071	547.9	0.0342	0.231	351
C_1	0.88	28.01	0.809	493.1	227.49	0.0514	0.0372	140
CO_2	23.94	16.04	0.3	666.4	343.33	0.0991	0.0105	201
C_2	11.67	30.07	0.3562	706.5	549.92	0.0788	0.0992	333
C_3	9.36	44.1	0.507	616	666.06	0.0737	0.1523	416
$i-C_4$	1.39	58.12	0.5629	527.9	734.46	0.0724	0.1852	471
$n-C_4$	4.61	58.12	0.584	550.6	765.62	0.0702	0.1995	491
$i-C_5$	1.5	72.15	0.6247	490.4	829.1	0.0679	0.228	542
$n-C_5$	2.48	72.15	0.6312	489.6	845.8	0.0675	0.2514	557
C_6	3.26	84	0.6781	457.1	910.1	0.064	0.2806	607
F_1	19.8189	111.46	0.7542	409.4	1047.55	0.06272	0.3653	714.42
F_2	13.5902	161.57	0.8061	308	1199.96	0.06299	0.4718	864.2
F_3	6.63966	241.13	0.8526	229.5	1363.62	0.06355	0.6199	1036.9

（3）通过拟合以下 EOS 参数以拟合 PVT 实验数据。

①BIC：k_{ij}。

②临界压力：P_c。

③临界温度：T_c。

④偏移体积：C。

⑤偏心因子：ω。

表 5 - 48 中需要进行 EOS 回归的参数由 X 表示：

表 5 - 48　EOS 回归参数

组　分	k_{ij}	P_c	T_c	C	ω
N_2					
C_1	X	X	X	X	X
CO_2					
C_2					
C_3					
$i - C_4$					
$n - C_4$					
$i - C_5$					
$n - C_5$					
C_6					
F_1	X	X	X	X	X
F_2	X	X	X	X	X
F_3	X	X	X	X	X

（4）当实验数据的拟合结果令人满意，就得到了 C_1、F_1、F_2 和 F_3 最优的 EOS 参数。然后，将 N_2 与 C_1，CO_2 与 C_2 进行合并从而减少系统的组分数量。仅调整新合并的组分的 EOS 参数以拟合 PVT 实验数据，需要调整的参数在表 5 - 49 中用 X 来表示。与第 2 步得到的结果进行对比。如果结果令人满意，则重复第 4 步进行下一步的合并。

表 5 - 49　需要调整的参数

组　分	k_{ij}	P_c	T_c	C	ω
$N_2 + C_1$	X	X	X	X	X
$CO_2 + C_2$		X	X	X	X
C_3					
$i - C_4$					
$n - C_4$					
$i - C_5$					
$n - C_5$					

组　分	k_{ij}	P_c	T_c	C	ω
C_6					
F_1	X				
F_2	X				
F_3	X				

（5）不调整前一步得到的 EOS 参数，继续对新合并的组分进行 EOS 参数的回归。步骤如表 5 – 50 所示：

表 5 – 50　EOS 回归步骤

组　分	k_{ij}	P_c	T_c	C	ω
$N_2 + C_1$	X				
$CO_2 + C_2$					
C_3					
$i - C_4 + n - C_4$		X	X	X	X
$i - C_5 + n - C_5$		X	X	X	X
C_6					
F_1	X				
F_2	X				
F_3	X				
组　分	k_{ij}	P_c	T_c	C	ω
$N_2 + C_1$	X				
$CO_2 + C_2$					
$C_3 + i - C_4 + n - C_4$		X	X	X	X
$i - C_5 + n - C_5 + C_6$		X	X	X	X
F_1	X				
F_2	X				
F_3	X				

正如第 4 章所指出的，Lohrenz，Bray 和 Clark（LBC）黏度经验公式已成为组分油藏数值模拟的标准方法。当黏度的实验数据可用时，调整式（4 – 86）中系数 $a_1 \sim a_5$ 的值和 C_{7+} 的临界体积，直到与实验数据匹配。这些调整独立于状态方程参数的调整，以拟合其他 PVT 参数。LBC 黏度模型的关键公式如下：

$$\mu_{od} = \mu^o + \frac{(a_1 + a_2\rho_r + a_3\rho_r^2 + a_4\rho_r^3 + a_5\rho_r^4)^4 - 0.001}{\xi_m}$$

$$\rho_r = \frac{\left[\sum_{\substack{i=1 \\ i \neq C_{7+}}}^{n} (x_i M_i V_{ci}) + x_{C_{7+}} V_{C_{7+}} \right] \rho_o}{M_a}$$

其中　系数 $a_1 \sim a_5$ 的值如下:

$a_1 = 0.1023$

$a_2 = 0.023364$

$a_3 = 0.058533$

$a_4 = -0.040758$

$a_5 = 0.0093324$

习题

1. 碳氢化合物系统的总组成如下(表5-51):

表5-51　系统组成

组　分	z_i	组　分	z_i
C_1	0.30	$i-C_5$	0.02
C_2	0.10	$n-C_5$	0.02
C_3	0.05	C_6	0.05
$i-C_4$	0.03	C_{7+}	0.40
$n-C_4$	0.03		

已知:

系统压力 = 2100psia

系统温度 = 150 ℉

C_{7+} 的相对密度 = 0.80

C_{7+} 的相对分子质量 = 140

将上述混合物分别看作理想溶液和实际溶液,计算该系统的平衡比。

2. 一口井正在以 500scf/STB 的气油比生产,且产出物具有以下组分(表5-52):

表5-52　产出物组分

组　分	x_i	y_i
C_1	0.35	0.60
C_2	0.08	0.10
C_3	0.07	0.10
$n-C_4$	0.06	0.07
$n-C_5$	0.05	0.05
C_6	0.05	0.05
C_{7+}	0.34	0.03

已知:

当前储层压力 = 3000psia

泡点压力 $= 2800\text{psia}$

地层温度 $= 120\ °\!\text{F}$

C_{7+} 的相对分子质量 $= 160$

C_{7+} 的相对密度 $= 0.823$

计算系统的总组分 z_i。

3. 具有以下组分的烃类混合物存在于 234 °F 和 3500psig 的储层中(表 5-53):

表 5-53 烃类混合物组分

组　分	z_i	组　分	z_i
C_1	0.3805	C_5	0.0378
C_2	0.0933	C_6	0.0356
C_3	0.0885	C_{7+}	0.3043
C_4	0.0600		

C_{7+} 的相对分子质量为 200,相对密度为 0.8366。计算:

(1)混合物的泡点压力。

(2)如果混合物在 500psia 和 150 °F 下闪蒸,计算两相的组成。

(3)所得液相的密度。

(4)所得气相的密度。

(5)如果来自第一个分离器的液体在 14.7psia 和 60 °F 的条件下闪蒸,两相的组分。

(6)泡点压力下的原油的地层体积系数。

(7)原始的气体溶解度。

(8)泡点压力下的原油黏度。

4. 储层中的原油的泡点压力为 2520psig,温度为 180 °F。原油的组成如表 5-54 所示。

表 5-54 原油组成

组　分	x_i	组　分	x_i
CO_2	0.0044	$n-C_4$	0.0083
N_2	0.0045	$i-C_5$	0.0080
C_1	0.3505	$n-C_5$	0.0080
C_2	0.0464	C_6	0.0546
C_3	0.0246	C_{7+}	0.4224
$i-C_4$	0.0683		

C_{7+} 的相对分子质量和相对密度分别为 225 和 0.8364。该储层最初含有 122MMbbl 的石油。地面设施由两个串联的分离器组成。第一级分离器在 500psig 和 100 °F 下运行。第二级分离器在标准条件下进行。

(1)计算 C_{7+} 的临界性质、沸点和偏心因子。

(2)以 STB 为单位计算初始油量。

（3）以标准立方体积为单位计算初始溶液中气体的体积。

（4）假设系统的总组成保持不变，计算在压力为2495psig时游离气的组成和剩余油的组成。

5. 在120℉的两相区存在纯正丁烷。分别使用以下状态方程计算两相的密度：

（1）van der Waals。

（2）Redlich – Kwong。

（3）Soave – Redlich – Kwong。

（4）Peng – Robinson。

6. 在3250psia和155℉的泡点压力下，原油组分如表5 - 55所示。

表5 - 55　原油组分

组　分	x_i	组　分	x_i
C_1	0.42	C_5	0.01
C_2	0.098	C_6	0.04
C_3	0.06	C_{7+}	0.37
C_4	0.02		

如果C_{7+}组分的相对分子质量和相对密度为225和0.823，则使用以下方法计算原油的密度。

（1）Standing – Katz 密度公式。

（2）Alani – Kennedy 密度公式。

（3）van der Waals。

（4）Redlich – Kwong 状态方程。

（5）Soave – Redlich – Kwong。

（6）Soave – Redlich – Kwong 与偏移参数的公式。

（7）Peneloux volume。

（8）Peng – Robinson 状态方程。

7. 储层原油组分如表5 - 56所示。

表5 - 56　原油组分

组　分	mol% OIL	组　分	mol% OIL
C_1	40.0	$i - C_5$	1.0
C_2	8.0	$n - C_5$	1.5
C_3	5.0	C_6	6.0
$i - C_4$	1.0	C_{7+}	34.5
$n - C_4$	3.0		

系统存在于150℉温度下。当原油要被以下物质驱替，估算MMP。

（1）CH_4。

（2）N_2。

（3）CO_2。

（4）90% 的 CO_2 和 10% 的 N_2。

（5）90% 的 CO_2 和 10% 的 C_1。

8. 某油田的组分梯度如表 5 – 57 所示。

表 5 – 57　某油田组分梯度

$C_1 + N_2$	C_{7+}	$C_2 \sim C_6$	TVD/ft
69. 57	6. 89	23. 54	4500
67. 44	8. 58	23. 98	4640
65. 61	10. 16	24. 23	4700
63. 04	12. 54	24. 42	4740
62. 11	13. 44	24. 45	4750
61. 23	14. 32	24. 45	4760
58. 87	16. 75	24. 38	4800
54. 08	22. 02	23. 9	5000

估计 GOC 的位置。

参考文献

Ahmed, T. "A Practical Equation of State" [translation]. *SPE Reservoir Engineering* 291 (February 1991).

Ahmed, T. "A Generalized Methodology for Minimum Miscibility Pressure." Paper SPE 39034 presented at the Latin American Petroleum Conference, Rio de Janiero, Brazil, August 30 – September 3, 1997.

Amyx, J. M., D. M. Bass, and R. Whiting. *Petroleum Reservoir Engineering—Physical Properties.* New

Benmekki, E., and G. Mansoori. "Minimum Miscibility Pressure Prediction with EOS." *SPE Reservoir Engineering* (May 1988).

Brinkman, F. H., and J. N. Sicking. "Equilibrium Ratios for Reservoir Studies." *Transactions of the AIME* 219 (1960): 313 – 319.

Campbell, J. M. *Gas Conditioning and Processing. Campbell Petroleum Series*, vol. 1. Norman, OK: Campbell, 1976.

Clark, N. *Elements of Petroleum Reservoirs.* Dallas: Society of Petroleum Engineers, 1960.

Coats, K., and G. Smart. "Application of Regression – Based EOS PVT Program to Laboratory Data." *SPE Reservoir Engineering* (May 1986).

Dake, L. P. *Fundamentals of Reservoir Engineering.* Amsterdam: Elsevier Scientific Publishing Company, 1978.

Dodson, C., D. Goodwill, and E. Mayer. "Application of Laboratory PVT Data to Engineering Problems." *Journal of Petroleum Technology* (December 1953).

Dykstra, H., and T. D. Mueller. "Calculation of Phase Composition and Properties for Lean – or Enriched – Gas Drive." *Society of Petroleum Engineers Journal* (September 1965): 239 – 246.

Edmister, W., and B. Lee. *Applied Hydrocarbon Thermodynamics*, vol. 1, 2nd ed. Houston: Gulf Publishing

Company, 1986, p. 52.

Elliot, J. , and T. Daubert. "Revised Procedure for Phase Equilibrium Calculations with Soave Equation of State. " *Industrial Engineering and Chemical Process Design Development* 23 (1985): 743 – 748.

Gibbs, J. *The Collected Works of J. Willard Gibbs.* New Haven, CT: Yale University Press, 1948. Glaso, O. "Miscible Displacement with Nitrogen. " *SPE Reservoir Engineering* 5, no. 1 (February 1990).

Gozalpour, F. , et al. "Predicting Reservoir Fluid Phase and Volumetric Behavior from Samples Contaminated with Oil – Based Mud. " *SPE Reservoir Evaluation and Engineering* (June 2002).

Graboski, M. S. , and T. E. Daubert. "A Modified Soave Equation of State for Phase Equilibrium Calculations, 1. Hydrocarbon System. " *Industrial Engineering and Chemical Process Design Development* 17 (1978): 443 – 448.

Hadden, J. T. "Convergence Pressure in Hydrocarbon Vapor – Liquid Equilibria. " *Chemical Engineering Progress Symposium* Series 49, no. 7 (1953): 53.

Hoffmann, A. E. , J. S. Crump, and R. C. Hocott. "Equilibrium Constants for a Gas – Condensate System. " *Transactions of the AIME* 198 (1953): 1 – 10.

Hoier, L. , and C. Whitson. "Compositional Gradient—Theory and Practice. " *SPE Reservoir Evaluation and Engineering* (December 2001).

Jhaveri, B. S. , and G. K. Youngren. "Three – Parameter Modification of the Peng – Robinson Equation of Sate to Improve Volumetric Predictions. " Paper SPE 13118, presented at the SPE Annual Technical Conference, Houston, September 16 – 19, 1984.

Katz, D. L. , and K. H. Hachmuth. "Vaporization Equilibrium Constants in a Crude Oil – Natural Gas System. " *Industrial Engineering and Chemistry* 29 (1937): 1072.

Katz, D. , et al. *Handbook of Natural Gas Engineering.* New York: McGraw – Hill, 1959.

Katz, D. , et al. "Overview of Phase Behavior of Oil and Gas Production. " *Journal of Petroleum Technology* (June 1983): 1205 – 1214.

Kehn, D. M. "Rapid Analysis of Condensate Systems by Chromatography. " *Journal of Petroleum Technology* (April 1964): 435 – 440.

Lim, D. , and T. Ahmed. "Calculation of Liquid Dropout for Systems Containing Water. " Paper SPE 13094, presented at the 59th Annual Technical Conference of the SPE, Houston, September 16 – 19, 1984.

Lohrenze, J. , G. Clark, and R. Francis. "A Compositional Material Balance for Combination Drive Reservoirs. " *Journal of Petroleum Technology* (November 1963).

MacMillian, D, et al. *How to Obtain Reservoir Fluid Properties from an Oil Sample Contaminated with Synthetic Drilling Mud.* SPE paper 38852. Richardson, TX: Society of Petroleum Engineers, 1997.

Michelson, M. "Collection of Critical Points and Phase Boundaries in the Critical Region. " *Fluid Phase Equilibria* 16 (1984).

NGPSA. *Engineering Data Book.* Tulsa, OK: National Gas Producers Suppliers Association, 1978.

Nikos, V. , et al. "Phase Behavior of Systems Comprising North Sea Reservoir Fluids and Injection Gases. " *Journal of Petroleum Technology* (November 1986): 1221 – 1233.

Pedersen, K. , P. Thomassen, and A. Fredenslund. "Phase Equilibria and Separation Processes. " Report SEP 8207, Institute for Kemiteknik, Denmark Tekniske Hojskole, July 1982.

Pedersen, K. , P. Thomassen, and A. Fredenslund. "Characterization of Gas Condensate Mixtures. " In *Advances in Thermodynamics.* New York: Taylor and Francis, 1989.

Peneloux, A. , E. Rauzy, and R. Freze. "A Consistent Correlation for Redlich – Kwong – Soave Volumes. "

Fluid Phase Equilibria 8（1982）：7 – 23.

　　Peng, D. , and D. Robinson. "A New Two Constant Equation of State. " *Industrial Engineering and Chemistry Fundamentals* 15, no. 1（1976a）：59 – 64.

　　Peng, D. , and D. Robinson. "Two and Three Phase Equilibrium Calculations for Systems Containing Water. " *Canadian Journal of Chemical Engineering* 54（1976b）：595 – 598.

　　Peng, D. , and D. Robinson. *The Characterization of the Heptanes and Their Fractions*. Research Report 28. Tulsa, OK：Gas Producers Association, 1978.

　　Peng, D. , and D. Robinson. "Two and Three Phase Equilibrium Calculations for Coal Gasification and Related Processes. " ACS Symposium Series no. 133, Thermodynamics of Aqueous Systems with Industrial Applications, 1980.

　　Rathmell, J. , F. Stalkup, and R. Hassinger. "A Laboratory Investigation of Miscible Displacement by Carbon Dioxide. " Paper SPE 3483 presented at the Fourth Annual Fall Meeting, New Orleans, October 3 – 6, 1971.

　　Redlich, O. , and J. Kwong. "On the Thermodynamics of Solutions. An Equation of State. Fugacities of Gaseous Solutions. " *Chemical Reviews* 44（1949）：233 – 247.

　　Reid, R. , J. M. Prausnitz, and T. Sherwood. *The Properties of Gases and Liquids*, 4th ed. New York：McGraw – Hill, 1987.

　　Rzasa, M. J. , E. D. Glass, and J. B. Opfell "Prediction of Critical Properties and Equilibrium Vaporization Constants for Complex Hydrocarbon Systems. " *Chemical Engineering Progress*, Symposium Series 48, no. 2（1952）：28.

　　Sim, W. J. , and T. E. Daubert. "Prediction of Vapor – Liquid Equilibria of Undefined Mixtures. " *Industrial Engineering and Chemical Process Design Development* 19, no. 3（1980）：380 – 393.

　　Slot – Petersen, C. "A Systematic and Consistent Approach to Determine Binary Interaction Coefficients for the Peng – Robinson Equation of State. " Paper SPE 16941, presented at the 62nd Annual Technical Conference of the SPE, Dallas, September 27 – 30, 1987.

　　Soave, G. , "Equilibrium Constants from a Modified Redlich – Kwong Equation of State. " *Chemical Engineering and Science* 27（1972）：1197 – 1203.

　　Standing, M. B. *Volumetric and Phase Behavior of Oil Field Hydrocarbon Systems*. Dallas：Society of Petroleum Engineers of AIME, 1977.

　　Standing, M. B. "A Set of Equations for Computing Equilibrium Ratios of a Crude Oil/Natural Gas System at Pressures Below 1, 000psia. " *Journal of Petroleum Technology*（September 1979）：1193 – 1195.

　　Stryjek, R. , and J. H. Vera. "PRSV：An Improvement Peng – Robinson Equation of State for Pure Compounds and Mixtures. " *Canadian Journal of Chemical Engineering* 64（April 1986）：323 – 333.

　　Van der Waals, J. D. "On the Continuity of the Liquid and Gaseous State. " Ph. D. dissertation, Sigthoff, Leiden, 1873.

　　Vidal, J. , and T. Daubert. "Equations of State—Reworking the Old Forms. " *Chemical Engineering and Science* 33（1978）：787 – 791.

　　Whitson, C. , and P. Belery. "Composition of Gradients in Petroleum Reservoirs. " Paper SPE 28000 presented at the University of Tulsa/SPE Centennial Petroleum Engineering Symposium, Tulsa, OK, August 29 – 31, 1994.

　　Whitson, C. H. , and M. R. Brule. *Phase Behavior*. Richardson, TX：SPE, 2000.

　　Whitson, C. H. , and S. B. Torp. "Evaluating Constant Volume Depletion Data. " Paper SPE 10067 presented at the SPE 56th Annual Fall Technical Conference, San Antonio, October 5 – 7, 1981.

Wilson, G. "A Modified Redlich – Kwong EOS, Application to General Physcial Data Calculations. " Paper 15C, presented at the Annual AIChE National Meeting, Cleveland, May 4 – 7, 1968.

Winn, F. W. "Simplified Nomographic Presentation, Hydrocarbon Vapor – Liquid Equilibria. " *Chemical Engineering Progress*, Symposium Series 33, no. 6 (1954): 131 – 135.